《电磁场与电磁波基础》同步辅导教程

主 编 张 瑜 武志燕
副主编 左现刚 李 爽

西安电子科技大学出版社

内 容 简 介

本书是西安电子科技大学出版社出版的《电磁场与电磁波基础(第二版)》(张瑜、王旭、林方丽、武志燕编著)的配套辅导书。

本书共11章，内容包括矢量分析、场论基础、静电场及其特性、恒定电场及其特性、静磁场及其特性、静态场的计算、时变电磁场及其特性、均匀平面波在无界媒质中传播、电磁波的反射与折射、导行电磁波与传输、电磁辐射与天线。每章均包括基本要求、重点与难点、重点知识归纳、思考题及习题全解，旨在进一步帮助学生熟悉电磁场与电磁波基础课程的基本要求，明确学习中的重点与难点，掌握重点知识，加深对基本概念的理解，掌握运用电磁场与电磁波知识分析问题和解决问题的方法和技巧。在习题全解中，不仅有针对单个或几个知识点的简单应用，也有针对多个知识点的综合应用，可为学生考研提供帮助，也能为学生今后解决较为复杂的实际工程问题奠定基础。

本书可作为学生学习电磁场与电磁波基础课程的辅导书，也可作为电子信息类专业研究生入学考试的复习资料，同时也可供讲授电磁场与电磁波课程的教师参考。

图书在版编目(CIP)数据

《电磁场与电磁波基础》同步辅导教程/张瑜，武志燕主编. --西安：西安电子科技大学出版社，2024.2

ISBN 978-7-5606-7089-8

Ⅰ. ①电… Ⅱ. ①张… ②武… Ⅲ. ①电磁场—高等学校—教学参考资料②电磁波—高等学校—教学参考资料 Ⅳ. ①O441.4

中国国家版本馆CIP数据核字(2023)第249594号

策　　划　马乐惠
责任编辑　马乐惠
出版发行　西安电子科技大学出版社(西安市太白南路2号)
电　　话　(029)88202421　88201467　　邮　　编　710071
网　　址　www.xduph.com　　电子邮箱　xdupfxb001@163.com
经　　销　新华书店
印刷单位　咸阳华盛印务有限责任公司
版　　次　2024年1月第1版　2024年1月第1次印刷
开　　本　787毫米×1092毫米　1/16　印张　16.5
字　　数　391千字
定　　价　39.00元
ISBN 978-7-5606-7089-8/O

XDUP 7391001-1

前　言

“电磁场与电磁波基础”是电子信息类专业重要的基础课程之一。它以麦克斯韦方程组为核心，主要讲述宏观电磁场与电磁波的基本概念、基本原理、基本规律，以及静态场、时变场和电磁波的特性等内容。通过本课程的学习，学生能够在大学物理电磁学部分的基础上进一步掌握宏观电磁场的基本性质和基本规律，学会运用场的观点对实际工程中的电磁问题进行分析与计算，锻炼科学的思维方式，提高科学素养和总体素质。

由于该课程具有理论体系严谨、系统性强、概念抽象、公式繁杂以及涉及的知识点多等诸多特点，学生往往感到困惑难学，尤其是在解答习题时，较多的学生不知道如何入手，因此本门课程已成为历届学生公认的难学课程之一。

为了帮助学生学习本课程，编者在理论课程和实验课程中采用了“三化”教学方式，即抽象概念形象化、理论问题实际化、技术问题工程化，使学生能够“看见”电磁场与电磁波，加深对相关概念的理解。这种教学方式不仅使学生掌握了理论知识的实际应用，而且激发了学生的学习兴趣，收到了很好的教学效果。但是，习题解答依然是学习中的难点。

本书以西安电子科技大学出版社出版的《电磁场与电磁波基础(第二版)》(张瑜、王旭、林方丽、武志燕编著)中的内容为依据，不仅给出了每章的基本要求和重点与难点，而且对每章的重点知识进行了归纳，对部分习题进行了完善和优化，对所有习题给出了详细的解答。这不仅有利于学生了解和掌握基本习题的解题思路，而且有助于学生进行考研前的复习。

本书由河南师范大学张瑜教授、武志燕副教授，河南科技学院左现刚副教授和洛阳师范学院李爽老师共同编写。其中，张瑜教授统筹全书内容并编写了第1、2、3章，武志燕副教授编写了第4、5、6、7章，左现刚副教授编写了第8、9章，李爽老师编写了第10、11章。另外，河南师范大学的王旭教授、牛有田教授和中国电子科技集团公司第二十二研究所的郝文辉研究员不辞辛劳地仔细审阅了全部书稿，并提出了许多宝贵的意见和建议，编者在此表示深深的谢意！西安电子科技大学出版社的编辑对本书内容和布局提出了许多宝贵的意见和建议，编者在此一并向他们表示真诚的感谢。

由于编者水平有限，书中不妥之处在所难免，恳请广大读者批评指正。

编　者

2023年3月于河南师范大学

目　录

第1章 矢量分析

1.1 基本要求

本章学习有以下几点基本要求：

(1) 掌握矢量与标量的概念和表示方法。

(2) 掌握矢量代数，尤其是矢量乘法(点积、叉积和三重积)的定义、公式和性质。

(3) 理解三种常用坐标系，熟悉各坐标系之间的转换方法。

(4) 了解矢量分析的概念和计算方法。

1.2 重点与难点

本章重点：

(1) 矢量与标量的概念和表示方法。

(2) 矢量代数的定义、公式、性质。

(3) 常用坐标系下的矢量代数计算。

本章难点：

矢量乘法(点积、叉积和三重积)的定义、公式和性质。

1.3 重点知识归纳

在电磁场与电磁波理论中遇到的绝大多数参量，都可以很容易地用标量或矢量进行表示或描述。矢量分析是研究电磁场与电磁波在空间中的分布和变化规律的基本数学工具之一。矢量可用坐标系下的分量表示，应掌握矢量在不同坐标系下的表示方法。

1. 标量与矢量

只用大小就能够完整描述的物理量称为标量，如质量 m、时间 t、温度 T、能量 W、电荷 Q、电压 u、长度 L、面积 S 等。

必须用大小和方向两个特征才能完整描述的物理量称为矢量，如力 $\boldsymbol{F}$、速度 $\boldsymbol{v}$、电场 $\boldsymbol{E}$、加速度 $\boldsymbol{a}$ 等。

2. 矢量代数

矢量的加法：$\boldsymbol{A}+\boldsymbol{B}=\boldsymbol{B}+\boldsymbol{A}$，$\boldsymbol{A}+(\boldsymbol{B}+\boldsymbol{C})=(\boldsymbol{A}+\boldsymbol{B})+\boldsymbol{C}$

矢量的减法：$\boldsymbol{A}-\boldsymbol{B}=\boldsymbol{A}+(-\boldsymbol{B})$

矢量的数乘：$\boldsymbol{B}=k\boldsymbol{A}$

矢量的点积：$\boldsymbol{A}\cdot\boldsymbol{B}=AB\cos\theta$

$\boldsymbol{A}\cdot\boldsymbol{B}=\boldsymbol{B}\cdot\boldsymbol{A}$

$\boldsymbol{A}\cdot(\boldsymbol{B}+\boldsymbol{C})=\boldsymbol{A}\cdot\boldsymbol{B}+\boldsymbol{A}\cdot\boldsymbol{C}$

矢量的叉积：$\boldsymbol{A}\times\boldsymbol{B}=\boldsymbol{e}_{\mathrm{n}}AB\sin\theta$

$\boldsymbol{B}\times\boldsymbol{A}=-\boldsymbol{A}\times\boldsymbol{B}$

$\boldsymbol{A}\times(\boldsymbol{B}+\boldsymbol{C})=\boldsymbol{A}\times\boldsymbol{B}+\boldsymbol{A}\times\boldsymbol{C}$

标量三重积：$\boldsymbol{A}\cdot(\boldsymbol{B}\times\boldsymbol{C})=\boldsymbol{B}\cdot(\boldsymbol{C}\times\boldsymbol{A})=\boldsymbol{C}\cdot(\boldsymbol{A}\times\boldsymbol{B})$

矢量三重积：$\boldsymbol{A}\times(\boldsymbol{B}\times\boldsymbol{C})=\boldsymbol{B}(\boldsymbol{A}\cdot\boldsymbol{C})-\boldsymbol{C}(\boldsymbol{A}\cdot\boldsymbol{B})$

若任意两个不为零的矢量 $\boldsymbol{A}$ 和 $\boldsymbol{B}$ 的点积等于零，则这两个矢量必然相互垂直，反之也成立；若任意两个不为零的矢量 $\boldsymbol{A}$ 和 $\boldsymbol{B}$ 的叉积等于零，则这两个矢量必然相互平行，反之亦然。

3. 常用正交坐标系

三条相互正交曲线组成的坐标系称为正交曲线坐标系。常用的坐标系一般有三种：直角坐标系、圆柱坐标系和球坐标系。直角坐标系适用于场呈面对称分布的问题求解，如无限大面电荷产生的电场分布。圆柱坐标系适用于场呈轴对称分布的问题求解，如无限长线电流产生的磁场分布。球坐标系适用于场呈点对称分布的问题求解，如点电荷产生的电场分布。

1）直角坐标系

坐标变量：x，y，z

单位矢量：$\boldsymbol{e}_x$，$\boldsymbol{e}_y$，$\boldsymbol{e}_z$

位置矢量：$\boldsymbol{r}=\boldsymbol{e}_x x+\boldsymbol{e}_y y+\boldsymbol{e}_z z$

线元矢量：$\mathrm{d}\boldsymbol{l}=\boldsymbol{e}_x\mathrm{d}x+\boldsymbol{e}_y\mathrm{d}y+\boldsymbol{e}_z\mathrm{d}z$

面元矢量：$\mathrm{d}\boldsymbol{S}_x=\boldsymbol{e}_x\mathrm{d}l_y\mathrm{d}l_z=\boldsymbol{e}_x\mathrm{d}y\mathrm{d}z$

$\mathrm{d}\boldsymbol{S}_y=\boldsymbol{e}_y\mathrm{d}l_x\mathrm{d}l_z=\boldsymbol{e}_y\mathrm{d}x\mathrm{d}z$

$\mathrm{d}\boldsymbol{S}_z=\boldsymbol{e}_z\mathrm{d}l_x\mathrm{d}l_y=\boldsymbol{e}_z\mathrm{d}x\mathrm{d}y$

体积元：$\mathrm{d}V=\mathrm{d}x\mathrm{d}y\mathrm{d}z$

2）圆柱坐标系

坐标变量：ρ，ϕ，z

单位矢量：$\boldsymbol{e}_\rho$，$\boldsymbol{e}_\phi$，$\boldsymbol{e}_z$

位置矢量：$\boldsymbol{r}=\boldsymbol{e}_\rho\rho+\boldsymbol{e}_z z$

线元矢量：$\mathrm{d}\boldsymbol{l}=\boldsymbol{e}_\rho\mathrm{d}\rho+\boldsymbol{e}_\phi\rho\mathrm{d}\phi+\boldsymbol{e}_z\mathrm{d}z$

面元矢量：$\mathrm{d}\boldsymbol{S}_\rho=\boldsymbol{e}_\rho\mathrm{d}l_\phi\mathrm{d}l_z=\boldsymbol{e}_\rho\rho\mathrm{d}\phi\mathrm{d}z$

$\mathrm{d}\boldsymbol{S}_\phi=\boldsymbol{e}_\phi\mathrm{d}l_\rho\mathrm{d}l_z=\boldsymbol{e}_\phi\mathrm{d}\rho\mathrm{d}z$

$\mathrm{d}\boldsymbol{S}_z=\boldsymbol{e}_z\mathrm{d}l_\rho\mathrm{d}l_\phi=\boldsymbol{e}_z\rho\mathrm{d}\rho\mathrm{d}\phi$

体积元：$\mathrm{d}V=\rho\mathrm{d}\rho\mathrm{d}\phi\mathrm{d}z$

3）球坐标系

坐标变量：r，θ，ϕ

单位矢量：$\boldsymbol{e}_r$，$\boldsymbol{e}_\theta$，$\boldsymbol{e}_\phi$

位置矢量：$\boldsymbol{r}=\boldsymbol{e}_r r$

线元矢量：$\mathrm{d}\boldsymbol{l}=\boldsymbol{e}_r\mathrm{d}r+\boldsymbol{e}_\theta r\mathrm{d}\theta+\boldsymbol{e}_\phi r\sin\theta\mathrm{d}\phi$

面元矢量：$\mathrm{d}\boldsymbol{S}_r=\boldsymbol{e}_r\mathrm{d}l_\theta\mathrm{d}l_\phi=\boldsymbol{e}_r r^2\sin\theta\mathrm{d}\theta\mathrm{d}\phi$

$\mathrm{d}\boldsymbol{S}_\theta=\boldsymbol{e}_\theta\mathrm{d}l_r\mathrm{d}l_\phi=\boldsymbol{e}_\theta r\sin\theta\mathrm{d}r\mathrm{d}\phi$

$\mathrm{d}\boldsymbol{S}_\phi=\boldsymbol{e}_\phi\mathrm{d}l_r\mathrm{d}l_\theta=\boldsymbol{e}_\phi r\mathrm{d}r\mathrm{d}\theta$

体积元：$\mathrm{d}V=r^2\sin\theta\mathrm{d}r\mathrm{d}\theta\mathrm{d}\phi$

4）各坐标系间的转换

直角坐标系、圆柱坐标系和球坐标系是以不同的形式来对相同物理量进行描述的，三种坐标系必定可以相互转换。

（1）直角坐标系与圆柱坐标系间的转换。

单位矢量 $\boldsymbol{e}_x$、$\boldsymbol{e}_y$、$\boldsymbol{e}_z$ 和 $\boldsymbol{e}_\rho$、$\boldsymbol{e}_\phi$、$\boldsymbol{e}_z$ 间的关系为

$$\begin{bmatrix}\boldsymbol{e}_\rho\\\boldsymbol{e}_\phi\\\boldsymbol{e}_z\end{bmatrix}=\begin{bmatrix}\cos\phi & \sin\phi & 0\\-\sin\phi & \cos\phi & 0\\0 & 0 & 1\end{bmatrix}\begin{bmatrix}\boldsymbol{e}_x\\\boldsymbol{e}_y\\\boldsymbol{e}_z\end{bmatrix}\quad\text{或}\quad\begin{bmatrix}\boldsymbol{e}_x\\\boldsymbol{e}_y\\\boldsymbol{e}_z\end{bmatrix}=\begin{bmatrix}\cos\phi & -\sin\phi & 0\\\sin\phi & \cos\phi & 0\\0 & 0 & 1\end{bmatrix}\begin{bmatrix}\boldsymbol{e}_\rho\\\boldsymbol{e}_\phi\\\boldsymbol{e}_z\end{bmatrix}$$

坐标变量 x、y、z 和 ρ、ϕ、z 间的关系为

$$\begin{cases}x=\rho\cos\phi\\y=\rho\sin\phi\\z=z\end{cases}\quad\text{或}\quad\begin{cases}\rho=\sqrt{x^2+y^2}\\\phi=\arctan\dfrac{y}{x}\\z=z\end{cases}$$

（2）直角坐标系与球坐标系间的转换。

单位矢量 $\boldsymbol{e}_x$、$\boldsymbol{e}_y$、$\boldsymbol{e}_z$ 和 $\boldsymbol{e}_r$、$\boldsymbol{e}_\theta$、$\boldsymbol{e}_\phi$ 间的关系为

$$\begin{bmatrix}\boldsymbol{e}_r\\\boldsymbol{e}_\theta\\\boldsymbol{e}_\phi\end{bmatrix}=\begin{bmatrix}\sin\theta\cos\phi & \sin\theta\sin\phi & \cos\theta\\\cos\theta\cos\phi & \cos\theta\sin\phi & -\sin\theta\\-\sin\phi & \cos\phi & 0\end{bmatrix}\begin{bmatrix}\boldsymbol{e}_x\\\boldsymbol{e}_y\\\boldsymbol{e}_z\end{bmatrix}$$

或

$$\begin{bmatrix}\boldsymbol{e}_x\\\boldsymbol{e}_y\\\boldsymbol{e}_z\end{bmatrix}=\begin{bmatrix}\sin\theta\cos\phi & \cos\theta\cos\phi & -\sin\phi\\\sin\theta\sin\phi & \cos\theta\sin\phi & \cos\phi\\\cos\theta & -\sin\theta & 0\end{bmatrix}\begin{bmatrix}\boldsymbol{e}_r\\\boldsymbol{e}_\theta\\\boldsymbol{e}_\phi\end{bmatrix}$$

坐标变量 x、y、z 和 r、θ、ϕ 间的关系为

$$\begin{cases}x=r\sin\theta\cos\phi\\y=r\sin\theta\sin\phi\\z=r\cos\theta\end{cases}\quad\text{或}\quad\begin{cases}r=\sqrt{x^2+y^2+z^2}\\\theta=\arccos\dfrac{z}{\sqrt{x^2+y^2+z^2}}\\\phi=\arctan\dfrac{y}{x}\end{cases}$$

（3）圆柱坐标系与球坐标系间的转换。

单位矢量 $\boldsymbol{e}_\rho$、$\boldsymbol{e}_\phi$、$\boldsymbol{e}_z$ 和 $\boldsymbol{e}_r$、$\boldsymbol{e}_\theta$、$\boldsymbol{e}_\phi$ 间的关系为

$$\begin{bmatrix} \boldsymbol{e}_r \\ \boldsymbol{e}_\theta \\ \boldsymbol{e}_\phi \end{bmatrix} = \begin{bmatrix} \sin\theta & 0 & \cos\theta \\ \cos\theta & 0 & -\sin\theta \\ 0 & 1 & 0 \end{bmatrix} \begin{bmatrix} \boldsymbol{e}_\rho \\ \boldsymbol{e}_\phi \\ \boldsymbol{e}_z \end{bmatrix} \quad 或 \quad \begin{bmatrix} \boldsymbol{e}_\rho \\ \boldsymbol{e}_\phi \\ \boldsymbol{e}_z \end{bmatrix} = \begin{bmatrix} \sin\theta & \cos\theta & 0 \\ 0 & 0 & 1 \\ \cos\theta & -\sin\theta & 0 \end{bmatrix} \begin{bmatrix} \boldsymbol{e}_r \\ \boldsymbol{e}_\theta \\ \boldsymbol{e}_\phi \end{bmatrix}$$

坐标变量 ρ、ϕ、z 和 r、θ、ϕ 间的关系为

$$\begin{cases} \rho = r\sin\theta \\ \phi = \phi \\ z = r\cos\theta \end{cases} \quad 或 \quad \begin{cases} r = \sqrt{\rho^2 + z^2} \\ \theta = \arctan\dfrac{\rho}{z} \\ \phi = \phi \end{cases}$$

4. 坐标系下的矢量代数

1) 直角坐标系下的矢量代数

矢量的加减：$\boldsymbol{A} \pm \boldsymbol{B} = \boldsymbol{e}_x(A_x \pm B_x) + \boldsymbol{e}_y(A_y \pm B_y) + \boldsymbol{e}_z(A_z \pm B_z)$

矢量的点积：$\boldsymbol{A} \cdot \boldsymbol{B} = A_x B_x + A_y B_y + A_z B_z$

矢量的叉积：$\boldsymbol{A} \times \boldsymbol{B} = \begin{vmatrix} \boldsymbol{e}_x & \boldsymbol{e}_y & \boldsymbol{e}_z \\ A_x & A_y & A_z \\ B_x & B_y & B_z \end{vmatrix}$

2) 圆柱坐标系下的矢量代数

矢量的加减：$\boldsymbol{A} \pm \boldsymbol{B} = \boldsymbol{e}_\rho(A_\rho \pm B_\rho) + \boldsymbol{e}_\phi(A_\phi \pm B_\phi) + \boldsymbol{e}_z(A_z \pm B_z)$

矢量的点积：$\boldsymbol{A} \cdot \boldsymbol{B} = A_\rho B_\rho + A_\phi B_\phi + A_z B_z$

矢量的叉积：$\boldsymbol{A} \times \boldsymbol{B} = \begin{vmatrix} \boldsymbol{e}_\rho & \boldsymbol{e}_\phi & \boldsymbol{e}_z \\ A_\rho & A_\phi & A_z \\ B_\rho & B_\phi & B_z \end{vmatrix}$

3) 球坐标系下的矢量代数

矢量的加减：$\boldsymbol{A} \pm \boldsymbol{B} = \boldsymbol{e}_r(A_r \pm B_r) + \boldsymbol{e}_\theta(A_\theta \pm B_\theta) + \boldsymbol{e}_\phi(A_\phi \pm B_\phi)$

矢量的点积：$\boldsymbol{A} \cdot \boldsymbol{B} = A_r B_r + A_\theta B_\theta + A_\phi B_\phi$

矢量的叉积：$\boldsymbol{A} \times \boldsymbol{B} = \begin{vmatrix} \boldsymbol{e}_r & \boldsymbol{e}_\theta & \boldsymbol{e}_\phi \\ A_r & A_\theta & A_\phi \\ B_r & B_\theta & B_\phi \end{vmatrix}$

5. 矢量分析

矢量代数主要研究数量之间的运算，而矢量分析则主要研究变化的矢量(或称为矢量函数)的变化。

1.4 思 考 题

1. 什么是单位矢量？什么是常矢量？单位矢量是否为常矢量？

2. 两个矢量的点积能是负数吗？如果能，则必须满足什么条件？

3. 在球坐标系中，矢量 $\boldsymbol{A} = \boldsymbol{e}_r a\cos\theta + \boldsymbol{e}_\phi a\sin\theta$，其中 a 为常数，则 $\boldsymbol{A}$ 能是常矢量吗？为什么？

4. 在圆柱坐标系中，矢量 $\boldsymbol{A}=\boldsymbol{e}_\rho a+\boldsymbol{e}_\phi b+\boldsymbol{e}_z c$，其中 a、b、c 为常数，则 $\boldsymbol{A}$ 是常矢量吗？为什么？

1.5 习题全解

1.1 已知 $\boldsymbol{A}=\boldsymbol{e}_x-9\boldsymbol{e}_y-\boldsymbol{e}_z$，$\boldsymbol{B}=2\boldsymbol{e}_x-4\boldsymbol{e}_y+3\boldsymbol{e}_z$。求：

(1) $\boldsymbol{A}+\boldsymbol{B}$；

(2) $\boldsymbol{A}-\boldsymbol{B}$；

(3) $\boldsymbol{A}\cdot\boldsymbol{B}$；

(4) $\boldsymbol{A}\times\boldsymbol{B}$。

解： (1) $\boldsymbol{A}+\boldsymbol{B}=(1+2)\boldsymbol{e}_x+(-9-4)\boldsymbol{e}_y+(-1+3)\boldsymbol{e}_z=3\boldsymbol{e}_x-13\boldsymbol{e}_y+2\boldsymbol{e}_z$。

(2) $\boldsymbol{A}-\boldsymbol{B}=(1-2)\boldsymbol{e}_x+(-9+4)\boldsymbol{e}_y+(-1-3)\boldsymbol{e}_z=-\boldsymbol{e}_x-5\boldsymbol{e}_y-4\boldsymbol{e}_z$。

(3) $\boldsymbol{A}\cdot\boldsymbol{B}=1\times2+(-9)\times(-4)+(-1)\times3=2+36-3=35$。

(4) $\boldsymbol{A}\times\boldsymbol{B}=\begin{vmatrix}\boldsymbol{e}_x & \boldsymbol{e}_y & \boldsymbol{e}_z\\ 1 & -9 & -1\\ 2 & -4 & 3\end{vmatrix}=-31\boldsymbol{e}_x-5\boldsymbol{e}_y+14\boldsymbol{e}_z$。

1.2 已知 $\boldsymbol{A}=\boldsymbol{e}_x+b\boldsymbol{e}_y+c\boldsymbol{e}_z$，$\boldsymbol{B}=-\boldsymbol{e}_x+3\boldsymbol{e}_y+8\boldsymbol{e}_z$。

(1) 若 $\boldsymbol{A}\perp\boldsymbol{B}$ 成立，求 b 和 c 满足的关系式；

(2) 若 $\boldsymbol{A}/\!/\boldsymbol{B}$ 成立，求 b 和 c 的值。

解 (1) 若 $\boldsymbol{A}\perp\boldsymbol{B}$，则 $\boldsymbol{A}\cdot\boldsymbol{B}=-1+3b+8c=0$，即 $3b+8c-1=0$。

(2) 若 $\boldsymbol{A}/\!/\boldsymbol{B}$，则 $\dfrac{A_x}{B_x}=\dfrac{A_y}{B_y}=\dfrac{A_z}{B_z}$，即 $\dfrac{1}{-1}=\dfrac{b}{3}=\dfrac{c}{8}$，所以 $b=-3$，$c=-8$。

1.3 有三个矢量，$\boldsymbol{A}=\boldsymbol{e}_x+2\boldsymbol{e}_y-3\boldsymbol{e}_z$，$\boldsymbol{B}=-4\boldsymbol{e}_y+\boldsymbol{e}_z$，$\boldsymbol{C}=5\boldsymbol{e}_x-2\boldsymbol{e}_z$，求 $\boldsymbol{A}\cdot\boldsymbol{B}$、$\boldsymbol{A}\times\boldsymbol{C}$、$|\boldsymbol{A}-\boldsymbol{B}|$、$\theta_{AB}$、$\boldsymbol{A}\cdot(\boldsymbol{B}\times\boldsymbol{C})$、$(\boldsymbol{A}\times\boldsymbol{B})\cdot\boldsymbol{C}$、$(\boldsymbol{A}\times\boldsymbol{B})\times\boldsymbol{C}$ 和 $\boldsymbol{A}\times(\boldsymbol{B}\times\boldsymbol{C})$。

解 由已知条件可得

$$\boldsymbol{A}\cdot\boldsymbol{B}=-8-3=-11$$

$$\boldsymbol{A}\times\boldsymbol{C}=\begin{vmatrix}\boldsymbol{e}_x & \boldsymbol{e}_y & \boldsymbol{e}_z\\ 1 & 2 & -3\\ 5 & 0 & -2\end{vmatrix}=-4\boldsymbol{e}_x-13\boldsymbol{e}_y-10\boldsymbol{e}_z$$

$$\boldsymbol{A}-\boldsymbol{B}=\boldsymbol{e}_x+6\boldsymbol{e}_y-4\boldsymbol{e}_z\Rightarrow|\boldsymbol{A}-\boldsymbol{B}|=\sqrt{1^2+6^2+(-4)^2}=\sqrt{53}$$

因

$$|\boldsymbol{A}|=\sqrt{14},\ |\boldsymbol{B}|=\sqrt{17}$$

故

$$\theta_{AB}=\arccos\frac{\boldsymbol{A}\cdot\boldsymbol{B}}{|\boldsymbol{A}||\boldsymbol{B}|}=\arccos\frac{-11}{\sqrt{238}}$$

由于

$$\boldsymbol{B}\times\boldsymbol{C}=\begin{vmatrix}\boldsymbol{e}_x & \boldsymbol{e}_y & \boldsymbol{e}_z\\ 0 & -4 & 1\\ 5 & 0 & -2\end{vmatrix}=8\boldsymbol{e}_x+5\boldsymbol{e}_y+20\boldsymbol{e}_z$$

$$\boldsymbol{A}\times\boldsymbol{B}=\begin{vmatrix}\boldsymbol{e}_x & \boldsymbol{e}_y & \boldsymbol{e}_z\\ 1 & 2 & -3\\ 0 & -4 & 1\end{vmatrix}=-10\boldsymbol{e}_x-\boldsymbol{e}_y-4\boldsymbol{e}_z$$

因此

$$\boldsymbol{A}\cdot(\boldsymbol{B}\times\boldsymbol{C})=8+10-60=-42$$

$$(\boldsymbol{A}\times\boldsymbol{B})\cdot\boldsymbol{C}=\boldsymbol{C}\cdot(\boldsymbol{A}\times\boldsymbol{B})=\boldsymbol{A}\cdot(\boldsymbol{B}\times\boldsymbol{C})=-42$$

$$(\boldsymbol{A}\times\boldsymbol{B})\times\boldsymbol{C}=\begin{vmatrix}\boldsymbol{e}_x & \boldsymbol{e}_y & \boldsymbol{e}_z\\ -10 & -1 & -4\\ 5 & 0 & -2\end{vmatrix}=2\boldsymbol{e}_x-40\boldsymbol{e}_y+5\boldsymbol{e}_z$$

$$\boldsymbol{A}\times(\boldsymbol{B}\times\boldsymbol{C})=\begin{vmatrix}\boldsymbol{e}_x & \boldsymbol{e}_y & \boldsymbol{e}_z\\ 1 & 2 & -3\\ 8 & 5 & 20\end{vmatrix}=55\boldsymbol{e}_x-44\boldsymbol{e}_y-11\boldsymbol{e}_z$$

1.4 证明矢量 $\boldsymbol{A}=2\boldsymbol{e}_x+5\boldsymbol{e}_y+3\boldsymbol{e}_z$ 和矢量 $\boldsymbol{B}=4\boldsymbol{e}_x+10\boldsymbol{e}_y+6\boldsymbol{e}_z$ 相互平行。

分析： 根据两矢量的叉积定义式 $\boldsymbol{A}\times\boldsymbol{B}=\boldsymbol{e}_\text{n}AB\sin\theta$ 可知，若两非零矢量相互平行，则其夹角的正弦 $\sin\theta=0$，也即必有 $\boldsymbol{A}\times\boldsymbol{B}=0$，故可从两矢量的叉积为零入手证明它们互相平行。当然，根据两矢量的单位矢量的方向相同或相反，也能证明它们是互相平行的。

证明 方法一：根据 $\boldsymbol{A}\times\boldsymbol{B}=\boldsymbol{e}_\text{n}AB\sin\theta$ 有

$$\sin\theta=\frac{\boldsymbol{A}\times\boldsymbol{B}}{\boldsymbol{e}_\text{n}AB}$$

由题设得

$$\boldsymbol{A}\times\boldsymbol{B}=\begin{vmatrix}\boldsymbol{e}_x & \boldsymbol{e}_y & \boldsymbol{e}_z\\ 2 & 5 & 3\\ 4 & 10 & 6\end{vmatrix}=0,\ A\neq 0,\ B\neq 0$$

故有 $\sin\theta=0$，即 $\boldsymbol{A}$、$\boldsymbol{B}$ 的夹角为 0，亦即 $\boldsymbol{A}/\!/\boldsymbol{B}$。

方法二：由题设得

$$\boldsymbol{e}_A=\frac{\boldsymbol{A}}{|\boldsymbol{A}|}=\frac{2\boldsymbol{e}_x+5\boldsymbol{e}_y+3\boldsymbol{e}_z}{\sqrt{2^2+5^2+3^2}}=\frac{2\boldsymbol{e}_x+5\boldsymbol{e}_y+3\boldsymbol{e}_z}{\sqrt{38}}$$

$$\boldsymbol{e}_B=\frac{\boldsymbol{B}}{|\boldsymbol{B}|}=\frac{4\boldsymbol{e}_x+10\boldsymbol{e}_y+6\boldsymbol{e}_z}{\sqrt{4^2+10^2+6^2}}=\frac{2\boldsymbol{e}_x+5\boldsymbol{e}_y+3\boldsymbol{e}_z}{\sqrt{38}}=\boldsymbol{e}_A$$

即 $\boldsymbol{A}$、$\boldsymbol{B}$ 的方向相同，故 $\boldsymbol{A}/\!/\boldsymbol{B}$。

注意 若要证明两个非零矢量相互垂直，则根据两矢量的点积定义式 $\boldsymbol{A}\cdot\boldsymbol{B}=AB\cos\theta$，可求证 $\boldsymbol{A}\cdot\boldsymbol{B}=0$，即得 $\cos\theta=0$，也即 $\boldsymbol{A}\perp\boldsymbol{B}$。

1.5 证明矢量 $\boldsymbol{A}=6\boldsymbol{e}_x+5\boldsymbol{e}_y-10\boldsymbol{e}_z$ 和矢量 $\boldsymbol{B}=5\boldsymbol{e}_x+2\boldsymbol{e}_y+4\boldsymbol{e}_z$ 是正交矢量。

证明 由于 $\boldsymbol{A}\cdot\boldsymbol{B}=30+10-40=0$，因此 $\boldsymbol{A}\perp\boldsymbol{B}$，说明两矢量是正交矢量。

1.6 已知三个矢量，$\boldsymbol{A}=2\boldsymbol{e}_x+\boldsymbol{e}_y-2\boldsymbol{e}_z$，$\boldsymbol{B}=-\boldsymbol{e}_x+3\boldsymbol{e}_y+5\boldsymbol{e}_z$，$\boldsymbol{C}=5\boldsymbol{e}_x-2\boldsymbol{e}_y-2\boldsymbol{e}_z$，计算这三个矢量构成的平行六面体的体积。

解 $\boldsymbol{A}\cdot(\boldsymbol{B}\times\boldsymbol{C})$ 即所求平行六面体的体积。由已知得

$$\boldsymbol{B}\times\boldsymbol{C}=\begin{vmatrix}\boldsymbol{e}_x & \boldsymbol{e}_y & \boldsymbol{e}_z\\ -1 & 3 & 5\\ 5 & -2 & -2\end{vmatrix}=4\boldsymbol{e}_x+23\boldsymbol{e}_y-13\boldsymbol{e}_z$$

则

$$\boldsymbol{A}\cdot(\boldsymbol{B}\times\boldsymbol{C})=8+23+26=57$$

1.7　在圆柱坐标系中，点 P 的坐标为$\left(4,\ \frac{2\pi}{3},\ 3\right)$，求该点在直角坐标系和球坐标系中的坐标。

解　根据圆柱坐标系与直角坐标系间的转换公式，在直角坐标系中，有

$$x=4\cos\frac{2\pi}{3}=-2,\ y=4\sin\frac{2\pi}{3}=2\sqrt{3},\ z=3$$

故该点的直角坐标为$(-2,\ 2\sqrt{3},\ 3)$。

根据球坐标系与圆柱坐标系间的转换公式，在球坐标系中，有

$$r=\sqrt{4^2+3^2}=5,\ \theta=\arctan\frac{4}{3}=53.1°,\ \phi=\frac{2\pi}{3}=120°$$

故该点的球坐标为$(5,\ 53.1°,\ 120°)$。

1.8　已知点 A 和点 B 对于坐标原点的位置矢量分别为 $\boldsymbol{a}$ 和 $\boldsymbol{b}$，求通过点 A 和点 B 的直线方程。

解　如图 1-1 所示，在通过点 A 和点 B 的直线方程上任取一点 C，其对于坐标原点的位置矢量为 $\boldsymbol{c}$，则有

$$\boldsymbol{c}-\boldsymbol{a}=k(\boldsymbol{b}-\boldsymbol{a})$$

即

$$\boldsymbol{c}=(1-k)\boldsymbol{a}+k\boldsymbol{b}$$

其中 k 为任意实数。

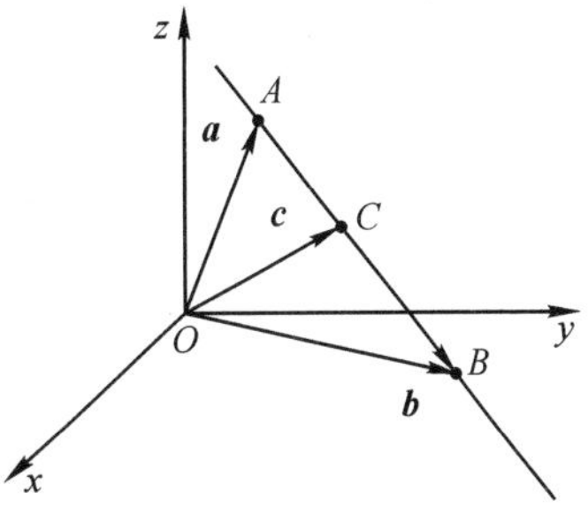

图 1-1　习题 1.8 图

1.9　三角形的三个顶点为 $P_1(0,\ 1,\ -2)$、$P_2(4,\ 1,\ -3)$和 $P_3(6,\ 2,\ 5)$。

(1) 判断$\triangle P_1P_2P_3$ 是否为一直角三角形；

(2) 求三角形的面积。

解　(1) 三个顶点 $P_1(0,\ 1,\ -2)$、$P_2(4,\ 1,\ -3)$和 $P_3(6,\ 2,\ 5)$的位置矢量分别为

$$\boldsymbol{r}_1=\boldsymbol{e}_y-2\boldsymbol{e}_z,\ \boldsymbol{r}_2=4\boldsymbol{e}_x+\boldsymbol{e}_y-3\boldsymbol{e}_z,\ \boldsymbol{r}_3=6\boldsymbol{e}_x+2\boldsymbol{e}_y+5\boldsymbol{e}_z$$

则点 P_1 到点 P_2、点 P_2 到点 P_3、点 P_3 到点 P_1 的向量分别为

$$\boldsymbol{R}_{12}=\boldsymbol{r}_2-\boldsymbol{r}_1=4\boldsymbol{e}_x-\boldsymbol{e}_z$$

$$\boldsymbol{R}_{23}=\boldsymbol{r}_3-\boldsymbol{r}_2=2\boldsymbol{e}_x+\boldsymbol{e}_y+8\boldsymbol{e}_z$$

$$\boldsymbol{R}_{31}=\boldsymbol{r}_1-\boldsymbol{r}_3=-6\boldsymbol{e}_x-\boldsymbol{e}_y-7\boldsymbol{e}_z$$

由此可得 $\boldsymbol{R}_{12}\cdot\boldsymbol{R}_{23}=(4\boldsymbol{e}_x-\boldsymbol{e}_z)\cdot(2\boldsymbol{e}_x+\boldsymbol{e}_y+8\boldsymbol{e}_z)=0$，故$\triangle P_1P_2P_3$ 为一直角三角形。

(2) 三角形的面积为

$$S=\frac{1}{2}|\boldsymbol{R}_{12}\times\boldsymbol{R}_{23}|=\frac{1}{2}|\boldsymbol{R}_{12}|\times|\boldsymbol{R}_{23}|=\frac{1}{2}\sqrt{17}\times\sqrt{69}=\frac{1}{2}\sqrt{1173}$$

1.10　给定两个矢量 $\boldsymbol{A}=2\boldsymbol{e}_x+3\boldsymbol{e}_y-4\boldsymbol{e}_z$ 和 $\boldsymbol{B}=-6\boldsymbol{e}_x-4\boldsymbol{e}_y+\boldsymbol{e}_z$，求 $\boldsymbol{A}\times\boldsymbol{B}$ 在 $\boldsymbol{C}=$

$\boldsymbol{e}_x-\boldsymbol{e}_y+\boldsymbol{e}_z$ 上的分量。

解 因为

$$\boldsymbol{A}\times\boldsymbol{B}=\begin{vmatrix}\boldsymbol{e}_x & \boldsymbol{e}_y & \boldsymbol{e}_z\\ 2 & 3 & -4\\ -6 & -4 & 1\end{vmatrix}=-13\boldsymbol{e}_x+22\boldsymbol{e}_y+10\boldsymbol{e}_z$$

$$(\boldsymbol{A}\times\boldsymbol{B})\cdot\boldsymbol{C}=(-13\boldsymbol{e}_x+22\boldsymbol{e}_y+10\boldsymbol{e}_z)\cdot(\boldsymbol{e}_x-\boldsymbol{e}_y+\boldsymbol{e}_z)=-25$$

$$|\boldsymbol{C}|=\sqrt{1^2+(-1)^2+1^2}=\sqrt{3}$$

所以 $\boldsymbol{A}\times\boldsymbol{B}$ 在 $\boldsymbol{C}$ 上的分量为

$$(\boldsymbol{A}\times\boldsymbol{B})_C=\frac{(\boldsymbol{A}\times\boldsymbol{B})\cdot\boldsymbol{C}}{|\boldsymbol{C}|}=-\frac{25}{\sqrt{3}}=-\frac{25\sqrt{3}}{3}$$

1.11 证明：如果 $\boldsymbol{A}\cdot\boldsymbol{B}=\boldsymbol{A}\cdot\boldsymbol{C}$ 和 $\boldsymbol{A}\times\boldsymbol{B}=\boldsymbol{A}\times\boldsymbol{C}$，则 $\boldsymbol{B}=\boldsymbol{C}$。

证明 如果 $\boldsymbol{A}\times\boldsymbol{B}=\boldsymbol{A}\times\boldsymbol{C}$，则有 $\boldsymbol{A}\times(\boldsymbol{A}\times\boldsymbol{B})=\boldsymbol{A}\times(\boldsymbol{A}\times\boldsymbol{C})$，即

$$(\boldsymbol{A}\cdot\boldsymbol{B})\boldsymbol{A}-(\boldsymbol{A}\cdot\boldsymbol{A})\boldsymbol{B}=(\boldsymbol{A}\cdot\boldsymbol{C})\boldsymbol{A}-(\boldsymbol{A}\cdot\boldsymbol{A})\boldsymbol{C}$$

由于 $\boldsymbol{A}\cdot\boldsymbol{B}=\boldsymbol{A}\cdot\boldsymbol{C}$，因此

$$(\boldsymbol{A}\cdot\boldsymbol{A})\boldsymbol{B}=(\boldsymbol{A}\cdot\boldsymbol{A})\boldsymbol{C}$$

于是

$$\boldsymbol{B}=\boldsymbol{C}$$

第 2 章
场 论 基 础

2.1　基 本 要 求

本章学习有以下几点基本要求：

(1) 掌握矢量场和标量场的概念、特性与表示方法。

(2) 掌握哈密顿算子和拉普拉斯算子的概念、公式、性质与意义。

(3) 掌握标量场的方向导数与梯度的概念、特性和相关计算公式。

(4) 掌握矢量场的通量与散度的概念、特性和相关计算公式以及散度定理。

(5) 掌握矢量场的环量与旋度的概念、特性和相关计算公式以及斯托克斯定理。

(6) 理解并掌握格林定理的推导、公式、应用领域与场合。

(7) 理解唯一性定理。

(8) 理解并掌握亥姆霍兹定理的概念和性质。

(9) 了解矢量场的源及矢量场按源的分类。

2.2　重 点 与 难 点

本章重点：

(1) 场的概念。

(2) 哈密顿算子的概念、公式、性质与意义。

(3) 标量场的方向导数与梯度的概念和特性。

(4) 矢量场的通量与散度的概念和特性以及散度定理。

(5) 矢量场的环量与旋度的概念和特性以及斯托克斯定理。

(6) 格林定理的推导、公式、应用领域与场合。

(7) 亥姆霍兹定理的概念和性质。

本章难点：

(1) 场的概念。

(2) 哈密顿算子在三种坐标系下的公式。

(3) 矢量场的散度的概念和表示方法。

(4) 矢量场的旋度的概念和表示方法。

(5) 亥姆霍兹定理的概念和性质。

2.3 重点知识归纳

场是描述物理量在空间中一定区域内所有点的物理量。场可分为标量场和矢量场两类，温度场、密度场、电位场等为标量场，力、力矩、电场、磁场等为矢量场。

1. 哈密顿算子与拉普拉斯算子

1）哈密顿算子

在电磁场与电磁波理论中，哈密顿算子∇是一个很重要的微分算子。哈密顿算子∇具有矢量和运算双重意义，因此哈密顿算子∇也称为矢性微分算符。

直角坐标系下：$\nabla=\boldsymbol{e}_x\dfrac{\partial}{\partial x}+\boldsymbol{e}_y\dfrac{\partial}{\partial y}+\boldsymbol{e}_z\dfrac{\partial}{\partial z}$

圆柱坐标系下：$\nabla=\boldsymbol{e}_\rho\dfrac{\partial}{\partial \rho}+\boldsymbol{e}_\phi\dfrac{1}{\rho}\dfrac{\partial}{\partial \phi}+\boldsymbol{e}_z\dfrac{\partial}{\partial z}$

球坐标系下：$\nabla=\boldsymbol{e}_r\dfrac{\partial}{\partial r}+\boldsymbol{e}_\theta\dfrac{1}{r}\dfrac{\partial}{\partial \theta}+\boldsymbol{e}_\phi\dfrac{1}{r\sin\theta}\dfrac{\partial}{\partial \phi}$

2）拉普拉斯算子

拉普拉斯算子∇^2是数性算子，它与标量函数作用后是一标量。在直角坐标系下，可以得到

$$\begin{aligned}\nabla^2 u &=\nabla\cdot\nabla u=\left(\boldsymbol{e}_x\frac{\partial}{\partial x}+\boldsymbol{e}_y\frac{\partial}{\partial y}+\boldsymbol{e}_z\frac{\partial}{\partial z}\right)\cdot\left(\boldsymbol{e}_x\frac{\partial u}{\partial x}+\boldsymbol{e}_y\frac{\partial u}{\partial y}+\boldsymbol{e}_z\frac{\partial u}{\partial z}\right)\\&=\frac{\partial^2 u}{\partial x^2}+\frac{\partial^2 u}{\partial y^2}+\frac{\partial^2 u}{\partial z^2}\end{aligned}$$

2. 标量场

如果一个物理量只用一个数量就可对其进行表述，则这个物理量在空间所确定的场称为标量场。

1）等值面

标量场的等值面是把具有相同数值的点连接起来构成的一个空间曲面，它可直观、形象地描述标量场表征的物理量在空间的分布状况。标量场的等值面定义为

$$u(x, y, z)=C\quad(C\text{ 为常数})$$

2）方向导数

方向导数表示标量场沿某方向 $\boldsymbol{l}$ 的空间距离变化率。方向导数的值不仅与起始点 M_0 有关，而且与方向 $\boldsymbol{l}$ 有关。方向导数的定义为

$$\left.\frac{\partial u}{\partial l}\right|_{M_0}=\lim_{\rho\to 0}\frac{u(M)-u(M_0)}{\rho}$$

3）梯度

梯度是一个矢量，其方向为沿场量变化最大的方向，其值等于该方向上的最大变化率。梯度的定义为

$$\mathbf{grad}(u)=\boldsymbol{e}_l\left.\frac{\partial u}{\partial l}\right|_{\max}$$

3. 矢量场

如果一个物理量需要用数量和方向一起来表述，则这个物理量在空间所确定的场称为矢量场。

1）矢量线

矢量线上的每一点都与该点处的矢量 $\boldsymbol{A}=A_x\boldsymbol{e}_x+A_y\boldsymbol{e}_y+A_z\boldsymbol{e}_z$ 相切，其切线方向代表了该点矢量场的方向。矢量线可直观、形象地描述矢量物理量在空间的分布状况。矢量线的微分方程为

$$\frac{\mathrm{d}x}{A_x}=\frac{\mathrm{d}y}{A_y}=\frac{\mathrm{d}z}{A_z}$$

2）矢量场的通量与散度

矢量场 $\boldsymbol{A}$ 穿过有向曲面 $\boldsymbol{S}$ 的通量为

$$\psi=\int_S \boldsymbol{A}\cdot\mathrm{d}\boldsymbol{S}=\int_S \boldsymbol{A}\cdot\boldsymbol{e}_{\mathrm{n}}\mathrm{d}S$$

矢量场 $\boldsymbol{A}$ 在某点的散度为

$$\mathrm{div}\boldsymbol{A}=\nabla\cdot\boldsymbol{A}=\lim_{\Delta V\to 0}\frac{\int_S \boldsymbol{A}\cdot\mathrm{d}\boldsymbol{S}}{\Delta V}$$

矢量场 $\boldsymbol{A}$ 的散度表示其通量的体密度。从散度的定义出发，可以得到矢量场 $\boldsymbol{A}$ 在空间任意闭合曲面的总通量等于该闭合曲面所包含体积中矢量场的散度的体积分，即

$$\oint_S \boldsymbol{A}\cdot\mathrm{d}\boldsymbol{S}=\int_V \nabla\cdot\boldsymbol{A}\mathrm{d}V$$

散度运算的基本公式：

$$\begin{cases}\nabla\cdot\boldsymbol{C}=0\\ \nabla\cdot(\boldsymbol{C}u)=\boldsymbol{C}\cdot\nabla u\\ \nabla\cdot(k\boldsymbol{A})=k\ \nabla\cdot\boldsymbol{A}\\ \nabla\cdot(u\boldsymbol{A})=u\ \nabla\cdot\boldsymbol{A}+\boldsymbol{A}\cdot\nabla u\\ \nabla\cdot(\boldsymbol{A}\pm\boldsymbol{B})=\nabla\cdot\boldsymbol{A}\pm\nabla\cdot\boldsymbol{B}\end{cases}$$

3）矢量场的环量与旋度

矢量场 $\boldsymbol{A}$ 沿闭合曲线 C 的环量为

$$\Gamma=\oint_C \boldsymbol{A}\cdot\mathrm{d}\boldsymbol{l}=\oint_C A\cos\theta\,\mathrm{d}l$$

矢量场 $\boldsymbol{A}$ 在某点的旋度为

$$\mathbf{rot}\boldsymbol{A}=\boldsymbol{e}_{\mathrm{n}}\mathbf{rot}_i\,\boldsymbol{A}\Big|_{\max}=\boldsymbol{e}_{\mathrm{n}}\lim_{\Delta S\to 0}\frac{\int_C \boldsymbol{A}\cdot\mathrm{d}\boldsymbol{l}}{\Delta S}\Bigg|_{\max}$$

矢量场 $\boldsymbol{A}$ 的旋度表示其环量的面密度。从旋度的定义出发，可以得到矢量场 $\boldsymbol{A}$ 沿任意闭合曲线的环量等于矢量场的旋度在该闭合曲线所围的曲面的积分，即

$$\oint_C \boldsymbol{A}\cdot\mathrm{d}\boldsymbol{l}=\int_S \nabla\times\boldsymbol{A}\cdot\mathrm{d}\boldsymbol{S}$$

旋度运算的基本公式：

$$\begin{cases}\nabla\times\boldsymbol{C}=\boldsymbol{0}\\ \nabla\times(\boldsymbol{C}u)=\nabla u\times\boldsymbol{C}\\ \nabla\times(\nabla u)=\boldsymbol{0}\\ \nabla\times(u\boldsymbol{A})=u\ \nabla\times\boldsymbol{A}+\nabla u\times\boldsymbol{A}\\ \nabla\times(\boldsymbol{A}\pm\boldsymbol{B})=\nabla\times\boldsymbol{A}\pm\nabla\times\boldsymbol{B}\\ \nabla\cdot(\boldsymbol{A}\times\boldsymbol{B})=\boldsymbol{B}\cdot\nabla\times\boldsymbol{A}-\boldsymbol{A}\cdot\nabla\times\boldsymbol{B}\\ \nabla\cdot(\nabla\times\boldsymbol{A})=0\\ \nabla\times\nabla\times\boldsymbol{A}=\nabla(\nabla\cdot\boldsymbol{A})-\nabla^2\boldsymbol{A}\end{cases}$$

4. 常用定理

1）格林定理

格林定理定量描述了两个标量场之间的关系，说明了区域 V 中的场与边界 S 上的场之间的关系。

格林第一恒等式：

$$\int_V(\varphi\ \nabla^2\psi+\nabla\varphi\cdot\nabla\psi)\mathrm{d}V=\oint_S\varphi\ \nabla\psi\cdot\mathrm{d}\boldsymbol{S}=\oint_S\varphi\ \frac{\partial\psi}{\partial n}\mathrm{d}S$$

$$\int_V(\psi\ \nabla^2\varphi+\nabla\varphi\cdot\nabla\psi)\mathrm{d}V=\oint_S\psi\ \nabla\varphi\cdot\mathrm{d}\boldsymbol{S}=\oint_S\psi\ \frac{\partial\varphi}{\partial n}\mathrm{d}S$$

格林第二恒等式：

$$\int_V(\varphi\ \nabla^2\psi-\psi\ \nabla^2\varphi)\mathrm{d}V=\oint_S(\varphi\ \nabla\psi-\psi\nabla\varphi)\cdot\mathrm{d}\boldsymbol{S}=\oint_S\left(\varphi\ \frac{\partial\psi}{\partial n}-\psi\ \frac{\partial\varphi}{\partial n}\right)\mathrm{d}S$$

2）唯一性定理

如果一个矢量场的散度和旋度在全区域内确定，且在包围区域的封闭面上的法向分量也确定，则这个矢量场在区域内是唯一的，此为唯一性定理。

3）亥姆霍兹定理

矢量场的散度和旋度都是表示矢量场的性质的量度，一个矢量场所具有的性质可由它的散度和旋度来说明。可以证明在有限区域 V 内，任一矢量场由它的散度、旋度和边界条件(即限定区域 V 的闭合面 S 上的矢量场的分布)唯一地确定，且可表示为

$$\boldsymbol{F}=-\nabla u(\boldsymbol{r})+\nabla\times\boldsymbol{A}(\boldsymbol{r})$$

其中

$$\begin{cases}u(\boldsymbol{r})=\dfrac{1}{4\pi}\displaystyle\int_V\frac{\nabla'\cdot\boldsymbol{F}(\boldsymbol{r}')}{|\boldsymbol{r}-\boldsymbol{r}'|}\mathrm{d}V'\\ \boldsymbol{A}(\boldsymbol{r})=\dfrac{1}{4\pi}\displaystyle\int_V\frac{\nabla'\times\boldsymbol{F}(\boldsymbol{r}')}{|\boldsymbol{r}-\boldsymbol{r}'|}\mathrm{d}V'\end{cases}$$

5. 场的分类

无散无旋场：$\nabla\cdot\boldsymbol{F}=0$，$\nabla\times\boldsymbol{F}=\boldsymbol{0}$

有散无旋场：$\nabla\cdot\boldsymbol{F}\neq0$，$\nabla\times\boldsymbol{F}=\boldsymbol{0}$

有旋无散场：$\nabla\cdot\boldsymbol{F}=0$，$\nabla\times\boldsymbol{F}\neq\boldsymbol{0}$

有散有旋场：$\nabla\cdot\boldsymbol{F}\neq0$，$\nabla\times\boldsymbol{F}\neq\boldsymbol{0}$

2.4 思考题

1. 什么是矢量场的通量？通量值为正、负或零分别表示什么意义？
2. 什么是矢量场的环量？环量值为正、负或零分别表示什么意义？
3. 斯托克斯(Stokes)定理的意义是什么？它能用于闭合曲面吗？
4. 如果矢量场 $\boldsymbol{A}$ 能够表示为一个标量函数的梯度，那么这个矢量场具有什么特性？
5. 如果矢量场 $\boldsymbol{A}$ 能够表示为一个矢量函数的旋度，那么这个矢量场具有什么特性？
6. 只有直矢量线的矢量场一定是无旋场，这种说法对吗？为什么？
7. 无旋场与无散场的区别是什么？

2.5 习题全解

2.1　求标量场 $\varphi=\ln(x^2+y^2+z^2)$通过点 $M(1,2,3)$的等值面方程。

解　标量场函数 φ 在点 $M(1,2,3)$处的值为

$$\varphi=\ln(1+4+9)=\ln 14$$

故此标量场通过点 $M(1,2,3)$的等值面方程为

$$\ln(x^2+y^2+z^2)=\ln 14$$

即

$$x^2+y^2+z^2=14$$

2.2　假设 $\boldsymbol{a}=a_1\boldsymbol{e}_x+a_2\boldsymbol{e}_y+a_3\boldsymbol{e}_z$，矢径 $\boldsymbol{r}=x\boldsymbol{e}_x+y\boldsymbol{e}_y+z\boldsymbol{e}_z$。求矢量场 $\boldsymbol{A}=\boldsymbol{a}\times\boldsymbol{r}$ 的矢量线方程。

解　由矢量叉积的运算规则可得

$$\boldsymbol{A}=\begin{vmatrix}\boldsymbol{e}_x & \boldsymbol{e}_y & \boldsymbol{e}_z\\ a_1 & a_2 & a_3\\ x & y & z\end{vmatrix}=(a_2z-a_3y)\boldsymbol{e}_x+(a_3x-a_1z)\boldsymbol{e}_y+(a_1y-a_2x)\boldsymbol{e}_z$$

则矢量线所满足的微分方程为

$$\frac{\mathrm{d}x}{a_2z-a_3y}=\frac{\mathrm{d}y}{a_3x-a_1z}=\frac{\mathrm{d}z}{a_1y-a_2x}\tag{1}$$

式(1)是一个等比式，设其比值为 K。根据分子分母同乘一个数比值不变，则式(1)第一项分子分母同乘 a_1、第二项分子分母同乘 a_2、第三项分子分母同乘 a_3 可得

$$\frac{a_1\mathrm{d}x}{a_1(a_2z-a_3y)}=\frac{a_2\mathrm{d}y}{a_2(a_3x-a_1z)}=\frac{a_3\mathrm{d}z}{a_3(a_1y-a_2x)}=K$$

上式可写成如下形式：

$$\frac{a_1\mathrm{d}x}{a_1(a_2z-a_3y)}=K\quad 或\quad a_1\mathrm{d}x=Ka_1(a_2z-a_3y)$$

$$\frac{a_2\mathrm{d}y}{a_2(a_3x-a_1z)}=K\quad 或\quad a_2\mathrm{d}y=Ka_2(a_3x-a_1z)$$

$$\frac{a_3\mathrm{d}z}{a_3(a_1y-a_2x)}=K\quad 或\quad a_3\mathrm{d}z=Ka_3(a_1y-a_2x)$$

对上面三式求和可得

$$a_1\mathrm{d}x+a_2\mathrm{d}y+a_3\mathrm{d}z=\mathrm{d}(a_1x)+\mathrm{d}(a_2y)+\mathrm{d}(a_3z)=\mathrm{d}(a_1x+a_2y+a_3z)=0$$

因为 $\mathrm{d}(a_1x+a_2y+a_3z)=0$，所以

$$a_1x+a_2y+a_3z=C_1$$

式中，C_1 为任意常数。

再将式(1)第一项分子分母同乘 x、第二项分子分母同乘 y、第三项分子分母同乘 z，同理可以求出

$$x\mathrm{d}x+y\mathrm{d}y+z\mathrm{d}z=0$$

因为 $x\mathrm{d}x+y\mathrm{d}y+z\mathrm{d}z=\frac{1}{2}\mathrm{d}(x^2+y^2+z^2)$，所以

$$x^2+y^2+z^2=C_2$$

式中，C_2 为任意常数。

综上可得所求矢量线方程为

$$\begin{cases}a_1x+a_2y+a_3z=C_1\\x^2+y^2+z^2=C_2\end{cases}$$

式中，C_1、C_2 为任意常数。

2.3 求标量场 $\varphi=x^2z^3+2y^2z$ 在点 $M(2, 0, -1)$ 处沿 $\boldsymbol{l}=2x\boldsymbol{e}_x-xy^2\boldsymbol{e}_y+3z^4\boldsymbol{e}_z$ 的方向导数。

解 方向 $\boldsymbol{l}$ 上的单位矢量为

$$\boldsymbol{l}^0=\boldsymbol{e}_x\cos\alpha+\boldsymbol{e}_y\cos\beta+\boldsymbol{e}_z\cos\gamma=\frac{1}{5}(4\boldsymbol{e}_x+3\boldsymbol{e}_z)=\frac{4}{5}\boldsymbol{e}_x+\frac{3}{5}\boldsymbol{e}_z$$

而

$$\left.\frac{\partial\varphi}{\partial x}\right|_M=-4,\ \left.\frac{\partial\varphi}{\partial y}\right|_M=0,\ \left.\frac{\partial\varphi}{\partial z}\right|_M=12$$

则所求方向导数为

$$\left.\frac{\partial\varphi}{\partial l}\right|_M=\left.\frac{\partial\varphi}{\partial x}\right|_M\cos\alpha+\left.\frac{\partial\varphi}{\partial y}\right|_M\cos\beta+\left.\frac{\partial\varphi}{\partial z}\right|_M\cos\gamma=4$$

2.4 求标量函数 $\psi=x^2yz$ 的梯度及其在点(2, 3, 1)处沿一个指定方向的方向导数，此方向由单位矢量 $\boldsymbol{e}_l=\boldsymbol{e}_x\frac{3}{\sqrt{50}}+\boldsymbol{e}_y\frac{4}{\sqrt{50}}+\boldsymbol{e}_z\frac{5}{\sqrt{50}}$ 定出。

解 标量函数 $\psi=x^2yz$ 的梯度为

$$\begin{aligned}\nabla\psi&=\boldsymbol{e}_x\frac{\partial}{\partial x}(x^2yz)+\boldsymbol{e}_y\frac{\partial}{\partial y}(x^2yz)+\boldsymbol{e}_z\frac{\partial}{\partial z}(x^2yz)\\&=\boldsymbol{e}_x2xyz+\boldsymbol{e}_yx^2z+\boldsymbol{e}_zx^2y\end{aligned}$$

故 ψ 沿方向 $\boldsymbol{e}_l=\boldsymbol{e}_x\frac{3}{\sqrt{50}}+\boldsymbol{e}_y\frac{4}{\sqrt{50}}+\boldsymbol{e}_z\frac{5}{\sqrt{50}}$ 的方向导数为

$$\frac{\partial\psi}{\partial l}=\nabla\psi\cdot\boldsymbol{e}_l=\frac{6xyz}{\sqrt{50}}+\frac{4x^2z}{\sqrt{50}}+\frac{5x^2y}{\sqrt{50}}$$

故点(2, 3, 1)沿 $\boldsymbol{e}_l$ 的方向导数为

$$\left.\frac{\partial \psi}{\partial l}\right|_{(2,3,1)}=\frac{36}{\sqrt{50}}+\frac{16}{\sqrt{50}}+\frac{60}{\sqrt{50}}=\frac{112}{\sqrt{50}}$$

2.5　求下列标量场的梯度：

(1) $f(\rho, \phi, z)=\rho^2\cos\phi+z^2\sin\phi$；

(2) $f(r, \theta, \phi)=\left(ar^2+\frac{1}{r^3}\right)\sin 2\theta\cos\phi$；

(3) $f(x, y, z)=x^2+2y^2+3z^2+xy+3x-2y-6z$。

解　(1) 标量场 f 的梯度为

$$\begin{aligned}\nabla f&=\frac{\partial f}{\partial \rho}\boldsymbol{e}_\rho+\frac{1}{\rho}\frac{\partial f}{\partial \phi}\boldsymbol{e}_\phi+\frac{\partial f}{\partial z}\boldsymbol{e}_z\\&=2\rho\cos\phi\boldsymbol{e}_\rho+\frac{1}{\rho}(-\rho^2\sin\phi+z^2\cos\phi)\boldsymbol{e}_\phi+2\sin\phi z\boldsymbol{e}_z\\&=2\rho\cos\phi\boldsymbol{e}_\rho+\left(-\rho\sin\phi+\frac{z^2}{\rho}\cos\phi\right)\boldsymbol{e}_\phi+2\sin\phi z\boldsymbol{e}_z\end{aligned}$$

(2) 标量场 f 的梯度为

$$\begin{aligned}\nabla f&=\frac{\partial f}{\partial r}\boldsymbol{e}_r+\frac{1}{r}\frac{\partial f}{\partial \theta}\boldsymbol{e}_\theta+\frac{1}{r\sin\theta}\frac{\partial f}{\partial \phi}\boldsymbol{e}_\phi\\&=\left(2ar-\frac{3}{r^4}\right)\sin 2\theta\cos\phi\boldsymbol{e}_r+2\left(ar+\frac{1}{r^4}\right)\cos 2\theta\cos\phi\boldsymbol{e}_\theta-2\left(ar+\frac{1}{r^4}\right)\cos\theta\sin\phi\boldsymbol{e}_\phi\end{aligned}$$

(3) 标量场 f 的梯度为

$$\begin{aligned}\nabla f&=\frac{\partial f}{\partial x}\boldsymbol{e}_x+\frac{\partial f}{\partial y}\boldsymbol{e}_y+\frac{\partial f}{\partial z}\boldsymbol{e}_z\\&=(2x+y+3)\boldsymbol{e}_x+(4y+x-2)\boldsymbol{e}_y+(6z-6)\boldsymbol{e}_z\end{aligned}$$

2.6　已知 $\varphi=x^2+2y^2+3z^2+xy+3x-2y-6z$，求它在点(0, 0, 0)和(1, 1, 1)处的梯度。

解　由于

$$\nabla\varphi=(2x+y+3)\boldsymbol{e}_x+(4y+x-2)\boldsymbol{e}_y+(6z-6)\boldsymbol{e}_z$$

所以

$$\nabla\varphi|_{(0,0,0)}=3\boldsymbol{e}_x-2\boldsymbol{e}_y-6\boldsymbol{e}_z$$

$$\nabla\varphi|_{(1,1,1)}=6\boldsymbol{e}_x+3\boldsymbol{e}_y$$

2.7　设 A、B 为椭圆的两个焦点，P 为椭圆上的任意一点。试证明直线 AP、BP 与椭圆在点 P 处的切线所成的夹角相等。

证明　令 $\boldsymbol{R}_1=\overrightarrow{AP}$、$\boldsymbol{R}_2=\overrightarrow{BP}$ 分别代表由焦点 A、B 至点 P 的向量，$\boldsymbol{T}$ 为椭圆在点 P 处的单位切向量，如图 2-1 所示。记 $\boldsymbol{R}_1$ 与 $\boldsymbol{T}$ 的夹角为 α_1，$\boldsymbol{R}_2$ 与 $-\boldsymbol{T}$ 的夹角为 α_2。

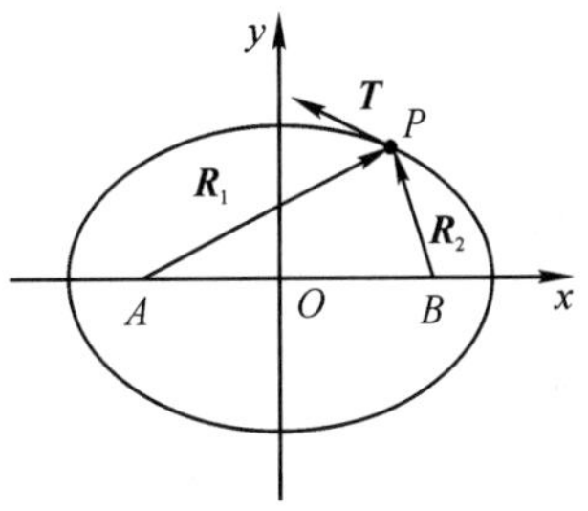

图 2-1　习题 2.7 图

根据椭圆的性质可知，该椭圆方程为 $R_1+R_2=C$（C 为一常数），则该椭圆方程的方向向量 $\boldsymbol{n}$ 为

$$\boldsymbol{n}=\nabla(R_1+R_2)$$

显然 $\boldsymbol{n}\cdot\boldsymbol{T}=0$，即

$$\nabla(R_1+R_2)\cdot\boldsymbol{T}=0$$

或

$$\nabla R_1\cdot\boldsymbol{T}=\nabla R_2\cdot(-\boldsymbol{T})$$

由于

$$\nabla R_1=\frac{\boldsymbol{R}_1}{R_1}=\boldsymbol{R}_1^0 \quad （单位矢量）$$

$$\nabla R_2=\frac{\boldsymbol{R}_2}{R_2}=\boldsymbol{R}_2^0 \quad （单位矢量）$$

所以

$$\nabla R_1\cdot\boldsymbol{T}=\cos\alpha_1,\ \nabla R_2\cdot(-\boldsymbol{T})=\cos\alpha_2$$

即

$$\alpha_1=\alpha_2$$

该题的物理解释是：由椭圆的一个焦点发出的光线、电磁波或声波被椭圆反射后会经过另一个焦点。$\alpha_1=\alpha_2$ 表明入射角等于反射角。

2.8 证明$\nabla\left(\frac{u}{v}\right)=\frac{1}{v^2}[(\nabla u)v-u(\nabla v)]$，其中 u、v 都是标量函数。

证明 因为

$$\nabla(uv)=(\nabla u)v+u(\nabla v)$$

所以

$$\nabla\left(\frac{u}{v}\right)=\nabla\left(u\ \frac{1}{v}\right)=(\nabla u)\frac{1}{v}+u(\nabla\frac{1}{v})=(\nabla u)\frac{1}{v}+u\left(-\frac{1}{v^2}\nabla v\right)$$

$$=\frac{1}{v^2}[(\nabla u)v-u(\nabla v)]$$

2.9 已知矢量场 $\boldsymbol{A}=(x^2+axz)\boldsymbol{e}_x+(by+xy^2)\boldsymbol{e}_y+(z-z^2+cxz-2xyz)\boldsymbol{e}_z$，试确定 a、b、c，使得该场为一无源场。

解 要使矢量场 $\boldsymbol{A}$ 无源，则必要求 $\mathrm{div}\boldsymbol{A}=0$，即

$$\begin{aligned}\mathrm{div}\boldsymbol{A}&=\nabla\cdot\boldsymbol{A}=2x+az+b+2xy+1-2z+cx-2xy\\&=(a-2)z+(2+c)x+b+1=0\end{aligned}$$

要使上式成立，必须有

$$a-2=0,\ 2+c=0,\ b+1=0$$

故

$$a=2,\ b=-1,\ c=-2$$

此时

$$\boldsymbol{A}=(2xz+x^2)\boldsymbol{e}_x+(xy^2-y)\boldsymbol{e}_y+(z-z^2-2xz-2xyz)\boldsymbol{e}_z$$

2.10 在圆柱体 $x^2+y^2=9$ 与平面 $z=0$ 和 $z=2$ 所包围的区域内，求矢径 $\boldsymbol{r}$ 穿出该圆柱的通量。

解　设 S_1 和 S_2 为闭曲面 S 的顶部与底部的圆面，则所求的通量可用穿出闭曲面 S 的总通量减去穿出面 S_1 和面 S_2 的通量表示。结合图 2-2，可得所求通量为

$$\begin{aligned}\psi &= \oint\!\!\!\oint_S \boldsymbol{r}\cdot \mathrm{d}\boldsymbol{S} - \iint_{S_1+S_2} \boldsymbol{r}\cdot \mathrm{d}\boldsymbol{S} \\ &= \iiint_\Omega \nabla\cdot \boldsymbol{r}\,\mathrm{d}V - \iint_{S_1} h\,\mathrm{d}x\,\mathrm{d}y - \iint_{S_2} 0\,\mathrm{d}x\,\mathrm{d}y \\ &= \iiint_\Omega 3\,\mathrm{d}V - \pi a^2 h - 0 \\ &= 3\pi a^2 h - \pi a^2 h \\ &= 2\pi a^2 h\end{aligned}$$

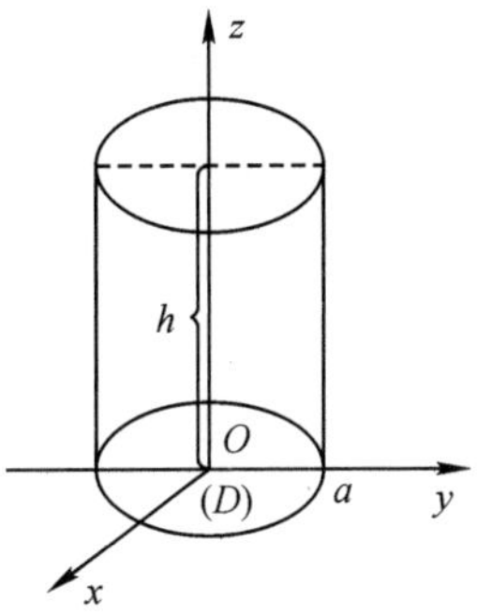

图 2-2　习题 2.10 图

2.11　设 $\boldsymbol{a}$ 为一常矢量，矢径 $\boldsymbol{r}=x\boldsymbol{e}_x+y\boldsymbol{e}_y+z\boldsymbol{e}_z$，$r=|\boldsymbol{r}|$。求：

(1) $\nabla\cdot(\boldsymbol{a}r)$；

(2) $\nabla\cdot(\boldsymbol{a}r^2)$；

(3) $\nabla\cdot(\boldsymbol{a}r^n)$（$n$ 为整数）。

解

$$r=|\boldsymbol{r}|=\sqrt{x^2+y^2+z^2},\ \nabla r=\frac{\boldsymbol{r}}{r}$$

(1) $\nabla\cdot(\boldsymbol{a}r)=\boldsymbol{a}\cdot\nabla r=\dfrac{1}{r}\boldsymbol{a}\cdot\boldsymbol{r}=r^{-1}\boldsymbol{a}\cdot\boldsymbol{r}$。

(2) $\nabla\cdot(\boldsymbol{a}r^2)=\boldsymbol{a}\cdot\nabla r^2=\boldsymbol{a}\cdot(2r\,\nabla r)=2r(\boldsymbol{a}\cdot\nabla r)=2\boldsymbol{a}\cdot\boldsymbol{r}$。

(3) $\nabla\cdot(\boldsymbol{a}r^n)=\boldsymbol{a}\cdot\nabla r^n=\boldsymbol{a}\cdot(nr^{n-1}\,\nabla r)=nr^{n-1}(\boldsymbol{a}\cdot\nabla r)=nr^{n-2}\boldsymbol{a}\cdot\boldsymbol{r}$。

2.12　应用散度定理计算下述积分：

$$I=\oint_S[xz^2\boldsymbol{e}_x+(x^2y-z^3)\boldsymbol{e}_y+(2xy+y^2z)\boldsymbol{e}_z]\cdot\mathrm{d}\boldsymbol{S}$$

S 是 $z=0$ 和 $z=(a^2-x^2-y^2)^{1/2}$ 所围成的半球区域的外表面。

解　设

$$\boldsymbol{A}=xz^2\boldsymbol{e}_x+(x^2y-z^3)\boldsymbol{e}_y+(2xy+y^2z)\boldsymbol{e}_z$$

则由散度定理

$$\oint_S\boldsymbol{A}\cdot\mathrm{d}\boldsymbol{S}=\oint_V\nabla\cdot\boldsymbol{A}\,\mathrm{d}V$$

可得

$$\begin{aligned}I &= \oint_V\nabla\cdot\boldsymbol{A}\,\mathrm{d}V=\oint_V(x^2+y^2+z^2)\,\mathrm{d}V=\oint_V r^2\,\mathrm{d}V \\ &= \int_0^{2\pi}\mathrm{d}\phi\int_0^{\frac{\pi}{2}}\sin\theta\,\mathrm{d}\theta\int_0^a r^4\,\mathrm{d}r \\ &= \frac{2}{5}\pi a^5\end{aligned}$$

2.13　在由圆柱面 $x^2+y^2=25$ 和平面 $x=0$、$y=0$、$z=0$ 及 $z=7$ 围成的闭面上计算 $\boldsymbol{A}=x^2\boldsymbol{e}_x+(x+2y)\boldsymbol{e}_y+(4z-x)\boldsymbol{e}_z$ 的穿出通量。

解　方法一：如图 2-3 所示，直接在 5 个表面计算 $\boldsymbol{A}\cdot\mathrm{d}\boldsymbol{S}$，即

$$\oint_S \boldsymbol{A}\cdot d\boldsymbol{S}=\int_{r=5}\boldsymbol{A}\cdot d\boldsymbol{S}+\int_{x=0}\boldsymbol{A}\cdot d\boldsymbol{S}+\int_{y=0}\boldsymbol{A}\cdot d\boldsymbol{S}+\int_{z=0}\boldsymbol{A}\cdot d\boldsymbol{S}+\int_{z=7}\boldsymbol{A}\cdot d\boldsymbol{S}$$

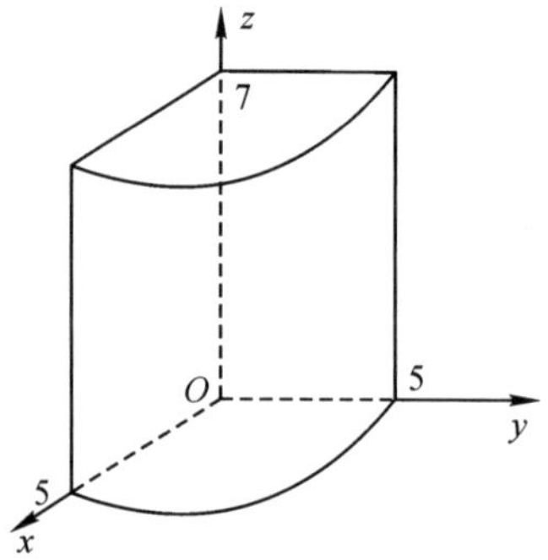

图 2-3　习题 2.13 图

5 个表面上穿出通量分别计算如下：

(1) 在 $r=5$ 的圆柱面上，将 $\boldsymbol{A}$ 和面元矢量都用圆柱坐标系表示，即

$$\boldsymbol{A}=r^2\cos^2\phi(\boldsymbol{e}_r\cos\phi-\boldsymbol{e}_\phi\sin\phi)+(2r\sin\phi+r\cos\phi)(\boldsymbol{e}_r\sin\phi+\boldsymbol{e}_\phi\cos\phi)+\boldsymbol{e}_z(4z-r\cos\phi)$$

$$d\boldsymbol{S}=r\,d\phi\,dz\boldsymbol{e}_r=5d\phi\,dz\boldsymbol{e}_r$$

则

$$\begin{aligned}\int_{r=5}\boldsymbol{A}\cdot d\boldsymbol{S}&=\int_{r=5}A_r dS_r\\&=\int_0^7 dz\int_0^{\frac{\pi}{2}}(r^2\cos^3\phi+2r\sin^2\phi+r\cos\phi\sin\phi)5d\phi\Big|_{r=5}\\&=7\times 25\int_0^{\frac{\pi}{2}}(5\cos^3\phi+2\sin^2\phi+\cos\phi\sin\phi)d\phi\\&=175\left(5\times\frac{2}{3}+2\times\frac{\pi}{4}+\frac{1}{2}\right)=945.72\end{aligned}$$

(2) 在 $x=0$ 表面上，$d\boldsymbol{S}=-\boldsymbol{e}_x dy dz$，则

$$\int_{x=0}\boldsymbol{A}\cdot d\boldsymbol{S}=\iint[\boldsymbol{e}_x x^2+\boldsymbol{e}_y(2y+x)+\boldsymbol{e}_z(4z-x)]\cdot(-\boldsymbol{e}_x dy dz)\Big|_{x=0}=0$$

(3) 在 $y=0$ 表面上，$d\boldsymbol{S}=-\boldsymbol{e}_y dx dz$，则

$$\int_{y=0}\boldsymbol{A}\cdot d\boldsymbol{S}=-\int_0^7 dz\int_0^5 x\,dx=-7\times\frac{1}{2}\times 5^2=-87.5$$

(4) 在 $z=0$ 表面上，$d\boldsymbol{S}=-\boldsymbol{e}_z r d\phi dr$，则

$$\int_{z=0}\boldsymbol{A}\cdot d\boldsymbol{S}=\iint_{z=0}xr\,d\phi\,dr=\iint_{z=0}r\cos\phi r\,d\phi\,dr=\int_0^5 r^2 dr\int_0^{\frac{\pi}{2}}\cos\phi\,d\phi=41.67$$

(5) 在 $z=7$ 表面上，$d\boldsymbol{S}=\boldsymbol{e}_z r d\phi dr$，则

$$\begin{aligned}\int_{z=0}\boldsymbol{A}\cdot d\boldsymbol{S}&=\iint_{z=7}(4z-x)r\,d\phi\,dr=\int_0^5 28r\,dr\int_0^{\frac{\pi}{2}}d\phi-\int_0^5 r^2 dr\int_0^{\frac{\pi}{2}}\cos\phi\,d\phi\\&=14\times 25\times\frac{\pi}{2}-\frac{125}{3}=549.78-41.67=508.11\end{aligned}$$

于是在整个闭面上 $\boldsymbol{A}$ 的穿出总通量为

$$\oint_S \boldsymbol{A}\cdot \mathrm{d}\boldsymbol{S}=945.72+0-87.5+41.67+508.11=1408$$

方法二：应用散度定理，将通量变换为相应的体积分计算，即

$$\oint_S \boldsymbol{A}\cdot \mathrm{d}\boldsymbol{S}=\int_V \nabla\cdot \boldsymbol{A}\mathrm{d}V$$

$$\nabla\cdot \boldsymbol{A}=2x+2+4=2x+6$$

在圆柱坐标系中，$x=r\cos\phi$，$\mathrm{d}V=r\mathrm{d}r\mathrm{d}\phi\mathrm{d}z$，则

$$\begin{aligned}\oint_S \boldsymbol{A}\cdot \mathrm{d}\boldsymbol{S}&=\int_V \nabla\cdot \boldsymbol{A}\mathrm{d}V=\int_V (2r\cos\phi+6)r\mathrm{d}r\mathrm{d}\phi\mathrm{d}z\\&=\int_0^5 2r^2\mathrm{d}r\int_0^{\frac{\pi}{2}}\cos\phi\mathrm{d}\phi\int_0^7\mathrm{d}z+6\int_0^5 r\mathrm{d}r\int_0^{\frac{\pi}{2}}\mathrm{d}\phi\int_0^7\mathrm{d}z\\&=\frac{2\times 125}{3}\times 1\times 7+6\times\frac{25}{2}\times\frac{\pi}{2}\times 7\\&=583.33+824.67\\&=1408\end{aligned}$$

显然，在这个问题中，计算矢量散度的体积分比直接在 5 个表面上计算其穿出通量要简单得多。

2.14　(1) 求矢量 $\boldsymbol{A}=x^2\boldsymbol{e}_x+x^2y^2\boldsymbol{e}_y+24x^2y^2z^3\boldsymbol{e}_z$ 的散度；

(2) 求 $\nabla\cdot\boldsymbol{A}$ 对中心在原点的一个单位立方体的积分；

(3) 求 $\boldsymbol{A}$ 对(2)中立方体表面的积分，验证散度定理。

解　(1) $\nabla\cdot\boldsymbol{A}=\dfrac{\partial(x^2)}{\partial x}+\dfrac{\partial(x^2y^2)}{\partial y}+\dfrac{\partial(24x^2y^2z^3)}{\partial z}=2x+2x^2y+72x^2y^2z^2$。

(2) $\nabla\cdot\boldsymbol{A}$ 对中心在原点的一个单位立方体的积分为

$$\int_V \nabla\cdot\boldsymbol{A}\mathrm{d}V=\int_{-\frac{1}{2}}^{\frac{1}{2}}\int_{-\frac{1}{2}}^{\frac{1}{2}}\int_{-\frac{1}{2}}^{\frac{1}{2}}(2x+2x^2y+72x^2y^2z^2)\mathrm{d}x\mathrm{d}y\mathrm{d}z=\frac{1}{24}$$

(3) $\boldsymbol{A}$ 对此立方体表面的积分为

$$\begin{aligned}\oint_S \boldsymbol{A}\cdot\mathrm{d}\boldsymbol{S}=&\int_{-\frac{1}{2}}^{\frac{1}{2}}\int_{-\frac{1}{2}}^{\frac{1}{2}}\left(\frac{1}{2}\right)^2\mathrm{d}y\mathrm{d}z-\int_{-\frac{1}{2}}^{\frac{1}{2}}\int_{-\frac{1}{2}}^{\frac{1}{2}}\left(-\frac{1}{2}\right)^2\mathrm{d}y\mathrm{d}z+\\&\int_{-\frac{1}{2}}^{\frac{1}{2}}\int_{-\frac{1}{2}}^{\frac{1}{2}}x^2\left(\frac{1}{2}\right)\mathrm{d}x\mathrm{d}z-\int_{-\frac{1}{2}}^{\frac{1}{2}}\int_{-\frac{1}{2}}^{\frac{1}{2}}x^2\left(-\frac{1}{2}\right)^2\mathrm{d}x\mathrm{d}z+\\&\int_{-\frac{1}{2}}^{\frac{1}{2}}\int_{-\frac{1}{2}}^{\frac{1}{2}}24x^2y^2\left(\frac{1}{2}\right)^3\mathrm{d}x\mathrm{d}y-\int_{-\frac{1}{2}}^{\frac{1}{2}}\int_{-\frac{1}{2}}^{\frac{1}{2}}24x^2y^2\left(-\frac{1}{2}\right)^3\mathrm{d}x\mathrm{d}y\\=&\frac{1}{24}\end{aligned}$$

故有

$$\int_V \nabla\cdot\boldsymbol{A}\mathrm{d}V=\frac{1}{24}=\oint_S \boldsymbol{A}\cdot\mathrm{d}\boldsymbol{S}$$

即散度定理成立。

2.15　在圆柱体 $x^2+y^2=9$ 和平面 $x=0$、$y=0$、$z=0$ 及 $z=2$ 所包围的区域内，对矢量场 $\boldsymbol{A}=3x^2\boldsymbol{e}_x+(3y+z)\boldsymbol{e}_y+(3z-x)\boldsymbol{e}_z$ 验证散度定理。

解 由题意知表面 S 如图 2-4 所示，则穿过 S 的通量为

$$\oint_S \boldsymbol{A}\cdot d\boldsymbol{S}=\int_{y=0}\boldsymbol{A}\cdot d\boldsymbol{S}+\int_{x=0}\boldsymbol{A}\cdot d\boldsymbol{S}+\int_{z=0}\boldsymbol{A}\cdot d\boldsymbol{S}+\int_{z=2}\boldsymbol{A}\cdot d\boldsymbol{S}+\int_{\frac{1}{4}\text{圆柱面}}\boldsymbol{A}\cdot d\boldsymbol{S}$$

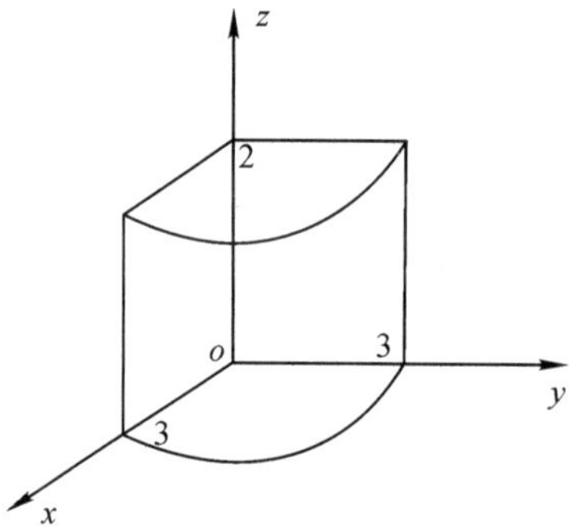

图 2-4 习题 2.15 图

因为

$$\int_{y=0}\boldsymbol{A}\cdot d\boldsymbol{S}=\int_{y=0}[\boldsymbol{e}_x 3x^2+\boldsymbol{e}_y(3y+z)+\boldsymbol{e}_z(3z-x)]\cdot(-\boldsymbol{e}_y dx\,dz)=-6$$

$$\int_{x=0}\boldsymbol{A}\cdot d\boldsymbol{S}=\int_{x=0}[\boldsymbol{e}_x 3x^2+\boldsymbol{e}_y(3y+z)+\boldsymbol{e}_z(3z-x)]\cdot(-\boldsymbol{e}_x dy\,dz)=0$$

$$\int_{z=0}\boldsymbol{A}\cdot d\boldsymbol{S}=\int_{z=0}[\boldsymbol{e}_x 3x^2+\boldsymbol{e}_y(3y+z)+\boldsymbol{e}_z(3z-x)]\cdot(-\boldsymbol{e}_z dx\,dy)=9$$

$$\int_{z=2}\boldsymbol{A}\cdot d\boldsymbol{S}=\int_{z=2}[\boldsymbol{e}_x 3x^2+\boldsymbol{e}_y(3y+z)+\boldsymbol{e}_z(3z-x)]\cdot(\boldsymbol{e}_z dx\,dy)=13.5\pi-9$$

$$\begin{aligned}\int_{\frac{1}{4}\text{圆柱面}}\boldsymbol{A}\cdot d\boldsymbol{S}&=\int_{\frac{1}{4}\text{圆柱面}}[\boldsymbol{e}_x 3x^2+\boldsymbol{e}_y(3y+z)+\boldsymbol{e}_z(3z-x)]\cdot(\boldsymbol{e}_\rho 3d\phi\,dz)\\&=\int_{\frac{1}{4}\text{圆柱面}}[\boldsymbol{e}_x 3x^2+\boldsymbol{e}_y(3y+z)+\boldsymbol{e}_z(3z-x)]\cdot(\boldsymbol{e}_x\cos\phi+\boldsymbol{e}_y\sin\phi)3d\phi\,dz\\&=\int_{\frac{1}{4}\text{圆柱面}}[3(3\cos\phi)^2\cos\phi+(9\cos\phi+z)\sin\phi]3d\phi\,dz=114+13.5\pi\end{aligned}$$

所以有

$$\oint_S \boldsymbol{A}\cdot d\boldsymbol{S}=192.8$$

根据散度的定义可知

$$\nabla\cdot\boldsymbol{A}=\frac{\partial A_x}{\partial x}+\frac{\partial A_y}{\partial y}+\frac{\partial A_z}{\partial z}=6x+6$$

因此

$$\begin{aligned}\int_V \nabla\cdot\boldsymbol{A}\,dV&=\int_0^2 d\rho\int_0^{\frac{\pi}{2}}d\phi\int_0^3(6x+6)\rho\,dz\\&=\int_0^2 d\rho\int_0^{\frac{\pi}{2}}d\phi\int_0^3(6\rho\cos\phi+6)\rho\,dz=192.8\end{aligned}$$

可见，散度定理成立。

2.16 已知 $\boldsymbol{r}=x\boldsymbol{e}_x+y\boldsymbol{e}_y+z\boldsymbol{e}_z$，证明：

(1) $\nabla\cdot\left(\dfrac{\boldsymbol{r}}{r^3}\right)=0$；

(2) $\nabla\cdot(\boldsymbol{r}r^n)=(n+3)r^n$。

证明 (1) 由已知得

$$\nabla\cdot\left(\frac{\boldsymbol{r}}{r^3}\right)=\left(\frac{\partial}{\partial x}\boldsymbol{e}_x+\frac{\partial}{\partial y}\boldsymbol{e}_y+\frac{\partial}{\partial z}\boldsymbol{e}_z\right)\cdot\frac{x\boldsymbol{e}_x+y\boldsymbol{e}_y+z\boldsymbol{e}_z}{(\sqrt{x^2+y^2+z^2})^3}$$

$$=\frac{\partial}{\partial x}\left[\frac{x}{(\sqrt{x^2+y^2+z^2})^3}\right]+\frac{\partial}{\partial y}\left[\frac{y}{(\sqrt{x^2+y^2+z^2})^3}\right]+\frac{\partial}{\partial z}\left[\frac{z}{(\sqrt{x^2+y^2+z^2})^3}\right]$$

$$=\frac{x^2+y^2+z^2-3x^2}{(\sqrt{x^2+y^2+z^2})^3}+\frac{x^2+y^2+z^2-3y^2}{(\sqrt{x^2+y^2+z^2})^3}+\frac{x^2+y^2+z^2-3z^2}{(\sqrt{x^2+y^2+z^2})^3}$$

$$=\frac{3(x^2+y^2+z^2)-3(x^2+y^2+z^2)}{(\sqrt{x^2+y^2+z^2})^3}$$

$$=0$$

即

$$\nabla\cdot\left(\frac{\boldsymbol{r}}{r^3}\right)=0$$

(2) 因为

$$\nabla\cdot(\boldsymbol{r}r^n)=r^n\ \nabla\cdot\boldsymbol{r}+\boldsymbol{r}\cdot\nabla r^n$$

而

$$\nabla\cdot\boldsymbol{r}=\left(\frac{\partial}{\partial x}\boldsymbol{e}_x+\frac{\partial}{\partial y}\boldsymbol{e}_y+\frac{\partial}{\partial z}\boldsymbol{e}_z\right)\cdot(x\boldsymbol{e}_x+y\boldsymbol{e}_y+z\boldsymbol{e}_z)=3$$

$$\nabla r^n=nr^{n-1}\ \nabla r=nr^{n-1}\left(\frac{\partial r}{\partial x}\boldsymbol{e}_x+\frac{\partial r}{\partial y}\boldsymbol{e}_y+\frac{\partial r}{\partial z}\boldsymbol{e}_z\right)$$

$$=nr^{n-1}\left(\frac{x}{r}\boldsymbol{e}_x+\frac{y}{r}\boldsymbol{e}_y+\frac{z}{r}\boldsymbol{e}_z\right)$$

$$=nr^{n-2}\boldsymbol{r}$$

所以

$$\nabla\cdot(\boldsymbol{r}r^n)=3r^n+nr^{n-2}\boldsymbol{r}\cdot\boldsymbol{r}=(3+n)r^n$$

2.17 证明$\nabla\times(\varphi\boldsymbol{A})=\varphi\ \nabla\times\boldsymbol{A}+\nabla\varphi\times\boldsymbol{A}$。

证明 设$\boldsymbol{A}=\boldsymbol{e}_xA_x+\boldsymbol{e}_yA_y+\boldsymbol{e}_zA_z$，$\varphi\boldsymbol{A}=\boldsymbol{e}_x\varphi A_x+\boldsymbol{e}_y\varphi A_y+\boldsymbol{e}_z\varphi A_z$，则

$$\nabla\times(\varphi\boldsymbol{A})=\begin{vmatrix}\boldsymbol{e}_x & \boldsymbol{e}_y & \boldsymbol{e}_z\\ \dfrac{\partial}{\partial x} & \dfrac{\partial}{\partial y} & \dfrac{\partial}{\partial z}\\ \varphi A_x & \varphi A_y & \varphi A_z\end{vmatrix}$$

$$=\boldsymbol{e}_x\left[\frac{\partial(\varphi A_z)}{\partial y}-\frac{\partial(\varphi A_y)}{\partial z}\right]+\boldsymbol{e}_y\left[\frac{\partial(\varphi A_x)}{\partial z}-\frac{\partial(\varphi A_z)}{\partial x}\right]+\boldsymbol{e}_z\left[\frac{\partial(\varphi A_y)}{\partial x}-\frac{\partial(\varphi A_x)}{\partial y}\right]$$

$$=\boldsymbol{e}_x\varphi\left(\frac{\partial A_z}{\partial y}-\frac{\partial A_y}{\partial z}\right)+\boldsymbol{e}_y\varphi\left(\frac{\partial A_x}{\partial z}-\frac{\partial A_z}{\partial x}\right)+\boldsymbol{e}_z\varphi\left(\frac{\partial A_y}{\partial x}-\frac{\partial A_x}{\partial y}\right)+$$

$$\boldsymbol{e}_x\left(\frac{\partial\varphi}{\partial y}A_z-\frac{\partial\varphi}{\partial z}A_y\right)+\boldsymbol{e}_y\left(\frac{\partial\varphi}{\partial z}A_x-\frac{\partial\varphi}{\partial x}A_z\right)+\boldsymbol{e}_z\left(\frac{\partial\varphi}{\partial x}A_y-\frac{\partial\varphi}{\partial y}A_x\right)$$

$$=\varphi\ \nabla\times\boldsymbol{A}+\nabla\varphi\times\boldsymbol{A}$$

2.18 已知 $\boldsymbol{r}=x\boldsymbol{e}_x+y\boldsymbol{e}_y+z\boldsymbol{e}_z$，证明：

(1) $\nabla\times\left(\dfrac{\boldsymbol{r}}{r}\right)=\boldsymbol{0}$;

(2) $\nabla\times\left(\dfrac{\boldsymbol{r}}{r}f(r)\right)=\boldsymbol{0}$，其中 $f(r)$是 r 的函数。

证明 (1) 由已知得

$$\nabla\times\boldsymbol{r}=\begin{vmatrix}\boldsymbol{e}_x & \boldsymbol{e}_y & \boldsymbol{e}_z\\ \dfrac{\partial}{\partial x} & \dfrac{\partial}{\partial y} & \dfrac{\partial}{\partial z}\\ x & y & z\end{vmatrix}=(0-0)\boldsymbol{e}_x+(0-0)\boldsymbol{e}_y+(0-0)\boldsymbol{e}_z=\boldsymbol{0}$$

即

$$\nabla\times\boldsymbol{r}=\boldsymbol{0}$$

又

$$\nabla\times\left(\frac{\boldsymbol{r}}{r}\right)=\frac{1}{r}\nabla\times\boldsymbol{r}+\nabla\frac{1}{r}\times\boldsymbol{r}$$

而

$$\nabla\frac{1}{r}=\nabla\left(\frac{1}{\sqrt{x^2+y^2+z^2}}\right)=-\frac{x\boldsymbol{e}_x+y\boldsymbol{e}_y+z\boldsymbol{e}_z}{\sqrt{x^2+y^2+z^2}}=-\frac{\boldsymbol{r}}{r^3}$$

故

$$\nabla\times\left(\frac{\boldsymbol{r}}{r}\right)=\frac{1}{r}\nabla\times\boldsymbol{r}+\left(-\frac{\boldsymbol{r}}{r^3}\right)\times\boldsymbol{r}=\boldsymbol{0}$$

(2) 因为

$$\nabla\times\left(\frac{\boldsymbol{r}}{r}f(r)\right)=\frac{f(r)}{r}\nabla\times\boldsymbol{r}+\nabla\left(\frac{f(r)}{r}\right)\times\boldsymbol{r}$$

而

$$\nabla\left(\frac{f(r)}{r}\right)=\frac{r\,\nabla f(r)-f(r)\nabla r}{r^2}=\frac{f'(r)}{r^2}\boldsymbol{r}-\frac{f(r)}{r^3}\boldsymbol{r}$$

所以

$$\nabla\times\left(\frac{\boldsymbol{r}}{r}f(r)\right)=\frac{f(r)}{r}\nabla\times\boldsymbol{r}+\frac{f'(r)}{r^2}\boldsymbol{r}\times\boldsymbol{r}-\frac{f(r)}{r^3}\boldsymbol{r}\times\boldsymbol{r}=\boldsymbol{0}$$

即

$$\nabla\times\left(\frac{\boldsymbol{r}}{r}f(r)\right)=\boldsymbol{0}$$

2.19 求 $\boldsymbol{F}=-y\boldsymbol{e}_x+x\boldsymbol{e}_y+k\boldsymbol{e}_z$($k$ 为常数)沿圆周曲线 $x^2+y^2=9$，$z=0$ 的环量。

解 所求环量可表示为

$$\oint_C\boldsymbol{F}\cdot\mathrm{d}\boldsymbol{l}=\int_C -y\,\mathrm{d}x+x\,\mathrm{d}y$$

将 x、y 用极坐标表示：

$$\begin{cases}x=\rho\cos\theta=3\cos\theta\\ y=\rho\sin\theta=3\sin\theta\end{cases}$$

$$\begin{cases} dx = -3\sin\theta d\theta \\ dy = 3\cos\theta d\theta \end{cases}$$

则

$$\begin{aligned}\oint_C \boldsymbol{F} \cdot d\boldsymbol{l} &= \int_C -y dx + x dy \\ &= \int_C -3\sin\theta(-3\sin\theta d\theta) + 3\cos\theta(3\cos\theta d\theta) \\ &= \int_0^{2\pi}(9\sin^2\theta + 9\cos^2\theta) d\theta \\ &= 18\pi\end{aligned}$$

2.20　求矢量 $\boldsymbol{A} = x\boldsymbol{e}_x + x^2\boldsymbol{e}_y + y^2 z\boldsymbol{e}_z$ 沿 xOy 平面上一个边长为 2 的正方形回路的线积分，此正方形的两条边分别与 x 轴和 y 轴相重合；再求 $\nabla\times\boldsymbol{A}$ 对此回路所包围的表面积分，验证斯托克斯定理。

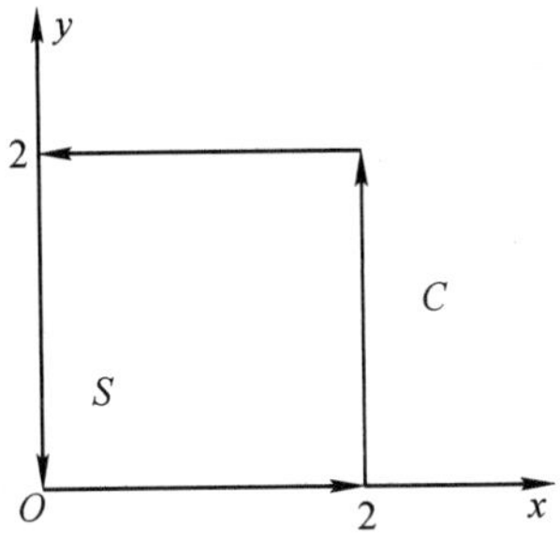

图 2-5　习题 2.20 图

解　(1) 设正方形回路 C 的方向如图 2-5 所示，则在 xOy 平面上，线元矢量 $d\boldsymbol{l}$ 为

$$d\boldsymbol{l} = \boldsymbol{e}_x dx + \boldsymbol{e}_y dy$$

故

$$\boldsymbol{A} \cdot d\boldsymbol{l} = x dx + x^2 dy$$

于是 $\boldsymbol{A}$ 在此回路上的线积分为

$$\begin{aligned}\oint_C \boldsymbol{A} \cdot d\boldsymbol{l} &= \int_{y=0} \boldsymbol{A} \cdot d\boldsymbol{l} + \int_{x=2} \boldsymbol{A} \cdot d\boldsymbol{l} + \int_{y=2} \boldsymbol{A} \cdot d\boldsymbol{l} + \int_{x=0} \boldsymbol{A} \cdot d\boldsymbol{l} \\ &= \int_0^2 x dx + \int_0^2 4 dy + \int_0^2 x dx + 0 \\ &= 8\end{aligned}$$

(2) 由题设得

$$\nabla\times\boldsymbol{A} = \begin{vmatrix} \boldsymbol{e}_x & \boldsymbol{e}_y & \boldsymbol{e}_z \\ \dfrac{\partial}{\partial x} & \dfrac{\partial}{\partial y} & \dfrac{\partial}{\partial z} \\ x & x^2 & y^2 z \end{vmatrix} = (2yz - 0)\boldsymbol{e}_x + (0-0)\boldsymbol{a}_y + (2x - 0)\boldsymbol{e}_z = 2yz\boldsymbol{e}_x + 2x\boldsymbol{e}_z$$

而在正方形回路 C 围成的面 S 上的面元矢量 $d\boldsymbol{S} = \boldsymbol{e}_z dx dy$，则

$$\int_S \nabla\times\boldsymbol{A} \cdot d\boldsymbol{S} = \int_0^2 dx \int_0^2 2x dy = 8 = \oint_C \boldsymbol{A} \cdot d\boldsymbol{l}$$

故斯托克斯定理 $\oint_C \boldsymbol{A} \cdot d\boldsymbol{l} = \int_S \nabla\times\boldsymbol{A} \cdot d\boldsymbol{S}$ 得到验证。

注意　面元矢量 $d\boldsymbol{S} = \boldsymbol{e}_n dS$ 的方向 $\boldsymbol{e}_n$ 与回路 C 的绕行方向要符合右手螺旋定则。

2.21　试证明下列函数满足拉普拉斯方程：

(1) $\varphi(x, y, z) = e^{-\gamma z}\sin\alpha x\sin\beta y$　$(\gamma^2 = \alpha^2 + \beta^2)$；

(2) $\varphi(\rho, \phi, z) = \rho^{-n}\cos n\phi$；

(3) $\varphi(r, \theta, \phi) = r\cos\theta$。

证明 （1）因为

$$\frac{\partial\varphi}{\partial x}=\alpha e^{-\gamma z}\cos\alpha x\sin\beta y, \quad \frac{\partial^2\varphi}{\partial x^2}=-\alpha^2 e^{-\gamma z}\sin\alpha x\sin\beta y$$

$$\frac{\partial\varphi}{\partial y}=\beta e^{-\gamma z}\sin\alpha x\cos\beta y, \quad \frac{\partial^2\varphi}{\partial y^2}=-\beta^2 e^{-\gamma z}\sin\alpha x\sin\beta y$$

$$\frac{\partial\varphi}{\partial z}=-\gamma e^{-\gamma z}\sin\alpha x\sin\beta y, \quad \frac{\partial^2\varphi}{\partial z^2}=\gamma^2 e^{-\gamma z}\sin\alpha x\sin\beta y$$

所以

$$\frac{\partial^2\varphi}{\partial x^2}+\frac{\partial^2\varphi}{\partial y^2}+\frac{\partial^2\varphi}{\partial z^2}=-(\alpha^2+\beta^2)e^{-\gamma z}\sin\alpha x\sin\beta y+(\alpha^2+\beta^2)e^{-\gamma z}\sin\alpha x\sin\beta y=0$$

即

$$\nabla^2\varphi=0$$

函数 φ 满足拉普拉斯方程。

（2）因为

$$\frac{\partial\varphi}{\partial\rho}=-n\rho^{-n-1}\cos n\phi, \quad \frac{\partial^2\varphi}{\partial\rho^2}=n(n+1)\rho^{-n-2}\cos n\phi$$

$$\frac{\partial\varphi}{\partial\phi}=-n\rho^{-n}\sin n\phi, \quad \frac{\partial^2\varphi}{\partial\phi^2}=-n^2\rho^{-n}\cos n\phi$$

$$\frac{\partial\varphi}{\partial z}=0, \quad \frac{\partial^2\varphi}{\partial z^2}=0$$

而在圆柱坐标系下，有

$$\begin{aligned}\nabla^2\varphi&=\frac{1}{\rho}\left[\frac{\partial}{\partial\rho}\left(\rho\frac{\partial\varphi}{\partial\rho}\right)+\frac{\partial}{\partial\phi}\left(\frac{1}{\rho}\frac{\partial\varphi}{\partial\phi}\right)+\frac{\partial}{\partial z}\left(\rho\frac{\partial\varphi}{\partial z}\right)\right]\\&=\frac{\partial^2\varphi}{\partial\rho^2}+\frac{1}{\rho}\frac{\partial\varphi}{\partial\rho}+\frac{1}{\rho^2}\frac{\partial^2\varphi}{\partial\phi^2}+\frac{\partial^2\varphi}{\partial z^2}\end{aligned}$$

所以

$$\nabla^2\varphi=(n^2+n)\rho^{-n-2}\cos n\phi-n\rho^{-n-2}\cos n\phi-n^2\rho^{-n-2}\cos n\phi=0$$

即

$$\nabla^2\varphi=0$$

函数 φ 满足拉普拉斯方程。

（3）因为

$$\frac{\partial\varphi}{\partial r}=\cos\theta, \quad \frac{\partial^2\varphi}{\partial r^2}=0$$

$$\frac{\partial\varphi}{\partial\theta}=-r\sin\theta, \quad \frac{\partial^2\varphi}{\partial\theta^2}=-r\cos\theta$$

$$\frac{\partial\varphi}{\partial\phi}=0, \quad \frac{\partial^2\varphi}{\partial\phi^2}=0$$

而在球坐标系下，有

$$\nabla^2\varphi=\frac{1}{r^2\sin\theta}\left(r^2\sin\theta\frac{\partial^2\varphi}{\partial r^2}+2r\sin\theta\frac{\partial\varphi}{\partial r}+\sin\theta\frac{\partial^2\varphi}{\partial\theta^2}+\cos\theta\frac{\partial\varphi}{\partial\theta}+\frac{1}{\sin\theta}\frac{\partial^2\varphi}{\partial\phi^2}\right)$$

所以

$$\nabla^2\varphi=\frac{1}{r^2\sin\theta}(2r\sin\theta\cos\theta-r\sin\theta\cos\theta-r\sin\theta\cos\theta)=0$$

即

$$\nabla^2\varphi=0$$

函数 φ 满足拉普拉斯方程。

2.22　求下列矢量场的散度与旋度：

(1) $\boldsymbol{A}=(3x^2y+z)\boldsymbol{e}_x+(y^3-xz^2)\boldsymbol{e}_y+2xyz\boldsymbol{e}_z$；

(2) $\boldsymbol{A}=\rho\cos^2\phi\boldsymbol{e}_\rho+\rho\sin\phi\boldsymbol{e}_\phi$；

(3) $\boldsymbol{A}=yz^2\boldsymbol{e}_x+zx^2\boldsymbol{e}_y+xy^2\boldsymbol{e}_z$；

(4) $\boldsymbol{A}=P(x)\boldsymbol{e}_x+Q(y)\boldsymbol{e}_y+R(z)\boldsymbol{e}_z$。

解　(1) 所求矢量场的散度与旋度分别为

$$\nabla\cdot\boldsymbol{A}=\frac{\partial A_x}{\partial x}+\frac{\partial A_y}{\partial y}+\frac{\partial A_z}{\partial z}=6xy+3y^2+2xy=3y^2+8xy$$

$$\begin{aligned}\nabla\times\boldsymbol{A}&=\begin{vmatrix}\boldsymbol{e}_x & \boldsymbol{e}_y & \boldsymbol{e}_z\\ \dfrac{\partial}{\partial x} & \dfrac{\partial}{\partial y} & \dfrac{\partial}{\partial z}\\ A_x & A_y & A_z\end{vmatrix}\\
&=\left(\frac{\partial A_z}{\partial y}-\frac{\partial A_y}{\partial z}\right)\boldsymbol{e}_x+\left(\frac{\partial A_x}{\partial z}-\frac{\partial A_z}{\partial x}\right)\boldsymbol{e}_y+\left(\frac{\partial A_y}{\partial x}-\frac{\partial A_x}{\partial y}\right)\boldsymbol{e}_z\\
&=[2xz-(-2xz)]\boldsymbol{e}_x+(1-2yz)\boldsymbol{e}_y+(-z^2-3x^2)\boldsymbol{e}_z\\
&=4xz\boldsymbol{e}_x+(1-2yz)\boldsymbol{e}_y+(-z^2-3x^2)\boldsymbol{e}_z\end{aligned}$$

(2) 所求矢量场的散度与旋度分别为

$$\begin{aligned}\nabla\cdot\boldsymbol{A}&=\frac{1}{\rho}\frac{\partial(\rho A_\rho)}{\partial\rho}+\frac{1}{\rho}\frac{\partial A_\phi}{\partial\phi}+\frac{\partial A_z}{\partial z}\\
&=\frac{1}{\rho}2\rho\cos^2\phi+\frac{1}{\rho}\rho\cos\phi\\
&=2\cos^2\phi+\cos\phi\end{aligned}$$

$$\begin{aligned}\nabla\cdot\boldsymbol{A}&=\frac{1}{\rho}\begin{vmatrix}\boldsymbol{e}_\rho & \boldsymbol{e}_\phi & \boldsymbol{e}_z\\ \dfrac{\partial}{\partial\rho} & \dfrac{\partial}{\partial\varphi} & \dfrac{\partial}{\partial z}\\ A_\rho & \rho A_\phi & A_z\end{vmatrix}\\
&=\frac{1}{\rho}\left[\frac{\partial A_\rho}{\partial z}\boldsymbol{e}_\phi+\frac{\partial(\rho A_\phi)}{\partial\rho}\boldsymbol{e}_z-\frac{\partial A_\rho}{\partial\phi}\boldsymbol{e}_z-\frac{\partial(\rho A_\phi)}{\partial z}\boldsymbol{e}_\rho\right]\\
&=\frac{1}{\rho}\left[\frac{\partial A_\rho}{\partial z}\boldsymbol{e}_\phi-\frac{\partial(\rho A_\phi)}{\partial z}\boldsymbol{e}_\rho+\left(\frac{\partial(\rho A_\phi)}{\partial\rho}-\frac{\partial A_\rho}{\partial\phi}\right)\boldsymbol{e}_z\right]\\
&=\frac{1}{\rho}(2\rho\sin\phi+2\rho\cos\phi\sin\phi)\boldsymbol{e}_z\\
&=2\sin\phi(1+\cos\phi)\boldsymbol{e}_z\end{aligned}$$

(3) 所求矢量场的散度与旋度分别为

$$\nabla\cdot\boldsymbol{A}=\frac{\partial A_x}{\partial x}+\frac{\partial A_y}{\partial y}+\frac{\partial A_z}{\partial z}=0$$

$$\nabla\times\boldsymbol{A}=\begin{vmatrix}\boldsymbol{e}_x & \boldsymbol{e}_y & \boldsymbol{e}_z\\ \frac{\partial}{\partial x} & \frac{\partial}{\partial y} & \frac{\partial}{\partial z}\\ A_x & A_y & A_z\end{vmatrix}$$

$$=\left(\frac{\partial A_z}{\partial y}-\frac{\partial A_y}{\partial z}\right)\boldsymbol{e}_x+\left(\frac{\partial A_x}{\partial z}-\frac{\partial A_z}{\partial x}\right)\boldsymbol{e}_y+\left(\frac{\partial A_y}{\partial x}-\frac{\partial A_x}{\partial y}\right)\boldsymbol{e}_z$$

$$=(2xy-x^2)\boldsymbol{e}_x+(2yz-y^2)\boldsymbol{e}_y+(2xz-z^2)\boldsymbol{e}_z$$

(4) 所求矢量场的散度与旋度分别为

$$\nabla\cdot\boldsymbol{A}=\frac{\partial P(x)}{\partial x}+\frac{\partial Q(y)}{\partial y}+\frac{\partial R(z)}{\partial z}=P'(x)+Q'(y)+R'(z)$$

$$\nabla\times\boldsymbol{A}=\begin{vmatrix}\boldsymbol{e}_x & \boldsymbol{e}_y & \boldsymbol{e}_z\\ \frac{\partial}{\partial x} & \frac{\partial}{\partial y} & \frac{\partial}{\partial z}\\ P(x) & Q(y) & R(z)\end{vmatrix}$$

$$=\left(\frac{\partial R(z)}{\partial y}-\frac{\partial Q(y)}{\partial z}\right)\boldsymbol{e}_x+\left(\frac{\partial P(x)}{\partial z}-\frac{\partial R(z)}{\partial x}\right)\boldsymbol{e}_y+\left(\frac{\partial Q(y)}{\partial x}-\frac{\partial P(x)}{\partial y}\right)\boldsymbol{e}_z$$

$$=\boldsymbol{0}$$

第 3 章 静电场及其特性

3.1 基本要求

本章学习有以下几点基本要求：

(1) 理解电荷密度的意义和表示方法。

(2) 理解并掌握电场强度的概念与计算公式。

(3) 理解并掌握真空中静电场方程的推导过程和意义。

(4) 理解并掌握电介质的极化概念、极化强度、极化电荷以及电位移矢量的引入和本构关系。

(5) 理解并掌握电介质中静电场方程的推导过程和意义。

(6) 理解并掌握静电场的辅助函数和电位的微分方程。

(7) 理解并掌握静电场的边界条件的概念、推导过程和性质。

(8) 理解并掌握静电场的能量的概念、能量密度的推导。

(9) 理解电容的概念和计算方法，了解部分电容的概念和处理方法。

(10) 理解静电场的力的概念和推导方法。

3.2 重点与难点

本章重点：

(1) 电荷密度的意义和表示方法。

(2) 电场强度的概念与计算公式。

(3) 真空中静电场方程的推导过程和意义。

(4) 电介质的极化、电位移矢量的引入和本构关系以及电介质中的静电场方程。

(5) 静电场的电位函数的引入过程和电位微分方程的建立。

(6) 静电场的边界条件的推导及意义。

(7) 静电场的能量、能量密度的概念、计算公式。

(8) 电容、静电场的力的概念和计算方法。

本章难点：

(1) 电场强度的理解。

(2) 真空中静电场方程中的旋度的推导。

(3) 电介质的极化过程与表达。

(4) 静电场的切向边界条件的推导。

(5) 部分电容的概念和处理方法。

3.3 重点知识归纳

1. 均匀介质中电荷分布

点电荷分布：$\rho(\boldsymbol{r}')=q\delta(\boldsymbol{r}-\boldsymbol{r}')$

体电荷分布：$\rho(\boldsymbol{r}')=\lim\limits_{\Delta V'\to 0}\left(\dfrac{\Delta q}{\Delta V'}\right)=\dfrac{\mathrm{d}q}{\mathrm{d}V'}\qquad q=\int_{V'}\rho(\boldsymbol{r}')\mathrm{d}V'$

面电荷分布：$\rho_S(\boldsymbol{r}')=\lim\limits_{\Delta S'\to 0}\left(\dfrac{\Delta q}{\Delta S'}\right)=\dfrac{\mathrm{d}q}{\mathrm{d}S'}\qquad q=\int_{S'}\rho_S(\boldsymbol{r}')\mathrm{d}S'$

线电荷分布：$\rho_l(\boldsymbol{r}')=\lim\limits_{\Delta l'\to 0}\left(\dfrac{\Delta q}{\Delta l'}\right)=\dfrac{\mathrm{d}q}{\mathrm{d}l'}\qquad q=\int_{l'}\rho_l(\boldsymbol{r}')\mathrm{d}l'$

2. 库仑定律与电场强度

1) 库仑定律

库仑定律表明：真空中两静止点电荷之间的相互作用力的大小与两点电荷的大小成正比，与它们之间距离的平方成反比，力的方向沿着两点电荷之间的连线，且同号点电荷之间为排斥力，异号点电荷之间为吸引力。

库仑定律的数学表述为

$$\boldsymbol{F}_{12}=\frac{q_1q_2}{4\pi\varepsilon_0R^2}\boldsymbol{e}_R=\frac{q_1q_2}{4\pi\varepsilon_0R^3}\boldsymbol{R}$$

2) 电场强度

电场强度为作用于试探电荷 q_0 上的电场力 $\boldsymbol{F}$ 与该试探电荷的比值。为使试探电荷自身电场对原始电场的影响最小，电场强度就应该是当试探电荷 $q_0\to 0$ 时，作用于该试探电荷上的电场力，即

$$\boldsymbol{E}=\lim_{q_0\to 0}\frac{\boldsymbol{F}}{q_0}=\begin{cases}\dfrac{1}{4\pi\varepsilon_0}\dfrac{q(\boldsymbol{r}-\boldsymbol{r}')}{|\boldsymbol{r}-\boldsymbol{r}'|^3} & \text{点电荷}\\[2ex] \dfrac{1}{4\pi\varepsilon_0}\displaystyle\int_V\frac{\rho(\boldsymbol{r}')(\boldsymbol{r}-\boldsymbol{r}')}{|\boldsymbol{r}-\boldsymbol{r}'|^3}\mathrm{d}V' & \text{体电荷}\\[2ex] \dfrac{1}{4\pi\varepsilon_0}\displaystyle\int_S\frac{\rho_S(\boldsymbol{r}')(\boldsymbol{r}-\boldsymbol{r}')}{|\boldsymbol{r}-\boldsymbol{r}'|^3}\mathrm{d}S' & \text{面电荷}\\[2ex] \dfrac{1}{4\pi\varepsilon_0}\displaystyle\int_l\frac{\rho_l(\boldsymbol{r}')(\boldsymbol{r}-\boldsymbol{r}')}{|\boldsymbol{r}-\boldsymbol{r}'|^3}\mathrm{d}l' & \text{线电荷}\end{cases}$$

3. 真空中的静电场方程

积分形式：
$$\begin{cases}\displaystyle\oint_S\boldsymbol{E}\cdot\mathrm{d}\boldsymbol{S}=\frac{1}{\varepsilon_0}\int_{V}\rho\,\mathrm{d}V=\frac{q}{\varepsilon_0}\\[2ex] \displaystyle\oint_l\boldsymbol{E}\cdot\mathrm{d}\boldsymbol{l}=0\end{cases}$$

微分形式：$\begin{cases}\nabla\cdot\boldsymbol{E}=\dfrac{\rho}{\varepsilon_0}\\ \nabla\times\boldsymbol{E}=\boldsymbol{0}\end{cases}$

静电场方程说明静电场是一个有源无旋场，其通量等于静电场空间的总电量与真空介电常数 ε_0 的比值，其环量等于 0。

4. 电介质中的静电场方程

1）电介质的极化

极化强度：$\boldsymbol{P}=\lim\limits_{\Delta V\to 0}\dfrac{\sum\limits_i \boldsymbol{p}_i}{\Delta V}=n\boldsymbol{p}$

极化体电荷密度：$\rho_{\mathrm{P}}=-\nabla\cdot\boldsymbol{P}$

极化面电荷密度：$\rho_{\mathrm{SP}}=\boldsymbol{P}\cdot\boldsymbol{e}_{\mathrm{n}}$

2）电介质中的高斯定理

电位移矢量：$\boldsymbol{D}=\varepsilon_0\boldsymbol{E}+\boldsymbol{P}=\varepsilon\boldsymbol{E}$

电介质中的高斯定理：

积分形式：$\begin{cases}\oint_S\boldsymbol{D}\cdot\mathrm{d}\boldsymbol{S}=\int_V\rho\,\mathrm{d}V=q\\ \oint_l\boldsymbol{E}\cdot\mathrm{d}\boldsymbol{l}=0\end{cases}$

微分形式：$\begin{cases}\nabla\cdot\boldsymbol{D}=\rho\\ \nabla\times\boldsymbol{E}=\boldsymbol{0}\end{cases}$

5. 电位

(1) 电场强度与电位的关系：

$$\boldsymbol{E}=-\nabla\varphi$$

(2) 电荷系的电位：

对于不同电荷分布，电位 $\varphi(\boldsymbol{r})$ 可分别表示为

$$\varphi(\boldsymbol{r})=\begin{cases}\dfrac{1}{4\pi\varepsilon}\sum\limits_{i=1}^{N}\dfrac{q_i}{|\boldsymbol{r}-\boldsymbol{r}_i'|}+C & \text{点电荷系}\\ \dfrac{1}{4\pi\varepsilon}\int_V\dfrac{\rho(\boldsymbol{r}')}{|\boldsymbol{r}-\boldsymbol{r}'|}\mathrm{d}V'+C & \text{体电荷}\\ \dfrac{1}{4\pi\varepsilon}\int_S\dfrac{\rho_S(\boldsymbol{r}')}{|\boldsymbol{r}-\boldsymbol{r}'|}\mathrm{d}S'+C & \text{面电荷}\\ \dfrac{1}{4\pi\varepsilon}\int_l\dfrac{\rho_l(\boldsymbol{r}')}{|\boldsymbol{r}-\boldsymbol{r}'|}\mathrm{d}l'+C & \text{线电荷}\end{cases}$$

(3) 电位 $\varphi(\boldsymbol{r})$ 的微分方程：

$\nabla^2\varphi(\boldsymbol{r})=-\dfrac{\rho}{\varepsilon}$　静电位的泊松方程

$\nabla^2\varphi(\boldsymbol{r})=0$　静电位的拉普拉斯方程

6. 静电场的边界条件

在不同介质的分界面上，电位移矢量和电场强度所满足的边界条件为

$$\begin{cases}(\boldsymbol{D}_1-\boldsymbol{D}_2)\cdot\boldsymbol{e}_n=\rho_S\\(\boldsymbol{E}_1-\boldsymbol{E}_2)\times\boldsymbol{e}_n=\boldsymbol{0}\end{cases}\quad 或 \quad \begin{cases}D_{1n}-D_{2n}=\rho_S\\E_{1t}=E_{2t}\end{cases}$$

电位在不同介质的分界面上所满足的边界条件为

$$\begin{cases}\varepsilon_1\dfrac{\partial\varphi_1}{\partial n}-\varepsilon_2\dfrac{\partial\varphi_2}{\partial n}=-\rho_S\\\varphi_1=\varphi_2\end{cases}$$

7. 导体系统的电容

电容是描述导体系统储存电荷能力的物理量。

(1) 孤立导体的电容 C 定义为所带电量 q 与其电位 φ 的比值，即

$$C=\frac{q}{\varphi}$$

(2) 两导体的电容 C 定义为一个导体上所带电量 q 与两导体之间的电位差(电压)U 的比值，即

$$C=\frac{q}{U}$$

(3) 当有三个或三个以上导体存在时，该导体系统称为多导体系统。在由 n 个导体组成的系统中，第 i 个导体上所带的电量不仅取决于其本身的形状、尺寸及电位 φ，还取决于系统中其他导体的大小、形状、尺寸、相对位置、电位及周围空间所填充的介质，其表达式为

$$q_i=\sum_{\substack{j=1\\i\neq j}}^{n}C_{ij}(\varphi_i-\varphi_j)+C_{ii}\varphi_i$$

式中，C_{ij} 称为部分电容，当 $i=j$ 时称为自部分电容，表示导体 i 与地之间的部分电容；当 $i\neq j$ 时称为互部分电容，表示导体 j 与导体 i 之间的部分电容。

8. 静电场的能量与力

1) 静电场的能量

静电场的能量：$W_e=\int_V\frac{1}{2}\boldsymbol{E}\cdot\boldsymbol{D}\mathrm{d}V=\int_V w_e\mathrm{d}V$

2) 静电场的力

恒电荷系统：$\boldsymbol{F}_r=-(\nabla W_e)|_{q=常数}$

恒电位系统：$\boldsymbol{F}_r=(\nabla W_e)|_{\varphi=常数}$

3.4 思考题

1. 点电荷的电场强度随距离变化的规律是什么？电偶极子的电场强度又如何呢？
2. 在什么条件下可应用高斯定理求解给定电荷分布的电场强度？
3. 简述电场与电介质相互作用时发生的物理现象。
4. 任意选择电位参考点时会产生什么现象？

3.5 习题全解

3.1　平行板真空二极管两极板间的体电荷密度为 $\rho=-\frac{4}{9}\varepsilon_0 U_0 d^{-\frac{4}{3}} x^{-\frac{2}{3}}$，阴极板位于 $x=d$ 处，极间电压为 U_0。若 $U_0=40$ V，$d=1$ cm，横截面 $S=10$ cm^2，求：

(1) $x=0$ 至 $x=d$ 区域内的总电荷量；

(2) $x=d/2$ 至 $x=d$ 区域内的总电荷量。

解　(1) $q_1=\int_{V_1}\rho\,\mathrm{d}V=\int_0^d\left(-\frac{4}{9}\varepsilon_0 U_0 d^{-\frac{4}{3}} x^{-\frac{2}{3}}\right)S\,\mathrm{d}x$

$$=-\frac{4}{3d}\varepsilon_0 U_0 S=-4.72\times 10^{11}\,\text{C}$$

(2) $q_2=\int_{V_1}\rho\,\mathrm{d}V=\int_{\frac{d}{2}}^d\left(-\frac{4}{9}\varepsilon_0 U_0 d^{-\frac{4}{3}} x^{-\frac{2}{3}}\right)S\,\mathrm{d}x$

$$=-\frac{4}{3d}\left(1-\frac{1}{\sqrt[3]{2}}\right)\varepsilon_0 U_0 S=-0.97\times 10^{11}\,\text{C}$$

3.2　已知真空中有三个点电荷，其电量及位置分别为

$q_1=1$ C，$P_1(0,0,1)$

$q_2=1$ C，$P_2(1,0,1)$

$q_3=4$ C，$P_3(0,1,0)$

试求点 $P(0,-1,0)$处的电场强度。

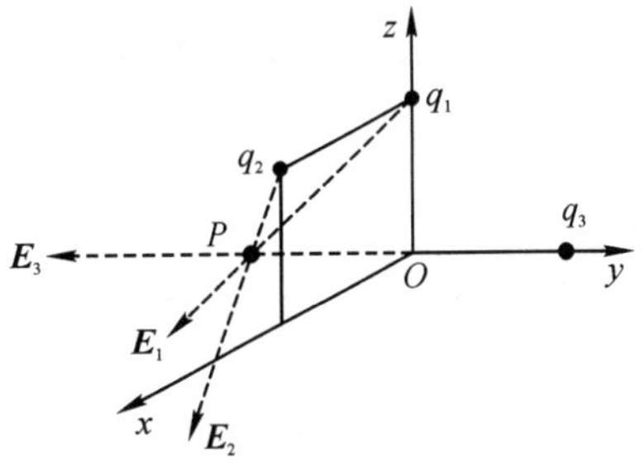

图 3-1　习题 3.2 图

解　如图 3-1 所示，令 r_1、r_2、r_3 分别为三个点电荷的位置 P_1、P_2、P_3 到点 P 的距离，则 $r_1=\sqrt{2}$，$r_2=\sqrt{3}$，$r_3=2$。

利用点电荷的电场强度公式 $\boldsymbol{E}=\frac{q}{4\pi\varepsilon_0 r^2}\boldsymbol{e}_r$，其中 $\boldsymbol{e}_r$ 为点电荷 q 指向场点 P 的单位矢量，可得：

q_1 在点 P 处的场强大小为 $E_1=\frac{q_1}{4\pi\varepsilon_0 r_1^2}=\frac{1}{8\pi\varepsilon_0}$，方向为 $\boldsymbol{e}_{r1}=-\frac{1}{\sqrt{2}}(\boldsymbol{e}_y+\boldsymbol{e}_z)$；

q_2 在点 P 处的场强大小为 $E_2=\frac{q_2}{4\pi\varepsilon_0 r_2^2}=\frac{1}{12\pi\varepsilon_0}$，方向为 $\boldsymbol{e}_{r2}=-\frac{1}{\sqrt{3}}(\boldsymbol{e}_x+\boldsymbol{e}_y+\boldsymbol{e}_z)$；

q_3 在点 P 处的场强大小为 $E_3=\frac{q_3}{4\pi\varepsilon_0 r_3^2}=\frac{1}{4\pi\varepsilon_0}$，方向为 $\boldsymbol{e}_{r3}=-\boldsymbol{e}_y$。

于是点 P 处的合成电场强度为

$$\boldsymbol{E}=\boldsymbol{E}_1+\boldsymbol{E}_2+\boldsymbol{E}_3=-\frac{1}{\pi\varepsilon_0}\left[\frac{1}{12\sqrt{3}}\boldsymbol{e}_x+\left(\frac{1}{8\sqrt{2}}+\frac{1}{12\sqrt{3}}+\frac{1}{4}\right)\boldsymbol{e}_y+\left(\frac{1}{8\sqrt{2}}+\frac{1}{12\sqrt{3}}\right)\boldsymbol{e}_z\right]$$

3.3　两点电荷 $q_1=8$ C 位于 z 轴上 $z=4$ 处，$q_2=-4$ C 位于 y 轴上 $y=4$ 处，求点 $(4,0,0)$处的电场强度。

解 电荷 q_1 在点(4，0，0)处产生的电场强度为

$$\boldsymbol{E}_1=\frac{q_1}{4\pi\varepsilon_0}\frac{\boldsymbol{r}-\boldsymbol{r}_1'}{|\boldsymbol{r}-\boldsymbol{r}_1'|^3}=\frac{2}{\pi\varepsilon_0}\frac{4\boldsymbol{e}_x-4\boldsymbol{e}_z}{(4\sqrt{2})^3}$$

电荷 q_2 在点(4，0，0)处产生的电场强度为

$$\boldsymbol{E}_2=\frac{q_2}{4\pi\varepsilon_0}\frac{\boldsymbol{r}-\boldsymbol{r}_2'}{|\boldsymbol{r}-\boldsymbol{r}_2'|^3}=\frac{-1}{\pi\varepsilon_0}\frac{4\boldsymbol{e}_x-4\boldsymbol{e}_y}{(4\sqrt{2})^3}$$

则点(4，0，0)处的电场强度为

$$\boldsymbol{E}=\boldsymbol{E}_1+\boldsymbol{E}_2=\frac{\boldsymbol{e}_x+\boldsymbol{e}_y-2\boldsymbol{e}_z}{32\sqrt{2}\pi\varepsilon_0}$$

3.4 三根长度均为 L、均匀带电且线电荷密度分别为 ρ_{l1}、ρ_{l2}、ρ_{l3} 的线电荷构成等边三角形。若 $\rho_{l1}=2\rho_{l2}=2\rho_{l3}$，计算等边三角形中心处的电场强度。

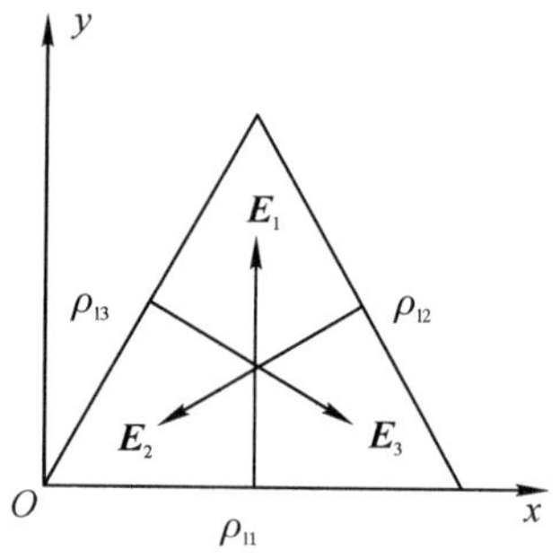

图 3-2 习题 3.4 图

解 有限长均匀带电直导线在空间一点处产生的电场强度为

$$\boldsymbol{E}(\rho,z)=\frac{\rho_l}{4\pi\varepsilon_0\rho}[(\sin\alpha_2-\sin\alpha_1)\boldsymbol{e}_z+(\cos\alpha_1-\cos\alpha_2)\boldsymbol{e}_\rho]$$

如图 3-2 所示，三角形中心到各边的距离 $d=\frac{L}{2}\tan30^\circ=\frac{\sqrt{3}}{6}L$，则

$$\boldsymbol{E}_1=\boldsymbol{e}_y\frac{\rho_{l1}}{4\pi\varepsilon_0 d}(\cos30^\circ-\cos150^\circ)=\boldsymbol{e}_y\frac{3\rho_{l1}}{2\pi\varepsilon_0 L}$$

$$\boldsymbol{E}_2=-\frac{3\rho_{l2}}{2\pi\varepsilon_0 L}(\boldsymbol{e}_x\cos30^\circ+\boldsymbol{e}_y\sin30^\circ)=-(\sqrt{3}\boldsymbol{e}_x+\boldsymbol{e}_y)\frac{3\rho_{l2}}{4\pi\varepsilon_0 L}=-(\sqrt{3}\boldsymbol{e}_x+\boldsymbol{e}_y)\frac{3\rho_{l1}}{8\pi\varepsilon_0 L}$$

$$\boldsymbol{E}_3=\frac{3\rho_{l3}}{2\pi\varepsilon_0 L}(\boldsymbol{e}_x\cos30^\circ-\boldsymbol{e}_y\sin30^\circ)=(\sqrt{3}\boldsymbol{e}_x-\boldsymbol{e}_y)\frac{3\rho_{l3}}{4\pi\varepsilon_0 L}=(\sqrt{3}\boldsymbol{e}_x-\boldsymbol{e}_y)\frac{3\rho_{l1}}{8\pi\varepsilon_0 L}$$

故等边三角形中心处的电场强度为

$$\boldsymbol{E}=\boldsymbol{E}_1+\boldsymbol{E}_2+\boldsymbol{E}_3=\frac{3\rho_{l1}}{4\pi\varepsilon_0 L}\boldsymbol{e}_y$$

3.5 由两个相距很近的等量异号点电荷组成的系统称为电偶极子，计算电偶极子的电场强度。

解 电偶极子是由两个相距很近的等量异号点电荷组成的系统，其中两电荷的间距为 l，如图 3-3 所示。

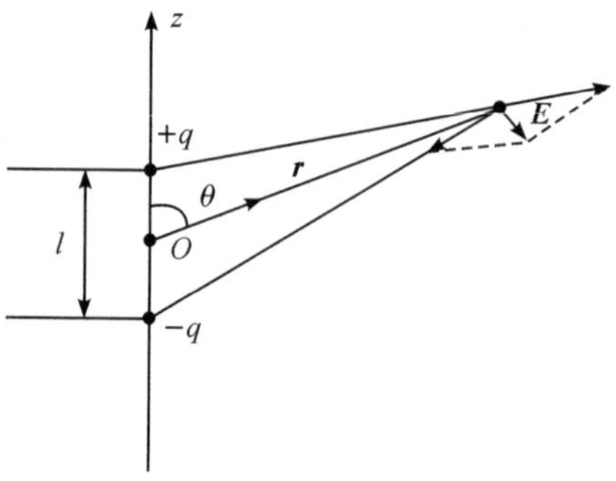

图 3-3 习题 3.5 图

采用球坐标系，使得电偶极子的中心位于球坐标系的原点 O，电偶极子的轴与 z 轴平行。根据叠加原理可得两个点电荷 $\pm q$ 产生的电位为

$$\varphi(\boldsymbol{r})=\frac{q}{4\pi\varepsilon_0}\left(\frac{1}{|\boldsymbol{r}-\boldsymbol{r}_1'|}-\frac{1}{|\boldsymbol{r}-\boldsymbol{r}_2'|}\right)=\frac{q}{4\pi\varepsilon_0}\frac{|\boldsymbol{r}-\boldsymbol{r}_2'|-|\boldsymbol{r}-\boldsymbol{r}_1'|}{|\boldsymbol{r}-\boldsymbol{r}_1'||\boldsymbol{r}-\boldsymbol{r}_2'|}$$

若观察距离远大于两电荷的间距 l，则可以认为 $\boldsymbol{r}-\boldsymbol{r}_2'$、$\boldsymbol{r}-\boldsymbol{r}_1'$ 与 $\boldsymbol{r}$ 的方向一致(或平行)，故

$$\begin{cases}|\boldsymbol{r}-\boldsymbol{r}_2'|-|\boldsymbol{r}-\boldsymbol{r}_1'|\approx l\cos\theta\\|\boldsymbol{r}-\boldsymbol{r}_2'||\boldsymbol{r}-\boldsymbol{r}_1'|\approx\left(r-\dfrac{l}{2}\cos\theta\right)\left(r+\dfrac{l}{2}\cos\theta\right)\approx r^2\end{cases}$$

因此

$$\varphi(\boldsymbol{r})=\frac{q}{4\pi\varepsilon_0}\frac{l\cos\theta}{r^2}=\frac{q}{4\pi r^2\varepsilon_0}(\boldsymbol{l}\cdot\boldsymbol{e}_r)$$

式中，$\boldsymbol{l}$ 的方向规定由负电荷指向正电荷。通常定义 $q\boldsymbol{l}$ 为电偶极子的电矩 $\boldsymbol{p}$，即 $\boldsymbol{p}=q\boldsymbol{l}$，则电偶极子产生的电位为

$$\varphi(\boldsymbol{r})=\frac{\boldsymbol{p}\cdot\boldsymbol{e}_r}{4\pi r^2\varepsilon_0}=\frac{p\cos\theta}{4\pi r^2\varepsilon_0}$$

利用关系式 $\boldsymbol{E}=-\nabla\varphi$ 可求得电偶极子的电场强度为

$$\boldsymbol{E}(\boldsymbol{r})=\left(\boldsymbol{e}_r\frac{\partial\varphi}{\partial r}+\boldsymbol{e}_\theta\frac{1}{r}\frac{\partial\varphi}{\partial\theta}+\boldsymbol{e}_\phi\frac{\partial\varphi}{\partial\phi}\right)=\boldsymbol{e}_r\frac{p\cos\theta}{2\pi r^3\varepsilon_0}+\boldsymbol{e}_\theta\frac{p\sin\theta}{4\pi r^3\varepsilon_0}$$

3.6　计算均匀带电的环形薄片轴线上任意点处的电场强度。

解　以圆环的圆心为原点，建立圆柱坐标系，如图 3-4 所示。设圆环的内圆半径为 a_1，外圆半径为 a_2，环上任意一点到圆心的距离为 ρ，圆盘的面电荷密度为 ρ_S，则有

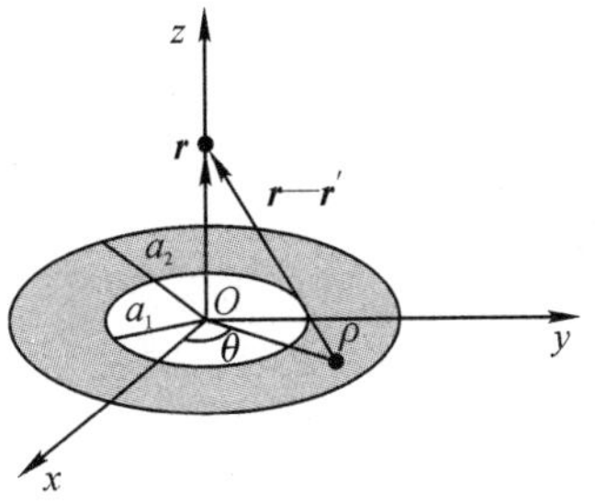

图 3-4　习题 3.6 图

$$\boldsymbol{r}=z\boldsymbol{e}_z$$

$$\boldsymbol{r}'=\rho\cos\theta\,\boldsymbol{e}_x+\rho\sin\theta\,\boldsymbol{e}_y$$

$$|\boldsymbol{r}-\boldsymbol{r}'|=\sqrt{\rho^2+z^2}$$

$$\mathrm{d}S'=\rho\,\mathrm{d}\phi\,\mathrm{d}z$$

根据电场强度的定义得到

$$E(z)=\frac{\rho_S}{4\pi\varepsilon_0}\int_{a_1}^{a_2}\int_0^{2\pi}\frac{z-(\rho\cos\theta+\rho\sin\theta)}{(\sqrt{\rho^2+z^2})^3}\rho\,\mathrm{d}\phi\,\mathrm{d}z$$

$$=\frac{\rho_S z}{2\varepsilon_0}\left(\frac{1}{\sqrt{a_1^2+z^2}}-\frac{1}{\sqrt{a_2^2+z^2}}\right)$$

3.7　在半径为 a 的一个半圆弧线上均匀分布有电荷 q，求圆心处的电场强度。

解　设介质介电常数为 ε_0。假设圆弧如图 3-5 所示放置，则圆弧上的线电荷密度 $\rho_l=\dfrac{q}{\pi a}$，任一元电荷 $\mathrm{d}q=\rho_l\mathrm{d}l$ 在圆心 O 处产生的电场强度为

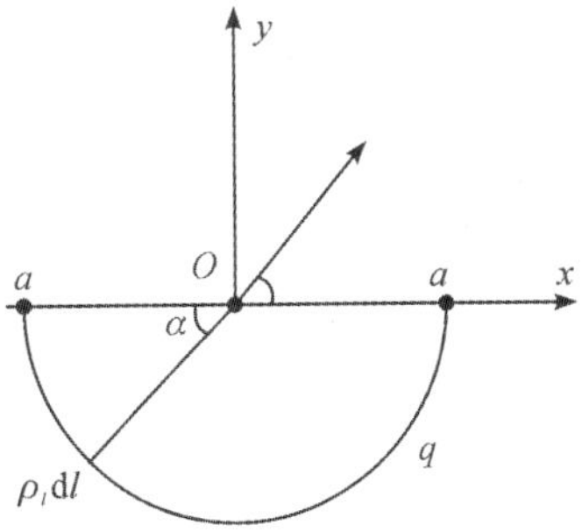

图 3-5　习题 3.7 图

$$\mathrm{d}\boldsymbol{E}=\frac{\rho_1\mathrm{d}l}{4\pi\varepsilon_0 a^2}(\cos\alpha\boldsymbol{e}_x+\sin\alpha\boldsymbol{e}_y)=\frac{\frac{q}{\pi a}a\,\mathrm{d}\alpha}{4\pi\varepsilon_0 a^2}(\cos\alpha\boldsymbol{e}_x+\sin\alpha\boldsymbol{e}_y)$$

根据对称性可得，$\int_0^{\pi}\mathrm{d}\boldsymbol{E}_x=\boldsymbol{0}$，则电场强度 $\boldsymbol{E}$ 仅有 $\boldsymbol{e}_y$ 方向分量，从而

$$\boldsymbol{E}=\int\mathrm{d}\boldsymbol{E}_y=\int_0^{\pi}\frac{q}{4\pi^2\varepsilon_0 a^2}\sin\alpha\,\mathrm{d}\alpha\,\boldsymbol{e}_y=\frac{q}{4\pi^2\varepsilon_0 a^2}\boldsymbol{e}_y$$

即半圆弧上的电荷 q 在圆心处产生的电场强度为$\frac{q}{4\pi^2\varepsilon_0 a^2}\boldsymbol{e}_y$。

3.8　一个很薄的无限大导电带电面的面电荷密度为 ρ_S。证明：在垂直于平面的 z 轴上 $z=z_0$ 处的电场强度中，有一半是由平面上半径为$\sqrt{3}z_0$ 的圆内电荷产生的。

证明　半径为 r、线电荷密度为 $\rho_1=\sigma\mathrm{d}r$ 的带电细圆环在 z 轴上 $z=z_0$ 处产生的电场强度为

$$\mathrm{d}\boldsymbol{E}=\boldsymbol{e}_z\frac{r\sigma z_0\mathrm{d}r}{2\varepsilon_0(r^2+z_0^2)^{3/2}}$$

故整个导电带电面在 z 轴上 $z=z_0$ 处产生的电场强度为

$$\boldsymbol{E}=\boldsymbol{e}_z\int_0^{\infty}\frac{r\sigma z_0\mathrm{d}r}{2\varepsilon_0(r^2+z_0^2)^{3/2}}=-\boldsymbol{e}_z\frac{\sigma z_0}{2\varepsilon_0}\frac{1}{(r^2+z_0^2)^{3/2}}\bigg|_0^{\infty}=\boldsymbol{e}_z\frac{\sigma}{2\varepsilon_0}$$

而半径为$\sqrt{3}z_0$ 的圆内电荷在 z 轴上 $z=z_0$ 处产生的电场强度为

$$\boldsymbol{E}'=\boldsymbol{e}_z\int_0^{\sqrt{3}z_0}\frac{r\sigma z_0\mathrm{d}r}{2\varepsilon_0(r^2+z_0^2)^{3/2}}=-\boldsymbol{e}_z\frac{\sigma z_0}{2\varepsilon_0}\frac{1}{(r^2+z_0^2)^{3/2}}\bigg|_0^{\sqrt{3}z_0}=\boldsymbol{e}_z\frac{\sigma}{4\varepsilon_0}=\frac{1}{2}\boldsymbol{E}$$

结论得证。

3.9　有一电荷密度为 ρ_0、半径为 b 的无限长带电圆柱体，在该圆柱体内部有一与它偏轴的半径为 a 的无限长圆柱空洞，两者的轴线距离为 d，求空洞内的电场强度并证明空洞内的电场强度是均匀的。

解　根据题意画出图形，如图 3-6 所示。先假设圆柱体没有被掏空，其电荷密度为 ρ，再往原定被掏空的区域加入电荷密度为 $-\rho$ 的电荷，则根据高斯定理，大圆柱、小圆柱在空腔内的电场强度分别满足

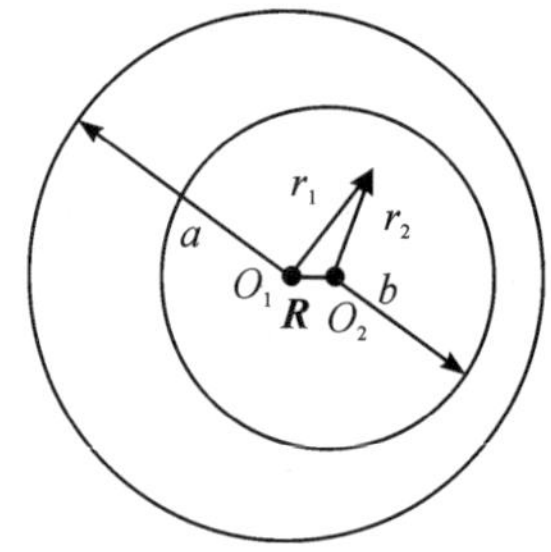

图 3-6　习题 3.9 图

$$\oint_{S_1}\boldsymbol{E}_1\cdot\mathrm{d}\boldsymbol{S}_1=\frac{q}{\varepsilon_0}$$

$$\oint_{S_2}\boldsymbol{E}_2\cdot\mathrm{d}\boldsymbol{S}_2=\frac{q}{\varepsilon_0}$$

故

$$E_1\times 2\pi r_1 l=\frac{\rho\pi r_1^2 l}{\varepsilon_0}$$

$$\boldsymbol{E}_1=\frac{\rho r_1}{2\varepsilon_0}\boldsymbol{e}_{r1}$$

$$\boldsymbol{E}_2=\frac{-\rho r_2}{2\varepsilon_0}\boldsymbol{e}_{r2}$$

于是实际上空洞内的电场强度为

$$\boldsymbol{E}=\boldsymbol{E}_1+\boldsymbol{E}_2=\frac{\rho}{2\varepsilon_0}(r_1\boldsymbol{e}_{r1}-r_2\boldsymbol{e}_{r2})=\frac{\rho\boldsymbol{R}}{2\varepsilon_0}=\frac{\rho d}{2\varepsilon_0}\boldsymbol{e}_R$$

式中，$\boldsymbol{R}$ 为 O_1 到 O_2 的方向向量，$\boldsymbol{e}_R$ 为 O_1 到 O_2 的单位方向向量。

3.10　假设均匀带电球体半径为 a，电荷密度为 ρ_0，求该球体在真空中的电场强度。

解　用高斯定理计算。由对称性可知：在距球心为 r 的球面上，电场强度大小相等、方向沿径向方向。

当 $r>a$ 时(球外)，取半径为 r 的球面作为高斯面，则

$$\oint_S \boldsymbol{D}\cdot \mathrm{d}\boldsymbol{S}=\varepsilon_0 E_1 4\pi r^2=\rho_0\frac{4}{3}\pi a^3$$

所以球外的电场强度为

$$\boldsymbol{E}_1=\frac{\rho_0 a^3}{3\varepsilon_0 r^2}\boldsymbol{e}_r$$

当 $r<a$ 时(球内)，则

$$\oint_S \boldsymbol{D}\cdot \mathrm{d}\boldsymbol{S}=\varepsilon_0 E_2 4\pi r^2=\rho_0\frac{4}{3}\pi r^3$$

所以球内的电场强度为

$$\boldsymbol{E}_2=\frac{\rho_0 r}{3\varepsilon_0}\boldsymbol{e}_r$$

3.11　已知半径为 a 的球内、外的电场分布为

$$\boldsymbol{E}=\begin{cases}E_0\left(\dfrac{a}{r}\right)^2\boldsymbol{e}_r & r>a\\[2ex] E_0\left(\dfrac{r}{a}\right)\boldsymbol{e}_r & r<a\end{cases}$$

求电荷密度。

解　由电场分布计算电荷分布，应使用高斯定理的微分形式：

$$\nabla\cdot\boldsymbol{D}=\rho$$

用球坐标系中的散度公式，并根据电场仅仅有半径方向的分量，得出：

当 $r<a$ 时，有

$$\rho=\varepsilon_0\nabla\cdot\boldsymbol{E}=\varepsilon_0\frac{1}{r^2}\frac{\partial}{\partial r}(r^2E_r)=\frac{3\varepsilon_0}{a}E_0$$

当 $r>a$ 时，有

$$\rho=\varepsilon_0\nabla\cdot\boldsymbol{E}=\varepsilon_0\frac{1}{r^2}\frac{\partial}{\partial r}(r^2E_r)=0$$

3.12　一个圆柱形电介质的极化强度沿其轴向方向，假设该圆柱的高度为 h，半径为 a，且均匀极化，求束缚体电荷与束缚面电荷分布。

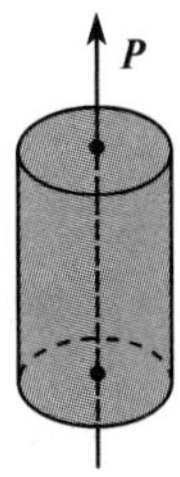

图 3-7　习题 3.12 图

解　选取圆柱坐标系计算，并假设极化强度沿 z 方向，$\boldsymbol{P}=P\boldsymbol{e}_z$，如图 3-7 所示。由于均匀极化，因此束缚体电荷为

$$\rho=-\nabla\cdot\boldsymbol{P}=0$$

在圆柱的侧面，介质的外法向量沿半径方向($\boldsymbol{e}_n=\boldsymbol{e}_x$)，极化强度沿 z 方向，故

$$\rho_{SP}=\boldsymbol{P}\cdot\boldsymbol{e}_x=0$$

在圆柱的顶面，外法向量 $\boldsymbol{e}_n=\boldsymbol{e}_z$，故

$$\rho_{SP}=\boldsymbol{P}\cdot\boldsymbol{e}_z=P$$

在圆柱的底面，外法向量 $\boldsymbol{e}_n=-\boldsymbol{e}_z$，故

$$\rho_{SP}=-\boldsymbol{P}\cdot\boldsymbol{e}_z=-P$$

3.13 一半径为 R 的电介质球，极化强度为 $\boldsymbol{P}=K\boldsymbol{r}/r^2$，$K$ 为常数，电容率为 ε。

(1) 计算束缚电荷的体密度和面密度；

(2) 计算自由电荷的体密度；

(3) 计算球外和球内的电势；

(4) 求该带电介质球产生的静电场总能量。

解 (1) 束缚电荷的体密度和面密度分别为

$$\rho_P=-\nabla\cdot\boldsymbol{P}=-K\ \nabla\cdot\frac{\boldsymbol{r}}{r^2}=-K\left(\frac{1}{r^2}\nabla\cdot\boldsymbol{r}+\boldsymbol{r}\cdot\nabla\frac{1}{r^2}\right)=-\frac{K}{r^2}$$

$$\rho_{SP}=-\boldsymbol{e}_n\cdot(\boldsymbol{P}_2-\boldsymbol{P}_1)=\boldsymbol{e}_r\cdot\boldsymbol{P}\Big|_{r=R}=\frac{k}{R}$$

(2) 因为

$$\boldsymbol{D}_{内}=\varepsilon_0\boldsymbol{E}+\boldsymbol{P}=\varepsilon\boldsymbol{E}$$

所以

$$\nabla\cdot\boldsymbol{D}_{内}=\varepsilon_0\ \nabla\cdot\boldsymbol{E}+\nabla\cdot\boldsymbol{P}=\frac{\varepsilon_0}{\varepsilon}\nabla\cdot\boldsymbol{D}_{内}+\nabla\cdot\boldsymbol{P}$$

从而自由电荷的体密度为

$$\rho=\nabla\cdot\boldsymbol{D}_{内}=\frac{\varepsilon}{\varepsilon-\varepsilon_0}\nabla\cdot\boldsymbol{P}=\frac{\varepsilon K}{(\varepsilon-\varepsilon_0)r^2}$$

(3) 球外和球内的电场强度分别为

$$\boldsymbol{E}_{外}=\frac{\boldsymbol{D}_{外}}{\varepsilon_0}=\frac{\int\rho\mathrm{d}V}{4\pi\varepsilon_0 r^2}\boldsymbol{e}_r=\frac{\varepsilon KR}{\varepsilon_0(\varepsilon-\varepsilon_0)r^2}\boldsymbol{e}_r$$

$$\boldsymbol{E}_{内}=\frac{\boldsymbol{D}_{内}}{\varepsilon}=\frac{\boldsymbol{P}}{\varepsilon-\varepsilon_0}$$

于是球外和球内的电势分别为

$$\varphi_{外}=\int_r^{\infty}\boldsymbol{E}_{外}\cdot\mathrm{d}\boldsymbol{r}=\frac{\varepsilon KR}{\varepsilon_0(\varepsilon-\varepsilon_0)r}$$

$$\varphi_{内}=\int_r^{R}\boldsymbol{E}_{内}\cdot\mathrm{d}\boldsymbol{r}+\int_R^{\infty}\boldsymbol{E}_{外}\cdot\mathrm{d}\boldsymbol{r}=\frac{K}{\varepsilon-\varepsilon_0}\left(\ln\frac{R}{r}+\frac{\varepsilon}{\varepsilon_0}\right)$$

(4) 该带电介质球产生的静电场总能量为

$$W=\frac{1}{2}\int\boldsymbol{D}\cdot\boldsymbol{E}\mathrm{d}V=\frac{1}{2}\ \frac{\varepsilon K^2}{(\varepsilon-\varepsilon_0)^2}\int_0^R\frac{4\pi r^2}{r^2}\mathrm{d}r+\frac{\varepsilon^2K^2R^2}{2\varepsilon_0(\varepsilon-\varepsilon_0)}\int_R^{\infty}\frac{4\pi r^2}{r^4}\mathrm{d}r$$

$$=2\pi\varepsilon R\left(1+\frac{\varepsilon}{\varepsilon_0}\right)\left(\frac{K}{\varepsilon-\varepsilon_0}\right)^2$$

3.14 已知半径为 a、长度为 l 的均匀极化介质圆柱内的极化强度 $\boldsymbol{P}=P_0\boldsymbol{e}_z$，圆柱轴线与坐标轴 z 轴重合，试求：

(1) 圆柱上的极化面电荷密度 ρ_{SP}；

(2) 在远离圆柱中心的任意一点 r 处($r\gg a$，$r\gg l$)的电位 φ；

(3) 在远离圆柱的任意一点 r 处的电场强度 $\boldsymbol{E}$。

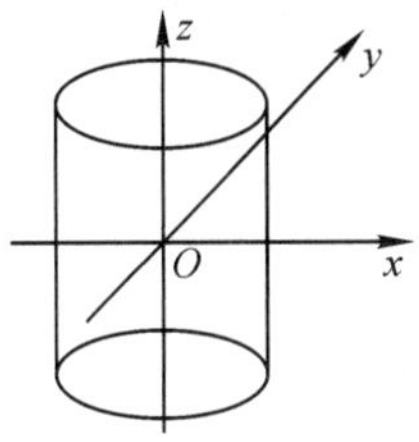

图 3-8 习题 3.14 图

解 (1) 以圆柱中心为坐标原点建立坐标系，如图 3-8 所示。

在 $z=-\dfrac{l}{2}$ 面上，$\boldsymbol{e}_n=-\boldsymbol{e}_z$，所以

$$\rho_{SP}=\boldsymbol{P}\cdot\boldsymbol{e}_n=-P_0$$

在 $z=\dfrac{l}{2}$ 面上，$\boldsymbol{e}_n=\boldsymbol{e}_z$，所以

$$\rho_{SP}=\boldsymbol{P}\cdot\boldsymbol{e}_n=P_0$$

在侧面上，$\boldsymbol{e}_n=\boldsymbol{e}_P$，所以

$$\rho_{SP}=\boldsymbol{P}\cdot\boldsymbol{e}_n=0$$

(2) 在 $r\gg l$ 处，该圆柱可视为 $q=\pi a^2P_0$ 的电偶极子，则由电偶极子电势公式得

$$\varphi=\frac{\pi a^2P_0}{4\pi\varepsilon_0 r_+}-\frac{\pi a^2P_0}{4\pi\varepsilon_0 r_-}\approx\frac{a^2P_0l\cos\theta}{4\varepsilon r^2}$$

(3) 在远离圆柱的任意一点 r 处的电场强度 $\boldsymbol{E}=-\nabla\varphi$，即

$$\boldsymbol{E}=-\frac{a^2P_0l}{4\varepsilon_0}\nabla\left(\frac{\cos\theta}{r^2}\right)=\frac{a^2P_0l}{4\varepsilon_0r^3}(2\cos\theta\boldsymbol{e}_r+\sin\theta\boldsymbol{e}_\theta)$$

3.15 一导体球的半径为 a，外罩一个内外半径分别为 b 和 c 的通信导体壳。该系统带电后内球的电位为 φ，外球带总电量为 Q，求此系统各处的电位和电场分布。

解 根据题意画出图形，如图 3-9 所示。假设导体带电量为 q_0，则导体球壳的内表面带电量为 $-q_0$，外表面带电量为 $Q+q_0$，故由高斯定理可得，当 $0<r<a$ 时，$\oint_S\boldsymbol{D}_1\cdot\mathrm{d}\boldsymbol{S}=0$，所以

$$E_1=0$$

即导体球内部电场处处为 0；

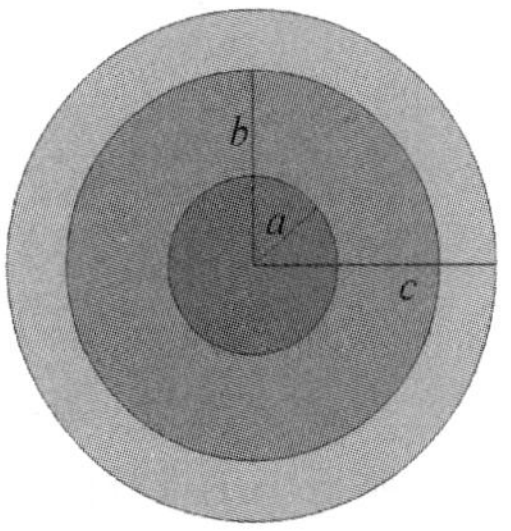

图 3-9 习题 3.15 图

当 $a\leqslant r\leqslant b$ 时，$\oint_S\boldsymbol{D}_2\cdot\mathrm{d}\boldsymbol{S}=q_0$，所以

$$E_2 4\pi\varepsilon_0 r^2=q_0$$

$$\boldsymbol{E}_2=\frac{q_0}{4\pi\varepsilon_0 r^2}\boldsymbol{e}_r$$

当 $b<r<c$ 时，$\oint_S\boldsymbol{D}_3\cdot\mathrm{d}\boldsymbol{S}=q_0$，所以

$$E_3=0$$

当 $r\geqslant c$ 时，$\oint_S\boldsymbol{D}_4\cdot\mathrm{d}\boldsymbol{S}=Q+q_0$，所以

$$E_4 4\pi\varepsilon_0 r^2=Q+q_0$$

$$\boldsymbol{E}_4=\frac{Q+q_0}{4\pi\varepsilon_0 r^2}\boldsymbol{e}_r$$

取无穷远处为电势零点，积分路径沿径向($a\to\infty$)，则导体球面电位为

$$-V=\int_{\infty}^{a}\boldsymbol{E}\cdot \mathrm{d}\boldsymbol{l}=\int_{\infty}^{c}\boldsymbol{E}_4\cdot \mathrm{d}\boldsymbol{l}+\int_{c}^{b}\boldsymbol{E}_3\cdot \mathrm{d}\boldsymbol{l}+\int_{b}^{a}\boldsymbol{E}_2\cdot \mathrm{d}\boldsymbol{l}$$

$$=\int_{\infty}^{c}\frac{Q+q_0}{4\pi\varepsilon_0 r^2}\mathrm{d}r+\int_{b}^{a}\frac{q_0}{4\pi\varepsilon_0 r^2}\mathrm{d}r$$

$$=\frac{Q+q_0}{4\pi\varepsilon_0}\left(-\frac{1}{c}\right)+\frac{q_0}{4\pi\varepsilon_0}\left(\frac{1}{b}-\frac{1}{a}\right)$$

$$=-\frac{1}{4\pi\varepsilon_0}\left[\frac{Q}{c}+\left(\frac{1}{a}+\frac{1}{c}-\frac{1}{b}\right)q_0\right]$$

解得 $q_0=\dfrac{4\pi\varepsilon_0 cV-Q}{c(bc+ba-ac)}$，故当 $0<r<a$ 时，

$$\boldsymbol{E}_1=\boldsymbol{0}$$

当 $a\leqslant r\leqslant b$ 时，

$$\boldsymbol{E}_2=\frac{4\pi\varepsilon_0 cV-Q}{4\pi\varepsilon_0 c(bc+ba-ac)r^2}\boldsymbol{e}_r$$

当 $b<r<c$ 时，

$$\boldsymbol{E}_3=\boldsymbol{0}$$

当 $r\geqslant c$ 时，

$$\boldsymbol{E}_4=\frac{4\pi\varepsilon_0 cV+(bc^2+abc-ac^2-1)Q}{4\pi\varepsilon_0 c(bc+ba-ac)r^2}\boldsymbol{e}_r$$

于是，当 $0<r<a$ 时，

$$\varphi_1=\varphi \quad (\text{等势体})$$

当 $a\leqslant r\leqslant b$ 时，

$$\varphi_2=\int_{r}^{\infty}\boldsymbol{E}\cdot \mathrm{d}\boldsymbol{l}=\int_{r}^{b}\boldsymbol{E}_2\cdot \mathrm{d}\boldsymbol{l}+\int_{c}^{\infty}\boldsymbol{E}_4\cdot \mathrm{d}\boldsymbol{l}$$

当 $b<r<c$ 时，

$$\varphi_3=\int_{r}^{\infty}\boldsymbol{E}\cdot \mathrm{d}\boldsymbol{l}=\int_{c}^{\infty}\boldsymbol{E}_4\cdot \mathrm{d}\boldsymbol{l}$$

当 $r\geqslant c$ 时，

$$\varphi_4=\int_{r}^{\infty}\boldsymbol{E}\cdot \mathrm{d}\boldsymbol{l}=\int_{r}^{\infty}\boldsymbol{E}_4\cdot \mathrm{d}\boldsymbol{l}$$

3.16 在介电常数为 ε 的无限大均匀介质(其电场强度为 $\boldsymbol{E}$)中，开有如下空腔(如图 3-10 所示)：

(1) 平行于 $\boldsymbol{E}$ 的针形空腔 1；

(2) 底面垂直于 $\boldsymbol{E}$ 的薄盘形空腔 2，

求各空腔中的 $\boldsymbol{E}$ 和 $\boldsymbol{D}$。

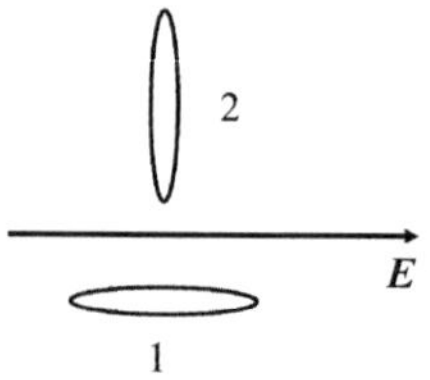

图 3-10 习题 3.16 图

解 (1) 空腔 1 为平行于 $\boldsymbol{E}$ 的针形空腔，根据电场强度切向分量连续的边界条件，有

$$\boldsymbol{E}_1=\boldsymbol{E}$$

$$\boldsymbol{D}_1=\varepsilon_0\boldsymbol{E}$$

(2) 空腔 2 为底面垂直于 $\boldsymbol{E}$ 的薄盘形空腔，根据电通量密度法向分量连续的边界条件，有

$$\boldsymbol{E}_2=\varepsilon_r\boldsymbol{E}$$

$$\boldsymbol{D}_2=\varepsilon\boldsymbol{E}$$

3.17　一同轴线的内、外导体半径分别为 a、b，内、外导体之间填充不同的绝缘材料，$a<r<r_0$ 范围内介质的介电常数为 ε_1，$r_0<r<b$ 范围内介质的介电常数为 ε_2。r_0 取怎样的值才能使得两种介质中的电场强度的最大值相等？

解　根据题意画出图形，如图 3-11 所示。由于同轴线内、外导体间填充的是绝缘材料($\sigma=0$)，所以不会存在自由电荷分布。自由电荷只分布于内、外导体的表面。设单位长度内、外导体上均匀分布的电荷分别为 q、$-q$，则由高斯定理可知，当 $a<r<r_0$ 时，

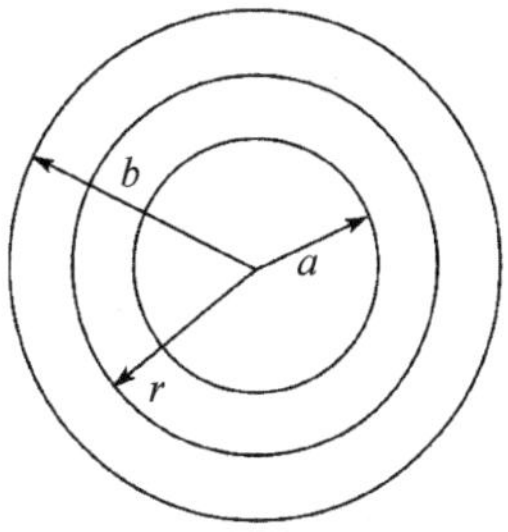

图 3-11　习题 3.17 图

$$\varepsilon_1E_1 2\pi r=q，\boldsymbol{E}_1=\frac{q}{2\pi\varepsilon_1 r}\boldsymbol{e}_r$$

当 $r_0<r<b$ 时，

$$\varepsilon_2E_2 2\pi r=q，\boldsymbol{E}_2=\frac{q}{2\pi\varepsilon_2 r}\boldsymbol{e}_r$$

因在 $a<r<r_0$ 和 $r_0<r<b$ 两个区域内的电场强度都随着半径 r 的增大而减小，故当 $a<r<r_0$ 时，

$$E_{1\max}=\frac{q}{2\pi\varepsilon_1 a}$$

当 $r_0<r<b$ 时，

$$E_{2\max}=\frac{q}{2\pi\varepsilon_2 r_0}$$

令两个区域内的电场强度的最大值相等，即

$$\frac{q}{2\pi\varepsilon_1 a}=\frac{q}{2\pi\varepsilon_2 r_0}$$

解得

$$r_0=\frac{\varepsilon_1}{\varepsilon_2}a\quad（与\ b\ 无关）$$

3.18　分别计算方形和圆形均匀线电荷(其电荷密度为 ρ_1)在轴线上的电位。

解　设方形均匀线电荷在轴线上的位置如图 3-12(a)所示。对于方形，每条边均匀线电荷在轴线上的电位为

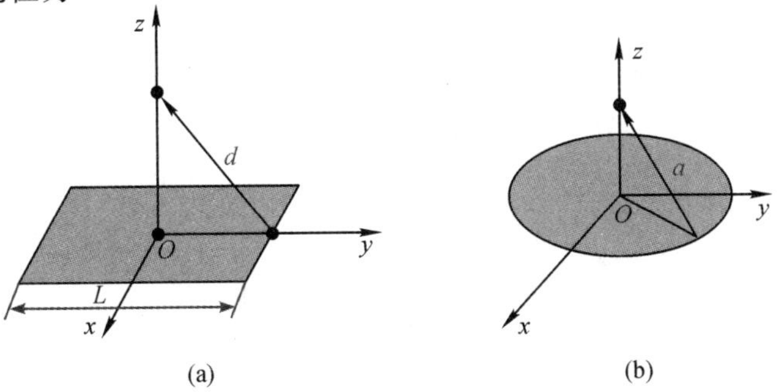

图 3-12　习题 3.18 图

$$\varphi(d)=\frac{\rho_1}{4\pi\varepsilon_0}\int_{-L/2}^{L/2}\frac{\mathrm{d}x^2}{\sqrt{d^2+x^2}}=\frac{\rho_1}{4\pi\varepsilon_0}\ln\frac{\sqrt{d^2+(L/2)^2}+L/2}{\sqrt{d^2+(L/2)^2}-L/2}$$

其中，$d^2=z^2+(L/2)^2$。于是方形均匀线电荷在轴线上的电位为

$$\varphi(z)=\frac{\rho_1}{\pi\varepsilon_0}\ln\frac{\sqrt{z^2+(L/2)^2}+L/2}{\sqrt{z^2+(L/2)^2}-L/2}$$

设圆形均匀线电荷在轴线上的位置如图 3-12(b)所示，则圆形均匀线电荷在轴线上的电位为

$$\varphi(z)=\frac{\rho_1}{\pi\varepsilon_0}\int_0^{2\pi}\frac{a\,\mathrm{d}\phi}{\sqrt{a^2+z^2}}=\frac{a\rho_1}{2\varepsilon_0\sqrt{a^2+z^2}}$$

3.19 带电量为 q 的导体球外有一介电常数为 ε、厚度为 d 的电介质外层，求任意点的电位。

解 假设导体球的半径为 a，电介质外层的内半径为 b，外半径为 $c=b+d$，如图3-13所示，且介质层表面不存在自由电荷。由高斯定理得 $\oint_S \boldsymbol{D}\cdot\mathrm{d}\boldsymbol{S}=q$，则

当 $0<r<a$ 时，$E_1=0$，等势体；

当 $a\leqslant r\leqslant b$ 时，$E_2 4\pi r^2\varepsilon_0=q$，$\boldsymbol{E}_2=\dfrac{q}{4\pi\varepsilon_0 r^2}\boldsymbol{e}_r$；

当 $b<r<c$ 时，$E_3 4\pi r^2\varepsilon=q$，$\boldsymbol{E}_3=\dfrac{q}{4\pi\varepsilon r^2}\boldsymbol{e}_r$；

当 $r\geqslant c$ 时，$E_4 4\pi r^2\varepsilon_0=q$，$\boldsymbol{E}_4=\dfrac{q}{4\pi\varepsilon_0 r^2}\boldsymbol{e}_r$。

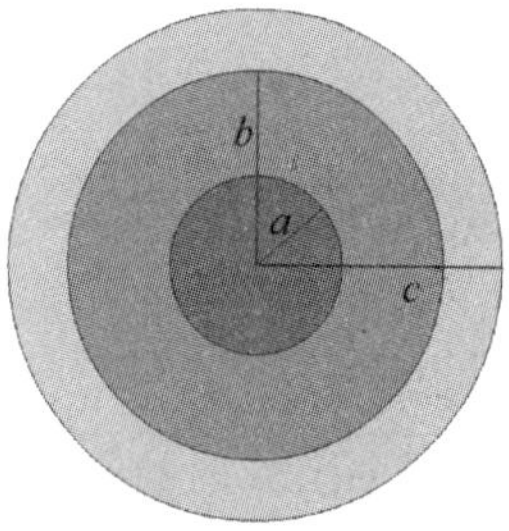

图 3-13 习题 3.19 图

令无穷远处为电位零点，则当 $0<r<a$ 时，

$$\varphi_1=\int_r^{\infty}\boldsymbol{E}\cdot\mathrm{d}\boldsymbol{l}=\int_a^b\boldsymbol{E}_2\cdot\mathrm{d}\boldsymbol{l}+\int_b^c\boldsymbol{E}_3\cdot\mathrm{d}\boldsymbol{l}+\int_c^{\infty}\boldsymbol{E}_4\cdot\mathrm{d}\boldsymbol{l}$$
$$=\frac{q}{4\pi\varepsilon_0}\left(\frac{1}{a}-\frac{1}{b}+\frac{1}{c}\right)+\frac{q}{4\pi\varepsilon}\left(\frac{1}{b}-\frac{1}{c}\right)$$

当 $a\leqslant r\leqslant b$ 时，

$$\varphi_2=\int_r^{\infty}\boldsymbol{E}\cdot\mathrm{d}\boldsymbol{l}=\int_r^b\boldsymbol{E}_2\cdot\mathrm{d}\boldsymbol{l}+\int_b^c\boldsymbol{E}_3\cdot\mathrm{d}\boldsymbol{l}+\int_c^{\infty}\boldsymbol{E}_4\cdot\mathrm{d}\boldsymbol{l}$$
$$=\frac{q}{4\pi\varepsilon_0}\left(\frac{1}{r}-\frac{1}{b}+\frac{1}{c}\right)+\frac{q}{4\pi\varepsilon}\left(\frac{1}{b}-\frac{1}{c}\right)$$

当 $b<r<c$ 时，

$$\varphi_3=\int_r^{\infty}\boldsymbol{E}\cdot\mathrm{d}\boldsymbol{l}=\int_r^c\boldsymbol{E}_3\cdot\mathrm{d}\boldsymbol{l}+\int_c^{\infty}\boldsymbol{E}_4\cdot\mathrm{d}\boldsymbol{l}$$
$$=\frac{q}{4\pi\varepsilon_0}\frac{1}{c}+\frac{q}{4\pi\varepsilon}\left(\frac{1}{r}-\frac{1}{c}\right)$$

当 $r\geqslant c$ 时，

$$\varphi_4=\int_r^{\infty}\boldsymbol{E}\cdot\mathrm{d}\boldsymbol{l}=\int_r^{\infty}\boldsymbol{E}_4\cdot\mathrm{d}\boldsymbol{l}=\frac{q}{4\pi\varepsilon_0 r}$$

3.20　厚度为 t、介电常数为 $\varepsilon=3\varepsilon_0$ 的无限大介质板放置于均匀电场 $\boldsymbol{E}_0$ 中，介质板与 $\boldsymbol{E}_0$ 成角 θ_1，如图 3-14 所示。试求：

(1) 使 $\theta_2=\pi/3$ 的 θ_1 值；

(2) 介质板两表面的极化面电荷密度。

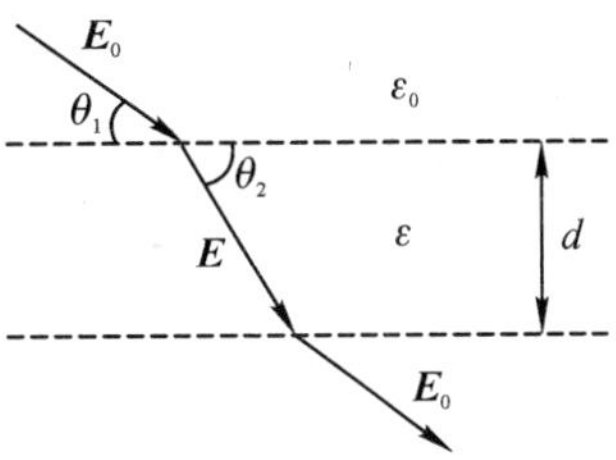

图 3-14　习题 3.20 图

解　(1) 根据静电场的边界条件，在介质板的表面上有

$$\frac{\tan\theta_1}{\tan\theta_2}=\frac{\varepsilon_0}{\varepsilon}=\frac{1}{3}$$

由此得到

$$\tan\theta_1=\frac{1}{3}\tan\frac{\pi}{3}=\frac{\sqrt{3}}{3}$$

故

$$\theta_1=\frac{\pi}{6}$$

(2) 设介质板中的电场为 $\boldsymbol{E}$，根据分界面上的边界条件，有 $\varepsilon_0 E_{0n}=3\varepsilon_0 E_n$，即

$$\varepsilon_0 E_0\cos\theta_1=3\varepsilon_0 E_n$$

所以

$$E_n=\frac{1}{3}E_0\cos\theta_1=\frac{1}{3}E_0\cos\frac{\pi}{6}=\frac{\sqrt{3}}{6}E_0$$

于是介质板左表面的极化面电荷密度为

$$\rho_{SP}=-(\varepsilon-\varepsilon_0)E_n=-\frac{\sqrt{3}}{3}\varepsilon_0 E_0$$

介质板右表面的极化面电荷密度为

$$\rho_{SP}=(\varepsilon-\varepsilon_0)E_n=\frac{\sqrt{3}}{3}\varepsilon_0 E_0$$

3.21　假设真空中有一均匀电场 $\boldsymbol{E}_0$，若在其中放置一个介电常数为 ε、厚度为 δ、法线与 $\boldsymbol{E}_0$ 的夹角为 θ_0 的大电介质片，求：

(1) 电介质片中的电场强度 $\boldsymbol{E}$；

(2) $\boldsymbol{E}$ 与电介质片法线的夹角 θ；

(3) 电介质片表面的极化面电荷密度。

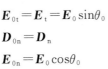

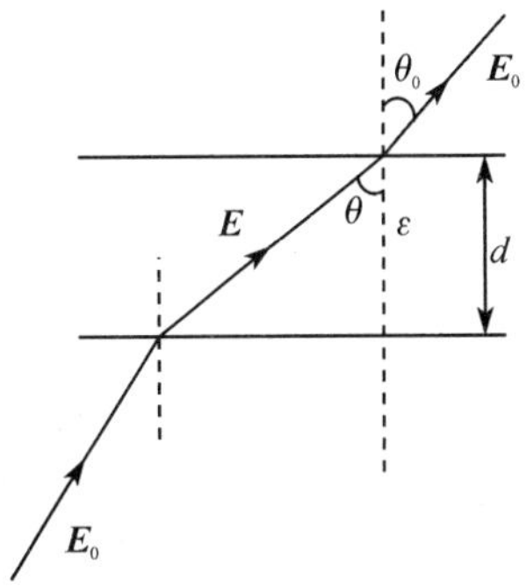

图 3-15　习题 3.21 图

解　根据题意画出图形，如图 3-15 所示，则由边界条件可知

$$\boldsymbol{E}_{0t}=\boldsymbol{E}_t=\boldsymbol{E}_0\sin\theta_0$$
$$\boldsymbol{D}_{0n}=\boldsymbol{D}_n$$
$$\boldsymbol{E}_{0n}=\boldsymbol{E}_0\cos\theta_0$$

$$\boldsymbol{E}_n=\frac{\varepsilon_0}{\varepsilon}\boldsymbol{E}_{0n}=\frac{\varepsilon_0}{\varepsilon}\cos\theta_0\boldsymbol{E}_0$$

（1）电介质片中的电场强度 $\boldsymbol{E}$ 为

$$\boldsymbol{E}=\sqrt{\boldsymbol{E}_t^2+\boldsymbol{E}_n^2}=\boldsymbol{E}_0\sqrt{\sin^2\theta_0+\frac{\varepsilon_0^2}{\varepsilon^2}\cos^2\theta_0}$$

（2）因为 $\tan\theta=\frac{E_t}{E_n}=\frac{\varepsilon}{\varepsilon_0}\tan\theta_0$，所以 $\boldsymbol{E}$ 与电介质片法线的夹角 θ 为

$$\theta=\arctan\left(\frac{\varepsilon}{\varepsilon_0}\tan\theta_0\right)$$

（3）由于

$$\boldsymbol{P}=\boldsymbol{D}-\varepsilon_0\boldsymbol{E}=(\varepsilon_0-\varepsilon)\boldsymbol{E}=(\varepsilon_0-\varepsilon)\boldsymbol{E}_0\sqrt{\sin^2\theta_0+\frac{\varepsilon_0^2}{\varepsilon^2}\cos^2\theta_0}$$

因此电介质片表面的极化面电荷密度为

$$\rho_{SP}=\boldsymbol{P}\cdot\boldsymbol{e}_n=(\varepsilon_0-\varepsilon)E_0\cdot\frac{\varepsilon_0}{\varepsilon}\cos\theta_0=\frac{(\varepsilon-\varepsilon_0)\varepsilon_0}{\varepsilon}E_0\cos\theta_0=\frac{\varepsilon_r-1}{\varepsilon_r}E_0\cos\theta_0$$

3.22 已知介电常数为 ε 的无限大均匀介质中存在均匀电场分布 $\boldsymbol{E}$，介质中有一个底面垂直于电场、半径为 a、高度为 d 的圆柱形空腔，如图 3-16 所示。分别求出当 $a\gg d$ 和 $a\ll d$ 时，空间的电场强度 $\boldsymbol{E}$、电位移矢量 $\boldsymbol{D}$ 和极化电荷分布(边缘效应可忽略不计)。

解 设空腔中的电场和电位移矢量分别为 $\boldsymbol{E}_0$ 和 $\boldsymbol{D}_0$，介质中的电场和电位移矢量分别为 $\boldsymbol{E}$ 和 $\boldsymbol{D}$，介质的极化强度矢量为 $\boldsymbol{P}$。

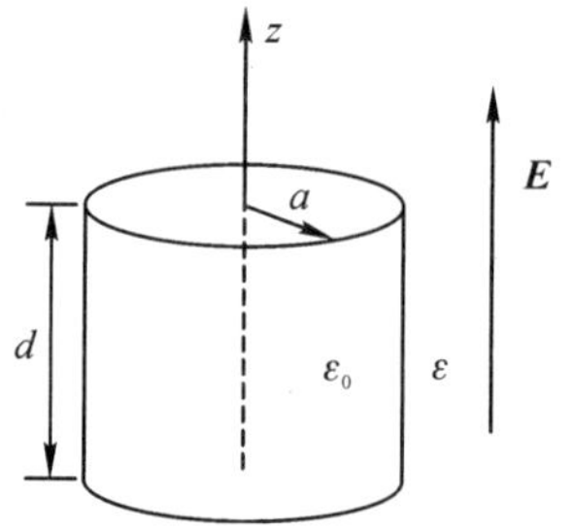

图 3-16 习题 3.22 图

当 $a\gg d$ 时，空腔相当于一个圆柱薄片，电场垂直于两个端面，将边界条件 $\boldsymbol{e}_n\cdot(\boldsymbol{D}_2-\boldsymbol{D}_1)=0$ 应用于这两个端面，得

$$\boldsymbol{D}=\boldsymbol{D}_0=\varepsilon\boldsymbol{E},\ \boldsymbol{E}_0=\frac{\varepsilon}{\varepsilon_0}\boldsymbol{E}$$

上下端面上的极化电荷密度为

$$\rho_{P上下}=\mp(\varepsilon-\varepsilon_0)E$$

当 $a\ll d$ 时，空腔是一个细长圆柱，此时主要考虑的边界是圆柱的侧面，应用边界条件 $\boldsymbol{e}_n\times(\boldsymbol{E}_2-\boldsymbol{E}_1)=\boldsymbol{0}$ 得

$$\boldsymbol{E}_0=\boldsymbol{E},\ \boldsymbol{D}=\varepsilon\boldsymbol{E},\ \boldsymbol{D}_0=\varepsilon_0\boldsymbol{E}_0$$

因为电场垂直于侧法向量，所以侧面上的极化电荷为零。

3.23 将半径为 a 的导体球放置于均匀外电场 $\boldsymbol{E}_0$ 中，求导体球表面的电荷密度。

解 建立如图 3-17 所示的坐标系，球心在原点，$\boldsymbol{E}_0$ 沿 $+x$ 方向。

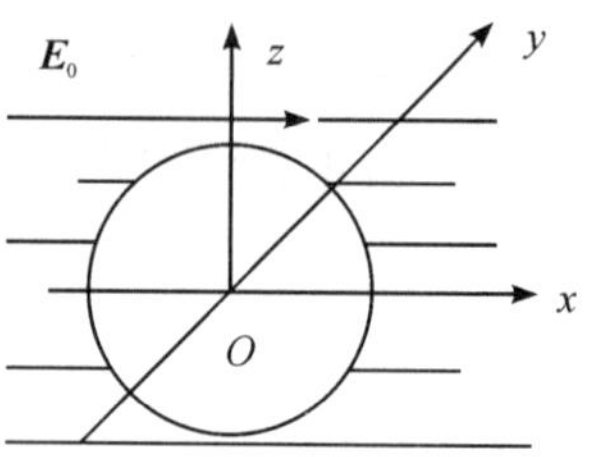

图 3-17 习题 3.23 图

由边界条件 $\boldsymbol{e}_n\cdot(\boldsymbol{D}_2-\boldsymbol{D}_1)=\rho_S$，导体内部 $\boldsymbol{D}_1=\boldsymbol{0}$ 可得

$$\rho_S = \boldsymbol{e}_n \cdot \boldsymbol{D}_2 = \boldsymbol{e}_r \cdot \varepsilon_0 \boldsymbol{E}_0 = \varepsilon_0 |\boldsymbol{E}_0| \boldsymbol{e}_r \cdot \boldsymbol{e}_x$$

因为

$$\boldsymbol{e}_x = \boldsymbol{e}_r \sin\theta\cos\theta$$

所以

$$\boldsymbol{e}_r \cdot \boldsymbol{e}_x = \sin\theta\cos\phi$$

故

$$\rho_S = \varepsilon_0 |\boldsymbol{E}_0| \sin\theta\cos\phi$$

3.24 $z=0$ 平面将无限大空间分为两个区域：$z<0$ 的区域中介质为空气，$z>0$ 的区域中介质为相对磁导率 $\mu_r=1$、相对介电常数 $\varepsilon_r=4$ 的理想介质，若空气中的电场强度为 $\boldsymbol{E}_1=\boldsymbol{e}_x+4\boldsymbol{e}_z$(V/m)，试求：

(1) 理想介质中的电场强度 $\boldsymbol{E}_2$；

(2) 理想介质中电位移矢量 $\boldsymbol{D}_2$ 与界面间的夹角 α；

(3) $z=0$ 平面上的极化面电荷密度 ρ_{SP}。

解 (1) 因为分界面上场强 $\boldsymbol{E}$ 的切向连续，所以

$$\boldsymbol{E}_{2x} = \boldsymbol{E}_{1x} = \boldsymbol{e}_x \quad (\text{V/m})$$

又因为分界面是理想介质，所以不存在自由面电荷，即

$$D_{2n} - D_{1n} = \rho_S = 0$$

则有

$$\varepsilon_r \varepsilon_0 \boldsymbol{E}_{2x} = \varepsilon_0 \boldsymbol{E}_{1z}$$

$$\boldsymbol{E}_2 = \boldsymbol{E}_{2x} + \boldsymbol{E}_{2z} = \boldsymbol{e}_x + \boldsymbol{e}_z \quad (\text{V/m})$$

(2) 因为 $\boldsymbol{D}_2 = \varepsilon_r \varepsilon_0 \boldsymbol{E}_2 = 4\varepsilon_0 (\boldsymbol{e}_x + \boldsymbol{e}_z)(\text{C/m}^2)$，所以

$$\alpha = \arctan 1 = 45°$$

(3) 因为 $\rho_{SP} = \boldsymbol{P} \cdot \boldsymbol{e}_n$，$\boldsymbol{D} = \varepsilon_0 \boldsymbol{E} + \boldsymbol{P}$，介质中 $\boldsymbol{P} = (\varepsilon_r - 1)\varepsilon_0 \boldsymbol{E}_2 = 3\varepsilon_0 \boldsymbol{E}_2$，分界面上 $\boldsymbol{e}_n = -\boldsymbol{e}_z$，所以有

$$\rho_{SP} = 3\varepsilon_0 \boldsymbol{E}_2 \cdot (-\boldsymbol{e}_z) = -3\varepsilon_0 \quad (\text{C/m}^2)$$

3.25 平行板电容器极板间距为 d，其间被介电常数分别为 ε_1 和 ε_2 的两种介质充满，两部分的面积分别为 S_1 和 S_2，两极板的电位差为 U，如图 3-18 所示。求：

(1) 电容器储存的静电能；

(2) 电容器的电容。

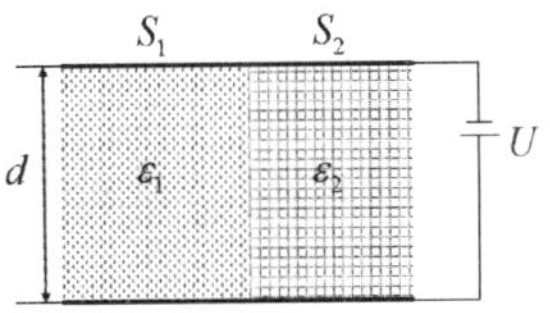

图 3-18 习题 3.25 图

解 (1) 当忽略边缘效应时，介质中的场沿着与极板垂直的直线方向。因为两极板的电位差 $U = E_1 d = E_2 d$，所以

$$E_1 = E_2 = \frac{U}{d}$$

$$W_e = \int \frac{1}{2} \varepsilon E^2 \mathrm{d}\tau = \frac{1}{2} \varepsilon_1 \left(\frac{U}{d}\right)^2 S_1 d + \frac{1}{2} \varepsilon_2 \left(\frac{U}{d}\right)^2 S_2 d = \frac{U^2}{2d} (\varepsilon_1 S_1 + \varepsilon_2 S_2)$$

(2) 因两介质中的电位移为

$$D_1 = \varepsilon_1 E_1,\ D_2 = \varepsilon_2 E_2$$

而

$$D_1=\rho_{S1}, D_2=\rho_{S2}$$

故正极板上的电量 Q 为

$$Q=\rho_{S1}S_1+\rho_{S2}S_2=\frac{U}{d}(\varepsilon_1 S_1+\varepsilon_2 S_2)$$

从而电容器的电容为

$$C=\frac{Q}{U}=\frac{\varepsilon_1 S_1+\varepsilon_2 S_2}{d}$$

3.26 如图 3-19 所示，在两种介质的界面上有半径为 a 的导体球，导体球的带电量为 Q，两种介质的介电常数为 ε_1 和 ε_2，试求：

(1) 导体球外的电场强度 $\boldsymbol{E}$；

(2) 球面上的自由面电荷密度 ρ_S；

(3) 导体球的孤立电容 C_0。

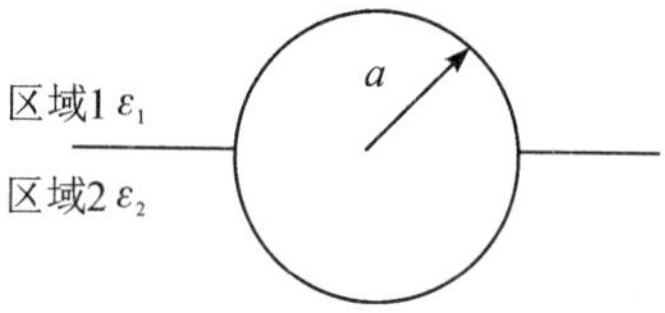

图 3-19 习题 3.26 图

解 (1) 由分界面上的边界条件 $\boldsymbol{e}_n\times(\boldsymbol{E}_2-\boldsymbol{E}_1)=\boldsymbol{0}$ 知 $E_{2t}=E_{1t}$，即分界面两侧电场强度大小相等，则在区域 1 和区域 2 中有

$$|\boldsymbol{E}_1|=|\boldsymbol{E}_2|=|\boldsymbol{E}|$$

由高斯定理得

$$2\pi r^2 D_1+2\pi r^2 D_2=Q$$

所以导体球外的电场强度为

$$\boldsymbol{E}=\frac{Q}{2\pi r^2(\varepsilon_1+\varepsilon_2)}\boldsymbol{e}_r$$

(2) 因为 $\boldsymbol{e}_n\cdot(\boldsymbol{D}_{out}-\boldsymbol{D}_{in})=\rho_S$，导体球内 $\boldsymbol{D}_{in}=\boldsymbol{0}$，所以上球面的自由面电荷密度为

$$\rho_{S1}=\boldsymbol{e}_n\cdot\boldsymbol{D}_1=\boldsymbol{e}_r\cdot\frac{\varepsilon_1 Q}{2\pi a^2(\varepsilon_1+\varepsilon_2)}\boldsymbol{e}_r=\frac{\varepsilon_1 Q}{2\pi a^2(\varepsilon_1+\varepsilon_2)}$$

下球面的自由面电荷密度为

$$\rho_{S2}=\boldsymbol{e}_n\cdot\boldsymbol{D}_2=\boldsymbol{e}_r\cdot\frac{\varepsilon_2 Q}{2\pi a^2(\varepsilon_1+\varepsilon_2)}\boldsymbol{e}_r=\frac{\varepsilon_2 Q}{2\pi a^2(\varepsilon_1+\varepsilon_2)}$$

(3) 以无穷远处为电势零点，则导体球上的电势为

$$U=\int_a^{+\infty}E\,\mathrm{d}r=\frac{Q}{2\pi a^2(\varepsilon_1+\varepsilon_2)}\int_a^{+\infty}\frac{1}{r^2}\mathrm{d}r=\frac{Q}{2\pi a(\varepsilon_1+\varepsilon_2)}$$

所以导体球的孤立电容为

$$C_0=\frac{Q}{U}=2\pi a(\varepsilon_1+\varepsilon_2)$$

注意 求解此类题目一定要具体问题具体分析，利用边界条件仔细判断分界面上的变换情况。明确理想导体和理想介质的区别，理想导体中场量都为零，理想介质面上没有自由电荷和电流，但可以有极化电流。本题中计算电容时导体内场强为零才可以忽略内部而直接从 a 开始积分，若半径为 a 的导体球是空心球，则还要判断 $0\sim a$ 的部分。

3.27 半径为 a 的导体球所带的自由电荷总量为 q。将导体球的一半浸没在介电常数为 ε 的液体中，另一半露在空气中，求：

（1）导体球外的电位和电场分布；

（2）导体球的电容和电场能量。

解　（1）由高斯定理有$\oint_S D\mathrm{d}S=2\pi r^2(D_0+D_\varepsilon)=q$，而根据边界条件$E_{1t}=E_{2t}=E$，所以有

$$2\pi r^2(\varepsilon_0+\varepsilon)E=q$$

于是导体球外的电场分布和电位分别为

$$E=\frac{q}{2\pi r^2(\varepsilon_0+\varepsilon)},\ \varphi(r)=\int_r^\infty E\mathrm{d}r=\frac{q}{2\pi r(\varepsilon_0+\varepsilon)}$$

（2）导体球的电容为

$$C=\frac{q}{\varphi(a)}=2\pi(\varepsilon_0+\varepsilon)a$$

导体球的电场能量为

$$W_e=\frac{q\varphi(a)}{2}=\frac{q^2}{4\pi(\varepsilon_0+\varepsilon)a}$$

3.28　两同心球之间的圆环中分别充满两种不同的介质，分为上、下两层，上层介质的介电常数为ε_1，下层介质的介电常数为ε_2，如图 3-20 所示。计算当内球带电荷Q、外球壳接地时各介质表面上极化面电荷密度以及电容器的电容量。

解　如图 3-20 所示，设内、外球的半径分别是R_1、R_2，上层介质的介电常数为ε_1，下层介质的介电常数为ε_2，内球带电荷量为Q，且两介质中的场的方向均沿着半径方向。令两介质中电位移矢量分别是$\boldsymbol{D}_1$、$\boldsymbol{D}_2$，相对应的电场强度分别是$\boldsymbol{E}_1$、$\boldsymbol{E}_2$。由题可知，$U=\int_{R_1}^{R_2}\boldsymbol{E}_1\cdot\mathrm{d}\boldsymbol{r}=\int_{R_1}^{R_2}\boldsymbol{E}_2\cdot\mathrm{d}\boldsymbol{r}$，则$\boldsymbol{E}_1=\boldsymbol{E}_2$。

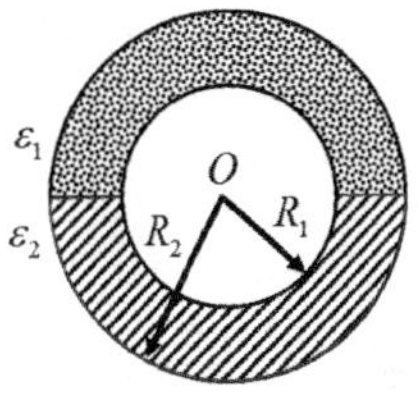

图 3-20　习题 3.28 图

在介质中做半径为r的同心球面S，该球面由处于上层介质(ε_1)中的半球面S_1和处于下层介质(ε_2)中的半球面S_2组成。在S上的电位移矢量的通量为

$$\oint_S\boldsymbol{D}\cdot\mathrm{d}\boldsymbol{S}=\int_{S_1}\boldsymbol{D}_1\cdot\mathrm{d}\boldsymbol{S}_1+\int_{S_2}\boldsymbol{D}_2\cdot\mathrm{d}\boldsymbol{S}_2$$
$$=D_1 2\pi r^2+D_2 2\pi r^2$$

因此$D_1+D_2=\dfrac{Q}{2\pi r^2}$，即

$$\varepsilon_1 E+\varepsilon_2 E=\frac{Q}{2\pi r^2}$$

所以介质中的电场强度为

$$\boldsymbol{E}=\frac{Q}{2\pi(\varepsilon_1+\varepsilon_2)r^2}\boldsymbol{e}_r$$

内外导体的电位差为

$$U=\int_{R_1}^{R_2}\frac{Q}{2\pi(\varepsilon_1+\varepsilon_2)r^2}\mathrm{d}r=\frac{Q}{2\pi(\varepsilon_1+\varepsilon_2)r^2}\left(\frac{1}{R_1}-\frac{1}{R_2}\right)$$

介质的极化强度矢量为

$$P=\begin{cases}\dfrac{(\varepsilon_1-\varepsilon_0)Q}{2\pi(\varepsilon_1+\varepsilon_2)r^2}\boldsymbol{e}_r & \left(0\leqslant\theta\leqslant\dfrac{\pi}{2}\right)\\ \dfrac{(\varepsilon_2-\varepsilon_0)Q}{2\pi(\varepsilon_1+\varepsilon_2)r^2}\boldsymbol{e}_r & \left(\dfrac{\pi}{2}<\theta\leqslant\pi\right)\end{cases}$$

于是在 $r=R_1$ 的介质表面上极化面电荷密度为

$$\rho_{SP1}=\begin{cases}\dfrac{(\varepsilon_1-\varepsilon_0)Q}{2\pi(\varepsilon_1+\varepsilon_2)r^2}\boldsymbol{e}_r\Big|_{r=R_1}\cdot(-\boldsymbol{e}_r)=-\dfrac{(\varepsilon_1-\varepsilon_0)Q}{2\pi(\varepsilon_1+\varepsilon_2)R_1^2} & \left(0\leqslant\theta\leqslant\dfrac{\pi}{2}\right)\\ \dfrac{(\varepsilon_2-\varepsilon_0)Q}{2\pi(\varepsilon_1+\varepsilon_2)r^2}\boldsymbol{e}_r\Big|_{r=R_1}\cdot(-\boldsymbol{e}_r)=-\dfrac{(\varepsilon_2-\varepsilon_0)Q}{2\pi(\varepsilon_1+\varepsilon_2)R_1^2} & \left(\dfrac{\pi}{2}<\theta\leqslant\pi\right)\end{cases}$$

在 $r=R_2$ 的介质表面上极化面电荷密度为

$$\rho_{SP2}=\begin{cases}\dfrac{(\varepsilon_1-\varepsilon_0)Q}{2\pi(\varepsilon_1+\varepsilon_2)r^2}\boldsymbol{e}_r\Big|_{r=R_2}\cdot\boldsymbol{e}_r=\dfrac{(\varepsilon_1-\varepsilon_0)Q}{2\pi(\varepsilon_1+\varepsilon_2)R_2^2} & \left(0\leqslant\theta\leqslant\dfrac{\pi}{2}\right)\\ \dfrac{(\varepsilon_2-\varepsilon_0)Q}{2\pi(\varepsilon_1+\varepsilon_2)r^2}\boldsymbol{e}_r\Big|_{r=R_2}\cdot\boldsymbol{e}_r=\dfrac{(\varepsilon_2-\varepsilon_0)Q}{2\pi(\varepsilon_1+\varepsilon_2)R_2^2} & \left(\dfrac{\pi}{2}<\theta\leqslant\pi\right)\end{cases}$$

因介质的极化强度矢量没有横向分量，故在 $\theta=0$ 和 $\theta=\pi$ 分界面上极化面电荷密度为零，所以球形电容器的电容为

$$C=\frac{Q}{U}=\frac{2\pi(\varepsilon_1+\varepsilon_2)R_1R_2}{R_2-R_1}$$

3.29 球形电容器的内导体半径为 a，外导体内半径为 b，其间填充介电常数分别为 ε_1 和 ε_2 的两种均匀介质，如图 3-21 所示。设内球带电荷为 q，外球壳接地。求：

(1) 介质中的电场和电位分布；

(2) 电容器的电容和电场能量。

解 (1) 显然由边界条件知 $\boldsymbol{E}_1=\boldsymbol{E}_2=\boldsymbol{E}$，再由高斯定理得

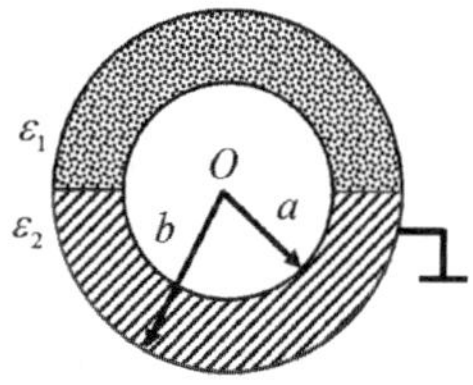

图 3-21 习题 3.29 图

$$\oint_S D\mathrm{d}\boldsymbol{S}=q$$

$$\boldsymbol{D}_1=\varepsilon_1\boldsymbol{E},\ \boldsymbol{D}_2=\varepsilon_2\boldsymbol{E}$$

所以

$$2\pi r^2(\varepsilon_1+\varepsilon_2)E=q$$

于是介质中的电场和电位分别为

$$E=\frac{q}{2\pi r^2(\varepsilon_1+\varepsilon_2)}\quad(a<r<b)$$

$$\varphi=\int_r^b E\mathrm{d}r=\frac{q(b-r)}{2\pi br(\varepsilon_1+\varepsilon_2)}$$

(2) 电容器的电容为

$$C=\frac{q}{\varphi}=\frac{2\pi br(\varepsilon_1+\varepsilon_2)}{b-r}$$

电容器的电场能量为

$$W_e=\frac{1}{2}q\varphi=\frac{(b-r)q^2}{4\pi br(\varepsilon_1+\varepsilon_2)}$$

3.30　无限大空气平行板电容器的电容为 C_0，将相对介电常数为 $\varepsilon_r=4$ 的一块平板平行地插入两极板之间，如图 3-22 所示。

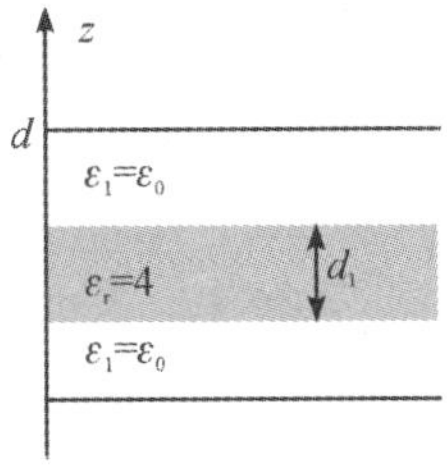

图 3-22　习题 3.30 图

(1) 在保持电荷一定的条件下，使该电容器的电容值升为原值的 2 倍，所插入板的厚度 d_1 与电容器两板之间的距离 d 的比值为多少？

(2) 若插入板的厚度 $d_1=\dfrac{2}{3}d$，在保持电容器电压不变的条件下，电容器的电容将变为多少？

解　(1) 设介质板插入前，电容器极板上的电荷为 Q，电容为 C_0，极板间电压为 U。若插入介质板后电容器极板上的电荷 Q 不变，电容升为原来的 2 倍，则极板间的电压变为原来的 1/2。由于极板上的电荷不变，因此空气中的电场强度不变。根据以上分析，可得到下列方程：

$$E_0 d=U$$

$$E_0(d-d_1)+\frac{1}{4}E_0 d_1=\frac{1}{2}U$$

解方程得

$$\frac{d_1}{d}=\frac{2}{3}$$

(2) 设介质板插入前，电容器极板上的电荷为 Q，电容为 C_0，极板间电压为 U，电场强度为 E_0。插入介质板后，若保持电压不变，则电场强度必然变化。设插入介质板后空气中的电场强度为 E'，则

$$E'\left(d-\frac{2d}{3}\right)+\frac{1}{4}E'\frac{2d}{3}=U$$

故

$$E'=\frac{2U}{d}=2E_0$$

即极板上电荷变为原来的 2 倍，因此插入介质板后电容器的电容为

$$C'=2C_0$$

3.31　同轴线的内导体半径为 a，外导体半径为 b，其间填充介电常数 $\varepsilon=\varepsilon_0 r/a$（$r$ 为到轴线的距离）的电介质。已知外导体接地，内导体的电位为 U_0，如图 3-23 所示。求：

(1) 介质中的 $\boldsymbol{E}$ 和 $\boldsymbol{D}$；

(2) 介质中的极化电荷分布；

(3) 同轴线每单位长度的电容和电场能量。

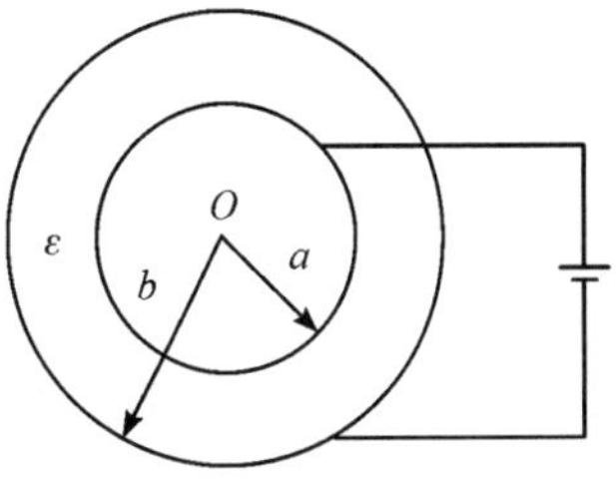

图 3-23　习题 3.31 图

解　(1) 设内导体单位长度带电荷为 ρ_l，根据高斯定理可得

$$\boldsymbol{D}=\boldsymbol{e}_r\frac{\rho_l}{2\pi r}\quad(a<r<b)$$

$$\boldsymbol{E}=\frac{\boldsymbol{D}}{\varepsilon}=\boldsymbol{e}_r\frac{\rho_l}{2\pi\varepsilon_0\dfrac{r}{a}r}=\boldsymbol{e}_r\frac{a\rho_l}{2\pi\varepsilon_0 r^2}\quad(a<r<b)$$

由

$$U_0=\int_a^b E\,\mathrm{d}r=\int_a^b\frac{a\rho_l}{2\pi\varepsilon_0 r^2}\mathrm{d}r=\frac{(b-a)\rho_l}{2\pi\varepsilon_0 b}$$

得

$$\rho_l=\frac{2\pi\varepsilon_0 bU_0}{b-a}$$

由此得到

$$\boldsymbol{D}=\boldsymbol{e}_r\frac{\varepsilon_0 bU_0}{(b-a)r},\ \boldsymbol{E}=\boldsymbol{e}_r\frac{abU_0}{(b-a)r^2}\quad(a<r<b)$$

(2) 介质中的极化强度矢量为

$$\boldsymbol{P}=\boldsymbol{D}-\varepsilon_0\boldsymbol{E}=\varepsilon_0(\varepsilon_r-1)\boldsymbol{E}=\boldsymbol{e}_r\varepsilon_0\left(\frac{r}{a}-1\right)\frac{abU_0}{(b-a)r^2}=\boldsymbol{e}_r\frac{\varepsilon_0(r-a)bU_0}{(b-a)r^2}$$

介质中的极化体电荷密度为

$$\rho_{\mathrm{P}}=-\nabla\cdot\boldsymbol{P}=-\frac{1}{r}\frac{\mathrm{d}}{\mathrm{d}r}(rP_r)=-\frac{1}{r}\frac{\mathrm{d}}{\mathrm{d}r}\left[r\frac{\varepsilon_0(r-a)bU_0}{(b-a)r^2}\right]=-\frac{\varepsilon_0 abU_0}{(b-a)r^3}$$

$r=a$ 处的极化面电荷密度为

$$\rho_{\mathrm{SP}a}=\boldsymbol{e}_{\mathrm{n}}\cdot\boldsymbol{P}\Big|_{r=a}=-\boldsymbol{e}_r\cdot\boldsymbol{e}_r\frac{\varepsilon_0(a-a)bU_0}{(b-a)r^2}=0$$

$r=b$ 处的极化面电荷密度为

$$\rho_{\mathrm{SP}b}=\boldsymbol{e}_{\mathrm{n}}\cdot\boldsymbol{P}\Big|_{r=b}=\boldsymbol{e}_r\cdot\boldsymbol{e}_r\frac{\varepsilon_0(b-a)bU_0}{(b-a)r^2}=\frac{\varepsilon_0 U_0}{b}$$

(3) 同轴线每单位长度的电容和电场能量分别为

$$C=\frac{\rho_l}{U_0}=\frac{2\pi\varepsilon_0 b}{b-a},\ W_{\mathrm{e}}=\frac{1}{2}\rho_l U_0=\frac{\pi\varepsilon_0 b}{b-a}U_0^2$$

3.32 两个同轴导体圆柱面半径分别为 a 和 b，在 $0<\theta<\theta_0$ 部分填充介电常数为 ε 的电介质，两柱面间加电压 U_0，如图 3-24 所示。试求：

(1) 两柱面间的电场和电位分布；

(2) 极化电荷(束缚电荷)分布；

(3) 同轴导体单位长度的电容和电场能量。

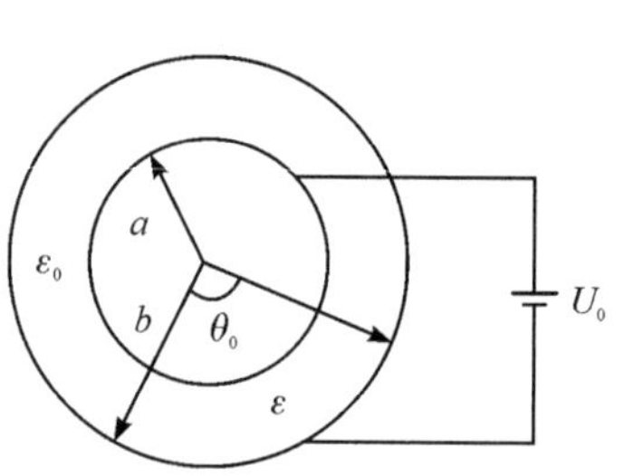

图 3-24 习题 3.32 图

解 (1) 两柱面间的电场和电位分别为

$$E=\frac{U_0}{\ln\dfrac{b}{a}}\frac{1}{r},\ \varphi=\frac{U_0}{\ln\dfrac{b}{a}}\ln\frac{b}{r}$$

(2) $r=a$ 处的极化面电荷密度为

$$\rho_{\mathrm{SP}a}=-(\varepsilon-\varepsilon_0)\frac{U_0}{\ln\dfrac{b}{a}}\frac{1}{a}$$

$r=b$ 处的极化面电荷密度为

$$\rho_{SPb}=-(\varepsilon-\varepsilon_0)\frac{U_0}{\ln\frac{b}{a}}\frac{1}{b}$$

(3) 同轴导体单位长度的电容和电场能量分别为

$$C=\frac{[(2\pi-\theta_0)\varepsilon_0+\theta_0\varepsilon]}{\ln\frac{b}{a}},\ W_e=\frac{1}{2}\frac{[(2\pi-\theta_0)\varepsilon_0+\theta_0\varepsilon]}{\ln\frac{b}{a}}U_0^2$$

3.33　电缆为什么要制成多层绝缘的结构(即在内、外导体间用介电常数各不相同的多层介质)？各层介质的介电常数的选取遵循什么原则？为什么？

解　电缆采用多层绝缘结构主要是使电场强度从里到外差别较小。另外，多层绝缘结构的电场强度的最大值比单层绝缘结构的电场强度的最大值要小，如两层绝缘结构的电缆(如图 3-25 所示)，介质 1(介电常数为 ε_1)和介质 2(介电常数为 ε_2)中的电场强度分别为

$$E_1=\frac{\tau}{2\pi\varepsilon_1\varepsilon_0 r},\ E_2=\frac{\tau}{2\pi\varepsilon_2\varepsilon_0 r}$$

要使两层绝缘结构中的电场强度的最大值相等，则应使 $\varepsilon_1 r_1=\varepsilon_2 r_2$，这样电场强度从里到外差别较小。设柱心到外壳的电压为 U，则

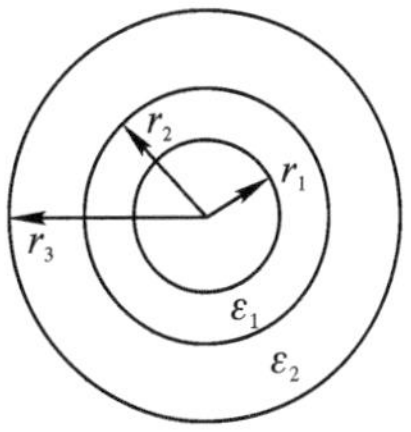

图 3-25　习题 3.33 图

$$E_1=\frac{U}{r\left(\ln\frac{r_2}{r_1}+\frac{\varepsilon_1}{\varepsilon_2}\ln\frac{r_3}{r_2}\right)}$$

$$E_2=\frac{U}{r\left(\frac{\varepsilon_2}{\varepsilon_1}\ln\frac{r_2}{r_1}+\ln\frac{r_3}{r_2}\right)}$$

当 $\varepsilon_1 r_1=\varepsilon_2 r_2$ 时，两层绝缘结构中的电场强度的最大值相等，且等于

$$E_{max}=\frac{U}{r_1\ln\frac{r_2}{r_1}+r_2\ln\frac{r_3}{r_2}}$$

这要比单层绝缘结构的电场强度的最大值

$$E'_{max}=\frac{U}{r_1\ln\frac{r_3}{r_1}}=\frac{U}{r_1\ln\frac{r_2}{r_1}+r_1\ln\frac{r_3}{r_2}}$$

更小，这是多层绝缘结构的另一优点。

3.34　有一电量为 q、半径为 a 的导体球切成两半，求两半球之间的电场力。

解　由

$$W_e=\frac{1}{2}\int_V \boldsymbol{E}\cdot\boldsymbol{D}\mathrm{d}V=\frac{q^2}{8\pi\varepsilon_0 a}$$

$$f=\frac{F}{4\pi a^2}=\frac{-1}{4\pi a^2}\frac{\partial W_e}{\partial a}=\frac{1}{2}\varepsilon_0 E^2$$

可得两半球之间的电场力为

$$\boldsymbol{F}=F\boldsymbol{e}_z=\frac{q^2}{32\pi^2\varepsilon_0 a^2}\boldsymbol{e}_z$$

3.35 如图 3-26 所示，长度为 a、宽度为 b 的两块平行放置的导体板组成的一个电容器，板间距离为 d。沿着长度方向将介电常数为 ε 的介质板插入电容器的深度为 x。当电容器与电源连接，使两极板维持在固定的电位差 U 时，忽略边缘效应，计算介质板所受静电力。

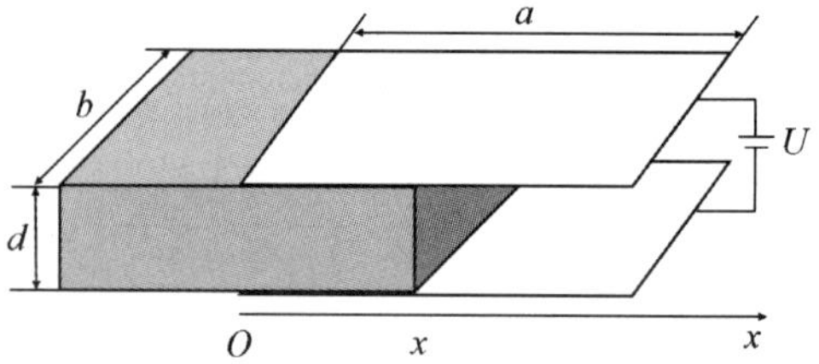

图 3-26 习题 3.35 图

解 当忽略边缘效应时，介质内的电场强度 E_1 与介质外的电场强度 E_2 相等且沿着与极板垂直的方向，即

$$E_1=E_2=\frac{U}{d}$$

电容器储存的静电能为

$$W_e=\int\frac{1}{2}\varepsilon E^2\mathrm{d}\tau=\frac{1}{2}\varepsilon\left(\frac{U}{d}\right)^2 xbd+\frac{1}{2}\varepsilon_0\left(\frac{U}{d}\right)^2(a-x)bd$$

$$=\frac{bU^2}{2d}[(\varepsilon-\varepsilon_0)x+\varepsilon_0 a]$$

运用虚位移法可得介质板所受静电力为

$$\boldsymbol{F}=\nabla W_e\Big|_{\varphi=C}=\frac{bU^2}{2d}\frac{\mathrm{d}}{\mathrm{d}x}[(\varepsilon-\varepsilon_0)x+\varepsilon_0 a]\boldsymbol{e}_x=\frac{(\varepsilon-\varepsilon_0)b}{2d}U^2\boldsymbol{e}_x$$

3.36 电容器、介质板结构和电源同习题 3.35。在插入介质板之前先给电容器充电，在移去电源后插入介质板，忽略边缘效应，计算介质板所受静电力。

解 插入介质板之前电容器的电容量为

$$C=\frac{\varepsilon_0 ab}{d}$$

充电后电容器的电量为

$$Q=CU=\frac{\varepsilon_0 abU}{d}$$

移去电源后电量保持不变。当将介质板插入 x 深度时，介质板间电位差变为 U'，此时介质板内、外的电场强度为

$$E_1=E_2=E=\frac{U'}{d}$$

由导体表面的边界条件 $D_1=\rho_{S1}$，$D_2=\rho_{S2}$ 可得

$$Q=\rho_{S1}bx+\rho_{S2}b(a-x)=D_1 bx+D_2 b(a-x)$$

$$=\varepsilon Ebx+\varepsilon_0 Eb(a-x)=\frac{bU'}{d}[(\varepsilon-\varepsilon_0)x+\varepsilon_0 a]$$

解得

$$U'=\frac{Qd}{[(\varepsilon-\varepsilon_0)x+\varepsilon_0 a]b}$$

因此

$$E=\frac{Q}{[(\varepsilon-\varepsilon_0)x+\varepsilon_0 a]b}=\frac{\varepsilon_0 aU}{[(\varepsilon-\varepsilon_0)x+\varepsilon_0 a]d}$$

从而电容器储存的静电能为

$$W_e=\frac{1}{2}\varepsilon E^2 bxd+\frac{1}{2}\varepsilon_0 E^2 b(a-x)d=\frac{bd}{2}[(\varepsilon-\varepsilon_0)x+\varepsilon_0 a]E^2$$
$$=\frac{b(\varepsilon_0 aU)^2}{2d}\frac{1}{(\varepsilon-\varepsilon_0)x+\varepsilon_0 a}$$

于是介质板所受静电力为

$$\boldsymbol{F}=-\nabla W_e\Big|_{\varphi=C}=-\frac{b(\varepsilon_0 aU)^2}{2d}\frac{\mathrm{d}}{\mathrm{d}x}\frac{1}{[(\varepsilon-\varepsilon_0)x+\varepsilon_0 a]}\boldsymbol{e}_x$$
$$=\frac{b(\varepsilon_0 aU)^2}{2d}\frac{\varepsilon-\varepsilon_0}{[(\varepsilon-\varepsilon_0)x+\varepsilon_0 a]^2}\boldsymbol{e}_x$$

3.37　圆球形电容器内导体的内、外半径分别为 a 和 b，两导体之间介质的介电常数为 ε，介质的击穿场强为 $\boldsymbol{E}_0$，求此电容器的最大耐压。

解　根据题意画出图形如图 3－27 所示。假设圆球形电容器内、外导体上分别带有 Q、$-Q$ 的电荷，且均匀分布。当 $a\leqslant r\leqslant b$ 时，由高斯定理可得

$$\oint_S \boldsymbol{D}\cdot\mathrm{d}\boldsymbol{S}=\varepsilon E 4\pi r^2=Q$$

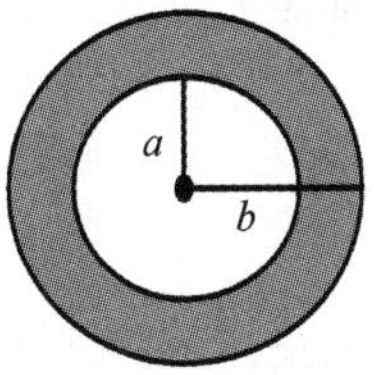

图 3－27　习题 3.37 图

所以

$$\boldsymbol{E}=\frac{Q}{4\pi\varepsilon r^2}\boldsymbol{e}_r$$

$$E_0=E_{\max}=\frac{Q}{4\pi\varepsilon r^2}$$

$$Q=4\pi\varepsilon E_0 a^2$$

于是此电容器的最大耐压为

$$U=\int_a^b \boldsymbol{E}\cdot\mathrm{d}\boldsymbol{l}=\int_a^b\frac{4\pi\varepsilon E_0 a^2}{4\pi\varepsilon r^2}\mathrm{d}r=\frac{E_0 a(b-a)}{b}$$

3.38　高压同轴线的最佳设计尺寸：高压同轴圆柱电缆的外导体的内半径 R_2 为 2 cm，内外导体间电介质的击穿电场强度为 200 kV/m；内导体的半径 R_1 为 a，其值可以自由选定但有一最佳值。同轴圆柱电缆单位长度上的电荷量为 τ，试问：a 为何值时，该电缆能承受最大电压？并求此最大电压值。

解　同轴圆柱电缆的电场强度与电压分别为

$$E=\frac{\tau}{2\pi\varepsilon\rho},\ U_0=\int_{R_1}^{R_2}E\,\mathrm{d}\rho=\frac{\tau}{2\pi\varepsilon}\ln\frac{R_2}{R_1}$$

则

$$E=\frac{U_0}{\rho\ln(R_2/R_1)}$$

显然，当 $\rho=R_1$ 时电场强度最大，即

$$E_{\max}=\frac{U_0}{R_1\ln(R_2/R_1)}$$

于是电缆能承受的电压为

$$U_0=E_{\max}R_1\ln\left(\frac{R_2}{R_1}\right)$$

由$\dfrac{\partial U_0}{\partial R_1}=0$可推得

$$\frac{R_2}{R_1}=\mathrm{e}$$

即

$$\ln\frac{R_2}{R_1}=1$$

则

$$a=R_1=\frac{R_2}{\mathrm{e}}=0.7358\ \mathrm{cm}$$

所以电缆能承受的最大电压为

$$U_{\max}=200\ \mathrm{kV/m}\times 0.7358\times 10^{-2}\ \mathrm{m}=1.4716\ \mathrm{kV}$$

3.39 同轴线内、外导体的半径分别为 a 和 b，证明其所储存的电场能量有一半是在半径为 $c=\sqrt{ab}$ 的圆柱内，并计算同轴线单位长度上的电容。

证明 设内、外导体单位长度带电量分别为$+\rho_1$和$-\rho_1$，则同轴线内、外导体之间的电场为

$$E=\frac{\rho_1}{2\pi\varepsilon r}$$

如果将同轴线单位长度储存的电场能量记为 W，而将从 a 到 c 单位长度储存的电场能量记为 W_1，则有

$$W=\int_a^b\frac{1}{2}\varepsilon E^2 2\pi r\,\mathrm{d}r=\frac{\rho_1^2}{4\pi\varepsilon}\ln\frac{b}{a}$$

$$W_1=\int_a^c\frac{1}{2}\varepsilon E^2 2\pi r\,\mathrm{d}r=\frac{\rho_1^2}{4\pi\varepsilon}\ln\frac{c}{a}$$

令 $W_1=\dfrac{1}{2}W$，得 $c=\sqrt{ab}$，即此时以 c 为半径的圆柱内的电场能量是同轴线单位长度储存的电场能量的一半。

因为 $W=\dfrac{\rho_1^2}{2C}=\dfrac{\rho_1^2}{4\pi\varepsilon}\ln\dfrac{b}{a}$，所以同轴线单位长度上的电容为

$$C=\frac{2\pi\varepsilon}{\ln(b/a)}$$

3.40 导体球及与其同心的导体球壳构成一个双导体系统。若导体球的半径为 a，球壳的内半径为 b，壳的厚度可以忽略不计，求电位系数、电容系数和部分电容。

解 根据题意画出图形，如图 3-28 所示。设导体球带电量为 q_1，球壳总带电量为零，无限远处的电位为零，则由对称性可得

$$\varphi_1=\frac{q_1}{4\pi\varepsilon_0 a}=p_{11}q_1,\quad \varphi_2=\frac{q_1}{4\pi\varepsilon_0 b}=p_{21}q_1$$

因此电位系数为

$$p_{11}=\frac{1}{4\pi\varepsilon_0 a},\ p_{21}=\frac{1}{4\pi\varepsilon_0 b}$$

设导体球的总电量为零，球壳带电量为 q_2，可得

$$\varphi_1=\frac{q_2}{4\pi\varepsilon_0 b}=p_{12}q_2,\ \varphi_2=\frac{q_2}{4\pi\varepsilon_0 b}=p_{22}q_2$$

因此电容系数为

$$p_{22}=p_{12}=\frac{1}{4\pi\varepsilon_0 b}$$

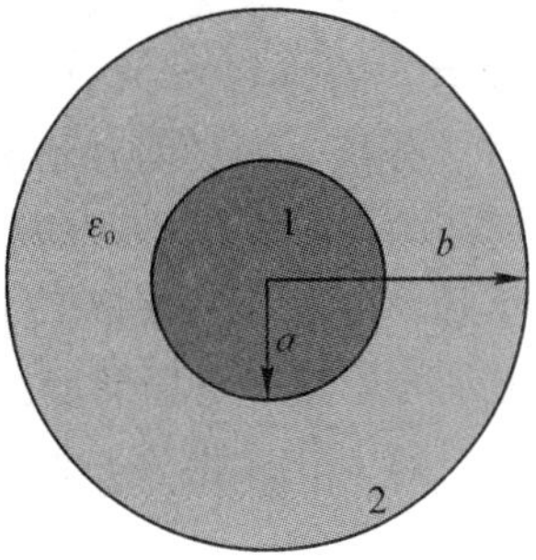

图 3-28　习题 3.40 图

因为电容系数矩阵等于电位系数矩阵的逆矩阵，所以

$$\beta_{11}=\frac{4\pi\varepsilon_0 ab}{b-a},\ \beta_{12}=\beta_{21}=\frac{4\pi\varepsilon_0 ab}{b-a},\ \beta_{22}=\frac{4\pi\varepsilon_0 b^2}{b-a}$$

部分电容为

$$C_{11}=\beta_{11}+\beta_{12}=0,\ C_{12}=C_{21}=-\beta_{21},\ C_{22}=\beta_{21}+\beta_{22}$$

3.41　圆球形电容器内导体的内、外半径分别为 a 和 b，内外导体之间填充两层介电常数分别为 ε_1 和 ε_2 的介质，界面半径为 r，电压为 U，求电容器中的电场能量。

解　根据题意画出图形，如图 3-29 所示。假设圆球形电容器内、外导体表面上分别带有 Q、$-Q$ 的电荷，且均匀分布。由高斯定理可得，当 $a\leqslant\rho\leqslant r$ 时，

$$E_1\varepsilon_1 4\pi\rho^2=Q,\quad \boldsymbol{E}_1=\frac{Q}{4\pi\varepsilon_1\rho^2}\boldsymbol{e}_\rho$$

当 $r<\rho\leqslant b$ 时，

$$E_2\varepsilon_2 4\pi\rho^2=Q,\quad \boldsymbol{E}_2=\frac{Q}{4\pi\varepsilon_2\rho^2}\boldsymbol{e}_\rho$$

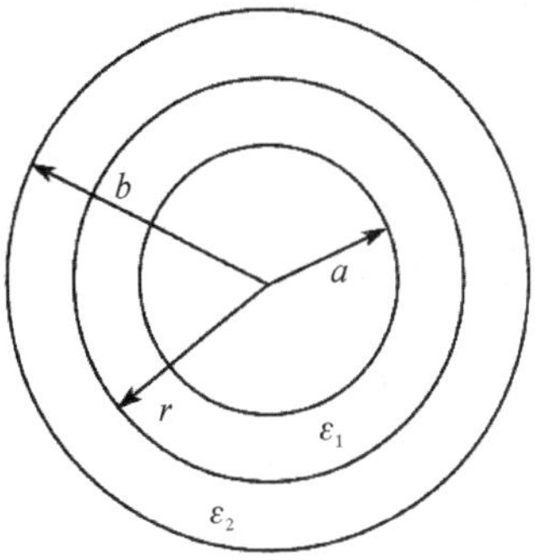

图 3-29　习题 3.41 图

则内外导体间的电压为

$$U=\int_a^b\boldsymbol{E}\cdot\mathrm{d}\boldsymbol{l}=\int_a^r\boldsymbol{E}_1\cdot\mathrm{d}\boldsymbol{l}+\int_r^b\boldsymbol{E}_2\cdot\mathrm{d}\boldsymbol{l}$$
$$=\frac{Q}{4\pi\varepsilon_1}\left(\frac{1}{a}-\frac{1}{r}\right)+\frac{Q}{4\pi\varepsilon_2}\left(\frac{1}{r}-\frac{1}{b}\right)$$

所以

$$Q=\frac{4\pi\varepsilon_1\varepsilon_2 abUr}{\varepsilon_2 b(r-a)+\varepsilon_1 a(b-r)}$$

$$\boldsymbol{E}_1=\frac{\varepsilon_2 abUr}{\varepsilon_2 b(r-a)+\varepsilon_1 a(b-r)\rho^2}\boldsymbol{e}_\rho\quad(a\leqslant\rho\leqslant r)$$

$$\boldsymbol{E}_2=\frac{\varepsilon_1 abUr}{\varepsilon_2 b(r-a)+\varepsilon_1 a(b-r)\rho^2}\boldsymbol{e}_\rho\quad(r<\rho\leqslant b)$$

于是电容器中的电场能量为

$$W=\int_V\frac{1}{2}E^2\varepsilon\mathrm{d}V=\frac{1}{2}\int_a^r E_1^2\varepsilon_1 4\pi\rho^2\mathrm{d}\rho+\frac{1}{2}\int_r^b E_2^2\varepsilon_2 4\pi\rho^2\mathrm{d}\rho$$
$$=\frac{2\pi\varepsilon_1\varepsilon_2 abU^2 r}{\varepsilon_2 b(r-a)+\varepsilon_1 a(b-r)}$$

3.42　在无限大均匀介质(ε)中，若总量为 q 的电荷均匀分布于半径为 a 的球体中和半径为 a 的球面上，试比较两种情况下系统的静电能量。

分析　题设两种情况下的场均具有球对称性，故 $r>a$ 的球体或球面以外区域的场与将 q 集中置于球心时的场相同，即该区域的能量在两种情况下是相同的。不同的是 $r<a$ 的区域：在 q 均匀分布于球体中时，其场不为零，其中能量亦不为零；而在 q 置于球面时，其场为零，其中电场储能亦为零。

解　在题设第一种情况下，电场强度为

$$\boldsymbol{E}_1=\begin{cases}\dfrac{qr}{4\pi\varepsilon a^3}\boldsymbol{e}_r & (r<a)\\[2ex] \dfrac{q}{4\pi\varepsilon r^2}\boldsymbol{e}_r & (r>a)\end{cases}$$

该系统的总静电能为

$$\begin{aligned}W_{e1}&=\int_0^a\frac{\varepsilon}{2}\left(\frac{qr}{4\pi\varepsilon a^3}\right)^3 4\pi r^2\mathrm{d}r+\int_a^\infty\frac{\varepsilon}{2}\left(\frac{q}{4\pi\varepsilon r^2}\right)^2 4\pi r^2\mathrm{d}r\\&=\frac{q^2}{40\pi\varepsilon a}+\frac{q^2}{8\pi\varepsilon a}=\frac{3q^2}{20\pi\varepsilon a}\end{aligned}$$

在题设第二种情况下，电场强度为

$$\boldsymbol{E}_2=\begin{cases}\boldsymbol{0} & (r<a)\\[2ex] \dfrac{q}{4\pi\varepsilon r^2}\boldsymbol{e}_r & (r>a)\end{cases}$$

该系统的总静电能为

$$W_{e2}=\int_a^\infty\frac{\varepsilon}{2}\left(\frac{q}{4\pi\varepsilon r^2}\right)^2 4\pi r^2\mathrm{d}r=\frac{q^2}{8\pi\varepsilon a}$$

可见 $W_{e1}>W_{e2}$，且有

$$\frac{W_{e1}}{W_{e2}}=\frac{3q^2}{20\pi\varepsilon a}\div\frac{q^2}{8\pi\varepsilon a}=\frac{6}{5}$$

即在半径相同时，q 均匀分布于球体中比 q 均匀分布于球面上时系统的静电能多1/5。

3.43　相对介电常数 $\varepsilon_r=2$ 的区域内电位 $\varphi(r)=x^2-2y^2+z$(V)，求点(1，1，1)处的电场强度 $\boldsymbol{E}$、电荷密度 ρ 和电场能量密度 w_e。

解　因为

$$\boldsymbol{E}=-\nabla\varphi=-2x\boldsymbol{e}_x+4y\boldsymbol{e}_y-\boldsymbol{e}_z\quad(\mathrm{V/m})$$

所以点(1，1，1)处的电场强度为

$$\boldsymbol{E}=-2\boldsymbol{e}_x+4\boldsymbol{e}_y-\boldsymbol{e}_z\quad(\mathrm{V/m})$$

点(1，1，1)处的电荷密度为

$$\rho=\nabla\cdot\boldsymbol{D}=\varepsilon_r\varepsilon_0\nabla\cdot\boldsymbol{E}=4\varepsilon_0\approx3.54\times10^{-11}\quad\mathrm{C/m^3}$$

因为电场能量密度为

$$w_e=\frac{\boldsymbol{D}\cdot\boldsymbol{E}}{2}=\frac{\varepsilon_r\varepsilon_0|\boldsymbol{E}|^2}{2}=(4x^2+16y^2+1)\varepsilon_0$$

所以点(1，1，1)处的电场能量密度为

$$w_e\approx1.86\times10^{-10}\quad\mathrm{J/m^3}$$

第 4 章 恒定电场及其特性

4.1 基 本 要 求

本章学习有以下几点基本要求：

(1) 理解电流密度的意义和表示方法。

(2) 理解并掌握欧姆定律和焦耳定律(积分形式和微分形式)。

(3) 理解并掌握电流连续性方程。

(4) 理解并掌握恒定电场方程的推导过程和意义。

(5) 理解并掌握恒定电场的边界条件的概念、推导过程和性质。

(6) 理解恒定电场与静电场的比拟方法。

(7) 理解电导与节点电阻的概念和计算方法。

4.2 重 点 与 难 点

本章重点：

(1) 电流密度的意义和表示方法。

(2) 电流连续性方程的意义。

(3) 恒定电场方程的推导过程和意义。

(4) 恒定电场的边界条件的推导过程和性质。

本章难点：

(1) 导电媒质中的恒定电场方程。

(2) 导电媒质分界面上的面电荷密度。

4.3 重点知识归纳

电荷在电场作用下做定向运动形成电流。若电流不随时间变化，则称为恒定电流。在恒定电流的空间中存在的电场称为恒定电场。实际上，恒定电场是由不随时间变化的电量但恒定流动的电荷所产生的。

1. 电流与电流密度

1）电流

电流强度（简称电流）为单位时间内通过某一单位横截面的电荷量，即

$$i=\lim_{\Delta t\to 0}\left(\frac{\Delta q}{\Delta t}\right)=\frac{\mathrm{d}q}{\mathrm{d}t}$$

电流一般是时间的函数。若电荷流动的速度不变，即电流不随时间变化，则称为恒定电流，用 I 表示。

2）电流密度

体电流：

$$\boldsymbol{J}=\boldsymbol{e}_{\mathrm{n}}\lim_{\Delta S\to 0}\frac{\Delta i}{\Delta S}=\boldsymbol{e}_{\mathrm{n}}\frac{\mathrm{d}i}{\mathrm{d}S}$$

$$I=\int_S \boldsymbol{J}\cdot\mathrm{d}\boldsymbol{S}$$

面电流：

$$\boldsymbol{J}_{\mathrm{S}}=\boldsymbol{e}_{\mathrm{t}}\lim_{\Delta l\to 0}\frac{\Delta i}{\Delta l}=\boldsymbol{e}_{\mathrm{t}}\frac{\mathrm{d}i}{\mathrm{d}l}$$

$$I_{\mathrm{S}}=\int_l \boldsymbol{J}_{\mathrm{S}}\cdot(\boldsymbol{e}_{\mathrm{n}}\times\mathrm{d}\boldsymbol{l})$$

3）电流连续性方程

积分形式：$\int_S \boldsymbol{J}\cdot\mathrm{d}\boldsymbol{S}=-\frac{\mathrm{d}q}{\mathrm{d}t}=-\frac{\mathrm{d}}{\mathrm{d}t}\int_V \rho\,\mathrm{d}V=-\int_V\frac{\partial\rho}{\partial t}\mathrm{d}V=\int_V\nabla\cdot\boldsymbol{J}\,\mathrm{d}V$

微分形式：$\nabla\cdot\boldsymbol{J}=-\frac{\partial\rho}{\partial t}$

2. 恒定电场的方程

1）恒定电场的基本方程

积分形式：$\begin{cases}\int_S \boldsymbol{J}\cdot\mathrm{d}\boldsymbol{S}=0\\ \oint_C \boldsymbol{E}\cdot\mathrm{d}\boldsymbol{l}=0\end{cases}$

微分形式：$\begin{cases}\nabla\cdot\boldsymbol{J}=0\\ \nabla\times\boldsymbol{E}=\boldsymbol{0}\end{cases}$

2）欧姆定律

积分形式：$U=RI$

微分形式：$\boldsymbol{J}=\sigma\boldsymbol{E}$

3）焦耳定律

积分形式：$P=UI=I^2R$

微分形式：$p=\lim_{\Delta V\to 0}\frac{\Delta P}{\Delta V}=\boldsymbol{J}\cdot\boldsymbol{E}=\sigma E^2$

3. 恒定电场的边界条件

(1) 场矢量的边界条件：

$$\begin{cases} \boldsymbol{e}_n \cdot (\boldsymbol{J}_1 - \boldsymbol{J}_2) = 0 \\ \boldsymbol{e}_n \cdot (\boldsymbol{E}_1 - \boldsymbol{E}_2) = 0 \end{cases} \text{或} \begin{cases} J_{1n} = J_{2n} \\ E_{1t} = E_{2t} \end{cases}$$

(2) 场矢量的折射关系：

$$\frac{\tan\theta_1}{\tan\theta_2} = \frac{E_{1t}/E_{1n}}{E_{2t}/E_{2n}} = \frac{\sigma_1/J_{1n}}{\sigma_2/J_{2n}} = \frac{\sigma_1}{\sigma_2}$$

(3) 导电媒质分界面上的面电荷密度：

$$\rho_S = \boldsymbol{e}_n \cdot (\boldsymbol{D}_1 - \boldsymbol{D}_2) = \boldsymbol{e}_n \cdot \left(\frac{\varepsilon_1}{\sigma_1}\boldsymbol{J}_1 - \frac{\varepsilon_2}{\sigma_2}\boldsymbol{J}_2\right) = \left(\frac{\varepsilon_1}{\sigma_1} - \frac{\varepsilon_2}{\sigma_2}\right) J_n$$

(4) 电位的边界条件：

$$\begin{cases} \varphi_1 = \varphi_2 \\ \sigma \dfrac{\partial \varphi_1}{\partial n} = \sigma_2 \dfrac{\partial \varphi_2}{\partial n} \end{cases}$$

4. 漏电导与接地电阻

1) 漏电导

漏电流与电压之比为漏电导，即

$$G = \frac{I}{U} = \frac{\oint_S \boldsymbol{J} \cdot d\boldsymbol{S}}{\int_P^N \boldsymbol{E} \cdot d\boldsymbol{l}} = \frac{\sigma \oint_S \boldsymbol{E} \cdot d\boldsymbol{S}}{\int_P^N \boldsymbol{E} \cdot d\boldsymbol{l}}$$

2) 接地电阻

接地就是将金属导体埋入地内，而将设备中需要接地的部分与该导体连接，这种埋在地内的导体或导体系统称为接地体或接地电极。在接地体附近电流密度最大，接地电阻主要集中在接地体附近。定义以无穷远处为电位参考点的接地电阻为

$$R = \frac{\varphi}{I} = \frac{\text{接地体的电位}}{\text{流出接地体的电流}}$$

4.4 思考题

1. 理想导体表面的边界条件是什么？
2. 恒定电场和静电场的异同是什么？
3. 恒定电场的边界条件是什么？导体表面是不是一个等位面？
4. 计算漏电导有哪些方法？

4.5 习题全解

4.1　一个半径为 a 的球内均匀分布着总电量为 q 的电荷，当其以角速度 ω 绕某一直径旋转时，求球内的电流密度。

解　选取球坐标系。设转轴和直角坐标系的 z 轴重合，球内某一点的坐标为(r, θ, ϕ)，则该点的线速度为

$$\boldsymbol{v}=\omega \boldsymbol{e}_r \times \boldsymbol{z}=\omega r \sin\theta \boldsymbol{e}_\phi$$

电荷密度为

$$\rho=\frac{q}{\frac{4}{3}\pi a^3}$$

电流密度为

$$\boldsymbol{J}=\rho \boldsymbol{v}=\frac{3q\omega r\sin\theta}{4\pi a^3}\boldsymbol{e}_\phi$$

4.2 有一电导率为 σ 的均匀、线性、各向同性导体球，其半径为 R，表面的电位分布为 $\varphi_0\cos\theta$，试确定导体球表面上各点处的电流密度。

解 由于导体球的外部是空气，所以在导体球的表面只有切向分量，故导体球表面上各点处的电流密度为

$$\boldsymbol{J}_t=\sigma \boldsymbol{E}_t=-\sigma\nabla_t\varphi=-\sigma\left(\boldsymbol{e}_\theta\frac{1}{R}\frac{\partial\varphi}{\partial\theta}+\boldsymbol{e}_\phi\frac{1}{R\sin\theta}\frac{\partial\varphi}{\partial\phi}\right)=\boldsymbol{e}_\theta\frac{\sigma\phi_0}{R}\sin\theta$$

4.3 在电导率为 σ 的媒质中有两个半径分别为 a 和 b、球心距为 $d(d\gg a+b)$ 的两导体小球，求两导体小球球面间的电阻。

解 此题可采用静电比拟的方法求解。设两导体小球上的电荷分别为 $+q$ 和 $-q$，由于 $d\gg a+b$，因此可以近似认为小球上的电荷均匀分布在球面上，从而两导体小球表面的电位分别为

$$\varphi_1=\frac{q}{4\pi\varepsilon}\left(\frac{1}{R_1}-\frac{1}{d-R_2}\right)=\frac{q}{4\pi\varepsilon}\left(\frac{1}{a}-\frac{1}{d-b}\right)$$

$$\varphi_2=\frac{-q}{4\pi\varepsilon}\left(\frac{1}{R_2}-\frac{1}{d-R_1}\right)=\frac{-q}{4\pi\varepsilon}\left(\frac{1}{b}-\frac{1}{d-a}\right)$$

所以两导体小球球面间的电容为

$$C=\frac{q}{\varphi_1-\varphi_2}=\frac{4\pi\varepsilon}{\frac{1}{a}+\frac{1}{b}-\frac{1}{d-b}-\frac{1}{d-a}}$$

由静电比拟得到球面间的漏电导为

$$G=\frac{I}{\varphi_1-\varphi_2}=\frac{4\pi\sigma}{\frac{1}{a}+\frac{1}{b}-\frac{1}{d-a}-\frac{1}{d-b}}$$

故两导体小球球面间的电阻为

$$R=\frac{1}{G}=\frac{1}{4\pi\sigma}\left(\frac{1}{a}+\frac{1}{b}-\frac{1}{d-a}-\frac{1}{d-b}\right)$$

4.4 同轴电缆两导体间介质的相对介电常数为 2，电导率为 6.25 μS/m，内、外导体的半径分别为 8 mm 和 10 mm。电缆两导体之间单位长度的电阻是多少？若导体间电位差为 230 V，电缆长为 100 m，计算供给电缆的总功率。

解 已知介电常数 $\varepsilon=2$，电导率 $\sigma=6.25$ μS/m，内、外导体的半径分别为 $R_1=8$ mm、$R_2=10$ mm，电缆长度为 $L=100$ m，导体间电位差为 $U=230$ V。

设电流为 I，则电缆单位长度的密度为

$$J=\frac{I}{2\pi\rho}$$

由本构关系 $\boldsymbol{J}=\sigma\boldsymbol{E}$ 得

$$E=\frac{J}{\sigma}=\frac{I}{2\pi\rho\sigma}$$

故两导体间电位差为

$$U=\int_{R_1}^{R_2}\boldsymbol{E}\cdot\mathrm{d}\boldsymbol{l}=\int_{R_1}^{R_2}\frac{I}{2\pi\rho\sigma}\mathrm{d}\rho=\frac{I}{2\pi\sigma}\ln\frac{R_2}{R_1}$$

又电导为

$$G=\frac{I}{U}=\frac{2\pi\sigma}{\ln\dfrac{R_2}{R_1}}$$

绝缘电阻为

$$R=\frac{1}{G}=\frac{\ln\dfrac{R_2}{R_1}}{2\pi\sigma}$$

从而电缆两导体间单位长度的电阻为

$$R=\frac{\ln\dfrac{5}{4}}{12.5\pi}\approx 5.6\times 10^{-3}\ \Omega$$

由

$$U=\frac{I}{2\pi\sigma}\ln\frac{R_2}{R_1}$$

可得

$$I=\frac{2\pi\sigma U}{\ln\dfrac{R_2}{R_1}}$$

则

$$J=\frac{I}{2\pi\rho}=\frac{\sigma U}{\rho\ln\dfrac{R_2}{R_1}}$$

又圆柱体内的功率密度为

$$p=\boldsymbol{E}\cdot\boldsymbol{J}=\frac{J^2}{\sigma}$$

所以同轴线单位长度的功率为

$$P=\int_V p\,\mathrm{d}V=\int_0^{2\pi}\int_{R_1}^{R_2}\frac{\sigma U^2}{\left(\ln\dfrac{R_2}{R_1}\right)^2}\frac{1}{\rho}\mathrm{d}\rho\mathrm{d}\phi=\frac{2\pi\sigma U^2}{\ln\dfrac{R_2}{R_1}}$$

于是供给电缆的总功率为

$$P_{总}=PL=\frac{2\pi\sigma LU^2}{\ln\dfrac{R_2}{R_1}}=\frac{6.6125\pi\times 10^7}{\ln\dfrac{5}{4}}$$

4.5 有恒定电流流过介电常数分别为 ε_1、ε_2，电导率分别为 σ_1、σ_2 的两种不同导电媒质。若要使两种导电媒质分界面处的面电荷密度 $\rho_S=0$，则 ε_1、ε_2 和 σ_1、σ_2 应满足什么条件？

解 因为

$$J_{1n}=J_{2n}\Rightarrow\sigma_1E_{1n}=\sigma_2E_{2n}$$
$$D_{1n}-D_{2n}=\rho_S\Rightarrow\varepsilon_1E_{1n}-\varepsilon_2E_{2n}=\rho_S$$

所以

$$\rho_S=\varepsilon_1E_{1n}-\varepsilon_2\frac{\sigma_1}{\sigma_2}E_{1n}$$

又

$$\rho_S=0$$

故

$$\begin{cases}\varepsilon_1E_{1n}=\varepsilon_2E_{2n}\\\sigma_1E_{1n}=\sigma_2E_{2n}\end{cases}$$

整理得

$$\frac{E_{1n}}{E_{2n}}=\frac{\varepsilon_2}{\varepsilon_1}=\frac{\sigma_2}{\sigma_1}$$

4.6 若恒定电场中有非均匀的导电媒质，其电导率为 $\sigma=\sigma(x,y,z)$，介电常数为 $\varepsilon=\varepsilon(x,y,z)$，求媒质中自由电荷的体密度 ρ。

解 由于媒质不均匀，即 ε 和 σ 随坐标的变化而变化，因此由 $\nabla\cdot\varepsilon\boldsymbol{E}=\rho$ 和 $\nabla\cdot\sigma\boldsymbol{E}=0$ 得

$$\varepsilon\,\nabla\cdot\boldsymbol{E}+\boldsymbol{E}\cdot(\nabla\varepsilon)=\rho$$
$$\sigma\,\nabla\cdot\boldsymbol{E}+\boldsymbol{E}\cdot(\nabla\sigma)=0$$

联立以上两式消去 $\nabla\cdot\boldsymbol{E}$，即得

$$\rho=\sigma\boldsymbol{E}\cdot\left(\frac{\nabla\varepsilon}{\sigma}-\frac{\varepsilon}{\sigma^2}\nabla\sigma\right)=\boldsymbol{J}\cdot\nabla\left(\frac{\varepsilon}{\sigma}\right)$$

4.7 在内、外半径分别为 a、c 的同轴线内填充两种漏电媒质，其介电常数分别为 ε_1、ε_2，电导率分别为 σ_1、σ_2，分界面为 $r=b$ 的圆柱面，$a<b<c$。若在内、外导体间加恒定电压 U，求内、外导体间的电场强度、电流密度 $\boldsymbol{J}$ 和 $r=b$ 界面上的自由面电荷密度 ρ_S。

解 根据题意画出图形，如图 4-1 所示。设加电压 U 后内导体单位长度的带电量为 ρ_1。由于加电压 U 后有沿着径向的漏电流，因此在 $r=b$ 的界面上分布有自由电荷 ρ_{1b}，鉴于系统结构的对称性，ρ_{1b} 是均匀分布的。

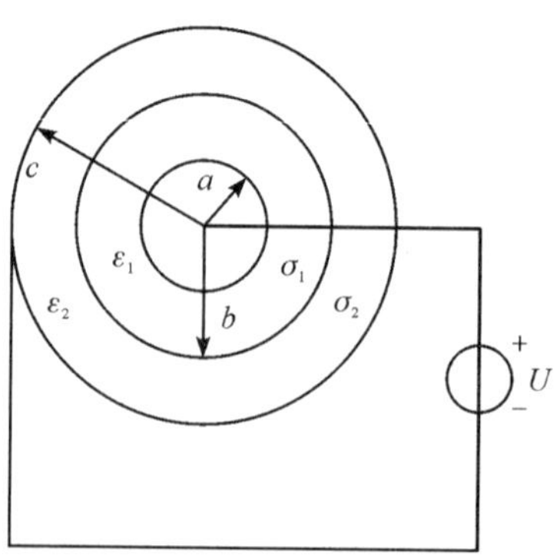

图 4-1 习题 4.7 图

根据高斯定理，内、外导体的电场强度的形式解分别为

$$\boldsymbol{E}_1=\frac{\rho_1}{2\pi\varepsilon_1\rho}\boldsymbol{e}_\rho\quad(a<\rho<b)$$

$$\boldsymbol{E}_2=\frac{\rho_1+\rho_{1b}}{2\pi\varepsilon_2\rho}\boldsymbol{e}_\rho\quad(b<\rho<c)$$

由于本题中电场只有法向分量，因此当 $\rho=b$ 时，应用边界条件 $\boldsymbol{J}_{1n}=\boldsymbol{J}_{2n}$ 得 $\boldsymbol{J}_1=\boldsymbol{J}_2$，即

$$\sigma_1\boldsymbol{E}_1=\sigma_2\boldsymbol{E}_2$$

所以

$$\sigma_1\frac{\rho_1}{2\pi\varepsilon_1 b}=\sigma_2\frac{\rho_1+\rho_{1b}}{2\pi\varepsilon_2 b}$$

$$\frac{\sigma_1}{\varepsilon_1}\rho_1=\frac{\sigma_2}{\varepsilon_2}(\rho_1+\rho_{1b})$$

$$\rho_1+\rho_{1b}=\frac{\varepsilon_2\sigma_1}{\varepsilon_1\sigma_2}\rho_1$$

从而内、外导体间的电压为

$$\begin{aligned}U&=\int_a^c\boldsymbol{E}\cdot\mathrm{d}\boldsymbol{l}=\int_a^b E_1\mathrm{d}\rho+\int_b^c E_2\mathrm{d}\rho\\&=\int_a^b\frac{\rho_1}{2\pi\varepsilon_1\rho}\mathrm{d}\rho+\int_b^c\frac{\rho_1+\rho_{1b}}{2\pi\varepsilon_2\rho}\mathrm{d}\rho\\&=\frac{\rho_1}{2\pi\varepsilon_1}\ln\frac{b}{a}+\frac{\rho_1+\rho_{1b}}{2\pi\varepsilon_2}\ln\frac{c}{b}\\&=\frac{\rho_1}{2\pi\varepsilon_1}\left(\ln\frac{b}{a}+\frac{\sigma_1}{\sigma_2}\ln\frac{c}{b}\right)\end{aligned}$$

于是

$$\rho_1=\frac{2\pi\varepsilon_1 U}{\ln\dfrac{b}{a}+\dfrac{\sigma_1}{\sigma_2}\ln\dfrac{c}{b}}$$

$$\rho_1+\rho_{1b}=\frac{2\pi\varepsilon_2\sigma_1 U}{\sigma_2\ln\dfrac{b}{a}+\sigma_1\ln\dfrac{c}{b}}$$

将 ρ_1 和 $\rho_1+\rho_{1b}$ 代入电场强度的形式解中，得

$$\boldsymbol{E}_1=\frac{\sigma_2 U}{\left(\sigma_2\ln\dfrac{b}{a}+\sigma_1\ln\dfrac{c}{b}\right)\rho}\boldsymbol{e}_\rho$$

$$\boldsymbol{E}_2=\frac{\sigma_1 U}{\left(\sigma_2\ln\dfrac{b}{a}+\sigma_1\ln\dfrac{c}{b}\right)\rho}\boldsymbol{e}_\rho$$

根据 $\boldsymbol{J}=\sigma\boldsymbol{E}$，两种导电媒质中电流密度的数学表达式可统一为

$$\boldsymbol{J}=\frac{\sigma_1\sigma_2 U}{\left(\sigma_2\ln\dfrac{b}{a}+\sigma_1\ln\dfrac{c}{b}\right)\rho}\boldsymbol{e}_\rho$$

$r=b$ 界面上的自由面电荷密度为

$$\rho_S=D_{1n}-D_{2n}=\left(\frac{\varepsilon_1}{\sigma_1}-\frac{\varepsilon_2}{\sigma_2}\right)J=\frac{(\varepsilon_1\sigma_2-\varepsilon_2\sigma_1)U}{\left(\sigma_2\ln\dfrac{b}{a}+\sigma_2\ln\dfrac{c}{b}\right)b}$$

4.8 有半径分别是 3 cm 和 9 cm 的同心球形导体，半径从 3 cm 到 6 cm 间媒质的电导率为 50 μS/m，介电常数为 $3\varepsilon_0$；半径从 6 cm 到 9 cm 间媒质的电导率为 100 μS/m，介电常数为 $4\varepsilon_0$。求当导体间电位差为 50 V 时 $r=b$ 界面上的自由面电荷密度。

解 令 $a=3$ cm、$b=6$ cm、$c=9$ cm。由题意知

$$\begin{cases}\varepsilon_1=3\varepsilon_0, & \sigma_1=50\ \mu\text{S/m}\\ \varepsilon_2=4\varepsilon_0, & \sigma_2=100\ \mu\text{S/m}\end{cases}$$

假设内导体球所带电量为 Q，$r=b$ 界面上的自由电荷为 Q_b（由于存在漏电流），则由高斯定理可得

$$\oint_S \boldsymbol{D}\cdot \mathrm{d}\boldsymbol{S}=D4\pi r^2=Q$$

故内、外导体的电场强度的形式解分别为

$$\boldsymbol{E}_1=\frac{Q}{4\pi\varepsilon_1 r^2}\boldsymbol{e}_r \quad (a<r<b)$$

$$\boldsymbol{E}_2=\frac{Q+Q_b}{4\pi\varepsilon_2 r^2}\boldsymbol{e}_r \quad (b<r<c)$$

又当 $r=b$ 时，存在 $\boldsymbol{J}_{1n}=\boldsymbol{J}_{2n}$，即 $\boldsymbol{J}_1=\boldsymbol{J}_2$，亦即 $\sigma_1\boldsymbol{E}_1=\sigma_2\boldsymbol{E}_2$，所以

$$\frac{\sigma_1}{\varepsilon_1}Q=\frac{\sigma_2}{\varepsilon_2}(Q+Q_b)$$

解得

$$Q=-3Q_b$$

从而内、外导体间的电压为

$$\begin{aligned}U&=\int_a^b \boldsymbol{E}_1\mathrm{d}r+\int_b^c \boldsymbol{E}_2\mathrm{d}r\\&=\frac{Q}{4\pi\varepsilon_1}\left(\frac{1}{a}-\frac{1}{b}\right)+\frac{Q+Q_b}{4\pi\varepsilon_2}\left(\frac{1}{b}-\frac{1}{c}\right)\\&=\frac{7\times 25}{6\times 18\varepsilon_0\pi}Q\\&=50\ \text{V}\end{aligned}$$

解得

$$Q=\frac{216}{7}\varepsilon_0\pi$$

因此内、外导体的电场强度分别为

$$\boldsymbol{E}_1=\frac{18}{7r^2}\boldsymbol{e}_r,\ \boldsymbol{E}_2=\frac{9}{14r^2}\boldsymbol{e}_r$$

于是 $r=b$ 界面上的自由面电荷密度为

$$\rho_S=D_{2n}-D_{2n}=\varepsilon_2E_2-\varepsilon_1E_1=\frac{81\varepsilon_0}{4375}$$

4.9 一半径为 a 的均匀带电球的带电总量为 Q，该球绕直径以角速度 ω 旋转，求：

(1) 球内各处的电流密度 J；

(2) 通过半径为 a 的半圆的总电流。

解　(1) 如图 4－2 所示，在球内取半径为 r、宽为 $\mathrm{d}r$、厚为 $\mathrm{d}y$ 的圆环，当球以角速度 ω 旋转时，电流为

$$\mathrm{d}I=\mathrm{d}q\,\frac{\omega}{2\pi}=\rho 2\pi r\,\mathrm{d}r\,\mathrm{d}y\,\frac{\omega}{2\pi}=\rho\omega r\,\mathrm{d}r\,\mathrm{d}y$$

故球内各处的电流密度为

$$J=\frac{\mathrm{d}I}{\mathrm{d}r\,\mathrm{d}y}=\rho\omega r=\frac{3Q\omega r}{4\pi a^3}$$

电荷体密度为

$$\rho=\frac{Q}{\frac{4}{3}\pi a^2}$$

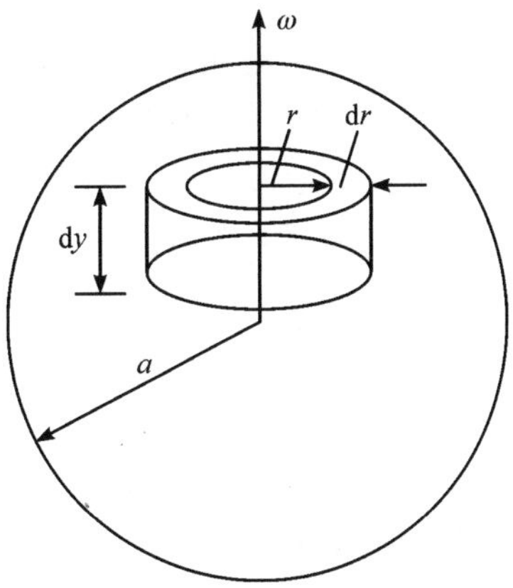

图 4－2　习题 4.9 图

(2) 在球内取半径为 y、厚为 $\mathrm{d}y$ 的球壳，该球壳带电荷为 $\mathrm{d}q=\rho 4\pi y^2\mathrm{d}y$，将 $\mathrm{d}q$ 代入 $\mathrm{d}I$ 的表达式，得 $\mathrm{d}I=\frac{\omega}{2\pi}\rho 4\pi y^2\mathrm{d}y$，则通过半径为 a 的半圆的总电流为

$$I=\int\mathrm{d}I=\int_0^a\frac{\omega}{2\pi}\rho 4\pi y^2\mathrm{d}y=\frac{\omega}{2\pi}4\pi\,\frac{3Q}{4\pi a^3}\int_0^a y^2\mathrm{d}y=\frac{\omega}{2\pi}\,\frac{3Q}{a^3}\,\frac{a^3}{3}=\frac{\omega Q}{2\pi}$$

4.10　同轴线的内、外导体半径分别为 a 和 b，内、外导体间填充漏电导率为 σ 的媒质，内、外导体间的电压为 U_0。求此同轴线单位长度的功率损耗。

解　设内、外导体间的漏电流为 I，则电流密度 $\boldsymbol{J}$ 为

$$\boldsymbol{J}=\frac{I}{2\pi lr}\boldsymbol{e}_r$$

故

$$\boldsymbol{E}=\frac{\boldsymbol{J}}{\sigma}=\frac{I}{2\pi lr\sigma}\boldsymbol{e}_r$$

若以外导体为电位参考点，则电位为

$$\varphi(r)=\frac{I}{2\pi l\sigma}\ln\left(\frac{b}{r}\right)$$

由于

$$U_0=\varphi(a)=\frac{I}{2\pi l\sigma}\ln\left(\frac{b}{a}\right)$$

因此漏电导为

$$G=\frac{I}{U_0}=\frac{2\pi l\sigma}{\ln\frac{b}{a}}$$

将 $l=1$ 代入上式，得同轴线单位长度的功率损耗为

$$P=U_0^2G=\frac{2\pi\sigma U_0^2}{\ln\frac{b}{a}}$$

4.11 接地器埋得很浅，其形状可近似用半球形代替，如图 4－3 所示，求接地器的接地电阻。

解 接地电阻是指接地器至无穷远的大地电阻(土壤电导率设为 σ)。因为在远离电极处电流流过的面积很大，而接地器附近流过的面积则小得多，所以接地电阻主要在接地器附近，电压降也就主要在接地器附近。人的一个跨步之间(约 0.8 m)就可能有较高的电位差(称为跨步电压)，对人体造成危害。

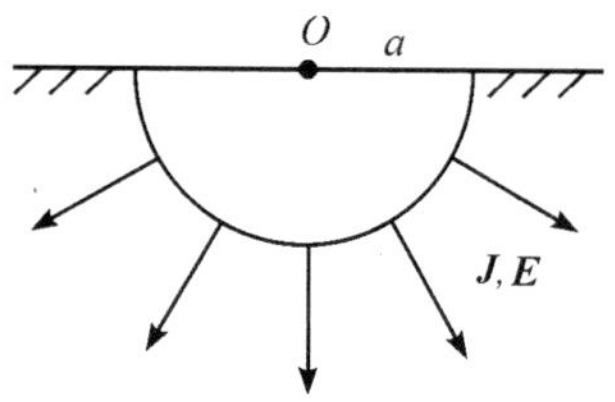

图 4－3 习题 4.11 图

用静电比拟法可知，与该问题相对应的静电场问题是计算半球的电容。由于同样形状的电极的静电场分布与电流场分布极为相似，也是沿径向辐射状，因此该接地器的电容应是整个孤立球体的电容 $4\pi\sigma a$ 的一半，即 $C=2\pi\sigma a$，所以接地器的漏电导为$G=2\pi\sigma a$，其接地电阻为 $R=\dfrac{1}{2\pi\sigma a}$。

注意： 对于埋得较深的接地器，可忽略地面的存在而将其视为孤立球体。对于埋得不太深的接地器，不能忽略地面的影响，可以把地面作为“镜面”，求接地器及其镜像同性电极迭加而成的场。接地器有时也采用圆柱形棒或圆盘形接地器，与它们相关的问题都可用静电比拟等方法转化成相应的静电场问题来解。

4.12 一个半径为 10 cm 的半球形接地电极，电极平面与地面重合，如图 4－4 所示。若土壤的电导率为 0.01 S/m，求当电极通过的电流为 100 A 时土壤损耗的功率。

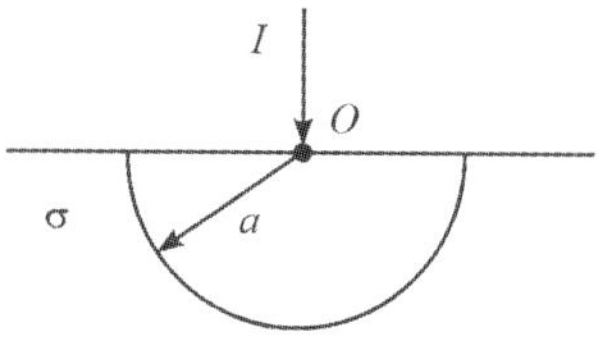

图 4－4 习题 4.12 图

解 易知半球形接地电极的漏电导为

$$G=2\pi\sigma a$$

则其接地电阻为

$$R=\frac{\varphi}{G}=\frac{1}{2\pi\sigma a}$$

故土壤损耗的功率为

$$P=I^2R=\frac{I^2}{2\pi\sigma a}=\frac{100^2}{2\pi\times 0.01\times 0.1}\approx 1.59\times 10^6\ \mathrm{W}$$

4.13 一个半径为 a 的导体球作为电极深埋地下，土壤的电导率为 σ。忽略地面的影响，求电极的接地电阻。

解 当不考虑地面影响时，这个问题就相当于计算位于无限大均匀导电媒质中的导体球的恒定电流问题。设导体球的电流为 I，则任意点处的电流密度为

$$\boldsymbol{J}=\frac{I}{4\pi r^2}\boldsymbol{e}_r$$

故任意点处的电场强度为

$$\boldsymbol{E}=\frac{I}{4\pi\sigma r^2}\boldsymbol{e}_r$$

从而导体球面的电位为(选取无穷远处为电位零点)

$$\varphi=\int_a^{\infty}\frac{I}{4\pi\sigma r^2}\mathrm{d}r=\frac{I}{4\pi\sigma a}$$

于是电极的接地电阻为

$$R=\frac{\varphi}{I}=\frac{1}{4\pi\sigma a}$$

4.14　半球形电极置于一个直而深的陡壁附近，如图 4-5 所示。已知半球的半径 $R=0.3$ m，半球中心距壁的距离为 $h=10$ m，土壤的电导率 $\sigma=10^{-2}$ S/m，求半球形电极的接地电阻。

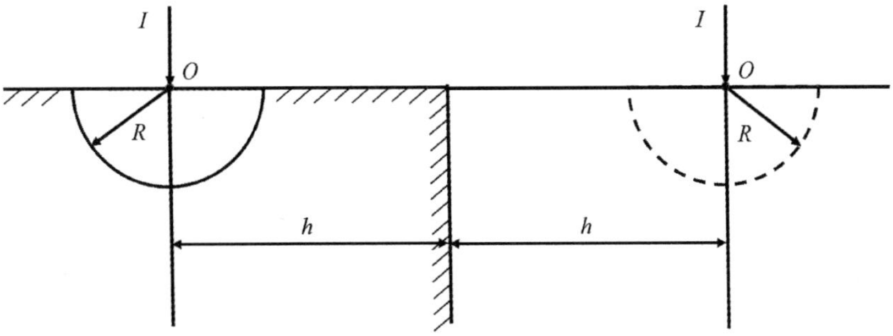

图 4-5　习题 4.14 图

解　应用镜像法进行计算。由于球间距离 $2h\gg R$，因此可近似认为两半球之间的电流沿球的径向均匀分布，终止于无限远处，所以陡壁内的电场强度为

$$\boldsymbol{E}=\frac{I}{2\pi\sigma r_1^2}\boldsymbol{e}_{r_1}+\frac{I}{2\pi\sigma r_2^2}\boldsymbol{e}_{r_2}$$

以无限远处为参考点，则半球形电极的电位为

$$\varphi=\frac{I}{2\pi\sigma R}+\frac{I}{2\pi\sigma\times 2h}$$

故半球电极的接地电阻为

$$R=\frac{\varphi}{I}=\frac{1}{2\pi\sigma}\left(\frac{1}{R}+\frac{1}{2h}\right)=\frac{1}{2\pi\times 10^{-2}}\left(\frac{1}{0.3}+\frac{1}{20}\right)\approx 53.87\ \Omega$$

4.15　在一块厚度为 d、电导率为 σ 的导电板上，由半径分别为 r_1、r_2 的两圆弧和夹角为 α 的两半径割出的一块扇形体如图 4-6 所示。求：

（1）沿厚度方向的电阻；

（2）两圆弧面之间的电阻。

解　（1）设沿厚度方向的两电极的电压为 U_1，则电场强度 E_1、电流密度 J_1、电流 I_1 分别为

$$E_1=\frac{U_1}{d}$$

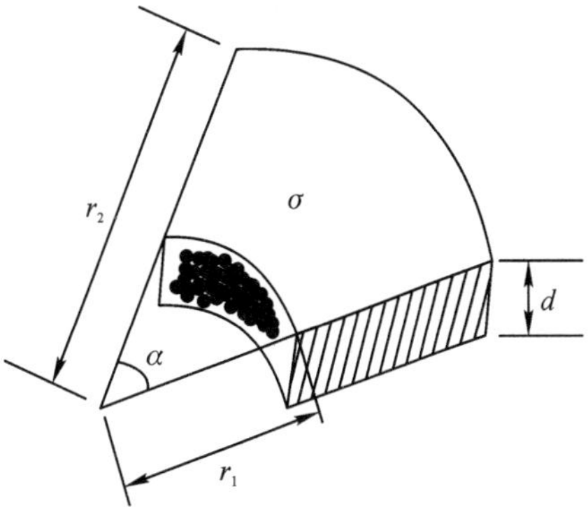

图 4-6　习题 4.15 图

$$J_1=\sigma E_1=\frac{\sigma U_1}{d}$$

$$I_1=J_1S_1=\frac{\sigma U_1}{d}\frac{\alpha}{2}(r_2^2-r_1^2)$$

故沿厚度方向的电阻为

$$R_1=\frac{U_1}{I_1}=\frac{2d}{\alpha\sigma(r_2^2-r_1^2)}$$

(2) 设内、外两圆弧面电极之间的电流为 I_2，则电流密度 J_2、电场强度 E_2 和电压 U_2 分别为

$$J_2=\frac{I_2}{S_2}=\frac{I_2}{\alpha rd}$$

$$E_2=\frac{J_2}{\sigma}=\frac{I_2}{\sigma\alpha rd}$$

$$U_2=\int_{r_1}^{r_2}E_2\mathrm{d}r=\frac{I_2}{\sigma\alpha d}\ln\frac{r^2}{r_1}$$

故两圆弧面之间的电阻为

$$R_2=\frac{U_2}{I_2}=\frac{1}{\sigma\alpha d}\ln\frac{r_2}{r_1}$$

第 5 章 静磁场及其特性

5.1 基本要求

本章学习有以下几点基本要求：

(1) 理解并掌握安培定律与磁感应强度的概念和计算公式。

(2) 理解洛伦兹力。

(3) 理解并掌握真空中的静磁场方程的推导过程和意义。

(4) 理解并掌握介质磁化、磁化强度、磁化电流以及磁场强度的引入和本构关系。

(5) 理解并掌握磁介质中的静磁场方程的推导过程和意义。

(6) 理解并掌握静磁场的辅助函数、库仑规范以及磁矢位与磁标位的微分方程。

(7) 理解并掌握静磁场的边界条件的概念、推导过程。

(8) 理解并掌握静磁场的能量的概念、能量密度的推导。

(9) 理解并掌握静磁场的电感(自感和互感)的概念、计算方法。

(10) 理解静磁场的力的概念、推导和计算方法。

5.2 重点与难点

本章重点：

(1) 磁感应强度的概念和计算公式。

(2) 真空中的静磁场方程的推导过程和意义。

(3) 介质磁化、磁场强度的引入和本构关系以及磁介质中的静磁场方程。

(4) 静磁场的磁矢位与磁标位的引入过程和磁矢位与磁标位的微分方程的建立。

(5) 静磁场的边界条件的推导过程和意义。

(6) 静磁场的能量、能量密度的概念、计算公式。

(7) 自感、互感、静电场的力的概念和计算方法。

本章难点：

(1) 磁场强度、磁感应强度的概念。

(2) 真空中静磁场方程中的旋度的推导。

(3) 磁介质的磁化过程与表达。

(4) 磁矢位与磁标位的引入。

(5) 静磁场切向边界条件的推导。

(6) 互感的计算。

5.3 重点知识归纳

运动的电荷会形成电流，如果电荷量不随时间变化，则形成恒定电流。恒定电流在其周围空间产生的磁场称为恒定磁场，或称为静磁场。

1. 安培定律与磁感应强度

1) 安培定律

安培定律描述了真空中的载流回路 C_1 对载流回路 C_2 的作用力，即

$$\boldsymbol{F}_{12}=\frac{\mu_0}{4\pi}\oint_{C_2}\oint_{C_1}\frac{I_2\mathrm{d}\boldsymbol{l}_2\times(I_1\mathrm{d}\boldsymbol{l}_1\times\boldsymbol{R}_{21})}{R_{21}^3}$$

2) 磁感应强度

设真空中有一电流回路 C 载有恒定电流 I，它在空间 $\boldsymbol{R}(\boldsymbol{R}=\boldsymbol{r}-\boldsymbol{r}')$处产生的磁感应强度 $\boldsymbol{B}(\boldsymbol{r})$为

$$\boldsymbol{B}(\boldsymbol{r})=\frac{\mu_0}{4\pi}\oint_C\frac{I\mathrm{d}\boldsymbol{l}'\times\boldsymbol{R}}{R^3}=\frac{\mu_0 I}{4\pi}\oint_C\frac{\mathrm{d}\boldsymbol{l}'\times(\boldsymbol{r}-\boldsymbol{r}')}{|\boldsymbol{r}-\boldsymbol{r}'|^3}$$

上式称为毕奥-萨伐尔定律，$\boldsymbol{B}(r)$、$\mathrm{d}\boldsymbol{l}'$、$\boldsymbol{R}$ 三者相互垂直，并遵循右手螺旋关系。

体电流： $$\boldsymbol{B}(\boldsymbol{r})=\frac{\mu_0}{4\pi}\oint_V\frac{\boldsymbol{J}(\boldsymbol{r}')\times\boldsymbol{R}}{R^3}\mathrm{d}V'=\frac{\mu_0}{4\pi}\oint_V\frac{\boldsymbol{J}(\boldsymbol{r}')\times(\boldsymbol{r}-\boldsymbol{r}')}{|\boldsymbol{r}-\boldsymbol{r}'|^3}\mathrm{d}V'$$

面电流： $$\boldsymbol{B}(\boldsymbol{r})=\frac{\mu_0}{4\pi}\oint_S\frac{\boldsymbol{J}_S(\boldsymbol{r}')\times\boldsymbol{R}}{R^3}\mathrm{d}S'=\frac{\mu_0}{4\pi}\oint_S\frac{\boldsymbol{J}_S(\boldsymbol{r}')\times(\boldsymbol{r}-\boldsymbol{r}')}{|\boldsymbol{r}-\boldsymbol{r}'|^3}\mathrm{d}S'$$

2. 真空中的静磁场方程

积分形式： $$\begin{cases}\oint_S\boldsymbol{B}\cdot\mathrm{d}\boldsymbol{S}=0\\\oint_l\boldsymbol{B}\cdot\mathrm{d}\boldsymbol{l}=\mu_0 I\end{cases}$$

微分形式： $$\begin{cases}\nabla\cdot\boldsymbol{B}=0\\\nabla\times\boldsymbol{B}=\mu_0\boldsymbol{J}\end{cases}$$

恒定磁场是有旋无源场，磁场线是无起点和终点的闭合曲线，电流是磁场的旋涡源。

3. 磁介质中的静磁场方程

1) 介质的磁化

在外磁场作用下，介质中的分子磁矩都将受到一个扭矩作用，所有分子磁矩都趋于和外磁场方向一致排列，结果对外产生磁效应，这种现象称为介质的磁化。

磁化强度： $$\boldsymbol{M}=\lim_{\Delta V\to 0}\frac{\sum_i\boldsymbol{p}_{\mathrm{m}i}}{\Delta V}=n\boldsymbol{p}_{\mathrm{m}}$$

磁化体电流密度： $\boldsymbol{J}_{\mathrm{M}}=\nabla\times\boldsymbol{M}$

磁化面电流密度：　$\boldsymbol{J}_{SM}=\boldsymbol{M}\times\boldsymbol{e}_n$

2）磁介质中的安培环路定理

磁场强度：
$$\boldsymbol{H}=\frac{\boldsymbol{B}}{\mu_0}-\boldsymbol{M}$$

磁介质中的安培环路定理：
$$\begin{cases}\oint_C \boldsymbol{H}\cdot \mathrm{d}\boldsymbol{l}=\int_S \boldsymbol{J}\cdot \mathrm{d}\boldsymbol{S}\\ \oint_S \boldsymbol{B}\cdot \mathrm{d}\boldsymbol{S}=0\end{cases}\quad（积分形式）$$

或
$$\begin{cases}\nabla\times\boldsymbol{H}=\boldsymbol{J}\\ \nabla\cdot\boldsymbol{B}=0\end{cases}\quad（微分形式）$$

4. 矢量磁位和标量磁位

1）矢量磁位

任意散度为零的矢量可用另一个矢量的旋度来表示。由于$\nabla\cdot\boldsymbol{B}=0$，因此
$$\boldsymbol{B}=\nabla\times\boldsymbol{A}$$

为了得到确定的 $\boldsymbol{A}$，可以对 $\boldsymbol{A}$ 的散度加以限制，在恒定磁场中通常规定$\nabla\cdot\boldsymbol{A}=0$，并称为库仑规范。

磁矢位 $\boldsymbol{A}$ 所满足的微分方程为
$$\nabla^2\boldsymbol{A}=-\mu\boldsymbol{J}\quad（磁矢位的泊松方程）$$
$$\nabla^2\boldsymbol{A}=0\quad（磁矢位的拉普拉斯方程）$$

对于面电流和线电流回路，磁矢位 $\boldsymbol{A}$ 可分别表示为

面电流：
$$\boldsymbol{A}(\boldsymbol{r})=\frac{\mu_0}{4\pi}\int_S\frac{\boldsymbol{J}_S(\boldsymbol{r}')}{R}\mathrm{d}S'\boldsymbol{C}$$

线电流：
$$\boldsymbol{A}(\boldsymbol{r})=\frac{\mu_0 I}{4\pi}\oint_C\frac{\mathrm{d}\boldsymbol{l}'}{R}\boldsymbol{C}$$

2）标量磁位

一般情况下，恒定磁场只能引入磁矢位来描述，但在无传导电流($J=0$)的空间中，则有$\nabla\times\boldsymbol{H}=\boldsymbol{0}$，于是
$$\boldsymbol{H}=-\nabla\varphi_m$$
即在无传导电流($J=0$)的空间中，可以引入一个标量函数 φ_m 来描述磁场。

磁标位 φ_m 所满足的微分方程为
$$\nabla^2\varphi_m=\boldsymbol{0}\quad（磁标位的拉普拉斯方程）$$

5. 静磁场的边界条件

在不同介质的分界面上，磁场强度和磁感应强度所满足的边界条件为
$$\begin{cases}(\boldsymbol{B}_1-\boldsymbol{B}_2)\cdot\boldsymbol{e}_n=0\\ \boldsymbol{e}_n\times(\boldsymbol{H}_1-\boldsymbol{H}_2)=\boldsymbol{J}_S\end{cases}\quad 或 \quad\begin{cases}\boldsymbol{B}_{1n}=\boldsymbol{B}_{2n}\\ \boldsymbol{H}_{1t}-\boldsymbol{H}_{2t}=\boldsymbol{J}_S\end{cases}$$

磁矢位在分界面上的边界条件：

$$\begin{cases} \boldsymbol{e}_n \times \left(\dfrac{1}{\mu_1} \nabla \times \boldsymbol{A}_1 - \dfrac{1}{\mu_2} \nabla \times \boldsymbol{A}_2 \right) = \boldsymbol{J}_S \\ \boldsymbol{A}_1 = \boldsymbol{A}_2 \end{cases}$$

磁标位在分界面上的边界条件：

$$\begin{cases} \boldsymbol{e}_n \times (-\nabla \varphi_{m1} + \nabla \varphi_{m2}) = \boldsymbol{0} \\ \boldsymbol{e}_n \cdot (-\mu_1 \nabla \varphi_{m1} + \mu_2 \nabla \varphi_{m2}) = 0 \end{cases} \quad \text{或} \quad \begin{cases} \varphi_{m1} = \varphi_{m2} \\ \mu_1 \dfrac{\partial \varphi_{m1}}{\partial n} = \mu_2 \dfrac{\partial \varphi_{m2}}{\partial n} \end{cases}$$

6. 自感和互感

1）自感

若穿过回路的磁链 Ψ 是由回路本身的电流 I 产生的，则磁链 Ψ 与电流 I 的比值定义为自感，其表达式为

$$L = \frac{\Psi}{I}$$

式中，磁链 $\Psi = \int_S \boldsymbol{B} \cdot \mathrm{d}\boldsymbol{S}$。自感的大小取决于回路的形状、尺寸、匝数和周围媒质的磁导率。

2）互感

自感只有一个回路，而有两个回路才可产生互感。互感 M 定义为由载电流 I_1 的回路 C_1 产生的、穿过以回路 C_2 为周界的曲面的磁链 Ψ_{12} 与电流 I_1 之比，即

$$M_{12} = \frac{\Psi_{12}}{I_1}$$

3）纽曼公式

互感的计算较为复杂，一般常用纽曼公式。根据互感的定义可以得到回路 C_1 与 C_2 间的互感 M_{12} 为

$$M_{12} = \frac{\Psi_{12}}{I_1} = \frac{\mu}{4\pi} \oint_{C_2} \oint_{C_1} \frac{\mathrm{d}\boldsymbol{l}_1 \cdot \mathrm{d}\boldsymbol{l}_2}{|\boldsymbol{r}_2 - \boldsymbol{r}_1|}$$

7. 静磁场的能量与力

1）静磁场的能量

静磁场的能量： $W_m = \dfrac{1}{2} \int_V \boldsymbol{H} \cdot \boldsymbol{B} \mathrm{d}V = \int_V w_m \mathrm{d}V$

2）静磁场的力

恒电流系统： $\boldsymbol{F} = \dfrac{\partial W_m}{\partial \boldsymbol{r}} \Big|_{I=\text{常数}}$

恒磁链系统： $\boldsymbol{F} = -\dfrac{\partial W_m}{\partial \boldsymbol{r}} \Big|_{\Psi=\text{常数}}$

5.4 思 考 题

1. 在什么条件下可用安培环路定理求解给定电流分布的磁感应强度？

2. 简述磁场与磁介质相互作用时发生的物理现象。

3. 磁场强度是如何定义的？在国际单位制中它的单位是什么？

4. 简述磁标位和磁矢位的异同点。

5. 在磁矢位的引入中，能否不用库仑规范？能否建立其他的规范？引入规范的目的是什么？

6. 自感与互感有什么不同？

7. 静磁场的能量在哪些场合应用？

8. 静电场的能量、力与静磁场的能量、力有哪些不同点？哪些相同点？

5.5　习题全解

5.1　两平行放置的无限长直导线分别通有电流 I_1 和 I_2，它们之间距离为 d，分别求两导线单位长度所受的力。

解　设两导线的电流方向相同，导线 1 与 z 轴重合，则其在导线 2 处产生的磁感应强度为

$$\boldsymbol{B}=\boldsymbol{e}_\phi\frac{\mu_0 I_1}{2\pi d}$$

故导线 2 上的电流元 $I_2\mathrm{d}\boldsymbol{l}_2$ 在导线 1 的磁场中的作用力为

$$\mathrm{d}\boldsymbol{F}_2=I_2\mathrm{d}\boldsymbol{l}_2\times\boldsymbol{B}=\boldsymbol{e}_\phi\times\boldsymbol{e}_z\frac{\mu_0 I_1 I_2\mathrm{d}l_2}{2\pi d}$$

从而导线 2 单位长度所受的力为

$$\boldsymbol{F}_2=-\boldsymbol{e}_\rho\frac{\mu_0 I_1 I_2}{2\pi d}$$

上式中负号表示电流同向时为吸引力，若电流方向相反，则为斥力。

同理，导线 1 单位长度所受的力为

$$\boldsymbol{F}_1=\boldsymbol{e}_\rho\frac{\mu_0 I_1 I_2}{2\pi d}$$

5.2　半径为 $r=a$ 的圆柱区域内部有沿轴向的电流，其电流密度为 $\boldsymbol{J}=\boldsymbol{e}_x J_0 r/a$，求圆柱内、外的磁感应强度。

解　取圆柱坐标系，电流方向沿 z 轴方向。由电流分布的对称性可判断出磁场仅仅有圆周方向的分量，且其只是半径的函数，用安培环路定理计算空间各处的磁感应强度。

当待计算的点位于圆柱内($r<a$)时，选取安培回路为中心在 x 轴且半径为 r 的圆(回路所在的平面垂直于 x 轴)，则有

$$\oint_l\boldsymbol{B}\cdot\mathrm{d}\boldsymbol{l}=B2\pi r=\int_0^r\mu_0 J\,2\pi r\,\mathrm{d}r=\frac{2\pi\mu_0 r^3 J_0}{3a}$$

所以圆柱内的磁感应强度为

$$\boldsymbol{B}=\frac{\mu_0 r^2 J_0}{3a}\boldsymbol{e}_\phi$$

当 $r>a$ 时，有

$$\oint_l \boldsymbol{B}\cdot \mathrm{d}\boldsymbol{l}=B2\pi r=\int_0^a \mu_0 J 2\pi r\mathrm{d}r=\frac{2\pi\mu_0 a^2 J_0}{3}$$

所以圆柱外的磁感应强度为

$$\boldsymbol{B}=\frac{\mu_0 a^2 J_0}{3r}\boldsymbol{e}_\phi$$

5.3　求电流面密度为 $\boldsymbol{J}_S=\boldsymbol{J}_{S0}\boldsymbol{e}_z$ 的无限大电流薄板（长为 l）产生的磁感应强度 $\boldsymbol{B}$。

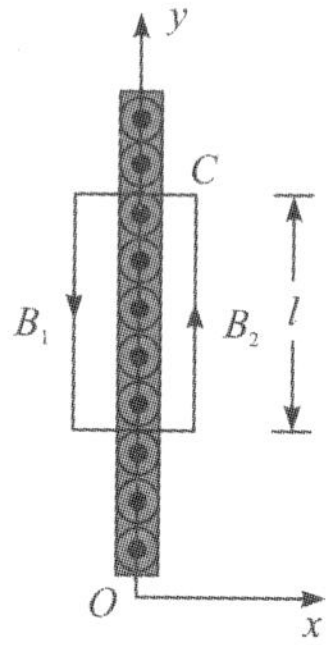

图 5－1　习题 5.3 图

解　分析场的分布，取安培环路如图 5－1 所示，则

$$\oint_C \boldsymbol{B}\cdot \mathrm{d}\boldsymbol{l}=B_1 l+B_2 l=\mu_0 J_{S0} l$$

根据对称性，有 $B_1=B_2=B$，故

$$\boldsymbol{B}=\begin{cases}\boldsymbol{e}_y\dfrac{\mu_0 J_{S0}}{2} & (x>0)\\ -\boldsymbol{e}_y\dfrac{\mu_0 J_{S0}}{2} & (x<0)\end{cases}$$

5.4　宽度为 b 的无限长平面薄板，其上通过的电流为 I，电流沿板宽度方向均匀分布，求：

（1）在平面薄板内，离板的一边距离为 b 的点 M 处的磁感应强度；

（2）通过平面薄板的中线并与板面垂直的直线上的一点 N 处的磁感应强度，设点 N 到板面的距离为 x。

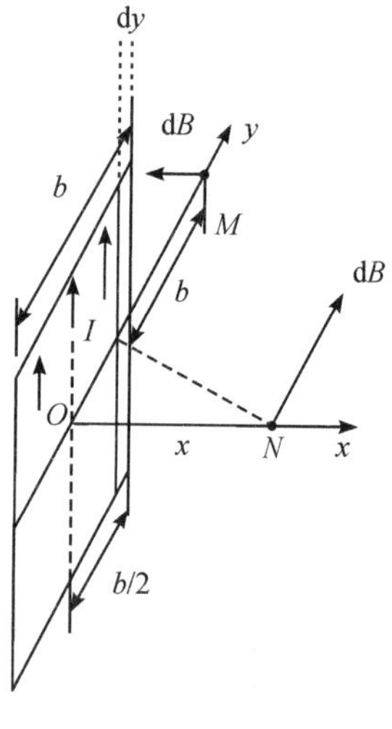

图 5－2　习题 5.4 图

解　建立如图 5－2 所示的坐标系，在平面薄板上取宽度为 dy 的窄条作为电流元，其电流为 $\mathrm{d}I=\dfrac{I}{b}\mathrm{d}y$。

（1）电流元在点 M 处的磁感应强度大小为

$$\mathrm{d}B=\frac{\mu_0\mathrm{d}I}{2\pi(1.5b-y)}=\frac{\mu_0 I}{2\pi(1.5b-y)b}\mathrm{d}y$$

方向如图 5－2 所示，则点 M 处的磁感应强度大小为

$$B=\int\mathrm{d}B=\int_{-b/2}^{b/2}\frac{\mu_0 I}{2\pi(1.5b-y)b}\mathrm{d}y$$

$$=\frac{\mu_0 I}{2\pi b}\ln 2$$

（2）电流元在点 N 处的磁感应强度大小为

$$\mathrm{d}B=\frac{\mu_0\mathrm{d}I}{2\pi\sqrt{x^2+y^2}}=\frac{\mu_0 I}{2\pi b\sqrt{x^2+y^2}}\mathrm{d}y$$

根据电流分布的对称性，点 N 处总的磁感应强度沿 y 轴方向，则点 N 处的磁感应强度大小为

$$B=\int \mathrm{d}B_y=\int \frac{x}{\sqrt{x^2+y^2}}\mathrm{d}B$$

$$=\int_{-b/2}^{b/2}\int \frac{x}{\sqrt{x^2+y^2}}\frac{\mu_0 I}{2\pi b\sqrt{x^2+y^2}}\mathrm{d}y$$

$$=\frac{\mu_0 I}{\pi b}\arctan\frac{b}{2x}$$

磁感应强度方向沿 y 轴正方向。

5.5 一个边长为 $2b$ 的立方体，中心为原点。一根沿 z 轴放置的无限长直线，其上通过电流为 I，求通过 $x=b$ 平面的磁通。

解 取圆柱坐标系。载流直导线无限长，则其磁场沿 z 轴无变化，磁场方向为 ϕ 轴方向，磁场大小只与 ρ 有关。由安培环路定理可知

$$\oint_l \boldsymbol{B}\cdot \mathrm{d}\boldsymbol{l}=\mu_0 I$$

即

$$B2\pi\rho=\mu_0 I$$

所以

$$\boldsymbol{B}=\frac{\mu_0 I}{2\pi\rho}\boldsymbol{e}_\phi$$

又 $x=b$ 平面关于 z 轴对称，故通过 $x=b$ 平面的磁通为0。

5.6 细线紧密绕成的螺旋状的线圈称为螺线管。若线圈的内半径为 b，螺线管无限长。

(1) 试证明线圈内部的磁场强度为 nI，此处 I 为线圈内的电流，n 为单位长度的线匝数；

(2) 计算线圈内的总磁通。

解 取通过螺线管的轴线并与电流形成右旋的方向(即弧的方向)为 x 轴的方向，如图5-3所示。

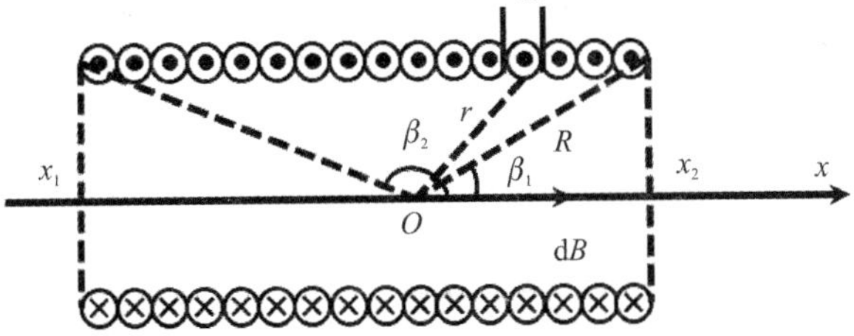

图5-3 习题5.6图

(1) 在螺线管上任取一段微元 $\mathrm{d}x$，则通过它的电流为 $\mathrm{d}I=nI\mathrm{d}x$，把它看作一个圆线圈，则它在轴线上点 O 处产生的磁感应强度 $\mathrm{d}B$ 为

$$\mathrm{d}B=\frac{\mu_0}{2}\frac{R^2 nI\mathrm{d}x}{(R^2+x^2)^{3/2}}$$

由叠加定理可得，整个螺线管在点 O 处产生的磁感应强度为

$$B=\int_L \mathrm{d}B=\frac{\mu_0 R^2 nI}{2}\int_{x_1}^{x_2}\frac{\mathrm{d}x}{(R^2+x^2)^{3/2}}=\frac{\mu_n nI}{2}\left[\frac{x_2}{(R^2+x_2^2)^{1/2}}-\frac{x_1}{(R^2+x_1^2)^{1/2}}\right]$$

由图 5-3 可知

$$\cos\beta_1=\frac{x_1}{(R^2+x_1^2)^{1/2}},\ \cos\beta_2=\frac{x_2}{(R^2+x_2^2)^{1/2}}$$

所以

$$B=\frac{\mu_0 nI}{2}(\cos\beta_2-\cos\beta_1)$$

① 当螺线管的长度远远大于其右径，即螺线管无限长时，$\beta_1=\pi$，$\beta_2=0$，则 $B=\mu_0 nI$，$H=nI$，即无限长螺线管内部空间的磁场为均匀磁场，磁感应强度 B 的大小为 $\mu_0 nI$，方向与轴向平行。

② 当点 O 位于无限长载流螺线管一端，即 $\beta_1=\frac{\pi}{2}$、$\beta_2=0$ 或 $\beta_1=\frac{\pi}{2}$、$\beta_2=\pi$ 时，均有 $B=\frac{1}{2}\mu_0 nI$，则半无限长螺线管端面中心轴线上的磁感应强度的大小为管内的一半。

(2) 线圈内的总磁通为

$$\Phi=BS=\mu_0 nI\pi b^2=\mu_0\pi nIb^2$$

5.7 半径为 a 的长圆柱面上有密度为 J_S 的面电流，假设电流方向分别为沿圆周方向和沿轴线方向，求两种情况下圆柱内、外的磁感应强度。

解 (1) 当面电流沿圆周方向时，由问题的对称性可以知道，磁感应强度仅仅是半径 r 的函数，而且只有轴向方向的分量，即 $\boldsymbol{B}=\boldsymbol{e}_z B_z(r)$。

由于电流仅仅分布在圆柱面上，所以对于圆柱内或圆柱外，$\nabla\times\boldsymbol{B}=\boldsymbol{0}$。将 $\boldsymbol{B}=\boldsymbol{e}_z B_z(r)$ 代入 $\nabla\times\boldsymbol{B}=\boldsymbol{0}$，得

$$\nabla\times\boldsymbol{B}=-\boldsymbol{e}_\phi\frac{\partial B_0}{\partial r}=\boldsymbol{0}$$

即磁场是与 r 无关的常量。在离柱面无穷远处的观察点，由于电流可以看成一系列流向相反而强度相同的电流元之和，因此磁场为零。又 B 与 r 无关，所以在圆柱外的任一点处，磁感应强度恒为零。

为了计算圆柱内的磁感应强度，选取安培回路为如图 5-4 所示的矩形回路。此时

$$\oint_l \boldsymbol{B}\cdot\mathrm{d}\boldsymbol{l}=hB=h\mu_0 J_S$$

因而圆柱内任一点处的磁感应强度 $\boldsymbol{B}=\boldsymbol{e}_z\mu_0 J_S$。

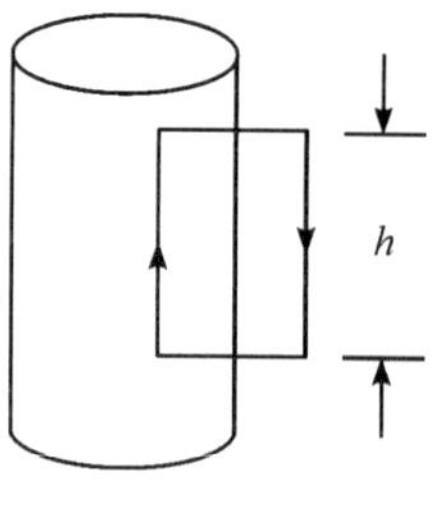

图 5-4 习题 5.7 图

(2) 当面电流沿轴线方向时，由对称性可知，空间的磁感应强度仅仅有圆周分量，且只是半径的函数。

在圆柱内，选取安培回路为圆心在轴线并且位于圆周方向的圆。可以得出，圆柱内任一点处的磁感应强度为零。

在圆柱外，选取圆形回路，得 $\oint_l \boldsymbol{B}\cdot\mathrm{d}\boldsymbol{l}=\mu_0 I$，与该回路交链的电流为 $2\pi aJ_S$，而 $\oint_l \boldsymbol{B}\cdot\mathrm{d}\boldsymbol{l}=2\pi rB$，所以圆柱外任一点处的磁感应强度为

$$\boldsymbol{B}=\boldsymbol{e}_{\phi}\mu_0 J_{\mathrm{S}}\frac{a}{r}$$

5.8　求半径为 a、载电流为 I 的无限长直导线内、外的磁感应强度。

解　根据题意画出图形，如图 5-5 所示。取圆柱坐标系，载流直导线无限长，则其磁场沿 z 轴无变化，磁场方向为 ϕ 轴方向，磁场大小只与 ρ 有关。

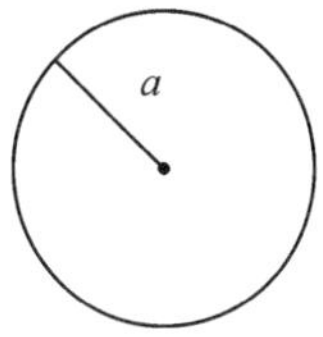

图 5-5　习题 5.8 图

由安培环路定理可知

$$\oint_l \boldsymbol{B}\cdot \mathrm{d}\boldsymbol{l}=\mu_0 I$$

当 $0<\rho<a$ 时，$B_1 2\pi\rho=\dfrac{\pi\rho^2}{\pi a^2}\mu_0 I$，则直导线内的磁感应强度为

$$\boldsymbol{B}_1=\frac{\mu_0 I\rho}{2\pi a^2}\boldsymbol{e}_{\phi}$$

当 $a<\rho$ 时，$B_2 2\pi\rho=\mu_0 I$，则直导线外的磁感应强度为

$$\boldsymbol{B}_2=\frac{\mu_0 I}{2\pi\rho}\boldsymbol{e}_{\phi}$$

5.9　在球心在原点、半径为 a 的磁化介质球中，$\boldsymbol{M}=\boldsymbol{e}_z M_0 z^2/a^2$（$M_0$ 为常数），求磁化体电流密度和磁化面电流密度。

解　磁化体电流密度为

$$\boldsymbol{J}_{\mathrm{M}}=\nabla\times\boldsymbol{M}=\boldsymbol{0}$$

磁化面电流密度为

$$\boldsymbol{J}_{\mathrm{SM}}=\boldsymbol{M}\times\boldsymbol{e}_n=M_0\boldsymbol{e}_z\times\boldsymbol{e}_r=M_0\frac{z^2}{a^2}\sin\theta\boldsymbol{e}_{\phi}$$

又由于在球面上 $z=a\cos\theta$，故

$$\boldsymbol{J}_{\mathrm{SM}}=M_0\cos^2\theta\sin\theta\boldsymbol{e}_{\phi}$$

5.10　已知在磁导率为 μ，内、外半径分别为 a 和 b 的无限长磁介质圆柱壳的轴线上有恒定的线电流 I，求磁感应强度和磁化电流分布。

解　根据题意画出图形，如图 5-6 所示。取圆柱坐标系，由安培环路定理可知 $\oint_l \boldsymbol{B}\cdot\mathrm{d}\boldsymbol{l}=\mu_0 I$，所以当 $0<r<a$ 时，

$$\boldsymbol{B}=\boldsymbol{0}$$

当 $a<r<b$ 时，

$$B2\pi r=\frac{\mu I(r^2-a^2)}{b^2-a^2},\ \boldsymbol{B}=\frac{\mu I(r^2-a^2)}{2\pi r(b^2-a^2)}\boldsymbol{e}_{\phi}$$

当 $r>b$ 时，

$$B2\pi r=\mu_0 I,\ \boldsymbol{B}=\frac{\mu_0 I}{2\pi r}\boldsymbol{e}_{\phi}$$

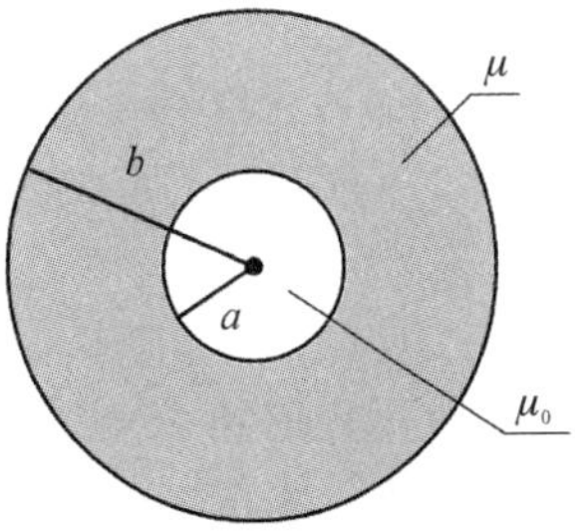

图 5-6　习题 5.10 图

当 $a<r<b$ 时，磁化强度为

$$\boldsymbol{M}=\chi_{\mathrm{m}}\boldsymbol{H}=(\mu_{\mathrm{r}}-1)\boldsymbol{H}=\frac{\mu_{\mathrm{r}}-1}{\mu}\boldsymbol{B}=(\mu_{\mathrm{r}}-1)\frac{\mu I(r^2-a^2)}{2\pi r(b^2-a^2)}\boldsymbol{e}_{\phi}$$

磁化体电流密度为

$$\boldsymbol{J}_{\mathrm{M}}=\nabla\times\boldsymbol{M}=\boldsymbol{e}_z\frac{(\mu_{\mathrm{r}}-1)I}{\pi(b^2-a^2)}$$

当 $r>b$ 时，磁化体电流密度为

$$\boldsymbol{J}_{\mathrm{M}}=\boldsymbol{0}$$

当 $r=a$ 时，磁化强度 $\boldsymbol{M}=\boldsymbol{0}$，所以磁化面电流密度为

$$\boldsymbol{J}_{\mathrm{SM}}=\boldsymbol{M}\times\boldsymbol{e}_{\mathrm{n}}=\boldsymbol{M}\times(-\boldsymbol{e}_r)=\boldsymbol{0}$$

当 $r=b$ 时，磁化强度 $\boldsymbol{M}=\frac{(\mu_{\mathrm{r}}-1)I}{2\pi b}\boldsymbol{e}_{\phi}$，所以磁化面电流密度为

$$\boldsymbol{J}_{\mathrm{SM}}=\boldsymbol{M}\times\boldsymbol{e}_{\mathrm{n}}=\boldsymbol{M}\times\boldsymbol{e}_r=\frac{(\mu_{\mathrm{r}}-1)I}{2\pi b}\boldsymbol{e}_z$$

5.11　求长度为 L、流过恒定电流 I 的直导线产生的磁矢位 $\boldsymbol{A}$，以及当 $L\to\infty$ 时该电流产生的磁感应强度 $\boldsymbol{B}$。

解　根据题意画出图形，如图 5－7 所示。选取柱坐标系，设场点坐标为$(\rho,\ \phi,\ z)$，则 $\boldsymbol{A}$ 只有 z 分量，且

$$A_z=\frac{\mu_0 J}{4\pi}\int_{-L/2}^{L/2}\frac{\mathrm{d}z'}{\sqrt{\rho^2+(z-z')^2}}$$

$$=\frac{\mu_0 I}{4\pi}\ln\frac{\left(\frac{L}{2}-z\right)+\sqrt{\rho^2+\left(\frac{L}{2}-z\right)^2}}{-\left(\frac{L}{2}-z\right)+\sqrt{\rho^2+\left(\frac{L}{2}-z\right)^2}}$$

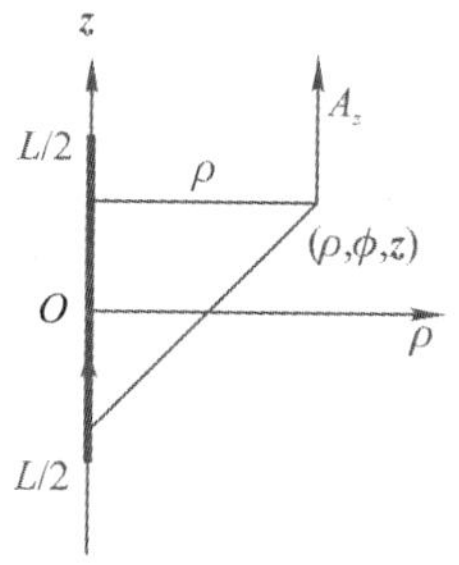

图 5－7　习题 5.11 图

当 $L\gg z$ 时，磁矢位简化为

$$A_z=\frac{\mu_0 I}{4\pi}\ln\frac{-\frac{L}{2}+\sqrt{\rho^2+\left(-\frac{L}{2}\right)^2}}{\frac{L}{2}+\sqrt{\rho^2+\left(\frac{L}{2}\right)^2}}$$

上式适用于描述在直导线中点附近所做的与直导线垂直的平面上任意一点的磁位。

当 $L\gg z$ 且 $L\gg r$ 时，磁矢位简化为

$$A_z=\frac{\mu_0 I}{4\pi}\ln\frac{L}{r}$$

上式的简化过程用到了当 $x\ll 1$ 时，$(1+x)^{1/2}\approx 1+x/2$ 的泰勒级数的近似表示。上式可描述在直导线中点附近所做的与直导线垂直的平面上且距导线很近的点的磁位。

当 $L\to\infty$时，空间任意一点(不再有限制条件)的磁矢位可表示为

$$A_z=\frac{\mu_0 I}{4\pi}\ln\frac{L}{r}$$

显然，磁矢位将趋于无限大，其原因在于，对于对称分布在无限区域的电流系统，不能取无限远处作为参考点，只能选一有限远点。选取点 ρ_0 为磁矢位的参考点，将上式分别用于场点 ρ 和参考点 ρ_0，再取极限，有

$$A_z = \lim_{L\to\infty}\left(\frac{\mu_0 I}{4\pi}\ln\frac{L}{\rho_0} - \frac{\mu_0 I}{4\pi}\ln\frac{L}{\rho}\right)$$

这就是当 $L\to\infty$ 时，空间任意一点 ρ 处的磁矢位表达式。

在柱坐标系下求旋度可得磁感应强度为

$$\boldsymbol{B} = \nabla\times\boldsymbol{A} = -\boldsymbol{e}_\phi\frac{\partial A_z}{\partial\rho} = \boldsymbol{e}_\phi\frac{\mu I}{2\pi\rho}$$

这与直接用安培环路定理的积分形式计算的结果一致。

5.12　设有一根无限长均匀金属管，其横截面呈圆环形状，内、外半径分别为 a、b，导体中流有轴向的恒定电流 I，当选定 $\phi=0$ 处为零标量磁位的参考点时，试求空间各处的标量磁位。

解　根据题意画出图形，如图 5-8 所示。因为电流方向为 z 方向，所以磁力线必为一系列以原点为圆心的同心圆，而等标量磁位面为一系列以 z 轴为边界的半无限大平面。这表明：

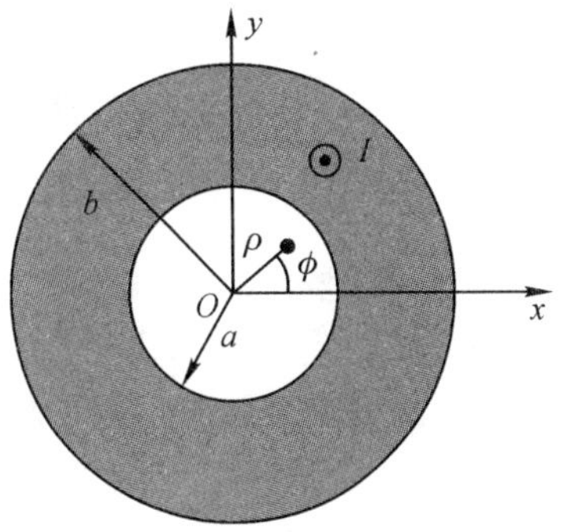

图 5-8　习题 5.12 图

$$\frac{\partial\varphi_m}{\partial\rho} = \frac{\partial\varphi_m}{\partial z} = 0$$

从而标量磁位拉普拉斯方程可简化为

$$\frac{1}{\rho^2}\frac{d^2\varphi_m}{d\phi^2} = 0$$

设导体管内、外的标量磁位分别为 φ_{m1} 和 φ_{m2}，则可以得到它们的通解为

$$\varphi_{m1} = C_1\phi + D_1 \quad (0\leqslant\rho<a)$$
$$\varphi_{m2} = C_2\phi + D_2 \quad (\rho>b)$$

因为设定 $\phi=0$ 处为零标量磁位参考点，所以 $D_1=D_2=0$，即有

$$\varphi_{m1} = C_1\phi,\ \varphi_{m2} = C_2\phi$$

当 $\phi=2\pi$ 时，对应的标量磁位应为

$$-\varphi_{m1}\Big|_{\phi=2\pi} = \oint_l \boldsymbol{H}_1\cdot d\boldsymbol{l} = 0$$

$$-\varphi_{m2}\Big|_{\phi=2\pi} = \oint_l \boldsymbol{H}_2\cdot d\boldsymbol{l} = I$$

由此可得

$$C_1 = 0,\ C_2 = -\frac{I}{2\pi}$$

于是有

$$\varphi_{m1} = 0$$

$$\varphi_{m2} = -\frac{I\phi}{2\pi}$$

注　根据标量磁位可计算得出无源空间区域内的磁场强度为

$$\boldsymbol{H}_1 = -\nabla\varphi_{m1} = \boldsymbol{0} \quad (0\leqslant\rho<a)$$

$$\boldsymbol{H}_2 = -\nabla\varphi_{m2} = -\boldsymbol{e}_\phi\frac{1}{\rho}\frac{d\varphi_{m2}}{d\phi} = \boldsymbol{e}_\phi\frac{I}{2\pi\rho} \quad (\rho>b)$$

可以证明，这一计算结果与利用安培环路定理计算得出的结果是一致的。

由于在导体区域内($a\leqslant\rho\leqslant b$)存在着传导电流，因而不能计算这一区域内的标量磁位。

5.13 一旋转电机，设转子和定子的轴向长度比转子半径大得多，气隙为 a，定、转子表面为光滑圆柱面，定子绕组的电流为沿定子内表面周界做正弦分布的面电流，线电流密度 $K=k_m\sin\left(\dfrac{2\pi}{b}x\right)$，$b$ 为极距，求气隙中的磁场分布。

解 如图 5-9(a)所示为旋转电机的切面图。由于转子和定子的轴向长度比转子半径大得多，因此气隙中的磁场可视为沿轴向不变的平行平面磁场(即与 z 无关)。为简便起见，将圆形气隙展开为平面，如图 5-9(b)所示。

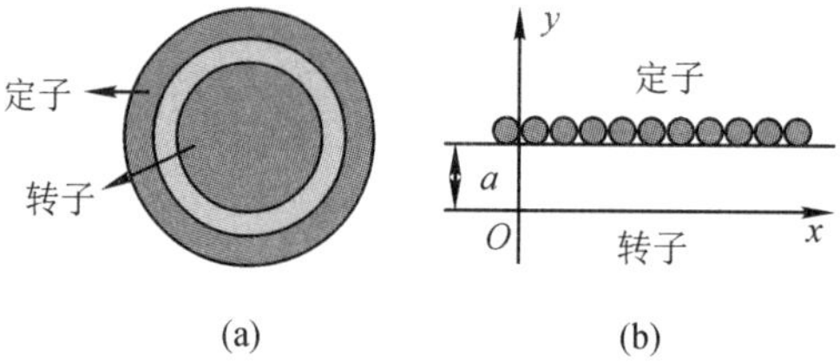

图 5-9 习题 5.13 图

因定子的电流沿轴向，故气隙中的磁矢位只有轴向分量，且满足拉普拉斯方程：

$$\nabla^2 A_z=0$$

在直角坐标系下，有

$$\nabla^2 A_z=\frac{\partial^2 A_z}{\partial x^2}+\frac{\partial^2 A_z}{\partial y^2}+\frac{\partial^2 A_z}{\partial z^2}=0$$

而气隙中的磁场与 z 无关，则

$$\frac{\partial^2 A_z}{\partial x^2}+\frac{\partial^2 A_z}{\partial y^2}=0$$

利用直角坐标系下的分离变量法，可得上述拉普拉斯方程的通解为

$$\begin{aligned}A_z(x,y)&=f(x)g(y)\\&=(A_0+B_0x)(C_0+D_0y)+\\&\quad\sum_{n=1}^{\infty}(A_n\cosh m_nx+B_n\sinh m_nx)(C_n\cos m_ny+D_n\sin m_ny)+\\&\quad\sum_{n=1}^{\infty}(A'_n\cos m_nx+B'_n\sin m_nx)(C'_n\cosh m_ny+D'_n\sinh m_ny)\end{aligned}$$

根据边界条件即可确定上述积分常数(取 $n=1$)。

5.14 试判断下列矢量能否表示为一个恒定磁场：

(1) $\boldsymbol{F}_1=ax\boldsymbol{e}_y+by\boldsymbol{e}_x$；

(2) $\boldsymbol{F}_2=a\rho\boldsymbol{e}_\rho$。

解 (1) 因为

$$\nabla\cdot\boldsymbol{F}_1=\frac{\partial F_1}{\partial x}+\frac{\partial F_1}{\partial y}=0+0=0$$

所以 $\boldsymbol{F}_1$ 可以表示为一个恒定磁场。

(2) 因为

$$\nabla \cdot \boldsymbol{F}_2 = \frac{1}{\rho}\frac{\partial}{\partial \rho}(\rho F_2) = \frac{1}{\rho}\frac{\partial}{\partial \rho}(\rho a \rho) = 2a \neq 0$$

所以 $\boldsymbol{F}_2$ 不能表示为一个恒定磁场。

5.15　将一个半径为 a、高度为 d 的铁质(铁的磁导率为 μ)圆柱体放置在磁感应强度为 $\boldsymbol{B}_0$ 的磁场中，并使它的轴线与 $\boldsymbol{B}_0$ 平行。分别求出 $a \ll d$ 和 $a \gg d$ 时，圆柱体内的 $\boldsymbol{B}$ 和 $\boldsymbol{H}$；若已知 $B_0 = 1$ T、$\mu = 3000\mu_0$，求磁化强度 M。

解　当 $a \ll d$ 时，根据边界条件 $\boldsymbol{H}_{1t} = \boldsymbol{H}_{2t}$，有

$$\boldsymbol{H} = \boldsymbol{H}_0 = \frac{\boldsymbol{B}_0}{\mu_0}$$

$$\boldsymbol{B} = \mu \boldsymbol{H} = \frac{\mu}{\mu_0}\boldsymbol{B}_0$$

$$M = \frac{B}{\mu_0} - H = \frac{1}{\mu_0}\left(\frac{\mu}{\mu_0} - 1\right)B_0 = \frac{2999}{\mu_0}$$

当 $a \gg d$ 时，根据边界条件 $\boldsymbol{B}_{1n} = \boldsymbol{B}_{2n}$，有

$$\boldsymbol{B} = \boldsymbol{B}_0$$

$$\boldsymbol{H} = \frac{\boldsymbol{B}}{\mu} = \frac{\boldsymbol{B}_0}{\mu}$$

$$M = \frac{B}{\mu_0} - H = \left(\frac{1}{\mu_0} - \frac{1}{\mu}\right)B_0 = \frac{2999}{3000\mu_0}$$

5.16　已知两种媒质的磁导率分别为 $\mu_1 = 5\mu_0$ 和 $\mu_2 = 3\mu_0$，其分界面上的面电流密度为 $\boldsymbol{J} = -4\boldsymbol{e}_z$(A/m)，如果 $\boldsymbol{H}_1 = 6\boldsymbol{e}_x + 8\boldsymbol{e}_y$，求 $\boldsymbol{B}_1$、$\boldsymbol{B}_2$ 和 $\boldsymbol{H}_2$。

解　设 $x=0$ 为两种媒质的分界面，则

$$\boldsymbol{B}_1 = \mu_1 \boldsymbol{H}_1 = 30\mu_0 \boldsymbol{e}_x + 40\mu_0 \boldsymbol{e}_y$$

由边界条件 $\boldsymbol{e}_n \times (\boldsymbol{H}_1 - \boldsymbol{H}_2) = \boldsymbol{J}$ 得

$$\boldsymbol{e}_x \times [6\boldsymbol{e}_x + 8\boldsymbol{e}_y - (\boldsymbol{e}_x H_{2x} + \boldsymbol{e}_y H_{2y} + \boldsymbol{e}_z H_{2z})] = \boldsymbol{e}_z(8 - H_{2y}) + \boldsymbol{e}_y H_{2z} = -4\boldsymbol{e}_z$$

则

$$H_{2y} = 12,\ H_{2z} = 0$$

$$B_{2y} = \mu_2 H_{2y} = 36\mu_0,\ B_{2z} = 0$$

同理由 $\boldsymbol{e}_n \cdot (\boldsymbol{B}_1 - \boldsymbol{B}_2) = 0$ 得

$$B_{2x} = 30\mu_0,\ H_{2x} = 10$$

故在边界上

$$\boldsymbol{H}_2 = 10\boldsymbol{e}_x + 12\boldsymbol{e}_y$$

$$\boldsymbol{B}_2 = 30\mu_0 \boldsymbol{e}_x + 36\mu_0 \boldsymbol{e}_y$$

若 $y=0$ 为两种媒质的分界面，则有

$$\boldsymbol{H}_2 = 6\boldsymbol{e}_x + \frac{40}{3}\boldsymbol{e}_y + 4\boldsymbol{e}_z$$

$$\boldsymbol{B}_2 = 18\mu_0 \boldsymbol{e}_x + 40\mu_0 \boldsymbol{e}_y + 12\boldsymbol{e}_z$$

若设 $z=0$ 为分界面，则有

$$\boldsymbol{H}_2 = 6\boldsymbol{e}_x + 8\boldsymbol{e}_y$$

$$\boldsymbol{B}_2 = 18\mu_0 \boldsymbol{e}_x + 24\mu_0 \boldsymbol{e}_y$$

5.17 已知无限大区域内，在 $x<0$ 区域内填充有磁导率为 μ 的均匀电介质，$x>0$ 区域为真空。分界面上有沿 z 轴方向的电流 I，计算空间中的磁感应强度和磁场强度。

解 由磁场边界条件 $\boldsymbol{e}_n\cdot(\boldsymbol{B}_2-\boldsymbol{B}_1)=0$ 知在介质分界面上磁感应强度相等，即 $\boldsymbol{B}_1=\boldsymbol{B}_2=\boldsymbol{B}$。

由安培环路定理得 $\pi rH_1+\pi rH_2=I$，其中 $H_1=\dfrac{B_1}{\mu}$，$H_2=\dfrac{B_2}{\mu_0}$，则

$$\pi r\frac{B_1}{\mu}+\pi r\frac{B_2}{\mu_0}=\pi rB\left(\frac{1}{\mu}+\frac{1}{\mu_0}\right)=I$$

故

$$\boldsymbol{B}_1=\boldsymbol{B}_2=\boldsymbol{B}=\frac{\mu\mu_0 I}{\pi r(\mu+\mu_0)}\boldsymbol{e}_\phi$$

所以

$$\boldsymbol{H}_1=\frac{\mu_0 I}{\pi r(\mu+\mu_0)}\boldsymbol{e}_\phi$$

$$\boldsymbol{H}_2=\frac{\mu I}{\pi r(\mu+\mu_0)}\boldsymbol{e}_\phi$$

5.18 同轴线的内导体是半径为 a 的圆柱，外导体是半径为 b 的薄圆柱面，其厚度可忽略不计。内、外导体间填充有磁导率分别为 μ_1 和 μ_2 两种不同的磁介质，如图 5-10 所示。设同轴线中通过的电流为 I，试求：

(1) 同轴线中单位长度所储存的磁场能量；

(2) 单位长度的自感。

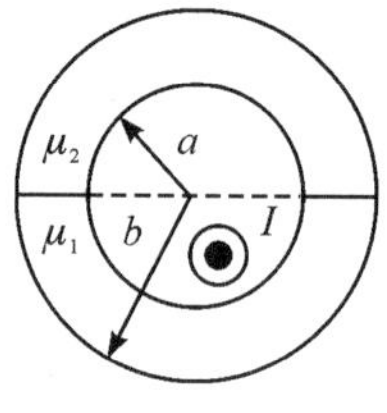

图 5-10 习题 5.18 图

解 (1) 当 $r<a$ 时，有

$$H_0=\frac{I}{2\pi a^2}r$$

当 $a<r<b$ 时，有

$$\pi r(H_1+H_2)=I$$

由于 $H_1=\dfrac{B_1}{\mu_1}$，$H_2=\dfrac{B_2}{\mu_2}$以及 $B_1=B_2=B$，所以

$$B=\frac{\mu_1\mu_2 I}{\pi(\mu_1+\mu_2)r}\quad(a<r<b)$$

因此同轴线中单位长度所储存的磁场能量为

$$\begin{aligned}W_m&=\frac{1}{2}\int_0^a\frac{B_0^2}{\mu_0}2\pi r\,dr+\frac{1}{2}\int_a^b\frac{B_1^2}{\mu_1}2\pi r\,dr+\frac{1}{2}\int_a^b\frac{B_2^2}{\mu_2}2\pi r\,dr\\&=\frac{1}{2}\int_0^a\frac{1}{\mu_0}\left(\frac{\mu_0 Ir}{2\pi a^2}\right)^2 2\pi r\,dr+\frac{1}{2}\left(\frac{1}{\mu_1}+\frac{1}{\mu_2}\right)\int_a^b\left[\frac{\mu_1\mu_2 I}{\pi(\mu_1+\mu_2)r}\right]^2 2\pi r\,dr\\&=\frac{\mu_0 I^2}{16\pi}+\frac{\mu_1\mu_2 I^2}{2\pi(\mu_1+\mu_2)}\ln\frac{b}{a}\end{aligned}$$

(2) 单位长度的自感为

$$L=\frac{2W_m}{I^2}=\frac{\mu_0}{8\pi}+\frac{\mu_1\mu_2}{\pi(\mu_1+\mu_2)}\ln\frac{b}{a}$$

5.19　有一内导体半径为 a、外导体的内半径为 b 的无限长同轴线，其内填充有磁导率分别为 μ_1 和 μ_2 两种磁介质，如图 5-11 所示。若给该同轴线通恒定电流 I，试求：

(1) 内、外导体间的磁场强度；

(2) 两种磁介质面上的磁化面电流密度 $\boldsymbol{J}_{SM}$；

(3) 内、外导体内的磁能密度 w_m。

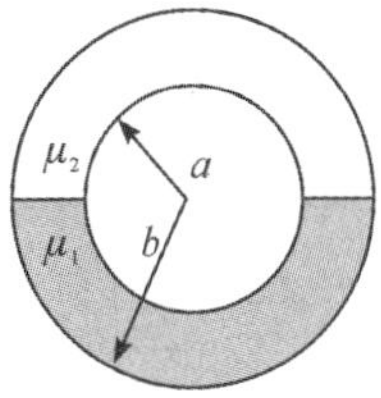

图 5-11　习题 5.19 图

解　(1) 在两种介质分界面上，因为

$$\boldsymbol{e}_n \cdot (\boldsymbol{B}_2 - \boldsymbol{B}_1) = 0$$

所以

$$B_{2n} - B_{1n} = B$$

由安培环路定理可知

$$\pi r H_2 + \pi r H_1 = I$$

即

$$\pi r B\left(\frac{1}{\mu_1} + \frac{1}{\mu_2}\right) = I$$

则

$$\boldsymbol{B} = \frac{\mu_1 \mu_2 I}{\pi r(\mu_1 + \mu_2)} \boldsymbol{e}_\theta$$

故

$$\boldsymbol{H}_1 = \frac{\mu_2 I}{\pi r(\mu_1 + \mu_2)} \boldsymbol{e}_\theta, \quad \boldsymbol{H}_2 = \frac{\mu_1 I}{\pi r(\mu_1 + \mu_2)} \boldsymbol{e}_\theta$$

(2) 分界面上的磁化面电流密度为

$$\boldsymbol{J}_{SM} = \boldsymbol{M} \times \boldsymbol{e}_n = (\boldsymbol{M}_2 - \boldsymbol{M}_1) \times \boldsymbol{e}_n$$

因为

$$\boldsymbol{M} = \frac{\boldsymbol{B}}{\mu_0} - \boldsymbol{H} = \frac{\mu - \mu_0}{\mu \mu_0} \boldsymbol{B}$$

所以在介质分界面上 $\boldsymbol{M} /\!/ \boldsymbol{e}_n$，即 $\boldsymbol{M} \times \boldsymbol{e}_n = \boldsymbol{0}$，从而

$$\boldsymbol{J}_{SM} = \boldsymbol{0}$$

(3) 内导体内的磁能密度为

$$w_{m1} = \frac{\boldsymbol{B}_1 \cdot \boldsymbol{H}_1}{2} = \frac{\mu_1 \mu_2^2 I^2}{2\pi^2 r^2 (\mu_1 + \mu_2)^2}$$

外导体内的磁能密度为

$$w_{m2} = \frac{\boldsymbol{B}_2 \cdot \boldsymbol{H}_2}{2} = \frac{\mu_1^2 \mu_2 I^2}{2\pi^2 r^2 (\mu_1 + \mu_2)^2}$$

5.20　将一根半径为 a 的长圆柱形介质棒放入均匀磁场磁感应强度($\boldsymbol{B} = \boldsymbol{B}_0 \boldsymbol{e}_z$)中，且与 z 轴平行。设棒以角速度绕轴做等速旋转，求介质棒内的极化强度、体积内和表面上单位长度的极化电荷。

解　介质棒内距轴线距离为 r 处的电场强度为

$$\boldsymbol{E} = \boldsymbol{v} \times \boldsymbol{B} = \boldsymbol{e}_\phi r\omega \times \boldsymbol{e}_z B_0 = \boldsymbol{e}_r r\omega B_0$$

则介质棒内的极化强度为

$$\boldsymbol{P} = \chi_m \varepsilon_0 \boldsymbol{E} = \boldsymbol{e}_r (\varepsilon_r - 1) \varepsilon_0 r\omega B_0 = \boldsymbol{e}_r (\varepsilon - \varepsilon_0) r\omega B_0$$

极化体电荷密度为

$$\rho_{\mathrm{P}} = -\nabla \cdot \boldsymbol{P} = -\frac{1}{r}\frac{\partial}{\partial r}(rP) = -\frac{1}{r}\frac{\partial}{\partial r}(\varepsilon - \varepsilon_0) r^2 \omega B_0 = -2(\varepsilon - \varepsilon_0)\omega B_0$$

极化面电荷密度为

$$\rho_{\mathrm{SP}} = \boldsymbol{P} \cdot \boldsymbol{e}_{\mathrm{n}} = \boldsymbol{e}_r (\varepsilon - \varepsilon_0) r\omega B_0 \cdot \boldsymbol{e}_r \Big|_{r=a} = (\varepsilon - \varepsilon_0) a\omega B_0$$

故介质棒体积内和表面上单位长度的极化电荷分别为

$$Q_{\mathrm{P}} = \pi a^2 \times 1 \times \rho_{\mathrm{P}} = -2\pi a^2 (\varepsilon - \varepsilon_0)\omega B_0$$

$$Q_{\mathrm{SP}} = 2\pi a \times 1 \times \rho_{\mathrm{SP}} = 2\pi a^2 (\varepsilon - \varepsilon_0)\omega B_0$$

5.21 一个长直导线和一个圆环(半径为 a)在同一平面内，圆心与导线的距离是 d，证明它们之间的互感为 $M = \mu_0(d - \sqrt{d^2 - a^2})$。

证明 设直导线位于 z 轴上，则由其产生的磁感应强度为

$$B = \frac{\mu_0 I}{2\pi x} = \frac{\mu_0 I}{2\pi(d + r\cos\theta)}$$

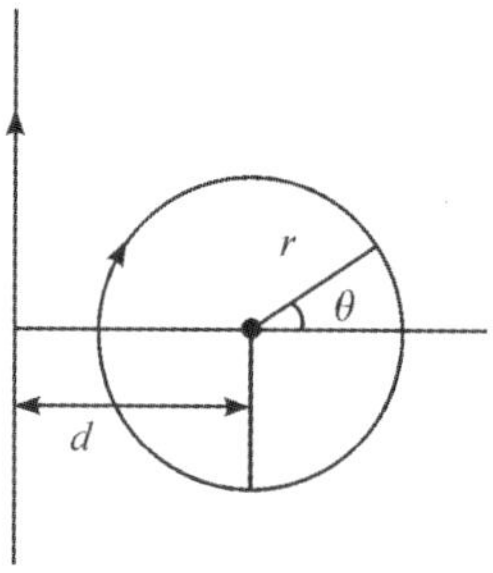

图 5-12 习题 5.21 图

其中各量的含义如图 5-12 所示，故磁通量为

$$\Phi = \int B \mathrm{d}S = \int_0^a \int_0^{2\pi} \frac{\mu_0 I}{2\pi(d + r\cos\theta)} r \mathrm{d}\theta \mathrm{d}r$$

上式先对 θ 积分，并用公式

$$\int_0^{2\pi} \frac{\mathrm{d}\theta}{d + a\cos\theta} = \frac{2\pi}{\sqrt{d^2 - a^2}}$$

得

$$\Phi = \mu_0 I \int_0^a \frac{r\mathrm{d}r}{\sqrt{d^2 - r^2}} = \mu_0 I (d - \sqrt{d^2 - a^2})$$

所以圆心与导线之间的互感为

$$M = \mu_0 (d - \sqrt{d^2 - a^2})$$

5.22 两个平行且共轴的单匝圆线圈，一个半径为 a，另一个半径为 b，求两个线圈间的互感。

解 两线圈间的互感为

$$M = \frac{\mu_0}{4\pi} \oint_{l_1} \oint_{l_2} \frac{\mathrm{d}l_1 \mathrm{d}l_2}{r}$$

在两线圈上分别取线元 $\mathrm{d}l_1$、$\mathrm{d}l_2$，二者相距 r，从 $\mathrm{d}l_2$ 向大线圈平面作垂线 d，r 在大环平面上的投影为 r_1，如图 5-13 所示，可以算出

$$r = \sqrt{d^2 + r_1^2}$$

$$r_1^2 = a^2 + b^2 - 2ab\cos\theta$$

$$\mathrm{d}l_1 = b\mathrm{d}\phi, \ \mathrm{d}l_2 = a\mathrm{d}\theta$$

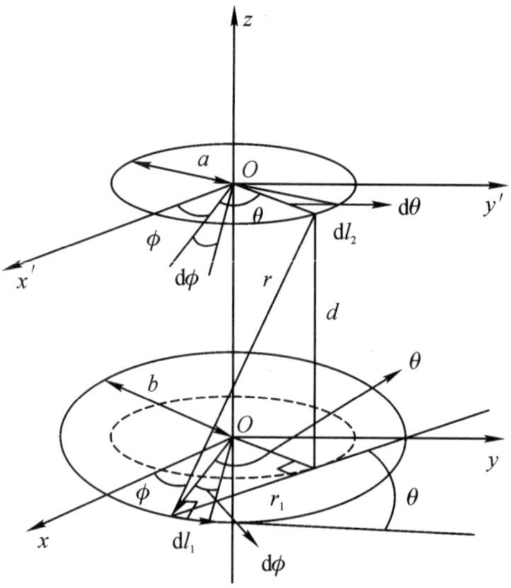

图 5-13 习题 5.22 图

$$\mathrm{d}l_1\mathrm{d}l_2 = ab\cos\theta\,\mathrm{d}\phi\,\mathrm{d}\theta$$

则

$$M = \frac{\mu_0}{4\pi}\int_0^{2\pi}\int_0^{2\pi}\frac{ab\cos\theta\,\mathrm{d}\theta\,\mathrm{d}\phi}{(d^2+a^2+b^2-2ab\cos\theta)^{1/2}}$$

$$= \frac{\mu_0 ab}{4\pi}\int_0^{2\pi}\int_0^{2\pi}\frac{\cos\theta\,\mathrm{d}\theta\,\mathrm{d}\phi}{(d^2+a^2+b^2-2ab\cos\theta)^{1/2}} \tag{1}$$

该式的积分可以用以下几种方法求解：① 变换成椭圆积分；② 利用计算机做数值计算；③ 利用近似计算。

下面利用近似计算求解 $a \ll d$ 的情况。式(1)中的被积函数为

$$\frac{1}{\sqrt{d^2+a^2+b^2-2ab\cos\theta}} \approx \frac{1}{\sqrt{d^2+b^2-2ab\cos\theta}} = \frac{1}{\sqrt{d^2+b^2}\sqrt{1-\dfrac{2ab\cos\theta}{d^2+b^2}}}$$

$$\approx \frac{1}{\sqrt{d^2+b^2}}\left(1+\frac{2ab\cos\theta}{d^2+b^2}\right)$$

上式利用泰勒展开式

$$\frac{1}{\sqrt{1+x}} = 1-\frac{1}{2}x+\frac{1\times 3}{2\times 4}x^2-\frac{1\times 3\times 5}{2\times 4\times 6}x^3+\frac{1\times 3\times 5\times 7}{2\times 4\times 6\times 8}x^4-\cdots \quad (-1\leqslant x\leqslant 1)$$

并把结果代入式(1)可得

$$M = \frac{\mu_0}{4\pi}\int_0^{2\pi}\int_0^{2\pi}\frac{ab\cos\theta\,\mathrm{d}\theta\,\mathrm{d}\phi}{(d^2+a^2+b^2-2ab\cos\theta)^{1/2}}$$

$$= \frac{\mu_0 ab}{4\pi}\int_0^{2\pi}\int_0^{2\pi}\frac{1}{\sqrt{d^2+b^2}}\left(1+\frac{2ab\cos\theta}{d^2+b^2}\right)\cos\theta\,\mathrm{d}\phi\,\mathrm{d}\theta$$

$$= \frac{\mu_0 ab}{4\pi}\left[\int_0^{2\pi}\int_0^{2\pi}\frac{1}{\sqrt{d^2+b^2}}\cos\theta\,\mathrm{d}\phi\,\mathrm{d}\theta + \int_0^{2\pi}\int_0^{2\pi}\frac{ab\cos^2\theta}{(d^2+b^2)^{\frac{3}{2}}}\mathrm{d}\phi\,\mathrm{d}\theta\right]$$

$$= \frac{\mu_0 ab}{4\pi}\left[\frac{1}{\sqrt{d^2+b^2}}\int_0^{2\pi}\sin\theta\Big|_0^{2\pi}\mathrm{d}\phi + \frac{ab}{(d^2+b^2)^{\frac{3}{2}}}\int_0^{2\pi}\int_0^{2\pi}\cos^2\theta\,\mathrm{d}\phi\,\mathrm{d}\theta\right]$$

$$= \frac{\mu_0 a^2b^2}{4\pi}\frac{1}{(d^2+b^2)^{\frac{3}{2}}}\int_0^{2\pi}\int_0^{2\pi}\cos^2\theta\,\mathrm{d}\phi\,\mathrm{d}\theta$$

$$= \frac{\mu_0 a^2b^2}{4\pi}\frac{1}{(d^2+b^2)^{\frac{3}{2}}}\int_0^{2\pi}\left(\frac{\theta}{2}+\frac{1}{4}\sin 2\theta\right)\Big|_0^{2\pi}\mathrm{d}\phi$$

$$= \frac{\mu_0 a^2b^2}{4\pi}\frac{1}{(d^2+b^2)^{\frac{3}{2}}}\int_0^{2\pi}\pi\,\mathrm{d}\phi = \frac{\mu_0 a^2b^2}{4\pi}\frac{\pi}{(d^2+b^2)^{\frac{3}{2}}}2\pi$$

$$= \frac{\mu_0 a^2b^2}{2}\frac{\pi}{(d^2+b^2)^{\frac{3}{2}}}$$

即

$$M = \frac{\mu_0 a^2b^2}{2}\frac{\pi}{(d^2+b^2)^{\frac{3}{2}}}$$

5.23 一个圆环上绕 N 匝线圈，圆环的内、外半径分别为 a 和 b，环的厚度为 d。若线圈中通的电流为 I，求：

(1) 圆环内的磁场强度；

(2) 圆环内的总磁通；

(3) 圆环内储存的磁场能。

解 (1) 由安培环路定理以及场的对称性可知：

在 $r<a$ 及 $r>b$ 范围内，$B=0$。

当 $a<r<b$ 时，$B2\pi r=\mu_0 NI$，则

$$\boldsymbol{B}=\frac{\mu_0 NI}{2\pi r}\boldsymbol{e}_\phi \quad \text{（取圆柱坐标系）}$$

所以圆环内的磁场强度为

$$\boldsymbol{H}=\frac{\boldsymbol{B}}{\mu_0}=\frac{NI}{2\pi r}\boldsymbol{e}_\phi$$

(2) 圆环内的总磁通为

$$\Phi=\int_S \boldsymbol{B}\cdot \mathrm{d}\boldsymbol{S}=\int_a^b \frac{\mu_0 NI}{2\pi r}d\,\mathrm{d}r=\frac{\mu_0 NId}{2\pi}\ln\frac{b}{a}$$

(3) 圆环内储存的磁场能为

$$W_{\mathrm{m}}=\frac{1}{2}\int_V \boldsymbol{B}\cdot\boldsymbol{H}\mathrm{d}V$$

而

$$\mathrm{d}V=2\pi rd\,\mathrm{d}r$$

$$\boldsymbol{B}\cdot\boldsymbol{H}=\frac{\mu_0 N^2 I^2}{4\pi^2 r^2}$$

所以

$$W_{\mathrm{m}}=\frac{1}{2}\int_a^b \frac{\mu_0 N^2 I^2}{4\pi^2 r^2}2\pi rd\,\mathrm{d}r=\frac{\mu_0 N^2 I^2 d}{4\pi}\int_a^b \frac{1}{r}\mathrm{d}r=\frac{\mu_0 N^2 I^2 d}{4\pi}\ln\frac{b}{a}$$

5.24 一个无限长直导线与一个矩形导线框共面，如图 5-14 所示。

(1) 求矩形导线框受到的作用力；

(2) 求直导线与矩形导线框之间的互感；

(3) 若矩形导线框平面绕直导线旋转 θ 角，试说明直导线与矩形导线框之间的互感有无变化；

(4) 若矩形导线框绕自身的中心轴线旋转 θ 角，试说明直导线与矩形导线框之间的互感有无变化。

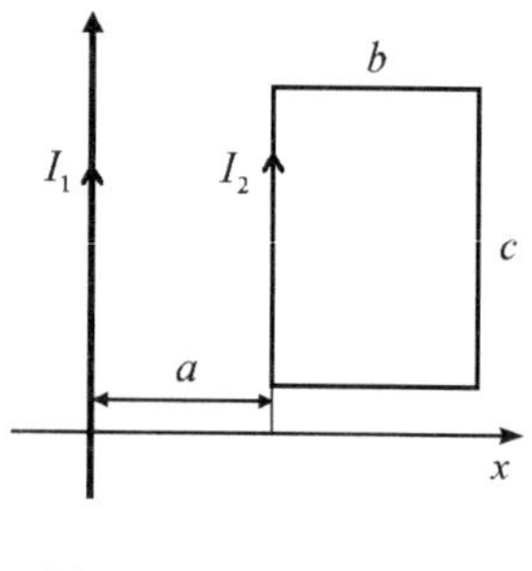

图 5-14 习题 5.24 图

解 (1) 直导线产生的磁感应强度为

$$\boldsymbol{B}=\frac{\mu_0 I_1}{2\pi x}\boldsymbol{e}_\phi \quad (a\leqslant x\leqslant a+b)$$

矩形导线框受到的作用力为

$$\boldsymbol{F}=\oint I_2\mathrm{d}\boldsymbol{l}\cdot\boldsymbol{B}$$

由于矩形导线框的上、下两边所受力的大小相等、方向相反，两者相互抵消，故仅需计

算矩形的左、右两边的受力：

$$\boldsymbol{F}=-\boldsymbol{e}_x\frac{\mu_0 I_1 I_2 c}{2\pi}\left(\frac{1}{a}-\frac{1}{a+b}\right)$$

以下用虚位移法计算。可以求出直导线和矩形导线框间的互感为

$$M=\frac{\mu_0 c}{2\pi}\ln\frac{a+b}{a}$$

磁相互作用的能量为

$$W=MI_1I_2=I_1I_2\frac{\mu_0 c}{2\pi}\ln\frac{a+b}{a}$$

将直导线与矩形导线框之间的距离 a 看成虚位移时的坐标变量，用电流不变情况下的虚位移公式，得矩形导线框在变量 a 增加的方向上的受力为

$$F=\left.\frac{\partial W}{\partial a}\right|_I=I_1I_2\frac{\mu_0 c}{2\pi}\left(\frac{1}{a+b}-\frac{1}{a}\right)=-I_1I_2\frac{\mu_0 c}{2\pi}\left(\frac{1}{a}-\frac{1}{a+b}\right)$$

负号说明矩形导线框受到吸引力。

(2) 设直导线中的电流为 I，则

$$B=\frac{\mu_0 I}{2\pi r},\ \Psi=\frac{\mu_0 bI}{2\pi}\ln\frac{a+c}{c}$$

故长直导线与矩形导线框之间的互感为

$$M=\frac{\Psi}{I}=\frac{\mu_0 b}{2\pi}\ln\frac{a+c}{c}$$

(3) 若矩形导线框平面绕直导线旋转 θ 角，则穿过矩形导线框的磁通不变，故直导线与矩形导线框之间的互感无变化。

(4) 若矩形导线框绕自身的中心轴线旋转 θ 角，则穿过矩形导线框的磁通发生变化，故直导线与矩形导线框之间的互感有变化。

5.25　如图 5-15 所示，$x>0$ 的半空间为空气，$x<0$ 的半空间中填充磁导率为 μ 的均匀磁介质，沿 z 轴的无限长直导线中载有电流 I。

(1) 求磁感应强度；

(2) 设在空气中有一个与直导线共面、尺寸为 $a\times b$ 的矩形回路，其以速度 v_0 沿 x 轴方向运动，当 $t=0$ 时，回路与直导线的距离为 c，求回路中的感应电动势。

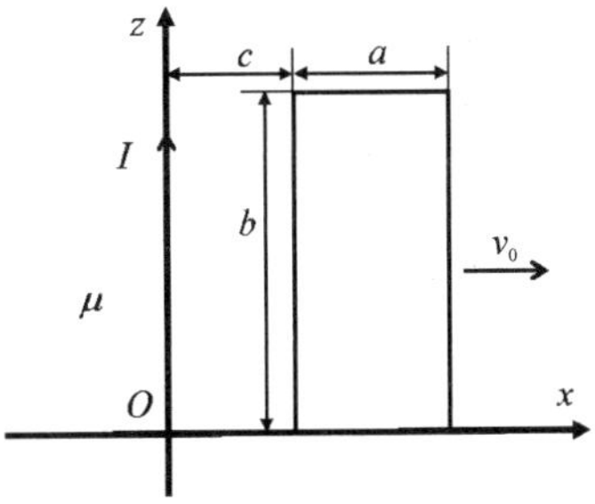

图 5-15　习题 5.25 图

解　(1) 根据安培环路定理，可得

$$\pi rH_\mu+\pi rH_0=I$$

由于 $B_\mu=\mu H_\mu$，$B_0=\mu_0 H_0$，而根据边界条件有 $B_\mu=B_0=B$，因此

$$\pi r\frac{B}{\mu}+\pi r\frac{B}{\mu_0}=I$$

由此得到磁感应强度为

$$\boldsymbol{B}=\boldsymbol{e}_\phi\frac{\mu_0\mu I}{\pi(\mu+\mu_0)r}$$

（2）与矩形回路交链的磁通为

$$\Phi=\int_S \boldsymbol{B}\cdot \mathrm{d}\boldsymbol{S}=\frac{\mu_0\mu bI}{\pi(\mu+\mu_0)}\int_{c+v_0t}^{c+a+v_0t}\frac{1}{x}\mathrm{d}x=\frac{\mu_0\mu bI}{\pi(\mu+\mu_0)}\ln\frac{c+a+v_0t}{c+v_0t}$$

所以回路中的感应电动势为

$$E_{\mathrm{in}}=-\frac{\mathrm{d}\Phi}{\mathrm{d}t}=\frac{\mu_0\mu bIv_0}{\pi(\mu+\mu_0)}\left(\frac{1}{c+v_0t}-\frac{1}{c+a+v_0t}\right)$$

5.26 如图 5-16 所示，$z>0$ 的半空间为空气，$z<0$ 的半空间中填充磁导率为 μ 的均匀磁介质，无限长直导线中载有电流 I_1，其附近有一个共面的矩形线框，尺寸为 $a\times b$，与直导线的距离为 c。

（1）求直导线与矩形线框之间的互感；

（2）若矩形线框载有电流 I_2，求电流 I_1 与电流 I_2 之间的磁场能量。

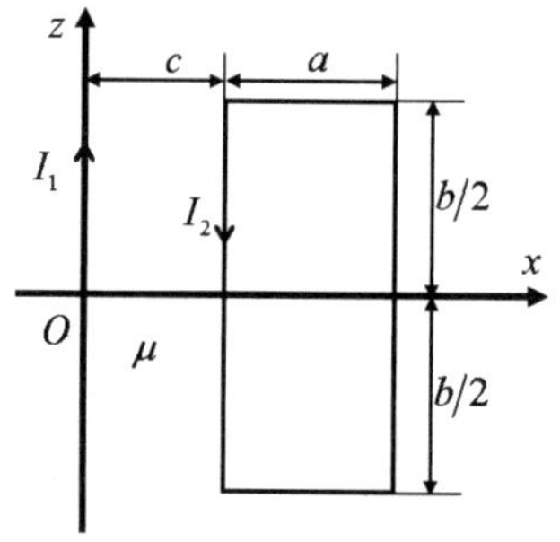

图 5-16 习题 5.26 图

解 （1）电流 I_1 产生的磁感应强度和磁链分别为

$$B_{10}=\frac{\mu_0 I_1}{2\pi r}\quad (z>0)$$

$$B_{1\mu}=\frac{\mu I_1}{2\pi r}\quad (z<0)$$

$$\Psi_{21}=\frac{(\mu_0+\mu)bI_1}{4\pi}\ln\frac{a+c}{c}$$

则直导线与矩形线框之间的互感为

$$M=\frac{\Psi_{21}}{I_1}=\frac{(\mu_0+\mu)b}{4\pi}\ln\frac{a+c}{c}$$

（2）电流 I_1 与电流 I_2 之间的磁场能量为

$$W_{\mathrm{m}}=-MI_1I_2=-\frac{(\mu_0+\mu)bI_1I_2}{4\pi}\ln\frac{a+c}{c}$$

5.27 如图 5-17 所示，当线框中通电流 I 时，计算两平行长直导线对中间线框的互感；当长直导线中通有电流 I_1，线框中通有电流 I_2，且线框为不变形的刚体时，求长导线对它的作用力。

解 坐标原点选在长直导线左边导线的中心，y 轴与导线方向相同，x 轴与导线垂直。由安培环路定理得磁感应强度为

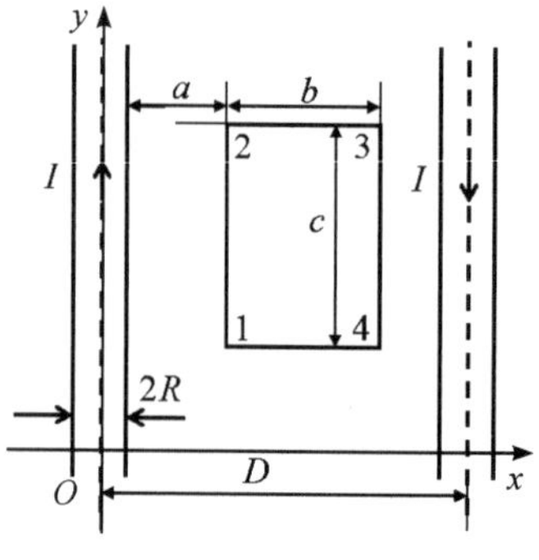

图 5-17 习题 5.27 图

$$B_1=\frac{\mu_0 I}{2\pi x}\quad (|x|>R)$$

$$B_2=\frac{\mu_0 I}{2\pi(D-x)}\quad (|x-D|>R)$$

于是总的磁感应强度 B 为

$$B=B_1+B_2=\frac{\mu_0 I}{2\pi x}+\frac{\mu_0 I}{2\pi(D-x)}=\frac{\mu_0 ID}{2\pi x(D-x)}$$

则与线框交链的磁链为

$$\Psi=\int_{R+a}^{R+a+b}\frac{\mu_0 ID}{2\pi x(D-x)}c\,\mathrm{d}x=\frac{\mu_0 IDc}{2\pi}\int_{R+a}^{R+a+b}\frac{\mathrm{d}x}{x(D-x)}$$

$$=\frac{\mu_0 IDc}{2\pi}\ln\frac{(R+a+b)(D-R-a)}{(D-R-a-b)(R+a)}$$

从而两平行长直导线对中间线框的互感为

$$M=\frac{\Psi}{I}=\frac{\mu_0 Dc}{2\pi}\ln\frac{(R+a+b)(D-R-a)}{(D-R-a-b)(R+a)}$$

如果长直导线中通有电流 I_1，线框中通有电流 I_2，则由受力公式 $\mathrm{d}\boldsymbol{F}=I\mathrm{d}\boldsymbol{l}\times\boldsymbol{B}$ 可得线框的左边导线 12 和右边导线 34 段的磁感应强度分别为

$$B_1=\frac{\mu_0 I_1 D}{2\pi(R+a)(D-R-a)}$$

$$B_2=\frac{\mu_0 I_1 D}{2\pi(R+a+b)(D-R-a-b)}$$

则 12 段所受的力为

$$\boldsymbol{F}_1=I_2cB_1(-\boldsymbol{e}_z)=\frac{\mu_0 I_1 I_2 Dc}{2\pi(R+a)(D-R-a)}(-\boldsymbol{e}_z)$$

34 段所受的力为

$$\boldsymbol{F}_2=I_2cB_2\boldsymbol{e}_z=\frac{\mu_0 I_1 I_2 Dc}{2\pi(R+a+b)(D-R-a-b)}\boldsymbol{e}_z$$

于是线框总受力(令 $R\to 0$)为

$$\boldsymbol{F}=\boldsymbol{F}_1+\boldsymbol{F}_2$$

$$=\frac{\mu_0 cI_1I_2D}{2\pi}\left[\frac{1}{(R+a+b)(D-R-a-b)}-\frac{1}{(R+a)(D-R-a)}\right]\boldsymbol{e}_z$$

5.28　如图 5-18 所示，无限长直导线中的电流为 I_1，附近有一个载有电流 I_2 的正方形回路，此回路与直导线不共面。

(1) 求直导线与矩形回路间的互感 M；

(2) 求矩形回路受到的磁场力 $\boldsymbol{F}_\mathrm{m}$，并证明 $\boldsymbol{F}_\mathrm{m}=-\boldsymbol{e}_y\dfrac{\mu_0 I_1 I_2}{2\sqrt{3}\pi}$。

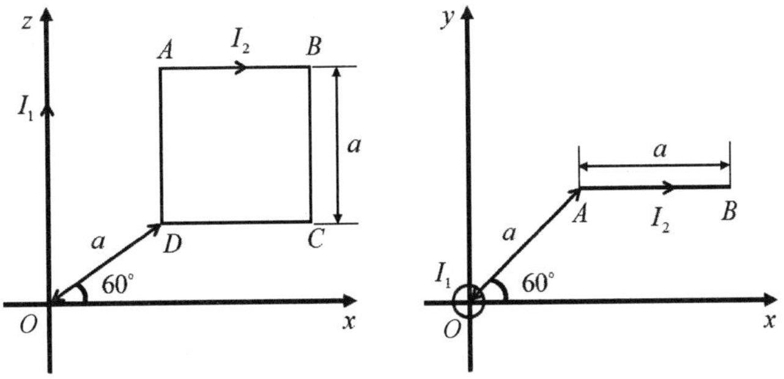

图 5-18　习题 5.28 图

解 (1) 电流 I_1 产生的磁感应强度为

$$\boldsymbol{B}=\boldsymbol{e}_\phi\frac{\mu_0 I_1}{2\pi r}$$

与矩形回路交链的磁链为

$$\Psi=\int_G \boldsymbol{B}\cdot\mathrm{d}\boldsymbol{S}=\frac{\mu_0 a I_1}{2\pi}\int_a^R\frac{1}{r}\mathrm{d}r=\frac{\mu_0 a I_1}{2\pi}\ln\frac{R}{a}$$

式中，

$$R=[a^2+a^2-2a^2\cos(180°-60°)]^{1/2}=\sqrt{3}a$$

故直导线与矩形回路间的互感为

$$M=\frac{\Psi}{I_1}=\frac{\mu_0 a}{2\pi}\ln\sqrt{3}$$

(2) DA 段所受的磁场力为

$$\boldsymbol{F}_{mDA}=\boldsymbol{e}_z I_2 a\times\left(-\boldsymbol{e}_x\frac{\sqrt{3}}{2}+\boldsymbol{e}_y\frac{1}{2}\right)\frac{\mu_0 I_1}{2\pi a}=-(\boldsymbol{e}_x+\boldsymbol{e}_y\sqrt{3})\frac{\mu_0 I_1 I_2}{4\pi}$$

BC 段所受的磁场力为

$$\boldsymbol{F}_{mBC}=-\boldsymbol{e}_z I_2 a\times\left(-\boldsymbol{e}_x\frac{1}{2}+\boldsymbol{e}_y\frac{\sqrt{3}}{2}\right)\frac{\mu_0 I_1}{2\pi\sqrt{3}a}=\left(\boldsymbol{e}_x+\boldsymbol{e}_y\frac{1}{\sqrt{3}}\right)\frac{\mu_0 I_1 I_2}{4\pi}$$

AB 段与 CD 段所受的磁场力的大小相等、方向相反，故矩形回路所受的磁场力为

$$\boldsymbol{F}_m=\boldsymbol{F}_{mDA}+\boldsymbol{F}_{mBC}+\boldsymbol{F}_{mAB}+\boldsymbol{F}_{mCD}=-\boldsymbol{e}_y\frac{\mu_0 I_1 I_2}{2\sqrt{3}\pi}$$

5.29 无限长细导线中载有电流 I_1，附近有一共面的矩形线框，载有电流 I_2，如图 5-19(a)所示。

(1) 求系统的互感。

(2) 当矩形线框绕其对称轴转动到图 5-19(b)所示位置时，系统能量的改变量为多少?

(3) 定性分析在图 5-19(b)所示位置时，矩形线框各边的受力情况，由此说明矩形线框的运动趋势。

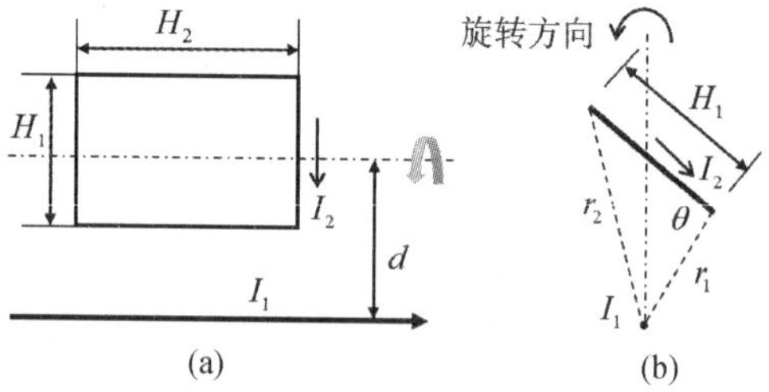

图 5-19 习题 5.29 图

解 (1) 因为 $\boldsymbol{B}_1=\frac{\mu_0 I_1}{2\pi r}\boldsymbol{e}_\phi$，所以系统的互感为

$$M_{21}=-\frac{\Psi_{21}}{I_1}=-\frac{\mu_0 H_2}{2\pi}\ln\frac{d+H_1/2}{d-H_1/2}$$

(2) 系统能量的改变量为

$$\Delta W = W_2 - W_1 = (M'_{21} - M_{21}) I_1 I_2$$

其中，W_2、W_1 分别为转动前、后的能量，

$$M'_{21} = -\frac{\Psi'_{21}}{I_1} = -\frac{\mu_0 H_2}{2\pi}\ln\frac{r_2}{r_1}$$

$$r_1 = \left[d^2 + \left(\frac{H_1}{2}\right)^2 - dH_1\cos\theta\right]^{\frac{1}{2}}$$

$$r_2 = \left[d^2 + \left(\frac{H_1}{2}\right)^2 - dH_1\cos(\pi - \theta)\right]^{\frac{1}{2}}$$

(3) 由磁场中的电流元受力 $\boldsymbol{F} = I\mathrm{d}\boldsymbol{l} \times \boldsymbol{B}$（安培力公式）可知，矩形线框上、下两条边受力的方向分别为向下、向上且大小相同，所以相互抵消，而矩形线框的右侧边受力方向沿 r_1 向外，左侧边受力方向沿 r_2 向内，所以矩形线框将继续沿箭头方向旋转。

5.30　如图 5-20 所示，一个长为 L 的金属棒 OA 与载有电流 I 的无限长直导线共面，金属棒可绕端点 O 在平面内以角速度 ω 匀速转动。试求当金属棒转至图示位置（即棒垂直于长直导线）时，棒内的感应电动势。

解　无限长直导线在金属棒转动平面内激发的磁场是非均匀的，方向垂直纸面向外。在金属棒上沿 OA 方向任取一线元 $\mathrm{d}l$，$\mathrm{d}l$ 距点 O 的距离为 l、距无限长直导线的距离为 r，由无限长直载流导线产生的磁场的公式可知，该处的磁感应强度大小为

$$B = \frac{\mu_0 I}{2\pi r}\quad（方向垂直纸面向外）$$

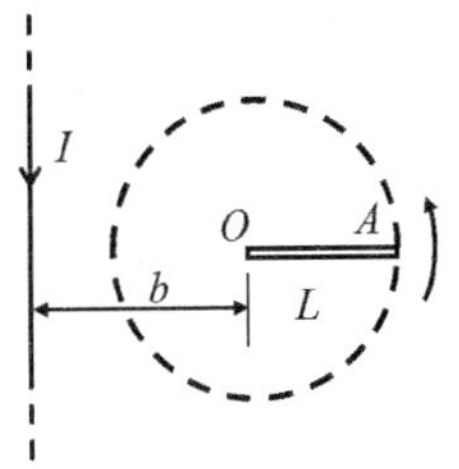

图 5-20　习题 5.30 图

当金属棒转至图示位置时，金属棒 OA 上各线元的速度的方向均垂直各线元沿平面向上，金属棒上各线元的速度的方向与磁场方向的夹角为

$$\theta = \frac{\pi}{2}$$

$\boldsymbol{v} \times \boldsymbol{B}$ 的方向沿 OA 方向，即 $\boldsymbol{v} \times \boldsymbol{B}$ 与 $\mathrm{d}\boldsymbol{l}$ 间的夹角为零。由于线元 $\mathrm{d}l$ 的速度大小为 $v = \omega l$，所以 $\mathrm{d}l$ 上的感应电动势大小为

$$\mathrm{d}\varepsilon = (\boldsymbol{v} \times \boldsymbol{B}) \cdot \mathrm{d}\boldsymbol{l} = \left(vB\sin\frac{\pi}{2}\right)\cos 0\,\mathrm{d}l = \omega Bl\,\mathrm{d}l$$

从而金属棒上总的感应电动势大小为

$$\varepsilon_{01} = \int_L \mathrm{d}\varepsilon = \int_L (\boldsymbol{v} \times \boldsymbol{B}) \cdot \mathrm{d}\boldsymbol{l} = \int_0^L \omega\frac{\mu_0 I}{2\pi r} l\,\mathrm{d}l$$

在上式中，r、l 均为变量，必须先统一变量后才能进行积分。由图 5-19 可知，$l = r - b$，$\mathrm{d}l = \mathrm{d}r$，将其代入上式可得

$$\varepsilon_{01} = \int_b^{b+L} \omega\frac{\mu_0 I}{2\pi r}(r - b)\mathrm{d}r = \omega\frac{\mu_0 I}{2\pi}\int_b^{b+L}\frac{r - b}{r}\mathrm{d}r = \omega\frac{\mu_0 I}{2\pi}\left(L - b\ln\frac{b + l}{b}\right)$$

由 $\varepsilon_{01} > 0$ 可知，感应电动势 ε_{01} 的方向从点 O 指向点 A，即点 A 处的电势高。

5.31 两个自感分别为 L_1 和 L_2 的单匝长方形线圈放置在同一平面内，线圈的长度分别为 l_1 和 $l_2(l_1 \gg l_2)$，宽度分别为 w_1 和 w_2，两个线圈中分别通有电流 I_1 和 I_2，如图5-21所示($d \ll l_1$)。求：

(1) 两线圈间的互感；

(2) 系统的磁场能量。

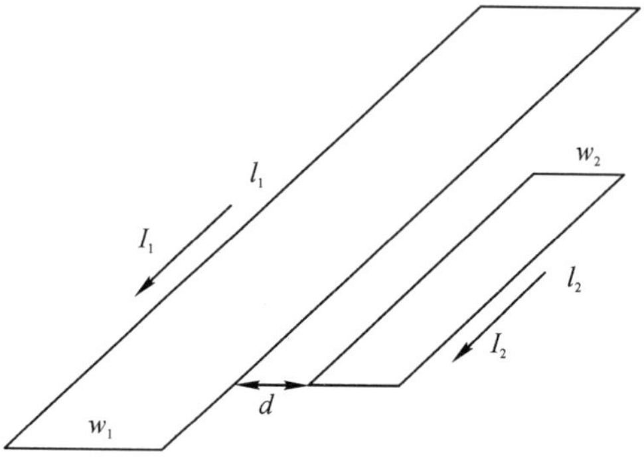

图 5-21 习题 5.31 图

解 (1) 由于线圈 2 距线圈 1 很近，而 $l_1 \gg l_2$，所以可将线圈 1 在线圈 2 所围区域产生的磁场看成两根相距 w_1、电流方向相反的无限长直导线的磁场，即

$$\boldsymbol{B} = \frac{\mu_0 I_1}{2\pi}\left(\frac{1}{r - w_1} - \frac{1}{r}\right)\boldsymbol{e}_\phi$$

因此两线圈间的互感为

$$M_{12} = \frac{\Psi_{12}}{I_1} = \frac{1}{I_1}\int_{d+w_1}^{d+w_1+w_2} I_2 B\,\mathrm{d}r = \frac{\mu_0 I_2}{2\pi}\int_{d+w_1}^{d+w_1+w_2}\left(\frac{1}{r-w_1} - \frac{1}{r}\right)\mathrm{d}r$$

$$= \frac{\mu_0 I_2}{2\pi}\left(\ln\frac{d+w_2}{d} - \ln\frac{d+w_2+w_1}{d+w_1}\right)$$

$$= \frac{\mu_0 I_2}{2\pi}\ln\frac{(d+w_1)(d+w_2)}{d(d+w_1+w_2)}$$

(2) 系统的磁场能量为

$$W = \frac{1}{2}L_1 I_1^2 + \frac{1}{2}L_2 I_2^2 + I_1 I_2 M_{12}$$

第 6 章
静态场的计算

6.1 基 本 要 求

本章学习有以下几点基本要求：

(1) 了解静态场的边值问题及其类型。

(2) 理解静态场的唯一性定理。

(3) 理解并掌握静态场中镜像法、分离变量法、有限差分法的思想和应用条件。

(4) 掌握导体平面、导体球面、导体圆柱面、介质平面情形下的镜像法。

(5) 理解并掌握直角坐标系下的分离变量法。

(6) 理解圆柱和球坐标系下的分离变量法。

(7) 理解并掌握有限差分法的解法。

6.2 重 点 与 难 点

本章重点：

(1) 静态场中镜像法的思想。

(2) 导体平面、导体球面情形下的镜像法。

(3) 分离变量法的思想和应用条件。

(4) 有限差分法的思想和应用条件。

(5) 有限差分法的解法。

本章难点：

(1) 不接地导体球面的镜像法。

(2) 空心不接地导体(或电介质)球面的镜像法。

(3) 圆柱、球坐标系下的分离变量法。

(4) 有限差分法中的超松弛迭代具体方法。

6.3 重点知识归纳

静电场、静磁场和恒定电场都不随时间变化，因此称为静态场或稳态场。分布型问题是指已知场源(电荷、电流)分布，直接利用有关的积分公式计算空间各点的场强或位函数。

边值问题是指已知空间某给定的区域边界上的位函数或其法向导数来求解该区域内的场分布，这类问题的求解相对复杂，可以化为求解给定边界条件下位函数的泊松方程或拉普拉斯方程，即求解边值问题。

1. 边值问题类型

在场域 V 的边界 S 上给定的边界条件有三种类型，因此对应的边值问题也分为三类。

第一类边值问题(狄里赫利问题)：边界条件是已知场域 V 的整个边界 S 上的位函数的值，即

$$\varphi|_S = f_1(S)$$

第二类边值问题(纽曼问题)：边界条件是已知场域 V 的整个边界 S 上的位函数的法向导数值，即

$$\left.\frac{\partial\varphi}{\partial n}\right|_S = f_2(S)$$

第三类边值问题(混合边值问题)：边界条件是已知场域 V 的部分边界 S_1 上的位函数值和其余部分边界 S_2 上的法向导数值，即

$$\varphi\Big|_{S_1} = f_1(S_1) \quad 和 \quad \left.\frac{\partial\varphi}{\partial n}\right|_{S_2} = f_2(S_2)$$

2. 唯一性定理

在场域 V 的边界 S 上，当位函数 φ 或位函数的法向导数$\frac{\partial\varphi}{\partial n}$组成的边界条件已知时，位函数所满足的泊松方程或拉普拉斯方程在场域内的解具有唯一性。

3. 镜像法

镜像法是求解静电场问题的一种特殊的间接方法，它主要用于求解分布在导体附近的电荷产生的场。

镜像法的基本思想：用位于场域边界外虚设的较简单的镜像电荷分布，等效替代该边界上未知的较为复杂的电荷分布(感应电荷或极化电荷)，从而将原含该边界的非均匀媒质空间变换成无限大单一均匀媒质的空间，把原来的边值问题转换成均匀无界空间中的问题来求解。

1) 导体平面镜像法

点电荷对无限大接地导体平面的镜像：

$$q' = -q,\ h' = h$$

线电荷对无限大接地导体平面的镜像：

$$\rho_l' = -\rho_l,\ h' = h$$

点电荷对正交半无限大接地导体平面的镜像：

$$q_1 = -q,\ q_2 = -q,\ q_3 = q$$

2) 导体球面镜像法

点电荷对接地导体球面的镜像：

$$q' = -\frac{a}{d}q,\ d' = \frac{a^2}{d}$$

点电荷对不接地导体球面的镜像：

$$q'=-\frac{a}{d}q,\ d'=\frac{a^2}{d};\quad q''=-q'=\frac{a}{d}q,\ d''=0$$

3）导体圆柱面镜像法

线电荷对接地导体圆柱面的镜像：

$$\rho_l'=-\rho_l,\ d'=\frac{a^2}{d}$$

两平行圆柱导体的电轴：

$$b=\sqrt{h^2-a^2}$$

4）介质平面镜像法

点电荷与无限大电介质平面的镜像：

$$q'=\frac{\varepsilon_1-\varepsilon_2}{\varepsilon_1+\varepsilon_2}q,\ q''=-q'$$

线电流与无限大磁介质平面的镜像：

$$I'=\frac{\mu_2-\mu_1}{\mu_1+\mu_2}I,\ I''=-I'$$

4. 分离变量法

利用分离变量法解题的基本思路：将拉普拉斯方程这一偏微分方程中含有的 n 个自变量的待求函数表示成 n 个各自只含一个变量的函数的乘积，这样就可把偏微分方程分解成 n 个常微分方程。求出各常微分方程的通解后，将它们叠加起来，从而得到级数形式的解。最后利用给定的边界条件确定待定常数。注意，只有待求函数可表示成 n 个各自只含一个变量的函数的乘积的情况才能采用分离变量法，它对各种坐标系都有效。分离变量法可使拉普拉斯方程求解过程变得简便，唯一性定理保证了利用这种方法求出的解的唯一性。

1）直角坐标系

假设位函数 φ 只是 x、y 的函数，沿 z 方向无变化，这样位函数 φ 可以表示成两个函数的乘积，且每个函数只是一个自变量的函数，即

$$\begin{aligned}\varphi(x,\ y)&=X(x)Y(y)\\&=(A_0x+B_0)(C_0y+D_0)+\sum_{n=1}^{\infty}(A_n\sin k_nx+\\&\quad B_n\cos k_nx)(C_n\sinh k_ny+D_n\cosh k_ny)\end{aligned}$$

或

$$\begin{aligned}\varphi(x,\ y)&=X(x)Y(y)\\&=(A_0x+B_0)(C_0y+D_0)+\sum_{n=1}^{\infty}(A_n\sin k_nx+\\&\quad B_n\cos k_nx)(C_n'e^{k_ny}+D_n'e^{-k_ny})\end{aligned}$$

2）圆柱坐标系

$$\varphi(\rho,\ \phi)=(A_0+B_0\ln\rho)+\sum_{n=1}^{\infty}(A_n\rho^n+B_n\rho^{-n})(C_n\cos n\phi+D_n\sin n\phi)$$

3）球坐标系

$$\varphi(r, \theta)=\sum_{n=0}^{\infty}(A_n r^n+B_n r^{-(n+1)})P_n(\cos\theta)$$

5. 有限差分法

镜像法和分离变量法都是解析方法，利用这类方法可以得到电磁场问题的准确解，但是它的适用范围较小，只能求解具有规则边界的简单问题。对于不规则形状或者任意形状边界电磁场问题来讲，采用数值方法求解可以大大减弱来自边界形状的约束，可以解决各种类型的复杂问题。

有限差分法的基本思路：将电磁场连续域内的问题变换为离散系统的问题求解，这样就可把求解连续函数的偏微分方程转换为求解离散点上的代数方程组，然后再用离散点的数值解逼近连续域内的真实解。

1）简单迭代法

由各内节点第 n 次近似值经过迭代计算出的第 $n+1$ 次电位近似值为

$$\varphi_{i,j}^{(n+1)}=\frac{\varphi_{i-1,j}^{(n)}+\varphi_{i+1,j}^{(n)}+\varphi_{i,j-1}^{(n)}+\varphi_{i,j+1}^{(n)}}{4}$$

2）塞德尔迭代法

每当算出一个节点的高一次的近似值时，就立即用它参与其他节点的差分方程迭代，则

$$\varphi_{i,j}^{(n+1)}=\frac{\varphi_{i-1,j}^{(n+1)}+\varphi_{i+1,j}^{(n)}+\varphi_{i,j-1}^{(n+1)}+\varphi_{i,j+1}^{(n)}}{4}$$

3）超松弛迭代法

引入加速收敛因子 α 后，节点 (i, j) 第 $n+1$ 次电位近似值为

$$\varphi_{i,j}^{(n+1)}=\varphi_{i,j}^{(n)}+\frac{\alpha}{4}[\varphi_{i-1,j}^{(n+1)}+\varphi_{i+1,j}^{(n)}+\varphi_{i,j-1}^{(n+1)}+\varphi_{i,j+1}^{(n)}-4\varphi_{i,j}^{(n)}]$$

6.4 思　考　题

1. 用文字简述静态场解的唯一性定理，并简要说明它的重要意义。
2. 镜像法的理论依据是什么？
3. 如何正确确定镜像电荷的分布？
4. 什么是分离变量法？在什么条件下它对求解位函数的拉普拉斯方程有用？
5. 直角坐标系、圆柱坐标系、球坐标系中的分离变量法推导过程有什么不同？
6. 镜像法与分离变量法的思想和条件有什么不同？
7. 有限差分法的基本思想是什么？
8. 你对哪种数值方法较为熟悉？简要阐述其过程。

6.5 习 题 全 解

6.1　有一无限长同轴电缆，已知其缆芯截面是一边长为 $2a$ 的正方形的导体，外层是

半径为 b 的铅皮，内、外层的电介质的介电常数是 ε，如果两导体间的电压为 U_0，则试写出该电缆中静电场的边值问题。

解　根据题意画出图形，如图 6-1 所示，利用场分布的对称性确定场域。

该电缆中静电场的边值问题如下：

$$\nabla^2\varphi=\frac{\partial^2\varphi}{\partial x^2}+\frac{\partial^2\varphi}{\partial y^2}=0\quad(\text{阴影区域})$$

$$\varphi\Big|_{x=a,\ 0\leqslant y\leqslant a\ \text{及}\ y=a,\ 0\leqslant x\leqslant a}=U_0$$

$$\varphi\Big|_{x^2+y^2=a^2,\ x\leqslant 0,\ y\geqslant 0}=0$$

$$\frac{\partial\varphi}{\partial x}\Big|_{x=0,\ a\leqslant y\leqslant b}=0$$

$$\frac{\partial\varphi}{\partial y}\Big|_{y=0,\ a\leqslant x\leqslant b}=0$$

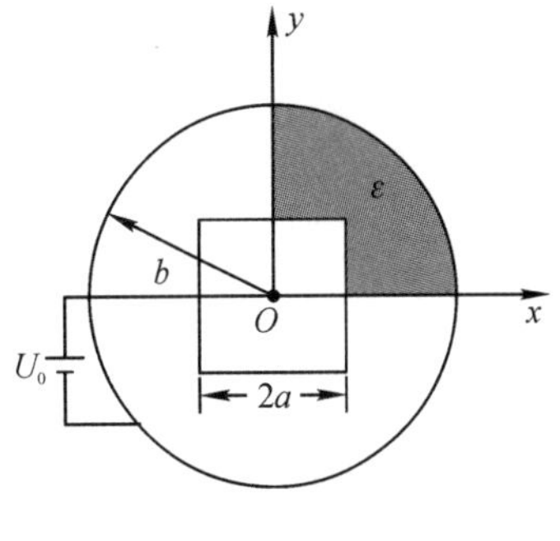

图 6-1　习题 6.1 图

6.2　河面上方 h 处有一输电线经过(导线半径 $R\ll h$)，其线电荷密度为 τ，河水的介电常数为 $80\varepsilon_0$，求镜像电荷的值。

解　根据题意画出图形，如图 6-2(a)所示。计算电介质 1(空气 ε_1)中的电场强度时，用介质 2(河水 ε_2)中的镜像线电荷 τ'来代替分界面上的极化电荷，并把整个空间看作充满介质 1(空气 ε_1)的均匀介质，如图 6-2(b)所示。

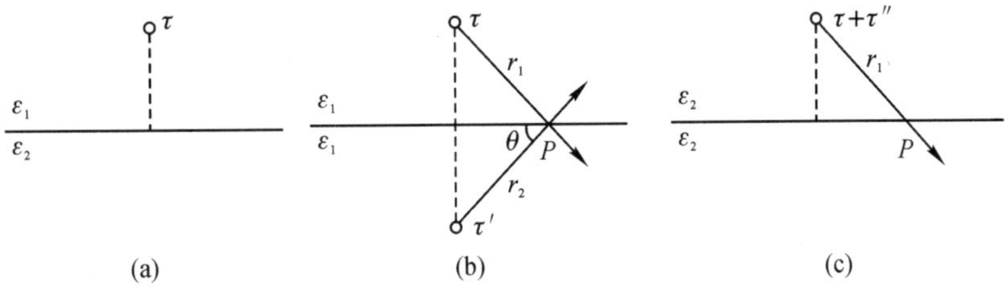

图 6-2　习题 6.2 图

一无限长直的线电流在空间中的电场强度为

$$\boldsymbol{E}=\frac{\tau}{2\pi\varepsilon_0 r}\boldsymbol{e}_r$$

则上半空间的电场强度为

$$\boldsymbol{E}_{\text{上半空间}}=\frac{\tau}{2\pi\varepsilon_0 r_1}\boldsymbol{e}_{r_1}+\frac{\tau'}{2\pi\varepsilon_0 r_2}\boldsymbol{e}_{r_2}\tag{1}$$

计算电介质 2(河水 ε_2)中的电场强度时，用介质 1(空气 ε_1)中的镜像线电荷 τ''来代替分界面上的极化电荷，并把整个空间看作充满介质 1(空气 ε_1)的均匀介质。如图 6-2(c)所示，则下半空间中的电场强度为

$$\boldsymbol{E}_{\text{下半空间}}=\frac{\tau+\tau''}{2\pi\varepsilon_0 r_1}\boldsymbol{e}_{r_1}\tag{2}$$

在边界上需满足边界条件

$$\boldsymbol{E}_{1t}=\boldsymbol{E}_{2t}, \ \boldsymbol{D}_{1n}=\boldsymbol{D}_{2n}$$

则

$$\frac{\tau}{2\pi\varepsilon_0 r_1}\cos\theta+\frac{\tau'}{2\pi\varepsilon_0 r_2}\cos\theta=\frac{\tau+\tau''}{2\pi\varepsilon_0 r_1}\cos\theta \tag{3}$$

$$\varepsilon_1\left(\frac{\tau}{2\pi\varepsilon_0 r_1}\sin\theta-\frac{\tau'}{2\pi\varepsilon_0 r_2}\sin\theta\right)=\varepsilon_2\ \frac{\tau+\tau''}{2\pi\varepsilon_0 r_1}\sin\theta \tag{4}$$

从图 6-2(b)中的几何关系可知 $r_1=r_2$，则

$$\tau'=\frac{\varepsilon_1-\varepsilon_2}{\varepsilon_1+\varepsilon_2}\tau$$

联立式(3)和式(4)并整理得

$$\tau''=-\tau'=-\frac{\varepsilon_1-\varepsilon_2}{\varepsilon_1+\varepsilon_2}\tau$$

又 $\varepsilon_1=\varepsilon_0$，$\varepsilon_2=80\varepsilon_0$，所以

$$\tau'=-\frac{79}{81}\tau, \ \tau''=\frac{79}{81}\tau$$

6.3　画出图 6-3 中所示的各种情况下的镜像电流，注明电流的方向、量值及有效的计算区域。

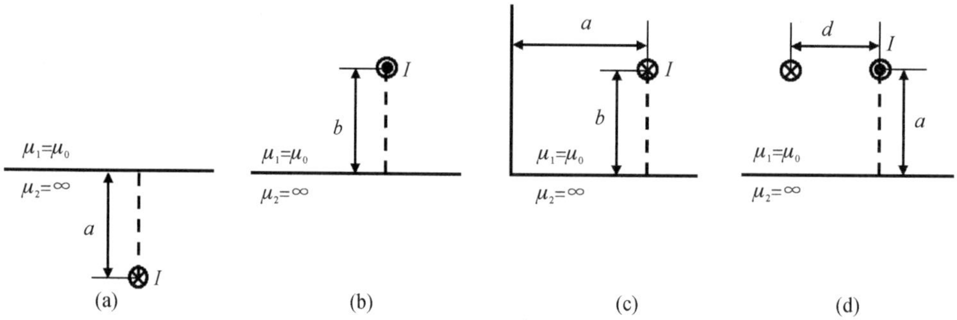

图 6-3　习题 6.3 图(一)

解　图 6-3(a)镜像电流的配置及相应的有效区域如图 6-4 所示。

$$I'=\lim_{\mu_2\to\infty}\frac{\mu_1-\mu_2}{\mu_2+\mu_1}I=-I, \ I''=\lim_{\mu_2\to\infty}\frac{2\mu_2}{\mu_2+\mu_1}I=2I$$

因为电流位于 $\mu_2=\infty$ 的介质中，$H_2\neq0$，但 $B_2\to\infty$。

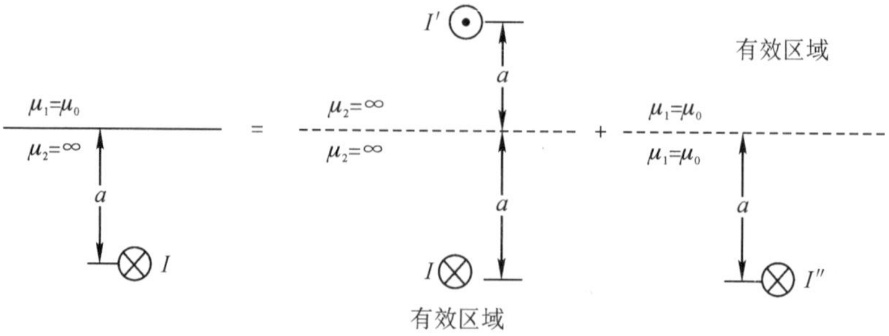

图 6-4　习题 6.3 图(二)

图 6-3(b)镜像电流的配置及相应的有效区域如图 6-5 所示。

$$I'=\lim_{\mu_2\to\infty}\frac{\mu_1-\mu_2}{\mu_2+\mu_1}I=I,\ I''=\lim_{\mu_2\to\infty}\frac{2\mu_2}{\mu_2+\mu_1}I=0$$

在区域 2 中，$H_2=\dfrac{I''}{2\pi r}\to 0$，但

$$B_2=\mu_2 H_2=\lim_{\mu_2\to\infty}\mu_2\frac{2\mu_1}{\mu_1+\mu_2}\frac{I}{2\pi r}=\frac{\mu_1 I}{\pi r}\neq 0$$

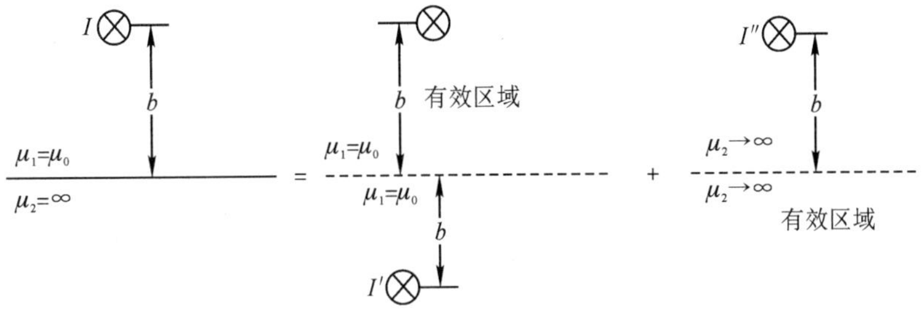

图 6-5　习题 6.3 图(三)

图 6-3(c)镜像电流的配置及相应的有效区域如图 6-6 所示。

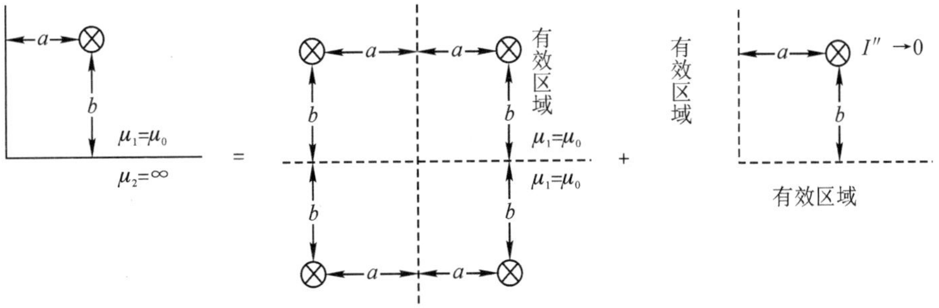

图 6-6　习题 6.3 图(四)

图 6-3(d)镜像电流的配置及相应的有效区域如图 6-7 所示。

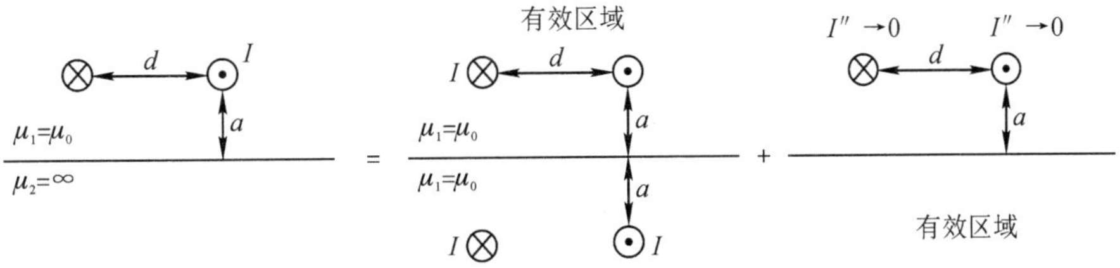

图 6-7　习题 6.3 图(五)

6.4　求置于无限大接地平面导体上方、距导体面为 h 处的点电荷 q 的电位及导体平面上的总感应电荷。

解　根据题意画出图形，如图 6-8 所示。设 $z=0$ 所在平面为导体面，$z>0$ 的空间为待求半空间。该问题的边界条件如下：

$$z=0,\ \varphi=0$$

$$z\to\infty,\ |x|\to\infty,\ |y|\to\infty,\ \varphi\to 0$$

镜像电荷：$q'=-q$，$h'=-h$

电位函数：$\varphi=\dfrac{q}{4\pi\varepsilon}\left(\dfrac{1}{R}-\dfrac{1}{R'}\right)\ (z\geqslant 0)$

上半空间($z\geqslant 0$)的电位函数为

$$\varphi(x,y,z)=\frac{q}{4\pi\varepsilon}\left(\frac{1}{\sqrt{x^2+y^2+(z-h)^2}}-\frac{1}{\sqrt{x^2+y^2+(z+h)^2}}\right)\ (z\geqslant 0)$$

则导体平面上的感应面电荷密度为

$$\rho_S=-\varepsilon\left.\frac{\partial\varphi}{\partial z}\right|_{z=0}=-\frac{qh}{2\pi(x^2+y^2+h^2)^{3/2}}$$

故导体平面上的总感应电荷为

$$q_{in}=\int_S\rho_S\mathrm{d}S=-\frac{qh}{2\pi}\int_{-\infty}^{\infty}\int_{-\infty}^{\infty}\frac{\mathrm{d}x\mathrm{d}y}{(x^2+y^2+h^2)^{3/2}}$$

$$=-\frac{qh}{2\pi}\int_0^{2\pi}\int_0^{\infty}\frac{\rho\mathrm{d}\rho\mathrm{d}\phi}{(\rho^2+h^2)^{3/2}}=-q$$

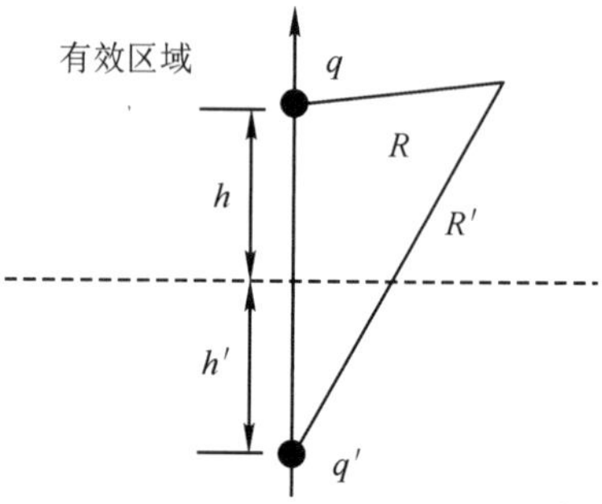

图 6-8　习题 6.4 图

6.5　半径为 R 的导体半球置于一无限大接地平面上，点电荷 q 位于导体平面上方，其与导体平面的距离是 d，求：

(1) 点电荷 q 所受的力；

(2) 导体上方的电位。

解　(1) 假设 $d>R$。根据一点电荷附近置一无限大接地导体平面与该电荷附近接地导体球两个模型，可做出如图 6-9 所示的三个镜像电荷的电量与位置假设：

$$q_1=\frac{R}{d}q,\ \boldsymbol{z}_1=\frac{R^2}{d}\boldsymbol{e}_z$$

$$q_2=\frac{R}{d}q,\ \boldsymbol{z}_2=-\frac{R^2}{d}\boldsymbol{e}_z$$

$$q_3=-q,\ \boldsymbol{z}_3=-d\boldsymbol{e}_z$$

$$\boldsymbol{z}=d\boldsymbol{e}_z$$

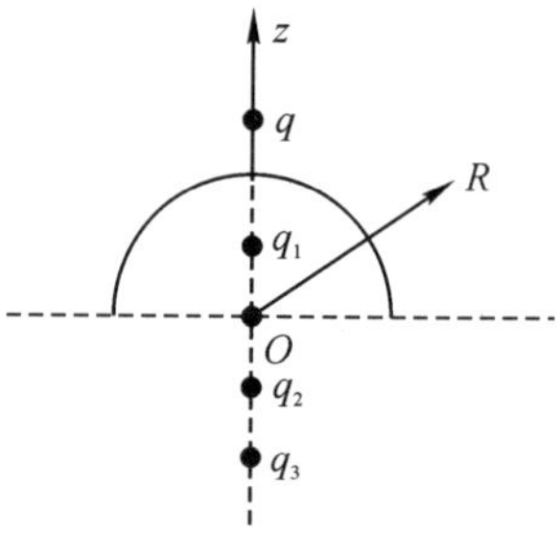

图 6-9　习题 6.5 图

其中 $\boldsymbol{z}$、$\boldsymbol{z}_1$、$\boldsymbol{z}_2$、$\boldsymbol{z}_3$ 分别为原点到点电荷 q、q_1、q_2、q_3 的位置向量，则点电荷 q_1、q_2、q_3 到点电荷 q 的位置向量 $\boldsymbol{z}_1'$、$\boldsymbol{z}_2'$、$\boldsymbol{z}_3'$ 分别为

$$\boldsymbol{z}_1'=-\left(d-\frac{R^2}{d}\right)\boldsymbol{e}_z,\ \boldsymbol{z}_2'=-\left(d+\frac{R^2}{d}\right)\boldsymbol{e}_z,\ \boldsymbol{z}_3'=-2d\boldsymbol{e}_z$$

设点电荷 q 受到点电荷 q_1、q_2、q_3 的电场力分别为 $\boldsymbol{F}_1$、$\boldsymbol{F}_2$、$\boldsymbol{F}_3$，故点电荷 q 所受的力为

$$\boldsymbol{F}=\boldsymbol{F}_1+\boldsymbol{F}_2+\boldsymbol{F}_3=\frac{qq_1}{4\pi\varepsilon_0 z_1'^2}\boldsymbol{e}_z+\frac{qq_2}{4\pi\varepsilon_0 z_2'^2}\boldsymbol{e}_z+\frac{qq_3}{4\pi\varepsilon_0 z_3'^2}\boldsymbol{e}_z$$

$$=\frac{q}{4\pi\varepsilon_0}\left[\frac{q_1}{|\boldsymbol{z}_1-\boldsymbol{z}|^2}+\frac{q_2}{|\boldsymbol{z}_2-\boldsymbol{z}|^2}+\frac{q_3}{|\boldsymbol{z}_3-\boldsymbol{z}|^2}\right]\boldsymbol{e}_z$$

$$=\frac{q^2}{4\pi\varepsilon_0}\left[-\frac{dR}{(R^2-d^2)^2}+\frac{dR}{(R^2+d^2)^2}-\frac{1}{4d^2}\right]\boldsymbol{e}_z$$

(2) 由题意得，三个镜像电荷与原电荷共同产生的电位在导体表面和球面上都为零，导体上方的电位为四个点电荷的电位的叠加，即

$$\varphi=\frac{1}{4\pi\varepsilon_0}\left(\frac{q}{R}+\frac{q_1}{r_1}+\frac{q_2}{r_2}+\frac{q_3}{r_3}\right)$$

其中，

$$R=[x^2+y^2+(z-d)^2]^{\frac{1}{2}}$$

$$r_1=[x^2+y^2+(z-|z_1|)^2]^{\frac{1}{2}}=\left[x^2+y^2+\left(z-\frac{R^2}{d}\right)^2\right]^{\frac{1}{2}}$$

$$r_2=[x^2+y^2+(z+|z_2|)^2]^{\frac{1}{2}}=\left[x^2+y^2+\left(z+\frac{R^2}{d}\right)^2\right]^{\frac{1}{2}}$$

$$r_3=[x^2+y^2+(z+|z_3|)^2]^{\frac{1}{2}}=[x^2+y^2+(z+d)^2]^{\frac{1}{2}}$$

6.6　一个点电荷 q 位于一无限宽和厚的导电板上方，如图 6-10 所示。

(1) 计算任意一点 $P(x, y, z)$的电位；

(2) 写出 $z=0$ 的边界上电位的边界条件。

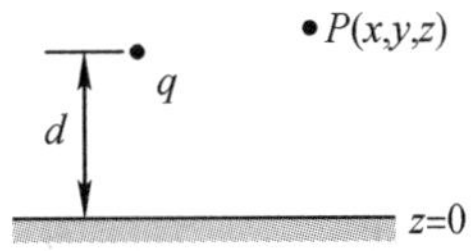

图 6-10　习题 6.6 图

解　(1) 任意一点 $P(x, y, z)$的电位可表示为

$$\varphi(x, y, z)=\frac{q}{4\pi\varepsilon_0 r_1}-\frac{q}{4\pi\varepsilon_0 r_2}$$

其中，

$$r_1=[x^2+y^2+(z-d)^2]^{\frac{1}{2}},\ r_2=[x^2+y^2+(z+d)^2]^{\frac{1}{2}}$$

(2) $z=0$ 的边界上电位的边界条件为

$$\varphi(x, y, z)|_{z=0}=0$$

6.7　一接地导电球的半径为 a，一点电荷 q 置于距球心距离 d 处，计算导体球的表面电荷密度。

解　分两种情况，即 $d>a$（点电荷位于导体球外）和 $d<a$（点电荷位于导体球内）进行讨论。

(1) 当 $d>a$ 时，接地导体球外放置一点电荷，如图 6-11 所示。由于导体球接地，因此导体球的电位为零。

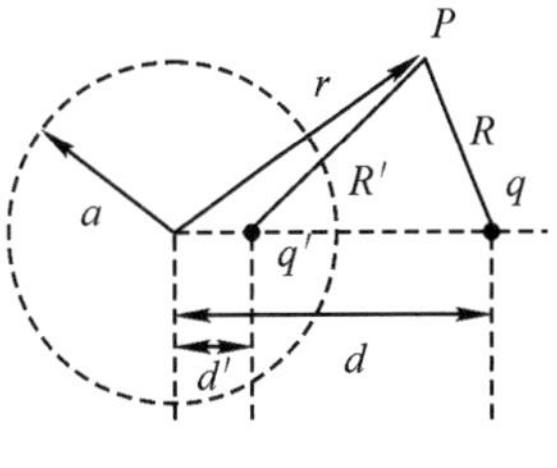

图 6-11　习题 6.7 图(一)

点电荷 q 的存在使得导体球面上出现不均匀分布的感应电荷。导体球外空间的电场应是点电荷 q 与导体球面上感应电荷产生的电场的叠加。解该类问题的困难是无法得到导体球面上感应电荷的分布，此类问题可用镜像法进行求解。

采用镜像法时，将导体球面移去，用一镜像电荷 q'来等效球面上的感应电荷。为了不影响球面外空间的真实电场分布，镜像电荷必须设置在球面内。为了等效导体球边界的影响，令镜像电荷 q'位于球心与点电荷 q 的连线上，且在球面内，距离球心的距离为 d'。

原电荷 q 与镜像电荷 q'在球面外空间中任一点的电位为

$$\varphi=\frac{1}{4\pi\varepsilon}\left(\frac{q}{R}+\frac{q'}{R'}\right)=\frac{1}{4\pi\varepsilon}\left(\frac{q}{\sqrt{r^2+d^2-2rd\cos\theta}}+\frac{q'}{\sqrt{r^2+d'^2-2rd'\cos\theta}}\right)\quad(1)$$

方法一：由于导体球面接地，因此当导体球面 $r=a$ 时，电位 $\varphi=0$，即

$$\varphi=\frac{1}{4\pi\varepsilon}\left(\frac{q}{\sqrt{a^2+d^2-2ad\cos\theta}}+\frac{q'}{\sqrt{a^2+d'^2-2ad'\cos\theta}}\right)=0$$

解上式可以得到

$$(a^2+d^2)q'^2-(a^2+d'^2)q^2-2a\cos\theta(dq'^2-d'q^2)=0 \tag{2}$$

由于式(2)对任意的角度 θ 都成立，因此可建立方程组

$$\begin{cases}(a^2+d^2)q'^2-(a^2+d'^2)q^2=0\\ 2a\cos\theta(dq'^2-d'q^2)=0\end{cases}$$

解上述方程组可得镜像电荷的大小和位置为

$$\begin{cases}q'=-\dfrac{a}{d}q\\ d'=\dfrac{a^2}{d}\end{cases}\quad \text{和} \quad \begin{cases}q'=-q\\ d'=d\end{cases} \tag{3}$$

式(3)的第 2 个结果无意义，舍去，第 1 个结果即点电荷对接地导体球面的镜像电荷的大小和位置。

方法二：由于接地导体球面上的电位等于 0，因此当场点 P 位于原电荷与镜像电荷连线和球面的交点上，即 $R=d-a$，$R'=a-d'$时，电位等于 0；当场点 P 位于原电荷与镜像电荷连线的延长线和球面的交点上，即 $R=d+a$，$R'=a+d'$时，电位也等于 0。于是可根据式(2)建立方程组

$$\begin{cases}\dfrac{q}{d-a}+\dfrac{q'}{a-d'}=0\\ \dfrac{q}{d+a}+\dfrac{q'}{a+d'}=0\end{cases}$$

解上述方程组可以得到与式(3)相同的结果，即镜像电荷的大小和位置为

$$\begin{cases}q'=-\dfrac{a}{d}q\\ d'=\dfrac{a^2}{d}\end{cases}$$

将镜像电荷的大小和位置代入式(1)就可得到球面外空间中任一点的电位为

$$\varphi=\frac{q}{4\pi\varepsilon}\left(\frac{1}{\sqrt{r^2+d^2-2rd\cos\theta}}-\frac{a}{d\sqrt{r^2+(a^2/d)^2-2r(a^2/d)\cos\theta}}\right)$$

则球面上的感应面电荷密度为

$$\rho_S=-\varepsilon\left.\frac{\partial\varphi}{\partial r}\right|_{r=a}=-\frac{q(d^2-a^2)}{4\pi a(a^2+d^2-2ad\cos\theta)^{3/2}}$$

故导体球面上的总感应电荷为

$$q_{in}=\int_S\rho_S\mathrm{d}S=-\frac{q(d^2-a^2)}{4\pi a}\int_0^{2\pi}\int_0^{\pi}\frac{a^2\sin\theta\mathrm{d}\theta\mathrm{d}\phi}{(a^2+d^2-2ad\cos\theta)^{3/2}}=-\frac{a}{d}q$$

(2) 当 $d<a$ 时，接地导体球内放置一点电荷，如图 6-12 所示。设接地空心导体球壳的内半径为 a、外半径为 b，点电荷 q 位于球壳内，与球心相距 d ($d<a$)。由于导体球壳接地，因此导体球壳面的电位为零；球壳内面上具有感应负电荷分布。镜像电荷必须在球外，且处于球心与原电荷连线的延长线上，距离球心为 d'，大小为 q'。球壳内的电位为

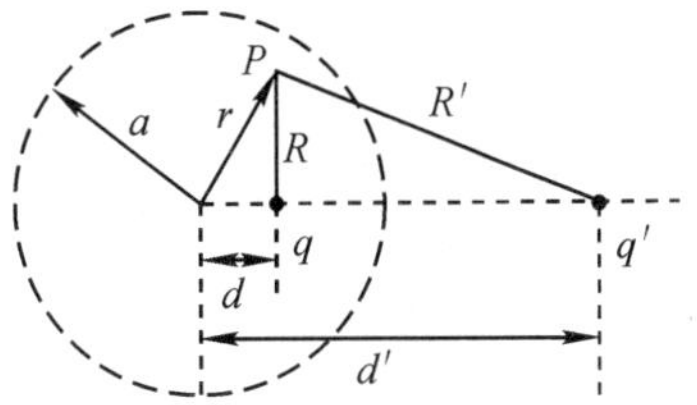

图 6-12 习题 6.7 图(二)

$$\varphi=\frac{1}{4\pi\varepsilon}\left(\frac{q}{R}+\frac{q'}{R'}\right)=\frac{1}{4\pi\varepsilon}\left(\frac{q}{\sqrt{r^2+d^2-2rd\cos\theta}}+\frac{q'}{\sqrt{r^2+d'^2-2rd'\cos\theta}}\right) \tag{4}$$

由于接地导体球上的电位等于 0，因此当场点 P 位于原点电荷与镜像电荷连线和球壳内面的交点上，即 $R=a-d$，$R'=d'-a$ 时，电位等于 0；当场点 P 位于原点电荷与镜像电荷连线的延长线和球壳内面的交点上，即 $R=d+a$，$R'=a+d'$时，电位也等于 0。于是可根据式(4)建立方程组

$$\begin{cases}\dfrac{q}{a-d}+\dfrac{q'}{d'-a}=0\\[2ex]\dfrac{q}{d+a}+\dfrac{q'}{a+d'}=0\end{cases}$$

解上述方程组可以得到镜像电荷的大小和位置为

$$\begin{cases}q'=-\dfrac{a}{d}q\\[2ex]d'=\dfrac{a^2}{d}\end{cases}$$

将镜像电荷的大小和位置代入式(4)就可得到球面外空间任一点电位为

$$\varphi=\frac{q}{4\pi\varepsilon}\left(\frac{1}{\sqrt{r^2+d^2-2rd\cos\theta}}-\frac{a}{d\sqrt{r^2+(a^2/d)^2-2r(a^2/d)\cos\theta}}\right)$$

则球面上的感应电荷面密度为

$$\rho_S=-\varepsilon\left.\frac{\partial\varphi}{\partial r}\right|_{r=a}=-\frac{q(a^2-d^2)}{4\pi a(a^2+d^2-2ad\cos\theta)^{3/2}}$$

故导体球面上的总感应电荷为

$$q_{in}=\int_S\rho_S\mathrm{d}S=-\frac{q(a^2-d^2)}{4\pi a}\int_0^{2\pi}\int_0^{\pi}\frac{a^2\sin\theta\mathrm{d}\theta\mathrm{d}\phi}{(a^2+d^2-2ad\cos\theta)^{3/2}}=-q$$

6.8 两个点电荷 $\pm q$ 位于半径为 a 的导体球直径延长线上，分别距球心 $\pm d$ ($d>a$)，如图 6-13 所示。

(1) 求空间的电位分布；

(2) 求两个点电荷分别所受到的静电力；

(3) 求两个点电荷的镜像电荷所构成的中心位于球心的电偶极子的电偶极矩；

(4) 如果导体球接地，上面三个问题的结果如何改变，为什么？

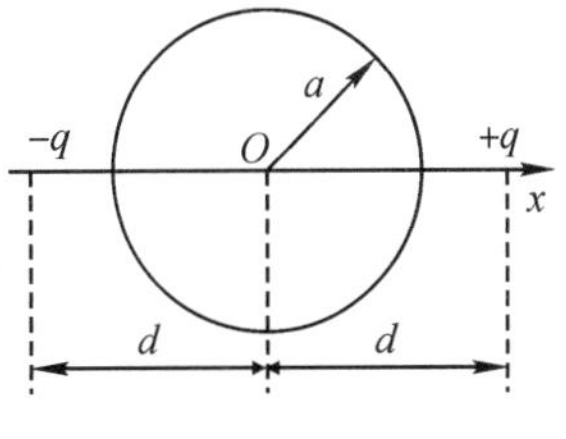

图 6-13 习题 6.8 图

解 (1) 两个点电荷$\pm q$的镜像电荷分别是$\pm q'$，其中$q'=-\frac{a}{d}q$，分别距球心$\pm d'=\pm\frac{a^2}{d}$，空间的电位分布为

当$r<a$时，

$$\varphi=\varphi_0 \quad (\text{其中 } \varphi_0 \text{ 与电位参考点的选择有关})$$

当$r\geqslant a$时，

$$\varphi=\frac{1}{4\pi\varepsilon_0}\left(\frac{q}{r_{+q}}-\frac{q}{r_{-q}}+\frac{q}{r_{+q'}}-\frac{q}{r_{-q'}}\right)+\varphi_0$$

(2) 两个点电荷所受的静电力为

$$\boldsymbol{F}_{+q}=-\boldsymbol{F}_{-q}=\frac{q}{4\pi\varepsilon_0}\left[\frac{q'}{(d-d')^2}-\frac{q'}{(d+d')^2}-\frac{q}{4d^2}\right]\boldsymbol{e}_x$$

(3) 电偶极子的电偶极矩为

$$\boldsymbol{P}=q'\boldsymbol{l}=-\frac{a}{d}q(d'+d')\boldsymbol{e}_x=-\frac{2a^3}{d^2}q\boldsymbol{e}_x$$

(4) 如果导体球接地，则(1)中的$\varphi_0=0$，(2) 和(3) 的结果不变。因为无论是否接地，在导体球内加入镜像电荷$\pm q'$都不会影响导体球所带电量，所以镜像电荷数是一样的，而接地相当于改变了电位参考点，因此导体球本身的电位会变化。

6.9 如图 6-14 所示，在均匀外电场$\boldsymbol{E}_0=E_0\boldsymbol{e}_x$中，一个点电荷$q(q>0)$与接地导体平面相距$x$。

(1) 求点电荷q所受电场力为零时的位置x_0；

(2) 设点电荷q最初位于$x_0/2$处，以初速度v_0向正x方向运动，若要使点电荷q始终保持向正x方向运动，则所需最小初速度为多大(设点电荷的质量为m)？

解 (1) 用镜像电荷$q'=-q$替代导体平面上的感应电荷的作用，则点电荷q在x_0处所受的电场力为

$$\boldsymbol{F}=q\left[E_0-\frac{q}{4\pi\varepsilon_0(2x_0)^2}\right]\boldsymbol{e}_x$$

令$\boldsymbol{F}=\boldsymbol{0}$，即可得到

$$x_0=\sqrt{\frac{q}{16\pi\varepsilon_0E_0}}$$

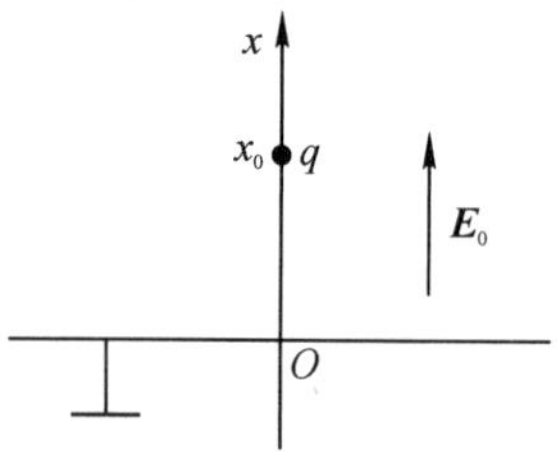

图 6-14 习题 6.9 图

(2) 当$x<x_0$时，$\boldsymbol{F}$沿负x方向；当$x>x_0$时，$\boldsymbol{F}$沿正x方向。设点电荷的初速度为v_0时，到达x_0处速度减小到零，则有

$$-\frac{1}{2}mv_0^2=\int_{\frac{x_0}{2}}^{x_0}\boldsymbol{F}\cdot\boldsymbol{e}_x\mathrm{d}x=\int_{\frac{x_0}{2}}^{x_0}q\left[E_0-\frac{q}{4\pi\varepsilon_0(2x)^2}\right]\mathrm{d}x$$

$$=\frac{1}{2}qx_0E_0-\frac{q^2}{16\pi\varepsilon_0x_0}=-\frac{1}{2}\sqrt{\frac{E_0q^3}{16\pi\varepsilon_0}}$$

由此解得最小初速度为

$$v_{0,\min}=\frac{1}{2}\sqrt[4]{\frac{q^3E_0}{\pi\varepsilon_0m^2}}$$

6.10　空气中有两个半径相同(均等于 a)的导体球相切，试用球面镜像法求该孤立导体系统的电容。

解　先在两导体球的球心各放相同的点电荷 q，采用镜像法依次确定两边电荷所对应的镜像电荷，使导体球面为等位面，如图 6-15 所示，则

$$AA_1=\frac{a^2}{AA'}=\frac{a^2}{2a}=\frac{a}{2},\quad q_1=-\frac{a}{2a}q=-\frac{1}{2}q$$

$$AA_2=\frac{a^2}{AA_1'}=\frac{a^2}{a/2+a}=\frac{2a}{3},\quad q_2=-\frac{a}{AA_1'}q_1=\frac{1}{3}q$$

依此类推，得

$$q_3=-\frac{1}{4}q,\quad q_4=\frac{1}{5}q,\ \cdots$$

故系统的总电荷为

$$\begin{aligned}Q&=2(q+q_1+q_2+\cdots)\\&=2q\left(1-\frac{1}{2}+\frac{1}{3}-\frac{1}{4}+\cdots\right)\\&=2q\ln 2\end{aligned}$$

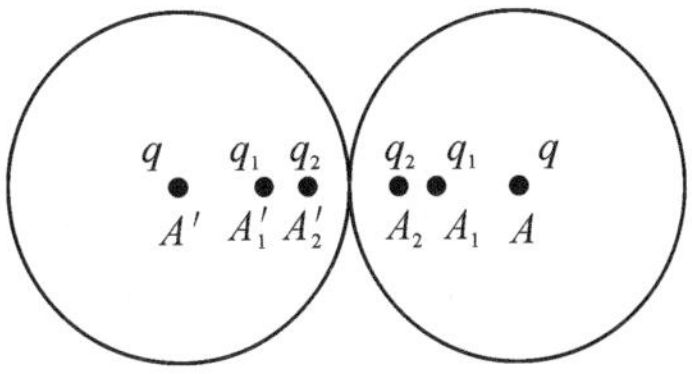

图 6-15　习题 6.10 图

又

$$U_0=\frac{q}{4\pi\varepsilon_0 a}$$

所以系统的电容为

$$C=8\pi\varepsilon_0 a\ln 2$$

6.11　如图 6-16 所示，一个半径为 a 的不接地导体球内有一个半径为 b 的偏心球形空腔，在空腔中心 O' 处有一点电荷 q。

(1) 求空间中任意点处的电位；

(2) 求点电荷 q 受到的电场力；

(3) 若点电荷 q 偏离空腔中心(但仍在空腔内)，则空间中任意点处的电位和点电荷 q 受到的电场力有无变化？

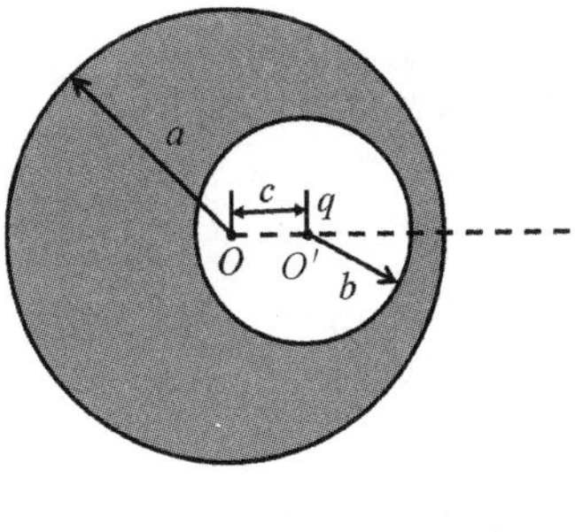

图 6-16　习题 6.11 图

解　(1) 导体球外：$\varphi=\dfrac{Q}{4\pi\varepsilon_0 r}$，式中 r 为导体球外任意点到点 O 的距离；

空腔内：$\varphi=\dfrac{Q}{4\pi\varepsilon_0 r'}-\dfrac{Q}{4\pi\varepsilon_0 b}+\dfrac{Q}{4\pi\varepsilon_0 a}$，式中 r' 为空腔内任一点到点 O' 的距离；

导体球内：$\varphi=\dfrac{Q}{4\pi\varepsilon_0 a}$。

(2) 点电荷 q 受到的电场力 $\boldsymbol{F}_q=\mathbf{0}$。

(3) 导体球内和导体球外的电位不变，空间内任意点处的电位和点电荷 q 受到的电场力要改变。

6.12 线电荷密度为 ρ_l 的无限长线平行置于无限大接地导体平面前，二者相距 d，求电位及等位面方程。

解 根据题意画出图形，如图 6-17 所示。利用镜像法，我们可用介质 2 中的镜像线电荷 ρ_l' 来代替无限大接地导体表面上的线电荷。

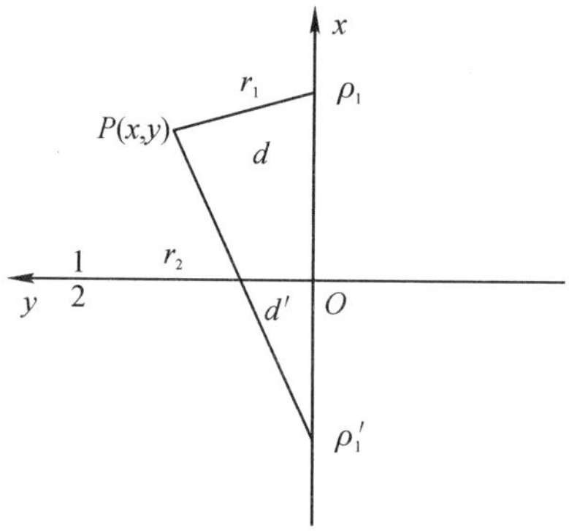

图 6-17 习题 6.12 图

根据题意有

$$\rho_l' = -\rho_l \quad d' = d$$

则介质 1 中的电场强度为

$$\boldsymbol{E} = \frac{\rho_l}{2\pi\varepsilon_1 r_1}\boldsymbol{e}_{r_1} + \frac{\rho_l'}{2\pi\varepsilon_1 r_2}\boldsymbol{e}_{r_2}$$

故介质 1 中的电位(取 r_0 处为参考电位零点)为

$$\varphi_1 = \int_c \boldsymbol{E}_1 \cdot \mathrm{d}\boldsymbol{l} = \int_r^{r_0} \frac{\rho_l}{2\pi\varepsilon_1 r_1}\mathrm{d}r + \int_r^{r_0} \frac{\rho_l}{2\pi\varepsilon_1 r_2}\mathrm{d}r = \frac{\rho_l}{2\pi\varepsilon_1}\ln\frac{r_1}{r_2} = \frac{\rho_l}{2\pi\varepsilon_0}\ln\frac{r_1}{r_2}$$

$$\varphi_1(x, y) = \frac{\rho_l}{2\pi\varepsilon_0}\ln\frac{\sqrt{(d+x)^2+y^2}}{\sqrt{(d-x)^2+y^2}} = \frac{\rho_l}{2\pi\varepsilon_0}\ln\frac{(d+x)^2+y^2}{(d-x)^2+y^2}$$

从而 xOy 平面上的等位面方程为

$$\varphi_1(x, y) = C$$

即

$$\frac{(d+x)^2+y^2}{(d-x)^2+y^2} = m^2$$

整理得

$$\left(x - \frac{m^2+1}{m^2-1}d\right)^2 + y^2 = \left(\frac{2md}{m^2-1}\right)^2$$

圆心为$\left(\frac{m^2+1}{m^2-1}d, 0\right)$，半径 $R = \left|\frac{2md}{m^2-1}\right|$。给定一个 m，即 $\varphi_1 = \frac{\rho_l}{4\pi\varepsilon_0}\ln m^2$，对应一个等位圆。上半空间电位为正，$y$ 轴电位为 0，下半空间电位为 0。

6.13 设在无限大接地导体平面上方有两根平行导线，两根平行导线与导体平面之间的距离为 d，两根导线之间的距离为 D，导线的半径为 r，它远小于 d 和 D，因此导线上的电荷可近似视为线电荷，线电荷密度分别为 ρ_{l1} 和 ρ_{l2}，试求两导线表面上的电位。

解 导线上的电荷可近似视为线电荷，则其镜像电荷是线电荷。镜像线电荷密度 ρ_{l1}'、ρ_{l2}' 的大小等于原线电荷密度的负值，d'为镜像线电荷到导体平面的距离，故

$$\begin{cases} \rho_{l1}' = -\rho_{l1} \\ \rho_{l2}' = -\rho_{l2} \\ d' = d \end{cases}$$

根据题意得线电荷密度为 ρ_{l1} 的导体中心到线电荷密度为 ρ_{l1}、ρ_{l1}'、ρ_{l2}、ρ_{l2}' 的导体表面的距离为

$$\begin{cases} r_1 = r \\ r_1' = 2d \\ r_2 = D \\ r_2' = \sqrt{D^2 + 4d^2} \end{cases}$$

则导线 l_1 表面上的电位为

$$\varphi_{l_1} = \frac{1}{4\pi\varepsilon}\left(\int_{l_1} \frac{\rho_{l1}}{r_1}\mathrm{d}l_1 + \int_{l_1'} \frac{\rho_{l1}'}{r_1'}\mathrm{d}l_1' + \int_{l_2} \frac{\rho_{l2}}{r_2}\mathrm{d}l_2 + \int_{l_2'} \frac{\rho_{l2}'}{r_2'}\mathrm{d}l_2'\right)$$

$$= \frac{1}{2\pi\varepsilon}\left(\rho_{l1} \ln \frac{2d}{r} + \rho_{l2} \ln \frac{\sqrt{D^2 + 4d^2}}{D}\right)$$

同理，导线 l_2 表面上的电位为

$$\varphi_{l_2} = \frac{1}{2\pi\varepsilon}\left(\rho_{l1} \ln \frac{\sqrt{D^2 + 4d^2}}{D} + \rho_{l2} \ln \frac{2d}{r}\right)$$

6.14　如图 6－18 所示，一个半径为 a、电量为 q 的均匀带电细圆环，圆环面与无限大接地导体平板平行且距导体平板为 h。

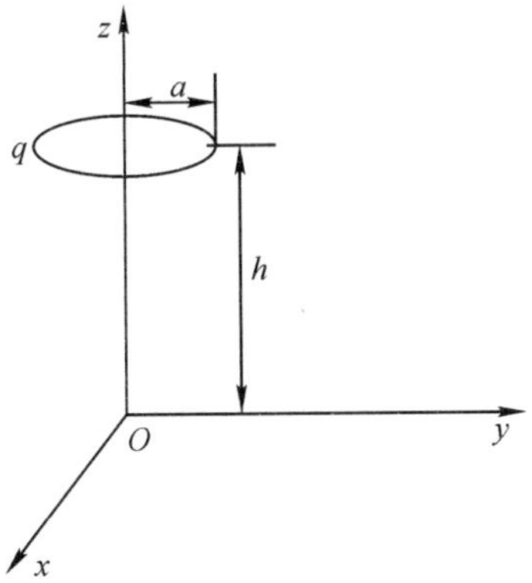

图 6－18　习题 6.14 图

(1) 求圆环轴线（z 轴）上的电场强度和电位；

(2) 当 $h \gg a$ 时，求带电细圆环所受的电场力。

解　(1) 镜像电荷是一个半径为 a、带电量为 $-q$ 的均匀带电圆环，圆环的圆心位于 $z=-h$ 处，则圆环轴线上的电位和电场强度分别为

$$\varphi(0,\ 0,\ z) = \frac{q}{4\pi\varepsilon_0}\left\{\frac{1}{[a^2 + (z-h)^2]^{1/2}} - \frac{1}{[a^2 + (z+h)^2]^{1/2}}\right\}$$

$$\boldsymbol{E}(0,\ 0,\ z) = -\nabla\varphi = \boldsymbol{e}_z \left\{\frac{z-h}{[a^2 + (z-h)^2]^{3/2}} - \frac{z+h}{[a^2 + (z+h)^2]^{3/2}}\right\}$$

(2) 带电细圆环所受的电场力为

$$\boldsymbol{F} = -\boldsymbol{e}_z \frac{q^2}{4\pi\varepsilon_0} \frac{2h}{(a^2 + 4h^2)^{3/2}} \approx -\boldsymbol{e}_z \frac{q^2}{8\pi\varepsilon_0 h^2}$$

6.15　真空中有一半径为 a、介电常数为 ε 的无限长圆柱体，其上均匀分布着电荷，设单位长度的电荷为 Q，求它在空间各处所产生的电位和电场强度。

解 方法一：由于电荷均匀分布在圆柱内，因此它所产生的电场是柱对称的，或者说电位仅是半径的函数，属于一维问题，我们采用先求电位再求电场强度的方法。

设圆柱内单位体积的电荷为 $\rho_V=\dfrac{Q}{\pi a^2}$，圆柱内、外的电位分别为 φ_1、φ_2，则它们满足以下方程：

$$\frac{1}{\rho}\frac{\mathrm{d}}{\mathrm{d}\rho}\left(\rho\frac{\mathrm{d}\varphi_1}{\mathrm{d}\rho}\right)=-\frac{\rho_V}{\varepsilon}$$

$$\frac{1}{\rho}\frac{\mathrm{d}}{\mathrm{d}\rho}\left(\rho\frac{\mathrm{d}\varphi_2}{\mathrm{d}\rho}\right)=0$$

解得

$$\varphi_1=-\frac{\rho_V}{4\varepsilon}\rho^2+C_1\ln\rho+C_2$$

$$\varphi_2=C_3\ln\rho+C_4$$

根据边界条件：$\rho\to 0$，即圆柱轴线上的电位应该是有限值，则有 $C_1=0$。选择 $\rho=0$ 处的电位为参考电位，即 $\rho=0$ 处的电位为零，必然有 $C_2=0$。由于

$$\varphi_1\big|_{\rho=a}=\varphi_2\big|_{\rho=a},\ \varepsilon\frac{\partial\varphi_1}{\partial\rho}\bigg|_{\rho=a}=\varepsilon_0\frac{\partial\varphi_2}{\partial\rho}\bigg|_{\rho=a}$$

因而得

$$C_3=-\frac{\rho_V}{2\varepsilon_0}a^2=-\frac{Q}{2\pi\varepsilon_0},\ C_4=-\frac{Q}{4\pi\varepsilon}+\frac{Q\ln a}{2\pi\varepsilon_0}$$

因此圆柱内、外的电位表达式分别为

$$\varphi_1=-\frac{Q\rho^2}{4\pi\varepsilon a^2}\quad(\rho<a)$$

$$\varphi_2=\frac{Q}{2\pi\varepsilon_0}\ln\frac{a}{\rho}+\frac{Q}{4\pi\varepsilon}\quad(\rho>a)$$

由电场强度与电位之间的关系 $\boldsymbol{E}=-\nabla\varphi$ 可得圆柱内、外的电场强度分别为

$$\boldsymbol{E}_1=\frac{Q\rho}{2\pi\varepsilon a^2}\boldsymbol{e}_\rho\quad(\rho<a)$$

$$\boldsymbol{E}_2=\frac{Q}{2\pi\varepsilon_0\rho}\boldsymbol{e}_\rho\quad(\rho>a)$$

注意 本题中的参考点不能选在无穷远点，当电荷分布延伸到无限远处时，参考点可以选在除无穷远点以外的任何点。当参考点变化时，所求电位也随着变化，但任意两点间的电压不变，且所求电场强度也不变。

方法二：由于电荷均匀地分布在圆柱内，因此它所产生的电场是柱对称的，所以采用先求电场强度(利用高斯定理)再求电位的方法。

已知单位长度的电荷为 Q，则圆柱内单位体积的电荷 $\rho_V=\dfrac{Q}{\pi a^2}$。设圆柱内任意点 P 处的电场强度为 $\boldsymbol{E}_1(\rho<a)$，则以过点 P 到圆柱轴线的垂直距离为半径，以圆柱的轴线为轴线做半径为 ρ、长度为 1 的高斯圆柱面，由高斯定理得

$$\oint_S \varepsilon \boldsymbol{E}_1 \cdot d\boldsymbol{S} = \frac{Q}{\pi a^2}\pi\rho^2$$

故

$$\boldsymbol{E}_1 = \frac{Q\rho}{2\pi\varepsilon_0 a^2}\boldsymbol{e}_\rho$$

设圆柱外任意点 P 处的电场强度为 $\boldsymbol{E}_2(\rho>a)$，则以过点 P 到圆柱轴线的垂直距离为半径，以圆柱的轴线为轴线做半径为 ρ、长度为 l 的高斯圆柱面，由高斯定理得

$$\oint_S \varepsilon_0 \boldsymbol{E}_2 \cdot d\boldsymbol{S} = Q$$

故

$$\boldsymbol{E}_2 = \frac{Q}{2\pi\varepsilon_0 \rho}\boldsymbol{e}_\rho$$

选择 $\rho=a$ 处的电位为参考电位，即 $\rho=a$ 处的电位为零，则圆柱内任一点处的电位为

$$\varphi_1 = \int_\rho^a \boldsymbol{E}_1 \cdot d\boldsymbol{\rho}$$

即

$$\varphi_1 = \frac{Q}{4\pi\varepsilon}\left(1-\frac{\rho^2}{a^2}\right) \quad (\rho < a)$$

圆柱外任意点处的电位为

$$\varphi_2 = \int_\rho^a \boldsymbol{E}_2 \cdot d\boldsymbol{\rho}$$

即

$$\varphi_2 = \frac{Q}{2\pi\varepsilon_0}\ln\left(\frac{a}{\rho}\right) \quad (\rho > a)$$

由上述两种方法可见：

(1) 方法二比方法一更为简单，因此以后遇到电荷对称分布的情况，尽可能用高斯定理。

(2) 两种方法所求电位表达式有所不同，这是由于所选的参考点不同，但任意两点间的电压是相同的。

6.16　将一个半径为 a 的无限长导体管平分成两半，两部分之间互相绝缘，上半部分 $(0<\phi<\pi)$ 接电压 U_0，下半部分 $(\pi<\phi<2\pi)$ 的电位为零，如图 6-19 所示，求管内的电位。

解　管内电位的通解为

$$\varphi(r,\phi) = (A_0\phi + B_0)(C_0\ln r + D_0) + \sum_{n=1}^{\infty} r^n (A_n \cos n\phi + B_n \sin n\phi) +$$

$$\sum_{n=1}^{\infty} r^{-n} (C_n \cos n\phi + D_n \sin n\phi)$$

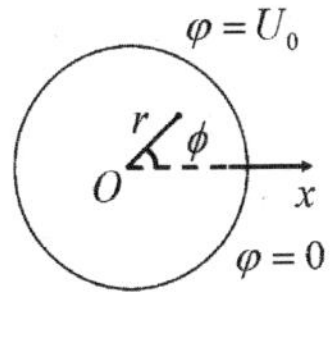

图 6-19　习题 6.16 图

由于管内电位在 $r=0$ 处为有限值，所以通解中不能有 $\ln r$ 和 r^{-n} 项，即有

$$C_n=0,\ D_n=0,\ C_0=0\ (n=1,\ 2,\ \cdots)$$

又管内电位是角度函数的周期函数，故 $A_0=0$，因此管内电位的通解取为

$$\varphi(r,\ \phi)=B_0D_0+\sum_{n=1}^{\infty}r^n(A_n\cos n\phi+B_n\sin n\phi)=\begin{cases}U_0 & (0<\phi<\pi)\\0 & (\pi<\phi<2\pi)\end{cases}$$

其中各项系数由 $r=a$ 处的边界条件确定，即

$$B_0D_0=\frac{1}{2\pi}\int_0^{2\pi}\varphi(a,\ \phi)\mathrm{d}\phi=\frac{U_0}{2}$$

$$a^nA_n=\frac{1}{\pi}\int_0^{2\pi}\varphi(a,\ \phi)\cos n\phi\,\mathrm{d}\phi=0$$

$$a^nB_n=\frac{1}{\pi}\int_0^{2\pi}\varphi(a,\ \phi)\sin n\phi\,\mathrm{d}\phi=\frac{U_0}{n\pi}(1-\cos n\pi)$$

于是管内的电位为

$$\varphi=\frac{1}{2}U_0+\frac{2U_0}{\pi}\sum_{n=1,\ 3,\ 5}^{\infty}\frac{1}{n}\left(\frac{r}{a}\right)^n\sin n\phi$$

6.17 已知球面($r=a$)上的电位为 $\varphi=U_0\cos\theta$，求球外的电位。

解 设球外电位的通解形式为

$$\varphi=\sum_{n=0}^{\infty}(A_nr^n+B_nr^{-n-1})P_n(\cos n\theta)$$

在无穷远处，应该满足自然边界条件，即电位趋于零，这样确定系数 $A_n=0$，故球外电位的通解形式简化为

$$\varphi=\sum_{n=0}^{\infty}B_nr^{-n-1}P_n(\cos n\theta)$$

使用球面($r=a$)的边界条件，有

$$U_0\cos\theta=\sum_{n=0}^{\infty}B_na^{-n-1}P_n(\cos n\theta)$$

由于勒让德多项式 $P_n(\cos n\theta)$是线性无关的，且 $P_n(\cos n\theta)=\cos\theta$，因此比较上式左、右两边的系数，得到

$$B_1=U_0a^2,\ B_n=0\quad(n=0,\ 2,\ 3,\ \cdots)$$

所以球外的电位为

$$\varphi=U_0=\frac{a^2}{r^2}\cos\theta$$

6.18 将半径为 a、介电常数为 ε 的无限长介质圆柱放置于均匀电场 $\boldsymbol{E}_0$ 中，设 $\boldsymbol{E}_0$ 沿 x 方向，圆柱的轴沿 z 轴，圆柱外为空气，如图 6-20 所示，求圆柱内、外的电位和电场强度。

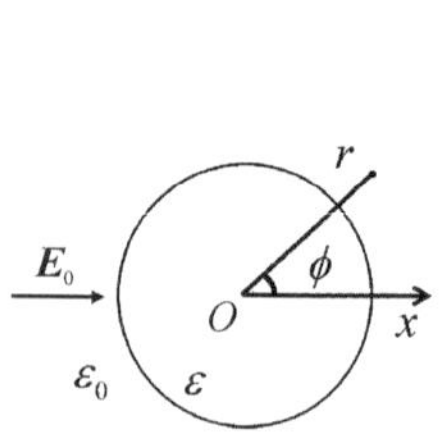

图 6-20 习题 6.18 图

解 选取原点为电位参考点，用 φ_1 表示圆柱内的电位，φ_2 表示圆柱外的电位。在 $r\to\infty$处，电位为

$$\varphi_2=-E_0r\cos\phi$$

因几何结构和场分布关于 $y=0$ 平面对称，故电位表示式中不应有 ϕ 的正选项。令

$$\varphi_1=A_0+\sum_{n=1}^{\infty}(A_nr^n+B_nr^{-n})\cos n\phi$$

$$\varphi_2=C_0+\sum_{n=1}^{\infty}(C_n r^n+D_n r^{-n})\cos n\phi$$

根据原点处的电位为零，定出 $A_0=0$，$B_n=0$。用无穷远处边界条件 $r\to\infty$ 及 $\varphi_2=-E_0 r\cos\phi$，定出 $C_1=-E_0$，其余 $C_n=0$。这样，圆柱内、外的电位简化为

$$\varphi_1=\sum_{n=1}^{\infty}A_n r^n\cos n\phi$$

$$\varphi_2=C_1 r\cos n\phi+\sum_{n=1}^{\infty}D_n r^{-n}\cos n\phi$$

利用介质圆柱和空气界面($r=a$)的边界条件 $\varphi_1=\varphi_2$ 及 $\varepsilon\dfrac{\partial\varphi_1}{\partial r}=\varepsilon_0\dfrac{\partial\varphi_2}{\partial r}$，得

$$\begin{cases}\displaystyle\sum_{n=1}^{\infty}A_n a^n\cos n\phi=-E_0 a\cos\phi+\sum_{n=1}^{\infty}D_n a^{-n}\cos n\phi\\ \displaystyle\sum_{n=1}^{\infty}\varepsilon n A_n a^{n-1}\cos n\phi=-\varepsilon_0 E_0 a\cos\phi-\sum_{n=1}^{\infty}\varepsilon_0 n D_n a^{-n-1}\cos n\phi\end{cases}$$

比较 $n=1$ 时系数方程左、右两边的系数，得

$$A_1-\frac{D_1}{a^2}=E_0,\ \varepsilon A_1+\varepsilon_0\frac{D_1}{a^2}=-\varepsilon_0 E_0$$

解得

$$A_1=\frac{-2\varepsilon_0}{\varepsilon+\varepsilon_0}E_0,\ D_1=\frac{\varepsilon-\varepsilon_0}{\varepsilon+\varepsilon_0}E_0 a^2$$

比较 $n>1$ 时系数方程左、右两边的各项，得

$$A_n-\frac{D_n}{a^{2n}}=0,\ \varepsilon A_n+\varepsilon_0\frac{D_n}{a^{2n}}=0$$

由此解出 $A_n-D_n=0$。最终得到圆柱内、外的电位分别是

$$\varphi_1=-E_0\frac{2\varepsilon_0}{\varepsilon+\varepsilon_0}r\cos\phi$$

$$\varphi_2=-E_0 r\cos\phi+E_0\frac{\varepsilon-\varepsilon_0}{\varepsilon+\varepsilon_0}\frac{a^2}{r}\cos\phi$$

电场强度分别为

$$\boldsymbol{E}_1=-\nabla\varphi_1=\frac{2\varepsilon_0}{\varepsilon+\varepsilon_0}E_0\cos\phi\,\boldsymbol{e}_r-\frac{2\varepsilon_0}{\varepsilon+\varepsilon_0}E_0\sin\phi\,\boldsymbol{e}_\phi$$

$$\boldsymbol{E}_2=-\nabla\varphi_2=E_0\left(1+\frac{\varepsilon-\varepsilon_0}{\varepsilon+\varepsilon_0}\frac{a^2}{r^2}\right)\cos\phi\,\boldsymbol{e}_r-E_0\left(1+\frac{\varepsilon-\varepsilon_0}{\varepsilon+\varepsilon_0}\frac{a^2}{r^2}\right)\sin\phi\,\boldsymbol{e}_\phi$$

6.19　在均匀电场中，设置一个半径为 a 的介质球，若电场的方向为 z 轴方向，求介质球内、外的电位和电场强度(介质球的介电常数为 ε，介质球外为空气)。

解　设介质球内、外电位的通解形式分别为

$$\varphi_1=\sum_{n=0}^{\infty}(A_n r^n+B_n r^{-n-1})P_n(\cos n\theta)$$

$$\varphi_2=\sum_{n=0}^{\infty}(C_n r^n+D_n r^{-n-1})P_n(\cos n\theta)$$

选取介质球心处为电位的参考点，则介质球内电位的系数中 $A_0=0$，$B_n=0$。在 $r\to\infty$ 处，电位 $\varphi_2=-E_0 r\cos\theta$，则介质球外电位的系数 C_n 中，$C_1=-E_0$，其余为零。因此，介质球内、外电位的通解形式可分别化简为

$$\varphi_1=\sum_{n=0}^{\infty}A_n r^n P_n(\cos n\theta)$$

$$\varphi_2=-E_0 r\cos\theta+\sum_{n=0}^{\infty}D_n r^{-n-1}P_n(\cos n\theta)$$

利用介质球面($r=a$)的边界条件 $\varphi_1=\varphi_2$ 及 $\varepsilon\dfrac{\partial\varphi_1}{\partial r}=\varepsilon_0\dfrac{\partial\varphi_2}{\partial r}$得

$$\begin{cases}\displaystyle\sum_{n=0}^{\infty}A_n a^n P_n(\cos n\theta)=-E_0 a\cos\theta+\sum_{n=0}^{\infty}D_n a^{-n-1}P_n(\cos n\theta)\\ \displaystyle\sum_{n=0}^{\infty}\varepsilon n A_n a^{n-1}P_n(\cos n\theta)=-\varepsilon_0 E_0 a\cos\theta-\sum_{n=0}^{\infty}\varepsilon_0(n+1)D_n a^{-n-2}P_n(\cos n\theta)\end{cases}$$

比较上式的系数，可得 $n=1$ 以外的系数 A_n、D_n 均为零，且

$$A_1 a=-E_0 a+D_1 a^{-2},\ \varepsilon A_1=-\varepsilon_0 E_0-2\varepsilon_0 D_1 a^{-3}$$

解得

$$A_1=\frac{-3\varepsilon_0}{\varepsilon+2\varepsilon_0}E_0,\ D_1=\frac{\varepsilon-\varepsilon_0}{\varepsilon+2\varepsilon_0}E_0 a^3$$

则介质球内、外的电位和电场强度分别为

$$\varphi_1=-E_0\frac{-3\varepsilon_0}{\varepsilon+2\varepsilon_0}r\cos\theta$$

$$\varphi_2=-E_0 r\cos\theta+E_0\frac{\varepsilon-\varepsilon_0}{\varepsilon+2\varepsilon_0}\frac{a^3}{r^2}\cos\theta$$

$$\boldsymbol{E}_1=-\nabla\varphi_1=\frac{-3\varepsilon_0}{\varepsilon+2\varepsilon_0}E_0\cos\theta\boldsymbol{e}_r-\frac{-3\varepsilon_0}{\varepsilon+2\varepsilon_0}E_0\sin\theta\boldsymbol{e}_\theta$$

$$\boldsymbol{E}_2=-\nabla\varphi_2=E_0\cos\theta\left(1+2\frac{\varepsilon-\varepsilon_0}{\varepsilon+2\varepsilon_0}\frac{a^3}{r^2}\right)\boldsymbol{e}_r-E_0\sin\theta\left(1-\frac{\varepsilon-\varepsilon_0}{\varepsilon+2\varepsilon_0}\frac{a^3}{r^2}\right)\boldsymbol{e}_\theta$$

6.20 一根半径为 a、介电常数为 ε 的无限长介质圆柱体置于均匀外电场 $\boldsymbol{E}_0$ 中，且与 $\boldsymbol{E}_0$ 相垂直。设外电场方向为 x 轴方向，圆柱轴与 z 轴相合，求圆柱体内、外的电位函数。

解 选择圆柱坐标系。因圆柱无限长，电位与 z 无关，故电位函数的形式为

$$\varphi=\sum_{n=1}^{\infty}(C_{1n}r^n+C_{2n}r^{-n})(C_{3n}\sin n\phi+C_{4n}\cos n\phi)$$

设圆柱体外和圆柱体内的电位函数分别为 φ_1 和 φ_2，外电场为 $\boldsymbol{e}_x\boldsymbol{E}_0$。因在圆柱坐标系中，所以

$$x=r\cos\phi$$

而外电场对应的电位函数为

$$\varphi_0=-E_0 x$$

故有

$$\varphi_0=-E_0 r\cos\phi$$

边界条件 1：当 $r\to\infty$ 时，介质圆柱体极化的影响已不复存在，电场仍然是原来的均匀电场 E_0，因此圆柱体外无穷远处的电位为

$$\varphi_1=-E_0 r\cos\phi$$

这是圆柱体外区域中的一个边界条件。所以，当 $r\to\infty$ 时，电位函数 φ_1 的通解为

$$\varphi_1=\sum_{n=1}^{\infty}(C_{1n}r^n+C_{2n}r^{-n})(C_{3n}\sin n\phi+C_{4n}\cos n\phi)=-E_0 r\cos\phi$$

对比上式可以得到 $C_{3n}=0$，$n=1$，从而

$$\varphi_1=C_{11}C_{41}r\cos\phi+\frac{C_{21}C_{41}}{r}\cos\phi$$

又当 $r\to\infty$ 时，有

$$\varphi_1=C_{11}C_{41}r\cos\phi=-E_0 r\cos\phi$$

即 $C_{11}C_{41}=-E_0$，故圆柱体外的电位函数的通解为

$$\varphi_1=-E_0 r\cos\phi+\frac{C_{21}C_{41}}{r}\cos\phi$$

式中，$C_{21}C_{41}$ 仍为待定常数。

边界条件 2：当 $r=0$ 时，φ_2 必须为有限值，则

$$\varphi=\sum_{n=1}^{\infty}(C_{1n}r^n+C_{2n}r^{-n})(C_{3n}\sin n\phi+C_{4n}\cos n\phi)$$

式中所有 r 的负幂项都不存在(这一条件为自然边界条件)。于是圆柱体内电位函数的通解应为

$$\varphi_2=\sum_{n=1}^{\infty}r^n(C_{3n}\sin n\phi+C_{4n}\cos n\phi)$$

边界条件 3：当 $r=a$ 时，$\varphi_1=\varphi_2$，即

$$\sum_{n=1}^{\infty}a^n(C_{3n}\sin n\phi+C_{4n}\cos n\phi)=-E_0 a\cos\phi+\frac{C_{21}C_{41}}{a}\cos\phi$$

上式中同样只有 $n=1$ 的余弦项系数不等于零，即

$$\varphi_2=D_{41}r\cos\phi$$

亦即

$$D_{41}r\cos\phi=-E_0 a\cos\phi+\frac{C_{21}C_{41}}{a}\cos\phi$$

边界条件 4：由 $r=a$，$\varepsilon_0\dfrac{\partial\varphi_1}{\partial r}=\varepsilon\dfrac{\partial\varphi_2}{\partial r}$ 得

$$C_{21}C_{41}=\frac{\varepsilon-\varepsilon_0}{\varepsilon+\varepsilon_0}a^2E_0,\quad D_{41}=\frac{-2\varepsilon_0}{\varepsilon+\varepsilon_0}E_0$$

则圆柱体外和圆柱体内的电位函数分别为

$$\varphi_1=-E_0 r\cos\phi+\frac{\varepsilon-\varepsilon_0}{\varepsilon+\varepsilon_0}a^2E_0\frac{1}{r}\cos\phi$$

$$\varphi_2=\frac{-2\varepsilon_0}{\varepsilon+\varepsilon_0}E_0 r\cos\phi$$

6.21 有一个沿 z 轴方向的长且中空的金属管，管子的边界条件如图 6-21 所示。求管内的电位函数。

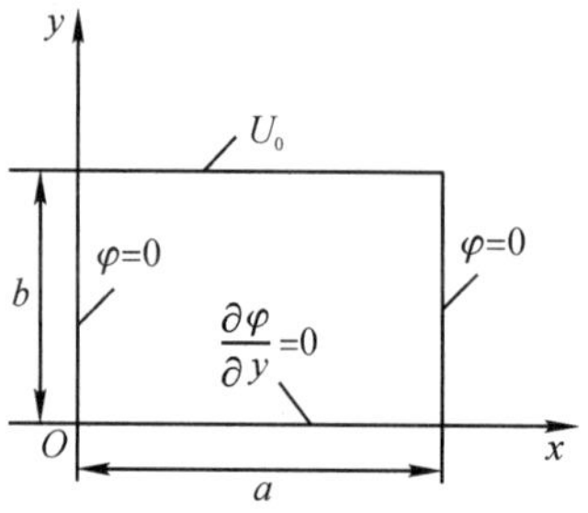

图 6-21 习题 6.21 图

解 利用分离变量法。管内电位函数的通解为

$$\varphi(x,y)=(A_0x+B_0)(C_0y+D_0)+\sum_{n=1}^{\infty}(A_n\sin k_nx+B_n\cos k_nx)(C_n\sinh k_ny+D_n\cosh k_ny)$$

由边界条件 $\varphi|_{x=0,0\leqslant y\leqslant b}=0$ 可得

$$B_0(C_0y+D_0)+\sum_{n=1}^{\infty}B_n(C_n\sinh k_ny+D_n\cosh k_ny)=0$$

解得 $B_0=0$，$B_n=0$，则电位函数为

$$\varphi(x,y)=A_0x(C_0y+D_0)+\sum_{n=1}^{\infty}(A_n\sin k_nx)(C_n\sinh k_ny+D_n\cosh k_ny)$$

由边界条件 $\varphi|_{x=a,\ 0\leqslant y\leqslant b}=0$ 可得

$$A_0a(C_0y+D_0)+\sum_{n=1}^{\infty}(A_n\sin k_na)(C_n\sinh k_ny+D_n\cosh k_ny)=0$$

解得 $A_0a=0$，$A_n\sin k_na=0$，即 $A_0=0$，$\sin k_na=0$，亦即 $A_0=0$，$k_n=\frac{n\pi}{a}$，则电位函数为

$$\varphi(x,y)=\sum_{n=1}^{\infty}\left(A_n\sin\frac{n\pi x}{a}\right)\left(C_n\sinh\frac{n\pi y}{a}+D_n\cosh\frac{n\pi y}{a}\right)$$

由边界条件$\left.\frac{\partial\varphi}{\partial y}\right|_{y=0,\ 0\leqslant x\leqslant a}=0$ 可得

$$\sum_{n=1}^{\infty}A_nC_n\frac{n\pi}{a}\sin\frac{n\pi x}{a}=0$$

解得 $C_n=0$，则电位函数为

$$\varphi(x,y)=\sum_{n=1}^{\infty}A_nD_n\sin\frac{n\pi x}{a}\cosh\frac{n\pi y}{a}=\sum_{n=1}^{\infty}A_n'\sin\frac{n\pi x}{a}\cosh\frac{n\pi y}{a}$$

由边界条件 $\varphi|_{y=b,\ 0\leqslant x\leqslant a}=U_0$ 可得

$$A_n'=\begin{cases}\dfrac{4U_0}{n\pi\cosh(n\pi b/a)} & n=1,3,5,\cdots\\ 0 & n=2,4,6,\cdots\end{cases}$$

则管内的电位函数为

$$\varphi(x, y)=\sum_{n=1,3,5}^{\infty}\frac{4U_0}{n\pi\cosh(n\pi b/a)}\sin\frac{n\pi x}{a}\cosh\frac{n\pi y}{a}$$

6.22　一个沿 z 轴方向的长且中空的金属管的横截面为矩形，管子的三边保持零电位，而第四边的电位为 U，如图 6-22 所示，求：

(1) 当 $U=U_0$ 时，管内的电位函数；

(2) 当 $U=U_0\sin\frac{\pi y}{b}$ 时，管内的电位函数。

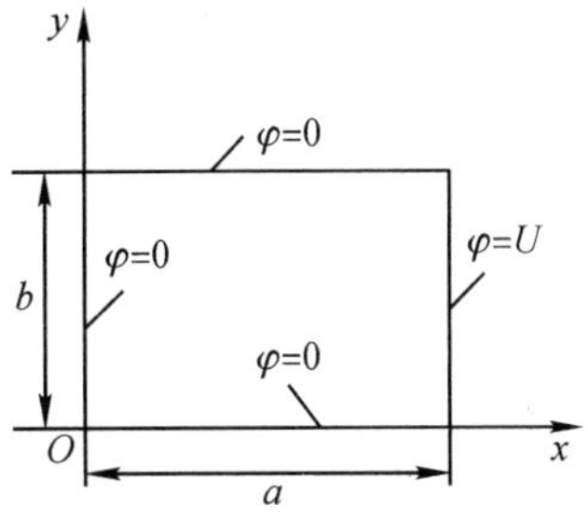

图 6-22　习题 6.22 图

解　(1) 由于金属管沿 z 方向无限长，因此电位函数与 z 无关，这是一个矩形域的二维场问题。

在直角坐标系中，电位函数 $\varphi(x, y)$ 的拉普拉斯方程为

$$\frac{\partial^2\varphi}{\partial x^2}+\frac{\partial^2\varphi}{\partial y^2}=0\quad(0<x<a,\ 0<y<b)$$

其边界条件为

$$\varphi\,|_{y=0,0\leqslant x\leqslant a}=0 \text{ 和 } \varphi\,|_{y=b,\ 0\leqslant x\leqslant a}=0$$

$$\varphi\,|_{x=0,0\leqslant y\leqslant b}=0 \text{ 和 } \varphi\,|_{x=a,\ 0\leqslant y\leqslant b}=U_0$$

令 $\varphi(x, y)=f(x)g(y)$，由分离变量法得到以下三个方程：

$$\frac{1}{f}\frac{\mathrm{d}^2 f(x)}{\mathrm{d}x^2}=-k_x^2$$

$$\frac{1}{g}\frac{\mathrm{d}^2 g(y)}{\mathrm{d}y^2}=-k_y^2$$

$$k_x^2+k_y^2=0$$

由边界条件 $\varphi|_{y=0,0\leqslant x\leqslant a}=0$ 和 $\varphi|_{y=b,0\leqslant x\leqslant a}=0$ 得

$$g(y)=B_1\sin k_y y,\ k_y=\frac{n\pi}{b}$$

根据常数方程得 $k_x^2=-k_y^2=\left(\mathrm{j}\,\frac{n\pi}{b}\right)^2$，则

$$f(x)=A_1\sinh\frac{n\pi}{b}x$$

故电位函数 $\varphi(x, y)$ 的通解为

$$\varphi(x, y)=\sum_{n=1}^{\infty}A_nB_n\sinh\frac{n\pi}{b}x\sin\frac{n\pi}{b}y=\sum_{n=1}^{\infty}D_n\sinh\frac{n\pi}{b}x\sin\frac{n\pi}{b}y$$

式中，系数 D_n 由 $x=a$，$0\leqslant y\leqslant b$ 时 $\varphi=U_0$ 的边界条件决定，即

$$\varphi(a, y)=U_0=\sum_{n=1}^{\infty}D_n\sinh\frac{n\pi}{b}a\sin\frac{n\pi}{b}y$$

将上式进行傅里叶级数展开，即等式两边同乘以 $\sin\frac{m\pi}{b}y$，再对 y 从 0 到 b 积分，得

$$\int_0^b\left(U_0\sin\frac{m\pi}{b}y\right)\mathrm{d}y=\int_0^b\left(\sum_{n=1}^{\infty}D_n\sinh\frac{n\pi}{b}a\sin\frac{n\pi}{b}y\sin\frac{m\pi}{b}y\right)\mathrm{d}y$$

等式左边的积分为

$$\int_0^b \left(U_0 \sin \frac{m\pi}{b} y\right) \mathrm{d}y = U_0 \frac{b}{m\pi}(1 - \cos m\pi)$$

利用三角函数的正交性质

$$\int_0^a \left(\sum_{n=1}^{\infty} D_n \sinh \frac{n\pi}{b} a \sin \frac{n\pi}{b} y \sin \frac{m\pi}{b} y\right) \mathrm{d}y = \frac{b}{2} D_m \sinh \frac{m\pi}{b} a$$

得等式右边的积分为

$$\int_0^b \left(\sum_{n=1}^{\infty} D_n \sinh \frac{n\pi}{b} a \sin \frac{n\pi}{b} y \sin \frac{m\pi}{b} y\right) \mathrm{d}y = \frac{b}{2} D_m \sinh \frac{m\pi}{b} a$$

故

$$D_n = \frac{4U_0}{n\pi \sinh \frac{n\pi}{b} a} \quad (n = 1, 3, 5, \cdots)$$

因此，管内的电位函数为

$$\varphi(x, y) = \sum_{n=1}^{\infty} \frac{4U_0}{n\pi \sinh \frac{n\pi}{b} a} \sinh \frac{n\pi}{b} x \sin \frac{n\pi}{b} y \quad (n = 1, 3, 5, \cdots)$$

（2）当 $U = U_0 \sin \frac{\pi y}{b}$ 时，管内电位函数的通解仍为

$$\varphi(x, y) = \sum_{n=1}^{\infty} D_n \sinh \frac{n\pi}{b} x \sin \frac{n\pi}{b} y$$

式中，系数 D_n 由 $x = a$，$0 \leqslant y \leqslant b$ 时 $\varphi = U_0 \sin \frac{\pi y}{b}$ 的边界条件决定，即

$$\varphi(a, y) = U_0 \sin \frac{\pi}{b} y = \sum_{n=1}^{\infty} D_n \sinh \frac{n\pi}{b} a \sin \frac{n\pi}{b} y$$

对比同类项系数，得 $U_0 = D_1 \sinh \frac{\pi}{b} a$，其余 $D_n = 0$，故管内的电位函数为

$$\varphi(x, y) = \frac{U_0 \sinh \frac{\pi}{b} x}{\sinh \frac{\pi}{b} a} \sin \frac{\pi}{b} y$$

6.23　将半径为 a 的均匀介质球放入恒定磁场 $\boldsymbol{B} = B_0 \boldsymbol{e}_z$ 中，球内、外介质的介电常数相同，磁导率常数分别为 μ 和 μ_0。求介质球内、外的磁场强度和磁感应强度。

解　因介质球内、外没有外加电流分布，故空间任意点处磁场的旋度满足 $\nabla \times \boldsymbol{H} = \boldsymbol{0}$。引入磁标位 $\varphi_m(\boldsymbol{r})$，它与磁场的关系为 $\boldsymbol{H} = -\nabla \varphi_m(\boldsymbol{r})$，且磁标位 $\varphi_m(\boldsymbol{r})$ 在介质球内、外均满足拉普拉斯方程。为使所求解的问题具有高的对称性，选取如图 6-23 所示的坐标系，则外加磁场、介质磁化电流及其产生的附加磁场以 z 轴为旋转对称轴，$\varphi_m(\boldsymbol{r})$ 与 φ 角无关，其方程为

$$\nabla^2 \varphi_m(\boldsymbol{r}) = \begin{cases} \nabla^2 \varphi_{m1}(\boldsymbol{r}, \theta) = 0 & (0 \leqslant r \leqslant a) \\ \nabla^2 \varphi_{m2}(\boldsymbol{r}, \theta) = 0 & (a < r < \infty) \end{cases}$$

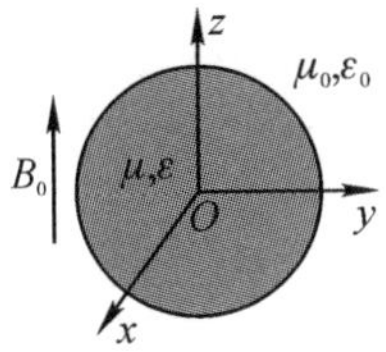

(a) 恒定外磁场中的均匀介质球

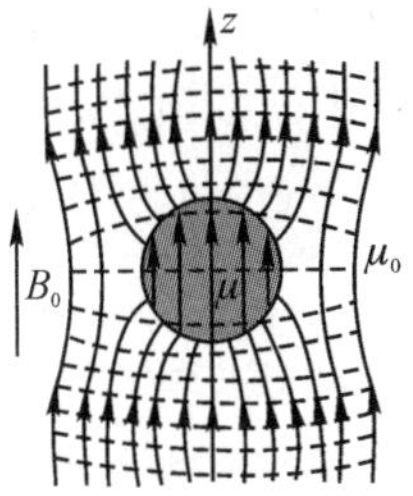

(b) 均匀介质球内、外磁场

图 6-23　习题 6.23 图

在介质球的表面上，为满足界面两侧的衔接条件，介质球内、外磁场的切向分量和磁感应强度的法向分量必须连续，即

$$\begin{cases}\varphi_{m1}(\boldsymbol{r})\big|_{r=a}=\varphi_{m2}(\boldsymbol{r})_{r=a}\\ \mu\dfrac{\partial\varphi_{m1}}{\partial r}\bigg|_{r=a}=\mu_0\dfrac{\partial\varphi_{m2}}{\partial r}\bigg|_{r=a}\end{cases}$$

在无穷远处，由介质球磁化引起的附加磁场将趋于零，所以无穷远处的磁场应与没有介质球存在时的外加磁场相同，即

$$\lim_{r\to\infty}\boldsymbol{H}=-\lim_{r\to\infty}\nabla\varphi_{m2}=-\lim_{r\to\infty}\left(\boldsymbol{e}_r\frac{\partial\varphi_{m2}}{\partial r}+\boldsymbol{e}_\theta\frac{\partial\varphi_{m2}}{r\partial\theta}\right)=\boldsymbol{e}_r\cos\theta H_0-\boldsymbol{e}_\theta\sin\theta H_0$$

从而得到无穷远处磁标位满足的条件为

$$\lim_{r\to\infty}\varphi_{m2}(r,\ \theta)=-rH_0\cos\theta$$

由于有限区域内磁场应有界，所以磁标位还需满足以下条件：

$$\begin{cases}\lim\limits_{0\leqslant\theta\leqslant\pi}\varphi_m(\boldsymbol{r},\ \theta)\to 有界\\ \lim\limits_{r\to 0}\varphi_{m1}(\boldsymbol{r},\ \theta)\to 有界\end{cases}$$

这类条件称为自然边界条件。

由于介质球内、外的空间磁场满足同样的方程，因此我们可先通过分离变量法求出方程的通解，然后利用边界条件分别求出介质球内、外的磁场的特解。设 $\varphi_m(\boldsymbol{r},\ \theta)=R(\boldsymbol{r})\Theta(\theta)$，将其代入方程

$$\nabla^2\varphi_m(\boldsymbol{r})=\frac{1}{r^2}\frac{\partial}{\partial r}\left[\boldsymbol{r}^2\frac{\partial\varphi_m(r,\ \theta)}{\partial r}\right]+\frac{1}{\sin\theta}\frac{\partial}{\partial\theta}\left[\sin\theta\frac{\partial\varphi_m(r,\ \theta)}{\partial\theta}\right]=0$$

和自然边界条件，并变量分离得

$$\begin{cases}\dfrac{1}{\sin\theta}\dfrac{d}{d\theta}\left[\sin\theta\dfrac{d\Theta(\theta)}{d\theta}\right]-l(l+1)\Theta(\theta)=0\\ \Theta(\theta)\big|_{\theta=0,\ \pi}\to 有界\end{cases}\tag{1}$$

$$\begin{cases}\dfrac{d}{dr}\left[r^2\dfrac{dR(r)}{dr}\right]-l(l+1)R(r)=0\\ \lim\limits_{r\to 0}R(r)\to 有界\\ \lim\limits_{r\to\infty}R(r)\to r\end{cases}\tag{2}$$

方程(1)为本征值方程，由勒让德方程和自然边界条件组成。求解得到其本征值 l 为正整数，相应的本征函数为勒让德多项式，即

$$\Theta(\theta)=P_l(\cos\theta),\ l=0,\ 1,\ 2,\ \cdots$$

其前五项分别为

$$\begin{cases}P_0(\cos\theta)=1\\ P_1(\cos\theta)=\cos\theta\\ P_2(\cos\theta)=\dfrac{1}{2}(3\cos^2\theta-1)\\ P_3(\cos\theta)=\dfrac{1}{2}(5\cos^3\theta-3\cos\theta)\\ P_4(\cos\theta)=\dfrac{1}{8}(35\cos^4\theta-30\cos^2\theta+3)\end{cases}$$

勒让德多项式是一组具有正交完备特性的函数系，任何在[0，π]上有定义的分段连续函数 $f(\theta)$有如下的广义傅里叶展开式：

$$f(\theta)=\sum_{l=0}^{\infty}A_lP_l(\cos\theta)$$

其中

$$A_l=\frac{2l+1}{2}\int_0^{\pi}f(\theta)P_l(\cos\theta)\sin\theta\mathrm{d}\theta$$

将可允许的本征值 l 代入方程(2)中并求解得

$$R(r)=A_lr^l+B_lr^{-(l+1)}$$

利用叠加原理得到介质球内、外磁标位的通解为

$$\varphi_{\mathrm{m}}(r,\ \theta)=\sum_{l=0}^{\infty}[A_lr^l+B_lr^{-(l+1)}]P_l(\cos\theta)$$

下面利用边界条件求出介质球内、外的磁场的特解。如果场点位于介质球内，要保证 $\lim\limits_{r\to 0}R(r)\to$有界，则上式中系数 $B_l=0$，故

$$\varphi_{\mathrm{m1}}(r,\ \theta)=\sum_{l=0}^{\infty}A_{1l}r^lP_l(\cos\theta)\quad(r<a)$$

如果场点位于介质球外，则磁标位函数还需满足以下条件：

$$\lim_{r\to\infty}\varphi_{\mathrm{m2}}(r,\ \theta)=\lim_{r\to\infty}\sum_{l=0}^{\infty}[A_lr^l+B_lr^{-(l+1)}]P_l(\cos\theta)=-rH_0\cos\theta$$

所以 $A_{20}=0$，$A_{21}=H_0$，$A_{2l}=0(l\geqslant 2)$，从而介质球外的磁标位为

$$\varphi_{\mathrm{m2}}(r,\ \theta)=-rH_0P_1(\cos\theta)+\sum_{l=0}^{\infty}B_{2l}r^{-(l+1)}P_l(\cos\theta)\quad(r>a)$$

利用边界条件得到待定系数满足的代数方程为

$$\begin{cases}A_{1l}=0\\ B_{2l}=0\end{cases}\quad(l\neq 1)$$

$$\begin{cases}A_{1l}=-H_0+B_{21}a^{-3}\\ \mu A_{1l}=-\mu_0(2B_{21}a^{-3}+H_0)\end{cases}\quad(l=1)$$

求解上述方程得

$$A_{11}=-\frac{3\mu_0}{\mu+2\mu_0}H_0,\ B_{11}=\frac{\mu-\mu_0}{\mu+2\mu_0}a^3H_0$$

于是

$$\varphi_m(r,\theta)=\begin{cases}\varphi_{m1}(r,\theta)=-\dfrac{3\mu_0}{\mu+2\mu_0}H_0r\cos\theta & (r<a)\\ \varphi_{m2}(r,\theta)=\dfrac{\mu-\mu_0}{\mu+2\mu_0}\left(\dfrac{a}{r}\right)^2aH_0r\cos\theta-H_0r\cos\theta & (r>a)\end{cases}$$

此即所求的磁标位，进而根据磁场与磁标位之间的关系得

$$\boldsymbol{H}(r,\theta)=\begin{cases}-\nabla\varphi_{m1}(r,\theta)\\-\nabla\varphi_{m2}(r,\theta)\end{cases}=\begin{cases}\dfrac{3\mu_0}{\mu+2\mu_0}\boldsymbol{H}_0 & (r<a)\\ \dfrac{\mu-\mu_0}{\mu+2\mu_0}H_0\left(\dfrac{a}{r}\right)^3(\boldsymbol{e}_r2\cos\theta+\boldsymbol{e}_\theta\sin\theta)+\boldsymbol{H}_0 & (r>a)\end{cases}$$

$$\boldsymbol{B}(r,\theta)=\begin{cases}\mu\boldsymbol{H}_1(r,\theta)=\dfrac{3\mu_0\mu}{\mu+2\mu_0}\boldsymbol{H}_0 & (r<a)\\ \mu_0\boldsymbol{H}_2(r,\theta)=\dfrac{\mu-\mu_0}{\mu+2\mu_0}B_0\left(\dfrac{a}{r}\right)^3(\boldsymbol{e}_r2\cos\theta+\boldsymbol{e}_\theta\sin\theta)+\boldsymbol{B}_0 & (r>a)\end{cases}$$

可见，介质球内磁场强度 $\boldsymbol{H}$ 和磁感应强度 $\boldsymbol{B}$ 均为恒定值。

6.24 如图 6-24 所示，一个长槽沿 y 轴方向无限延伸，两侧的电位为零，且在槽内当 $y\to\infty$ 时电位 $\varphi\to 0$，而槽底部的电位为 $\varphi(x,0)=V_0$，试求槽内的电位函数 $\varphi(x,y)$。

解 槽内电位满足电位方程 $\nabla^2\varphi=0$，边界条件为

$$\varphi(0,y)=0,\ \varphi(a,y)=0$$
$$\varphi(x,0)=V_0,\ \varphi(x,\infty)=0$$

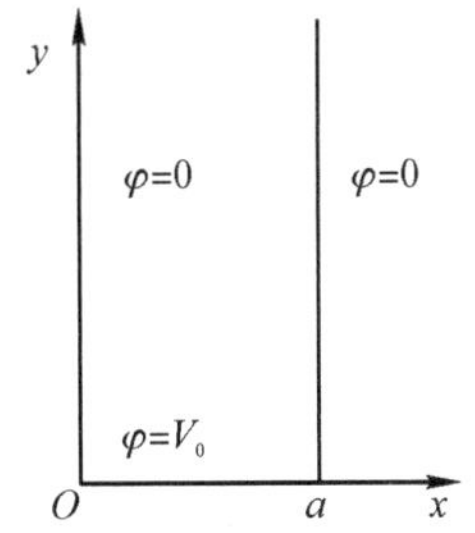

图 6-24 习题 6.24 图

设 $\varphi(x,y)=X(x)Y(y)$，则

$$\nabla^2\varphi=Y\frac{\partial^2X}{\partial x^2}+X\frac{\partial^2Y}{\partial y^2}=0$$

上式两边同除以 XY 得

$$\frac{1}{X}\frac{\partial^2X}{\partial x^2}+\frac{1}{Y}\frac{\partial^2Y}{\partial y^2}=0$$

令 $\dfrac{1}{X}\dfrac{\partial^2X}{\partial x^2}=-k^2$，则有

$$\frac{\partial^2X}{\partial x^2}+k^2X=0,\ \frac{\partial^2Y}{\partial y^2}-k^2Y=0$$

当 $k^2\leqslant 0$ 时，$X=C_1e^{kx}+C_2e^{-kx}$，根据边界条件 $\varphi(0,y)=0$，$\varphi(a,y)=0$ 得 $C_1=C_2=0$，不合题意，舍去。

当 $k^2>0$ 时，$X=C_1\cos kx+C_2\sin kx$，根据边界条件 $\varphi(0,y)=0$，$\varphi(a,y)=0$ 得 $C_1=0$，$ka=n\pi(n\in\mathbf{N})$，则

$$k=\frac{n\pi}{a}\quad(n\in\mathbf{N})$$

$$X = C_2 \sin \frac{n\pi}{a}x$$

$$Y = C_1' e^{\frac{n\pi}{a}y} + C_2' e^{-\frac{n\pi}{a}y}$$

又 $\varphi(x, \infty)=0$，故 $C_1'=0$，得 $Y=C_2' e^{-\frac{n\pi}{a}y}$，从而

$$\varphi(x, y) = \sum_{n=1}^{\infty} A_n \sin\frac{n\pi}{a}x e^{-\frac{n\pi}{a}y}$$

因为 $\varphi(x, 0)=V_0$，所以 $\sum_{n=1}^{\infty} A_n \sin\frac{n\pi}{a}x = V_0$，由傅里叶级数的正交性可得

$$A_n = \frac{2}{a}\int_0^a V_0 \sin\frac{n\pi}{a}x\, dx = \frac{2V_0[1-(-1)^n]}{n\pi}$$

于是

$$\varphi(x, y) = 2V_0 \sum_{n=1}^{\infty} \frac{[1-(-1)^n]}{n\pi} \sin\frac{n\pi}{a}x e^{-\frac{n\pi}{a}y}$$

6.25 在接地方形导体管中有一圆形导线(很细)，圆形导线的电压为100 V，求方形导体管与圆形导线间的电位分布。

解 按如图6-25所示划分网格，根据对称性，只需求八分之一区域内的电位，步骤如下(且 φ_A、φ_B 分别为每次迭代时点 A、B 处的电位，R_A、R_B 为每次迭代时点 A、B 处电位近似值的余数)：

(1) 设 $\varphi_A=\varphi_B=50$ V，则

$$R_A = 0+50+0+50-4\times 50=-100$$
$$R_B = 100+50+0+50-4\times 50=0$$

(2) 设 $\varphi_A=50+\frac{-100}{4}=25$ V，则

$$R_A = 0+50+0+50-4\times 25=0$$
$$R_B = 25+50+0+100-4\times 25=-50$$

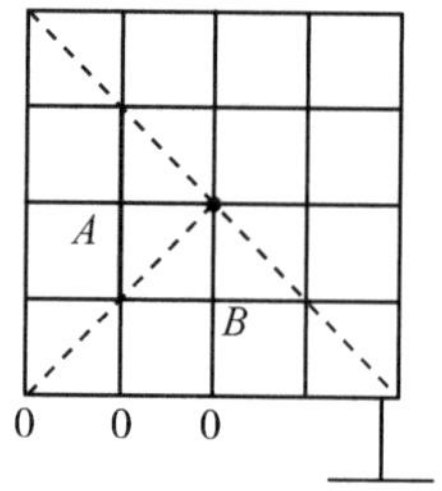

图6-25 习题6.25图

(3) 设 $\varphi_B=50+\frac{-50}{4}\approx 38$ V，则

$$R_A = 0+0+38+38-4\times 25=-24$$
$$R_B = 25+25+0+100-4\times 38=-2$$

(4) 设 $\varphi_A=19$ V，是 $R_A=-6$；

(5) 设 $\varphi_B=35$ V，则 $R_B=-2$。

细分网格，重复以上步骤，提高精度。

6.26 设有一边长为 b 的正六边形二维场域内无电荷分布，六条边上的电位分别为1 V、−1 V、1 V、−1 V、1 V、−1 V，求场域内的电位分布。

解 边界处理：如图6-26(a)所示，由对称性容易看出，正六边形外接圆的3条直径 EE'、FF' 和 GG' 均为零电位线。因此，被这3条直径切割成的6个正三角形区域的电位函数不独立，且具有如下性质。

点 A 的电位与点 B 的电位满足

$$\varphi(\rho,\ 30°+\phi)=-\varphi(\rho,\ 30°,\ -\phi)\quad(0°\leqslant\phi<60°)\tag{1}$$

同理，有

$$\varphi(\rho,\ 90°+\phi)=-\varphi(\rho,\ 90°,\ -\phi)\quad(0°\leqslant\phi<60°)\tag{2}$$

$$\varphi(\rho,\ 150°+\phi)=-\varphi(\rho,\ 150°,\ -\phi)\quad(0°\leqslant\phi<60°)\tag{3}$$

其中，$\rho=OA=OB$。当然，即使在$-30°\leqslant\phi<30°$范围内，电位数据仍存在冗余现象，即

$$\varphi(\rho,\ -\phi)=\varphi(\rho,\ \phi)\quad(0°\leqslant\phi<30°)$$

所以，本题的正六边形二维场域内的电位分布问题可以化为一个正三角形场域内的电位分布问题，只要求出一个正三角形场域内的电位分布，就可以由式(1)、式(2)、式(3)的关系确定其他正三角形场域内的电位分布。而一个正三角形场域中的电位分布问题等价于下述拉普拉斯方程边值问题。

场域：$\phi=\pm30°$和$x=x_0$这 3 条直线围成的等边三角形区域，即如图 6-26(a)所示的$\triangle OGE'$。

边界条件：$\varphi=0$(当$\phi=\pm30°$时)，$\varphi=1$(当$x=x_0$时)。

但是，该问题是求解三角形场域内的电位分布，如果用通常的正方形网格划分边界，那么边界就不能恰好落在网格上，这样一方面给计算编程带来麻烦，另一方面会使计算产生边界取值的误差。所以，针对场域形状采用三角形网格划分是处理边界条件的好办法。一般在进行网格划分时采用对称性网格形式，这样既方便数学建模，也方便计算编程。

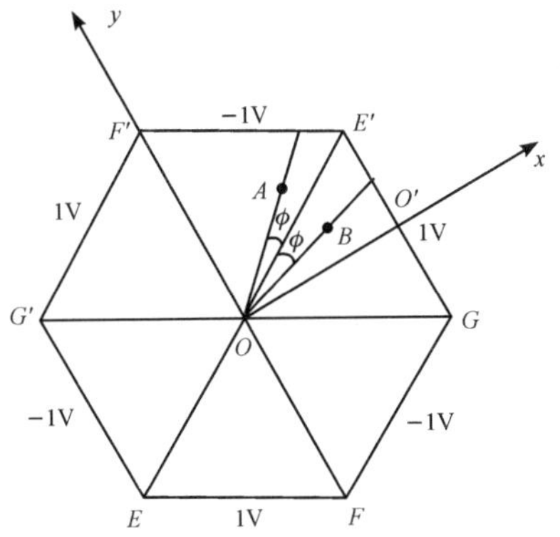

(a) 正六边形场域的边值问题

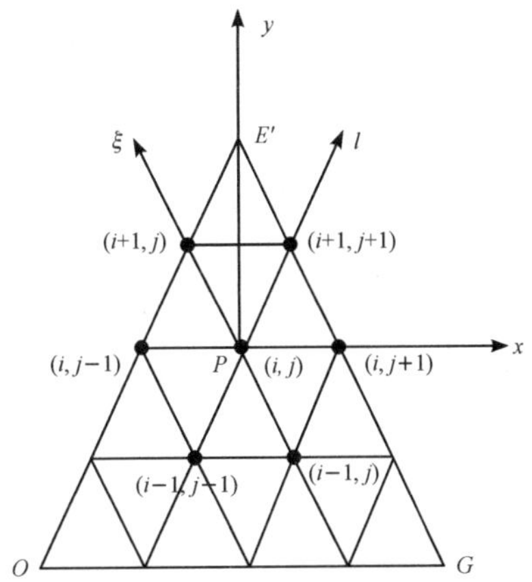

(b) 场域的正三角形网格划分

图 6-26　习题 6.26 图

数学模型的建立：二维场域的拉普拉斯方程可以用有限差分法进行近似计算。首先把求解的区域划分成网格，再把求解区域内连续的场分布用求网络节点上离散的数值解代替。网格必须划分得充分细，才能达到足够的精度。如图 6-26(b)所示，对于正三角形场域$\triangle OGE'$，采用正三角形网格划分，其边界全部由网格点来划分，避免了边界取值的误差，也方便了计算编程。但场域中任一点 P 的相邻点有 6 个，因此，用有限差分法计算编程需另建数学模型。

设每个正三角形网格边长为 a(称为步长)，网格节点$(i,\ j)$的电位为$\varphi_{i,j}$，与其保持等距离的 6 个邻点的电位分别为$\varphi_{i,\ j+1}$、$\varphi_{i,\ j-1}$、$\varphi_{i-1,\ j}$、$\varphi_{i-1,\ j-1}$、$\varphi_{i+1,\ j}$、$\varphi_{i+1,\ j+1}$。在 a 充分

小的情况下，可以 $\varphi_{i,j}$ 为基点进行泰勒级数展开，即

$$\varphi_{i,j+1}=\varphi_{i,j}+\left(\frac{\partial\varphi}{\partial x}\right)a+\frac{1}{2}\left(\frac{\partial^2\varphi}{\partial x^2}\right)a^2+\cdots \tag{4}$$

$$\varphi_{i,j-1}=\varphi_{i,j}-\left(\frac{\partial\varphi}{\partial x}\right)a+\frac{1}{2}\left(\frac{\partial^2\varphi}{\partial x^2}\right)a^2+\cdots \tag{5}$$

$$\varphi_{i-1,j-1}=\varphi_{i,j}-\left(\frac{\partial\varphi}{\partial l}\right)a+\frac{1}{2}\left(\frac{\partial^2\varphi}{\partial l^2}\right)a^2+\cdots \tag{6}$$

$$\varphi_{i+1,j+1}=\varphi_{i,j}+\left(\frac{\partial\varphi}{\partial l}\right)a+\frac{1}{2}\left(\frac{\partial^2\varphi}{\partial l^2}\right)a^2+\cdots \tag{7}$$

$$\varphi_{i+1,j}=\varphi_{i,j}+\left(\frac{\partial\varphi}{\partial \xi}\right)a+\frac{1}{2}\left(\frac{\partial^2\varphi}{\partial \xi^2}\right)a^2+\cdots \tag{8}$$

$$\varphi_{i-1,j}=\varphi_{i,j}-\left(\frac{\partial\varphi}{\partial \xi}\right)a+\frac{1}{2}\left(\frac{\partial^2\varphi}{\partial \xi^2}\right)a^2+\cdots \tag{9}$$

其中，$\frac{\partial\varphi}{\partial l}$为沿 l 方向的方向导数，$\frac{\partial\varphi}{\partial \xi}$为沿 ξ 方向的方向导数。由于方向导数可表示为

$$\frac{\partial\varphi}{\partial l}=\frac{\partial\varphi}{\partial x}\cos60^\circ+\frac{\partial\varphi}{\partial y}\cos30^\circ=\frac{1}{2}\frac{\partial\varphi}{\partial x}+\frac{\sqrt{3}}{2}\frac{\partial\varphi}{\partial y}$$

所以可得 φ 的二次方向导数为

$$\begin{aligned}\frac{\partial^2\varphi}{\partial l^2}&=\frac{\partial}{\partial x}\left(\frac{1}{2}\frac{\partial\varphi}{\partial x}+\frac{\sqrt{3}}{2}\frac{\partial\varphi}{\partial y}\right)\cos60^\circ+\frac{\partial}{\partial y}\left(\frac{1}{2}\frac{\partial\varphi}{\partial x}+\frac{\sqrt{3}}{2}\frac{\partial\varphi}{\partial y}\right)\cos30^\circ\\&=\frac{1}{4}\frac{\partial^2\varphi}{\partial x^2}+\frac{\sqrt{3}}{4}\frac{\partial^2\varphi}{\partial x\partial y}+\frac{\sqrt{3}}{4}\frac{\partial^2\varphi}{\partial x\partial y}+\frac{3}{4}\frac{\partial^2\varphi}{\partial y^2}\end{aligned} \tag{10}$$

同理可得

$$\frac{\partial^2\varphi}{\partial \xi^2}=\frac{1}{4}\frac{\partial^2\varphi}{\partial x^2}-\frac{\sqrt{3}}{4}\frac{\partial^2\varphi}{\partial x\partial y}-\frac{\sqrt{3}}{4}\frac{\partial^2\varphi}{\partial x\partial y}+\frac{3}{4}\frac{\partial^2\varphi}{\partial y^2} \tag{11}$$

把式(4)至式(9)相加，得

$$\begin{aligned}\varphi_{i,j}=&\frac{1}{6}(\varphi_{i,j+1}+\varphi_{i,j-1}+\varphi_{i-1,j}+\varphi_{i-1,j-1}+\varphi_{i+1,j}+\varphi_{i+1,j+1})-\\&\frac{\partial^2\varphi}{\partial x^2}a^2-\frac{\partial^2\varphi}{\partial l^2}a^2-\frac{\partial^2\varphi}{\partial \xi^2}a^2+a^4(0)\end{aligned}$$

其中 $a^4(0)$表示 a 的 4 阶无穷小。把式(10)、式(11)代入上式得

$$\begin{aligned}\varphi_{i,j}=&\frac{1}{6}(\varphi_{i,j+1}+\varphi_{i,j-1}+\varphi_{i-1,j}+\varphi_{i-1,j-1}+\varphi_{i+1,j}+\varphi_{i+1,j+1})-\\&\frac{\partial^2\varphi}{\partial x^2}a^2-\frac{1}{2}\frac{\partial^2\varphi}{\partial x^2}a^2-\frac{3}{2}\frac{\partial^2\varphi}{\partial y^2}a^2+a^4(0)\\=&\frac{1}{6}(\varphi_{i,j+1}+\varphi_{i,j-1}+\varphi_{i-1,j}+\varphi_{i-1,j-1}+\varphi_{i+1,j}+\varphi_{i+1,j+1})-\\&\frac{3}{2}\left(\frac{\partial^2\varphi}{\partial x^2}+\frac{\partial^2\varphi}{\partial y^2}\right)a^2+a^4(0)\end{aligned} \tag{12}$$

对于式(12)，由于拉普拉斯方程为

$$\frac{\partial^2 \varphi}{\partial x^2}+\frac{\partial^2 \varphi}{\partial y^2}=0$$

所以式(12)变为

$$\varphi_{i,j}=\frac{1}{6}(\varphi_{i,j+1}+\varphi_{i,j-1}+\varphi_{i-1,j}+\varphi_{i-1,j-1}+\varphi_{i+1,j}+\varphi_{i+1,j+1})+a^4(0)$$

由于 $a^4(0)$表示 a 的 4 阶无穷小，可以略去不计，因此场域内电位的数学表达式为

$$\varphi_{i,j}=\frac{1}{6}(\varphi_{i,j+1}+\varphi_{i,j-1}+\varphi_{i-1,j}+\varphi_{i-1,j-1}+\varphi_{i+1,j}+\varphi_{i+1,j+1})$$

第7章 时变电磁场及其特性

7.1 基本要求

本章学习有以下几点基本要求：

(1) 理解并掌握法拉第电磁感应定律及其应用。

(2) 理解并掌握位移电流的思想和引入方法。

(3) 理解并掌握麦克斯韦方程组的积分形式和微分形式。

(4) 深刻理解麦克斯韦方程组的物理意义。

(5) 理解并掌握电磁场的边界条件及其推导过程。

(6) 理解并掌握电磁场波动方程及其推导过程。

(7) 理解并掌握电磁场中位函数的意义与定义，以及洛伦兹规范的引入。

(8) 理解并掌握电磁场中的位函数微分方程的推导和应用。

(9) 理解并掌握坡印廷定理和坡印廷矢量及其推导过程。

(10) 理解时谐电磁场的概念和意义。

(11) 理解并掌握时谐电磁场的复数表示方法。

(12) 掌握用复矢量表示的麦克斯韦方程组。

(13) 理解复电容率、复磁导率、电介质的复介电常数、损耗角正切等概念。

(14) 理解并掌握时谐电磁场的亥姆霍兹方程、位函数。

(15) 理解并掌握时谐电磁场的平均能量密度和平均能流密度。

7.2 重点与难点

本章重点：

(1) 位移电流的思想和引入方法。

(2) 麦克斯韦方程组的积分形式和微分形式及其物理意义。

(3) 电磁场波动方程及其推导过程。

(4) 电磁场中位函数的定义和洛伦兹规范。

(5) 位函数微分方程的推导。

(6) 坡印廷定理和坡印廷矢量的概念、表示方法。

(7) 时谐电磁场的复数表示方法以及复矢量的麦克斯韦方程组。

(8) 电介质的复介电常数、损耗角正切。

(9) 时谐电磁场的亥姆霍兹方程、位函数的表示式与意义。

(10) 时谐电磁场的平均能量密度和平均能流密度。

本章难点：

(1) 位移电流的思想和引入方法。

(2) 麦克斯韦方程组的建立方法。

(3) 位函数的引入方法。

(4) 导电媒质无源空间的波动方程推证过程。

(5) 时谐电磁场的复数表示方法。

(6) 时谐电磁场的平均能量密度和平均能流密度。

7.3　重点知识归纳

在静态场中，电场和磁场是相互独立存在的，电场与磁场之间没有相互关系。电场由电荷产生，磁场由电流产生。然而，当电荷和电流随时间变化时(称为时变场)，它们产生的电场和磁场也随时间变化。变化的电场会在其周围空间激发变化的磁场，变化的磁场也会在其周围空间激发变化的电场。这样，电场和磁场就不再相互独立，两者之间相互激励、相互转化，构成了一个不可分割的统一整体，称为电磁场，或称为时变电磁场。

1. 法拉第电磁感应定律

法拉第定律和楞次定律的结合就是法拉第电磁感应定律，法拉第电磁感应定律是时变电磁场的基本定律之一。法拉第电磁感应定律表述为：通过导体回路所围面积的磁通量 Φ 发生变化时，回路中产生的感应电动势 ε_i 为

$$\varepsilon_i=-\frac{\mathrm{d}\Phi}{\mathrm{d}t}=-\frac{\mathrm{d}}{\mathrm{d}t}\int_S \boldsymbol{B}\cdot\mathrm{d}\boldsymbol{S}=-\frac{\mathrm{d}}{\mathrm{d}t}\int_S \boldsymbol{B}\cdot\boldsymbol{e}_n\mathrm{d}S$$

而电场沿闭合路径的积分等于感应电动势，因此有

$$\oint_C \boldsymbol{E}\cdot\mathrm{d}\boldsymbol{l}=-\frac{\mathrm{d}}{\mathrm{d}t}\int_S \boldsymbol{B}\cdot\mathrm{d}\boldsymbol{S}$$

此式为法拉第电磁感应定律的积分形式，对应的微分形式为

$$\nabla\times\boldsymbol{E}=-\frac{\partial\boldsymbol{B}}{\partial t}$$

2. 位移电流与全电流定律

1) 位移电流

麦克斯韦通过对电容器破坏了电路中传导电流连续性这一结果的深入研究，于 1862 年提出了位移电流的假说。他认为在电容器的两个极板间必定有另一种形式的电流存在，称为位移电流，其量值与传导电流 $i(t)$ 相等。位移电流密度的表达式为

$$\boldsymbol{J}_d=\frac{\partial\boldsymbol{D}}{\partial t}$$

2) 全电流定律

全电流定律是指通过某一截面的全电流是通过这一截面的传导电流、运流电流和位移

电流的代数和，其表达式为

积分形式：$\oint_C \boldsymbol{H}\cdot \mathrm{d}\boldsymbol{l}=\int_S\left(\boldsymbol{J}+\frac{\partial \boldsymbol{D}}{\partial t}\right)\cdot \mathrm{d}\boldsymbol{S}$

微分形式：$\nabla\times\boldsymbol{H}=\boldsymbol{J}+\frac{\partial \boldsymbol{D}}{\partial t}$

3. 麦克斯韦方程组

麦克斯韦方程组描述了宏观电磁现象所遵循的基本规律，是电磁场理论的基本方程。它揭示了电场与磁场、电场与电荷、磁场与电流之间的相互关系，是自然界电磁运动规律最简洁的数学描述，是分析研究电磁问题的基本出发点。

积分形式：$\oint_C \boldsymbol{H}\cdot \mathrm{d}\boldsymbol{l}=\int_S\left(\boldsymbol{J}+\frac{\partial \boldsymbol{D}}{\partial t}\right)\cdot \mathrm{d}\boldsymbol{S}$

$$\oint_C \boldsymbol{E}\cdot \mathrm{d}\boldsymbol{l}=-\int_S\frac{\partial \boldsymbol{B}}{\partial t}\cdot \mathrm{d}\boldsymbol{S}$$

$$\oint_S \boldsymbol{B}\cdot \mathrm{d}\boldsymbol{S}=0$$

$$\oint_S \boldsymbol{D}\cdot \mathrm{d}\boldsymbol{S}=\int_V \rho \mathrm{d}V$$

微分形式：$\nabla\times\boldsymbol{H}=\boldsymbol{J}+\frac{\partial \boldsymbol{D}}{\partial t}$

$$\nabla\times\boldsymbol{E}=-\frac{\partial \boldsymbol{B}}{\partial t}$$

$$\nabla\cdot\boldsymbol{B}=0$$

$$\nabla\cdot\boldsymbol{D}=\rho$$

一般情况下，表征电磁媒质与场矢量之间关系的本构关系为

$$\begin{cases}\boldsymbol{D}=\varepsilon_0\boldsymbol{E}+\boldsymbol{P}\\ \boldsymbol{B}=\mu_0(\boldsymbol{H}+\boldsymbol{M})\\ \boldsymbol{J}=\sigma\boldsymbol{E}\end{cases}$$

对于各向同性的线性媒质，则上式可变为

$$\begin{cases}\boldsymbol{D}=\varepsilon\boldsymbol{E}\\ \boldsymbol{B}=\mu\boldsymbol{H}\\ \boldsymbol{J}=\sigma\boldsymbol{E}\end{cases}$$

4. 时变电磁场的边界条件

(1) 一般边界条件：

$$\begin{cases}(\boldsymbol{D}_1-\boldsymbol{D}_2)\cdot\boldsymbol{e}_\mathrm{n}=\rho_\mathrm{S}\\ (\boldsymbol{B}_1-\boldsymbol{B}_2)\cdot\boldsymbol{e}_\mathrm{n}=0\\ \boldsymbol{e}_\mathrm{n}\times(\boldsymbol{H}_1-\boldsymbol{H}_2)=\boldsymbol{J}_\mathrm{S}\\ \boldsymbol{e}_\mathrm{n}\times(\boldsymbol{E}_1-\boldsymbol{E}_2)=\boldsymbol{0}\end{cases} \quad 或 \quad \begin{cases}D_{1\mathrm{n}}-D_{2\mathrm{n}}=\rho_\mathrm{S}\\ B_{1\mathrm{n}}-B_{2\mathrm{n}}=0\\ H_{1\mathrm{t}}-H_{2\mathrm{t}}=J_\mathrm{S}\\ E_{1\mathrm{t}}=E_{2\mathrm{t}}\end{cases}$$

(2) 媒质 2 为理想导体时的边界条件：

$$\begin{cases}\boldsymbol{e}_n\times\boldsymbol{H}_1=\boldsymbol{J}_S\\\boldsymbol{e}_n\times\boldsymbol{E}_1=\boldsymbol{0}\\\boldsymbol{e}_n\cdot\boldsymbol{B}_1=0\\\boldsymbol{e}_n\cdot\boldsymbol{D}_1=\rho_S\end{cases}\quad\text{或}\quad\begin{cases}H_{1t}=J_S\\E_{1t}=0\\B_{1n}=0\\D_{1n}=\rho_S\end{cases}$$

(3) 两种媒质都是理想介质的边界条件($\rho_S=0$，$J_S=0$)：

$$\begin{cases}\boldsymbol{e}_n\times(\boldsymbol{H}_1-\boldsymbol{H}_2)=\boldsymbol{0}\\\boldsymbol{e}_n\times(\boldsymbol{E}_1-\boldsymbol{E}_2)=\boldsymbol{0}\\\boldsymbol{e}_n\cdot(\boldsymbol{B}_1-\boldsymbol{B}_2)=0\\\boldsymbol{e}_n\cdot(\boldsymbol{D}_1-\boldsymbol{D}_2)=0\end{cases}\quad\text{或}\quad\begin{cases}H_{1t}-H_{2t}=0\\E_{1t}-E_{2t}=0\\B_{1n}-B_{2n}=0\\D_{1n}-D_{2n}=0\end{cases}$$

对时变电磁场的边界条件进行总结后可以得到以下结论：时变电磁场的边界条件与静态场的边界条件完全相同。

5. 波动方程

时变电磁场的能量以电磁波的形式进行传播，说明电磁场具有波动性。描述电磁场的波动性需要利用电磁场的波动方程。波动方程是二阶矢量微分方程，揭示了电磁场的波动性。

1) 场量的波动方程

无源空间($\rho=0$，$J=0$)中 $\boldsymbol{E}$ 和 $\boldsymbol{H}$ 满足的齐次波动方程为

$$\nabla^2\boldsymbol{E}-\varepsilon\mu\frac{\partial^2\boldsymbol{E}}{\partial t^2}=\boldsymbol{0}$$

$$\nabla^2\boldsymbol{H}-\varepsilon\mu\frac{\partial^2\boldsymbol{H}}{\partial t^2}=\boldsymbol{0}$$

导电媒质($\rho=0$，$J\neq0$)中 $\boldsymbol{E}$ 和 $\boldsymbol{H}$ 满足的波动方程为

$$\nabla^2\boldsymbol{E}-\mu\sigma\frac{\partial\boldsymbol{E}}{\partial t}-\varepsilon\mu\frac{\partial^2\boldsymbol{E}}{\partial t^2}=\boldsymbol{0}$$

$$\nabla^2\boldsymbol{H}-\mu\sigma\frac{\partial\boldsymbol{H}}{\partial t}-\varepsilon\mu\frac{\partial^2\boldsymbol{H}}{\partial t^2}=\boldsymbol{0}$$

有源空间($\rho\neq0$，$J\neq0$)中 $\boldsymbol{E}$ 和 $\boldsymbol{H}$ 满足的波动方程为

$$\nabla^2\boldsymbol{E}-\varepsilon\mu\frac{\partial^2\boldsymbol{E}}{\partial t^2}=\mu\frac{\partial\boldsymbol{J}}{\partial t}+\frac{\nabla\rho}{\varepsilon}$$

$$\nabla^2\boldsymbol{H}-\varepsilon\mu\frac{\partial^2\boldsymbol{H}}{\partial t^2}=-\nabla\times\boldsymbol{J}$$

2) 位函数的波动方程

时变电磁场下，矢量位函数满足：$\boldsymbol{B}=\nabla\times\boldsymbol{A}$

时变电磁场下，标量位函数满足：$\nabla\varphi=-\left(\boldsymbol{E}+\frac{\partial\boldsymbol{A}}{\partial t}\right)$

位函数的洛伦兹规范(也称为洛伦兹条件)：$\nabla\cdot\boldsymbol{A}+\mu\varepsilon\frac{\partial\varphi}{\partial t}=0$

达朗贝尔矢量位方程：$\nabla^2\boldsymbol{A}-\varepsilon\mu\frac{\partial^2\boldsymbol{A}}{\partial t^2}=-\mu\boldsymbol{J}$

达朗贝尔标量位方程：$\nabla^2\varphi-\varepsilon\mu\dfrac{\partial^2\varphi}{\partial t^2}=-\dfrac{\rho}{\varepsilon}$

6. 时变电磁场的能量与能流

1）电磁能量

电场能量密度：$w_e=\dfrac{1}{2}\boldsymbol{E}\cdot\boldsymbol{D}$

磁场能量密度：$w_m=\dfrac{1}{2}\boldsymbol{H}\cdot\boldsymbol{B}$

电磁能量密度：$w=w_e+w_m=\dfrac{1}{2}\boldsymbol{E}\cdot\boldsymbol{D}+\dfrac{1}{2}\boldsymbol{H}\cdot\boldsymbol{B}$

2）坡印廷定理

在时变电磁场中，电磁场以波的方式运动时，伴随着能量的流动。电磁场的能量转换和守恒定律称为坡印廷定理，表达式为

$$-\oint_S(\boldsymbol{E}\times\boldsymbol{H})\cdot\mathrm{d}\boldsymbol{S}=\frac{\mathrm{d}}{\mathrm{d}t}\int_V\left(\frac{1}{2}\boldsymbol{D}\cdot\boldsymbol{E}+\frac{1}{2}\boldsymbol{B}\cdot\boldsymbol{H}\right)\mathrm{d}V+\int_V\boldsymbol{E}\cdot\boldsymbol{J}\,\mathrm{d}V$$

其中 $\boldsymbol{S}=\boldsymbol{E}\times\boldsymbol{H}$ 称为坡印廷矢量(能流密度矢量)，表示沿能流方向穿过垂直于 S 的单位面积的功率矢量，即能量流动密度矢量。

7. 时谐电磁场

如果时变电磁场随时间做正弦规律变化，则这种场称为时谐电磁场。时谐电磁场可用复数方法来表示，使得大多数时谐电磁场问题的分析得以简化。

1）时谐电磁场的复数形式

任一矢量函数可用复矢量来表示，即

$$\boldsymbol{A}(r,\ t)=\mathrm{Re}[\dot{\boldsymbol{A}}_m(r)\mathrm{e}^{\mathrm{j}\omega t}]$$

其中，$\dot{\boldsymbol{A}}_m(r)$称为复振幅矢量，它与时间 t 无关；$\mathrm{e}^{\mathrm{j}\omega t}$ 为时间因子，反映了矢量函数随时间变化的规律。

电磁场中常见物理量的复数表示分别为

$$\boldsymbol{D}=\mathrm{Re}[\dot{\boldsymbol{D}}_m(r)\mathrm{e}^{\mathrm{j}\omega t}]$$

$$\boldsymbol{E}=\mathrm{Re}[\dot{\boldsymbol{E}}_m(r)\mathrm{e}^{\mathrm{j}\omega t}]$$

$$\boldsymbol{B}=\mathrm{Re}[\dot{\boldsymbol{B}}_m(r)\mathrm{e}^{\mathrm{j}\omega t}]$$

$$\boldsymbol{H}=\mathrm{Re}[\dot{\boldsymbol{H}}_m(r)\mathrm{e}^{\mathrm{j}\omega t}]$$

$$\boldsymbol{J}=\mathrm{Re}[\dot{\boldsymbol{J}}_m(r)\mathrm{e}^{\mathrm{j}\omega t}]$$

$$\rho=\mathrm{Re}[\dot{\rho}_m(r)\mathrm{e}^{\mathrm{j}\omega t}]$$

2）麦克斯韦方程组的复数形式

$$\begin{cases}\nabla\times\boldsymbol{H}=\boldsymbol{J}+\mathrm{j}\omega\boldsymbol{D}\\ \nabla\times\boldsymbol{E}=-\mathrm{j}\omega\boldsymbol{B}\\ \nabla\cdot\boldsymbol{D}=\rho\\ \nabla\cdot\boldsymbol{B}=0\end{cases}$$

3）复电容率和复磁导率

导电媒质的等效复介电常数（有时也称为复电容率）：$\varepsilon_c=\varepsilon-j\dfrac{\sigma}{\omega}$

电介质的复介电常数（或复电容率）：$\varepsilon_c=\varepsilon'-j\varepsilon''$

磁介质的复磁导率：$\mu_c=\mu'-j\mu''$

工程上常用损耗角正切来表示介质的损耗特性，其定义为复介电常数或复磁导率的虚部与实部之比。

4）平均能量密度和平均能流密度矢量

在时谐电磁场中，更有意义的是一个周期内的平均能流密度矢量，即平均坡印廷矢量（坡印廷矢量在一个时间周期中的平均值），即

$$\boldsymbol{S}_{av}(r)=\frac{1}{T}\int_0^T\boldsymbol{S}(r,t)\mathrm{d}t=\frac{\omega}{2\pi}\int_0^{2\pi/\omega}\boldsymbol{S}(r,t)\mathrm{d}t=\frac{1}{2}\mathrm{Re}[(\boldsymbol{E}(r)\times\boldsymbol{H}^*(r)]$$

7.4 思考题

1. 根据麦克斯韦提出位移电流方法，你能否根据日常生活中发现的问题提出新的想法或假说？

2. 全电流包含哪些电流？各有什么特点？

3. 位移电流和传导电流有哪些异同？

4. 在时变电磁场中是如何引入动态位的？为什么引入洛伦兹规范可以解决位函数的不确定性和不唯一性？

5. 时变场与静态场中的边界条件有什么异同？为什么？

6. 为什么电磁场不可能进入理想导体内部？

7. 复数形式的麦克斯韦方程组与瞬时形式的麦克斯韦方程组有何区别？

8. 坡印廷矢量是如何定义的？它的物理意义是什么？

9. 什么是时谐电磁场？研究时谐电磁场有何意义？

10. 时谐电磁场的复矢量是真实的场矢量吗？引入复矢量的意义何在？

11. 时谐场的平均坡印廷矢量是如何定义的？

12. 如何由复矢量计算平均坡印廷矢量？

13. 可以由平均坡印廷矢量计算出瞬时坡印廷矢量吗？为什么？

7.5 习题全解

7.1　证明通过任意封闭曲面的传导电流和位移电流总量为零。

证明　根据麦克斯韦方程

$$\nabla\times\boldsymbol{H}=\boldsymbol{J}+\frac{\partial\boldsymbol{D}}{\partial t}$$

可知，通过任意封闭曲面的传导电流和位移电流为

$$\oint_S\left(\boldsymbol{J}_c+\frac{\partial \boldsymbol{D}}{\partial t}\right)\cdot \mathrm{d}\boldsymbol{S}=\oint_S(\nabla\times\boldsymbol{H})\cdot \mathrm{d}\boldsymbol{S}$$

$$\oint_S(\nabla\times\boldsymbol{H})\cdot \mathrm{d}\boldsymbol{S}=\int_V\nabla\cdot(\nabla\times\boldsymbol{H})\mathrm{d}V=0=\oint_S\left(\boldsymbol{J}_c+\frac{\partial \boldsymbol{D}}{\partial t}\right)\cdot \mathrm{d}\boldsymbol{S}=i_c+i_d=i$$

7.2 设有一个断开的矩形线圈与一根长直导线位于同一平面内，如图 7-1 所示。假设：(1) 长直导线中通过的电流为 $i=I\cos\omega t$，线圈不动；(2) 长直导线中通过的电流为不随时间变化的直流电流 $i=I$，线圈以角速度 ω 旋转；(3) 长直导线中通过的电流为 $i=I\cos\omega t$，线圈以角速度 ω 旋转。在上述三种情况下，分别求线圈中的感应电动势。

解 (1) 建立如图 7-1 所示的坐标系，以长直导线为中心、x 为半径做一圆，由安培定理得线圈处的磁通密度为

$$\boldsymbol{B}=-\frac{\mu_0 I\cos\omega t}{2\pi x}\boldsymbol{e}_x$$

则穿过线圈的磁通量为

$$\Phi=\int\boldsymbol{B}\cdot \mathrm{d}\boldsymbol{S}=\int_{d-\frac{a}{2}}^{d+\frac{a}{2}}\frac{\mu_0 I\cos\omega t}{2\pi x}b\,\mathrm{d}x$$

$$=\frac{\mu_0 Ib\cos\omega t}{2\pi}\ln\frac{2d+a}{2d-a}$$

故线圈中的感应电动势为

$$\varepsilon=-\frac{\mathrm{d}\Phi}{\mathrm{d}t}=\omega\frac{\mu_0 Ib\sin\omega t}{2\pi}\ln\frac{2d+a}{2d-a}$$

(2) 以长直导线为中心、ρ 为半径做一圆，由安培定理得线圈处的磁通密度为

$$\boldsymbol{B}=\frac{\mu_0 I}{2\pi\rho}\boldsymbol{e}_\rho$$

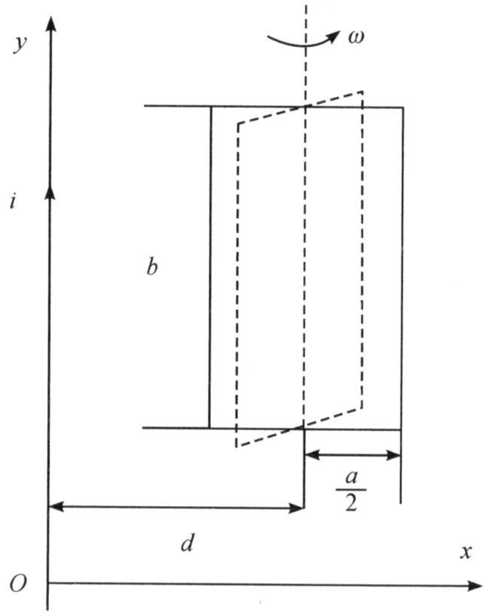

图 7-1 习题 7.2 图

则穿过线圈的磁通量为

$$\Phi=\int\boldsymbol{B}\cdot \mathrm{d}\boldsymbol{S}=\int_{\rho_1}^{\rho_2}\frac{\mu_0 I}{2\pi\rho}b\,\mathrm{d}\rho=\frac{\mu_0 Ib}{2\pi}\ln\frac{\rho_2}{\rho_1}$$

式中：

$$\rho_1=\left(d^2+\frac{a^2}{4}-ad\cos\omega t\right)^{\frac{1}{2}},\quad \rho_2=\left(d^2+\frac{a^2}{4}+ad\cos\omega t\right)^{\frac{1}{2}}$$

故线圈中的感应电动势为

$$\varepsilon=-\frac{\mathrm{d}\Phi}{\mathrm{d}t}=\frac{\mu_0 Ibad\omega\sin\omega t}{2\pi}\frac{d^2+\frac{a^2}{4}}{\left(d^2+\frac{a^2}{4}\right)^2-(ad\cos\omega t)^2}$$

(3) 若长直导线中通过的电流为 $i=I\cos\omega t$，且线圈以角速度 ω 旋转，则穿过线圈的磁通量为

$$\Phi=\frac{\mu_0 Ib\cos\omega t}{2\pi}\ln\frac{\rho_2}{\rho_1}$$

此时线圈中的感应电动势为

$$\varepsilon=-\frac{\mathrm{d}\Phi}{\mathrm{d}t}=\frac{\mu_0 Ib\omega\sin\omega t}{2\pi}\left[\frac{1}{2}\ln\frac{d^2+\frac{a^2}{4}+ad\cos\omega t}{d^2+\frac{a^2}{4}-ad\cos\omega t}+\frac{ad\left(d^2+\frac{a^2}{4}\right)}{\left(d^2+\frac{a^2}{4}\right)^2-(ad\cos\omega t)^2}\right]$$

7.3　无源真空中有一磁场强度 $\boldsymbol{H}(r, t)=\boldsymbol{e}_x 100\sin 5x\cos(\omega t-\beta y)+\boldsymbol{e}_y 50\cos 5x\sin(\omega t-\beta y)$，求位移电流密度。

解　真空中的传导电流密度为 0，则

$$\boldsymbol{J}_\mathrm{d}=\frac{\partial \boldsymbol{D}}{\partial t}=\nabla\times\boldsymbol{H}$$

由 $\boldsymbol{H}(r, t)=\boldsymbol{e}_x H_x+\boldsymbol{e}_y H_y$ 得

$$H_x=100\sin5x\cos(\omega t-\beta y),\ H_y=50\cos5x\sin(\omega t-\beta y)$$

所以

$$\boldsymbol{J}_\mathrm{d}=\nabla\times\boldsymbol{H}=\begin{vmatrix}\boldsymbol{e}_x & \boldsymbol{e}_y & \boldsymbol{e}_z\\ \frac{\partial}{\partial x} & \frac{\partial}{\partial y} & \frac{\partial}{\partial z}\\ 100\sin5x\cos(\omega t-\beta y) & 50\cos5x\sin(\omega t-\beta y) & 0\end{vmatrix}$$

$$=(-100\beta-250)\sin5x\sin(\omega t-\beta y)\boldsymbol{e}_z\quad (\mathrm{A/m^2})$$

7.4　一圆柱形电容器，内、外导体半径分别为 a 和 b，长为 l。假设该电容器外加电压为 $U_0\sin\omega t$，试计算电容器极板间的总位移电流，并证明它等于电容器的传导电流。

解　当外加电压的频率不是很高时，圆柱形电容器两极板间的电场分布与外加直流电压时的电场分布可视为相同(准静态电场)，即

$$\boldsymbol{E}=\boldsymbol{e}_r\frac{U_0\sin\omega t}{r\ln(b/a)}$$

则电容器两极板间的位移电流密度为

$$\boldsymbol{J}_\mathrm{d}=\frac{\partial \boldsymbol{D}}{\partial t}=\boldsymbol{e}_r\varepsilon\omega\frac{U_0\cos\omega t}{r\ln(b/a)}$$

故

$$i_\mathrm{d}=\int_S\boldsymbol{J}_\mathrm{d}\cdot\mathrm{d}\boldsymbol{S}=\int_0^{2\pi}\int_0^l\frac{\varepsilon\omega U_0\cos\omega t}{r\ln(b/a)}\boldsymbol{e}_r\cdot\boldsymbol{e}_r r\,\mathrm{d}\phi\,\mathrm{d}z$$

$$=\frac{2\pi\varepsilon l}{\ln(b/a)}\omega U_0\cos\omega t=C\omega U_0\cos\omega t$$

式中，C 是长为 l 的圆柱形电容器的电容，$C=\dfrac{2\pi\varepsilon l}{\ln(b/a)}$。

流过电容器的传导电流为

$$i_\mathrm{c}=C\frac{\mathrm{d}U}{\mathrm{d}t}=C\omega U_0\cos\omega t$$

可见，$i_\mathrm{d}=i_\mathrm{c}$。

7.5　在 $z=3$ m 的平面内，长度 $l=0.5$ m 的导线沿 x 轴方向排列。当该导线以速度 $\boldsymbol{v}=2\boldsymbol{e}_x+4\boldsymbol{e}_y$(m/s)在磁感应强度 $\boldsymbol{B}=\boldsymbol{e}_x 3x^2z+\boldsymbol{e}_y 6-\boldsymbol{e}_z 3xz^2$(T)的磁场中移动时，求感应电动势。

解　因给定的磁场为恒定磁场，故导线中的感应电动势只能是导线在恒定磁场中移动

时由洛伦兹力产生的，且有

$$\varepsilon_i = \int (\boldsymbol{v} \times \boldsymbol{B}) \cdot d\boldsymbol{l}$$

根据已知条件，得

$$(\boldsymbol{v} \times \boldsymbol{B})|_{z=3} = (\boldsymbol{e}_x 2 + \boldsymbol{e}_y 4) \times (\boldsymbol{e}_x 3x^2 z + \boldsymbol{e}_y 6 - \boldsymbol{e}_z 3xz^2)|_{z=3}$$
$$= -\boldsymbol{e}_x 108x + \boldsymbol{e}_y 54x + \boldsymbol{e}_z (12 - 36x^2)$$
$$d\boldsymbol{l} = \boldsymbol{e}_x dx$$

则感应电动势为

$$\varepsilon_i = \int_0^{0.5} [-\boldsymbol{e}_x 108x + \boldsymbol{e}_y 54x + \boldsymbol{e}_z (12 - 36x^2)] \cdot \boldsymbol{e}_x dx = -13.5 \text{ V}$$

7.6　电子感应加速器中的磁场在直径为 0.5 m 的圆柱形区域内是均匀的，若磁场的变化率为 0.01 T/s，试计算离开中心距离为 0.1 m、0.5 m、1.0 m 处各点的感生电场。

解

$$\oint \boldsymbol{E} \times d\boldsymbol{l} = -\frac{df}{dt}$$

在 $r_1 = 0.1$ m 处：

$$E_1 2\pi r_1 = \frac{dB}{dt} \pi r_1^2$$

$$E_1 = \frac{r_1}{2} \frac{dB}{dt} = \frac{1}{2} \times 1.0 \times 1.0 \times 10^{-2} = 5.0 \times 10^{-4} \text{ V/m}$$

在 $r_2 = 0.5$ m 处：

$$E_2 2\pi r_2 = \frac{dB}{dt} \pi R^2$$

$$E_2 = \frac{R^2}{2r_2} \frac{dB}{dt} = \frac{(0.25)^2 \times 1.0 \times 10^{-2}}{2 \times 0.5} = 6.25 \times 10^{-4} \text{ V/m}$$

在 $r_3 = 1.0$ m 处：

$$E_3 2\pi r_3 = \frac{dB}{dt} \pi R^2$$

$$E_3 = \frac{R^2}{2r_3} \frac{dB}{dt} = \frac{(0.25)^2 \times 1.0 \times 10^{-2}}{2 \times 1.0} = 3.13 \times 10^{-4} \text{ V/m}$$

7.7　在坐标原点附近区域内，传导电流密度为 $\boldsymbol{J} = \boldsymbol{e}_r 10r^{1.5}$ (A/m²)，求：

(1) 通过半径 $r = 1$ mm 的球面的电流值；

(2) 在 $r = 1$ mm 的球面上电荷密度的增加率；

(3) 在 $r = 1$ mm 的球内总电荷的增加率。

解　(1) $I = \oint \boldsymbol{J} \cdot d\boldsymbol{S} = \int_0^{2\pi} \int_0^{\pi} 10r^{1.5} r^2 \sin\theta \, d\theta \, d\phi \, |_{r=1\text{ mm}} = 40\pi r^{0.5} |_{r=1\text{ mm}} = 3.97$ A

(2) 因为

$$\nabla \cdot \boldsymbol{J} = \frac{1}{r^2} \frac{d}{dr} (r^2 10r^{-1.5}) = 5r^{-2.5}$$

所以由电流连续性方程得到

$$\frac{\partial \rho}{\partial t} \Big|_{r=1\text{ mm}} = -\nabla \cdot \boldsymbol{J} \Big|_{r=1\text{ mm}} = -1.58 \times 10^8 \text{ A/m}^3$$

(3) 在 $r=1$ mm 的球内总电荷的增加率为

$$\frac{\mathrm{d}\theta}{\mathrm{d}t}=-I=-3.97\ \mathrm{A}$$

7.8　海水的电导率为 4 S/m，相对介电常数为 81，求频率为 1 MHz 时位移电流振幅与传导电流振幅的比值。

解　设电场随时间做正弦变化，且表示为

$$\boldsymbol{E}=\boldsymbol{e}_x E_{\mathrm{m}}\cos\omega t$$

设位移电流密度为

$$\boldsymbol{J}_{\mathrm{d}}=\frac{\partial \boldsymbol{D}}{\partial t}=-\boldsymbol{e}_x\omega\varepsilon_0\varepsilon_{\mathrm{r}}E_{\mathrm{m}}\sin\omega t$$

其振幅值为

$$J_{\mathrm{dm}}=\omega\varepsilon_0\varepsilon_{\mathrm{r}}E_{\mathrm{m}}=4.5\times10^{-3}E_{\mathrm{m}}$$

传导电流的振幅值为

$$J_{\mathrm{cm}}=\sigma E_{\mathrm{m}}=4E_{\mathrm{m}}$$

故

$$\frac{J_{\mathrm{dm}}}{J_{\mathrm{cm}}}=1.125\times10^{-3}$$

7.9　自由空间的磁场强度为 $\boldsymbol{H}=\boldsymbol{e}_x H_{\mathrm{m}}\cos(\omega t-kz)$ (A/m)(k 为常数)，求位移电流密度和电场强度。

解　因自由空间的传导电流密度为 0，故由式 $\nabla\times\boldsymbol{H}=\frac{\partial\boldsymbol{D}}{\partial t}$ 得

$$\begin{aligned}\boldsymbol{J}_{\mathrm{d}}&=\frac{\partial \boldsymbol{D}}{\partial t}=\nabla\times\boldsymbol{H}=\left(\boldsymbol{e}_x\frac{\partial}{\partial x}+\boldsymbol{e}_y\frac{\partial}{\partial y}+\boldsymbol{e}_z\frac{\partial}{\partial z}\right)\times\boldsymbol{e}_x H_x\\&=\boldsymbol{e}_y\frac{\partial H_x}{\partial z}=\boldsymbol{e}_y\frac{\partial}{\partial z}[H_{\mathrm{m}}\cos(\omega t-kz)]\\&=\boldsymbol{e}_y kH_{\mathrm{m}}\sin(\omega t-kz)\quad(\mathrm{A/m^2})\end{aligned}$$

$$\begin{aligned}\boldsymbol{E}&=\frac{\boldsymbol{D}}{\varepsilon_0}=\frac{1}{\varepsilon_0}\int\frac{\partial\boldsymbol{D}}{\partial t}\mathrm{d}t=\frac{1}{\varepsilon_0}\int\boldsymbol{e}_y kH_{\mathrm{m}}\sin(\omega t-kz)\mathrm{d}t\\&=-\boldsymbol{e}_y\frac{k}{\omega\varepsilon_0}H_{\mathrm{m}}\cos(\omega t-kz)\quad(\mathrm{V/m})\end{aligned}$$

7.10　正弦交流电压源 $u=u_{\mathrm{m}}\sin\omega t$ 连接到平行板电容器的两个极板上。

(1) 证明电容器两极板间的位移电流与连接导线中的传导电流相等；

(2) 求导线附近距离连接导线为 r 处的磁场强度。

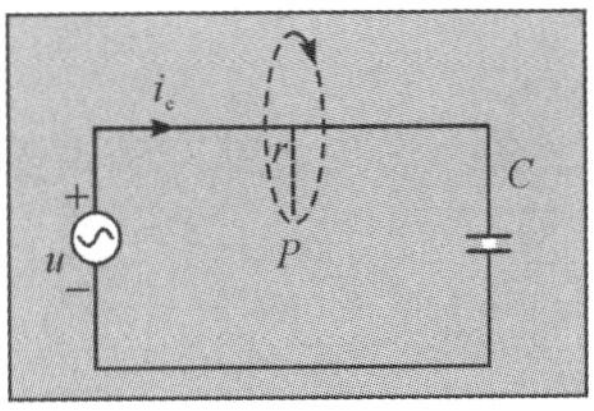

图 7-2　习题 7.10 图

(1) **证明**　根据题意画出图形，如图 7-2 所示。导线中的传导电流为

$$i_{\mathrm{c}}=C\frac{\mathrm{d}u}{\mathrm{d}t}=C\frac{\mathrm{d}}{\mathrm{d}t}(u_{\mathrm{m}}\sin\omega t)=C\omega u_{\mathrm{m}}\cos\omega t$$

忽略边缘效应时，间距为 d 的两平行板之间的电场为 $E=u/d$，则

$$D=\varepsilon E=\frac{\varepsilon u_{\mathrm{m}}\sin\omega t}{d}$$

故极板间的位移电流为

$$i=\int_S \boldsymbol{J}_{\mathrm{d}}\cdot \mathrm{d}\boldsymbol{S}=\int_S \frac{\partial D}{\partial t}\mathrm{d}S=\frac{\varepsilon u_{\mathrm{m}}\omega}{d}\cos\omega t S_0=C\omega u_{\mathrm{m}}\cos\omega t=i_{\mathrm{c}}$$

式中，S_0 为极板的面积，而$\frac{\varepsilon S_0}{d}=C$ 为平行板电容器的电容。

（2）**解** 以 r 为半径做闭合曲线 C_0，连接导线本身的轴对称性使得沿闭合线的磁场相等，则

$$\int_C \boldsymbol{H}\cdot \mathrm{d}\boldsymbol{l}=2\pi r H_{\phi}$$

与闭合线交链的只有导线中的传导电流 $i_{\mathrm{c}}=C\omega u_{\mathrm{m}}\cos\omega t$，故得

$$2\pi r H_{\phi}=C\omega u_{\mathrm{m}}\cos\omega t$$

$$\boldsymbol{H}=\boldsymbol{e}_{\phi}H_{\phi}=\boldsymbol{e}_{\phi}\frac{C\omega u_{\mathrm{m}}}{2\pi r}\cos\omega t$$

7.11 在无源的电介质中，若已知电场强度矢量为 $\boldsymbol{E}=\boldsymbol{e}_x E_{\mathrm{m}}\sin(\omega t-kz)$ (V/m)，式中的 E_{m} 为振幅，ω 为角频率，k 为相位常数。试确定 k 与 ω 之间所满足的关系，并求出与 $\boldsymbol{E}$ 相应的其他场矢量。

解 $\boldsymbol{E}$ 是电磁场的场矢量，应满足麦克斯韦方程组。因此，利用麦克斯韦方程组可以确定 k 与 ω 之间所满足的关系，并求出与 $\boldsymbol{E}$ 相应的其他场矢量，即

$$\begin{aligned}\frac{\partial \boldsymbol{B}}{\partial t}&=-\nabla\times\boldsymbol{E}=-\left(\boldsymbol{e}_x\frac{\partial}{\partial x}+\boldsymbol{e}_y\frac{\partial}{\partial y}+\boldsymbol{e}_z\frac{\partial}{\partial z}\right)\times\boldsymbol{e}_x E_x\\&=-\boldsymbol{e}_y\frac{\partial E_x}{\partial z}=-\boldsymbol{e}_y\frac{\partial}{\partial z}[E_{\mathrm{m}}\cos(\omega t-kz)]\\&=-\boldsymbol{e}_y k E_{\mathrm{m}}\sin(\omega t-kz)\end{aligned}$$

对时间 t 积分，得

$$\boldsymbol{B}=\boldsymbol{e}_y\frac{kE_{\mathrm{m}}}{\omega}\cos(\omega t-kz)$$

则

$$\boldsymbol{B}=\mu\boldsymbol{H}\Rightarrow\boldsymbol{H}=\boldsymbol{e}_y\frac{kE_{\mathrm{m}}}{\mu\omega}\cos(\omega t-kz)$$

$$\boldsymbol{D}=\varepsilon\boldsymbol{E}\Rightarrow\boldsymbol{D}=\boldsymbol{e}_x\varepsilon E_{\mathrm{m}}\cos(\omega t-kz)$$

以上各个场矢量都应满足麦克斯韦方程，从而

$$\nabla\times\boldsymbol{H}=\begin{vmatrix}\boldsymbol{e}_x&\boldsymbol{e}_y&\boldsymbol{e}_z\\\frac{\partial}{\partial x}&\frac{\partial}{\partial y}&\frac{\partial}{\partial z}\\H_x&H_y&H_z\end{vmatrix}=-\boldsymbol{e}_x\frac{\partial H_y}{\partial z}=-\boldsymbol{e}_x\frac{k^2E_{\mathrm{m}}}{\omega\mu}\sin(\omega t-kz)$$

$$\frac{\partial\boldsymbol{D}}{\partial t}=\boldsymbol{e}_x\frac{\partial D_x}{\partial t}=-\boldsymbol{e}_x\varepsilon E_{\mathrm{m}}\omega\sin(\omega t-kz)$$

由$\nabla\times\boldsymbol{H}=\frac{\partial\boldsymbol{D}}{\partial t}$得 $k^2=\omega^2\mu\varepsilon$。

7.12　证明均匀导电媒质内部不会有永久的自由电荷分布。

证明　将麦克斯韦方程的辅助方程 $\boldsymbol{J}=\sigma\boldsymbol{E}$ 代入电流连续性方程 $\nabla\cdot\boldsymbol{J}=-\frac{\partial\rho}{\partial t}$，由于媒质均匀，所以

$$\nabla\cdot(\sigma\boldsymbol{E})+\frac{\partial\rho}{\partial t}=\sigma(\nabla\cdot\boldsymbol{E})+\frac{\partial\rho}{\partial t}=0$$

又 $\nabla\cdot\boldsymbol{D}=\rho$，则 $\nabla\cdot(\varepsilon\boldsymbol{E})=\rho$，即 $\varepsilon(\nabla\cdot\boldsymbol{E})=\rho$，代入上式有

$$\frac{\partial\rho}{\partial t}+\frac{\sigma}{\varepsilon}\rho=0$$

所以任意瞬间的电荷密度为

$$\rho(t)=\rho_0\mathrm{e}^{-\frac{\sigma}{\varepsilon}t}$$

式中，ρ_0 是 $t=0$ 时刻的电流密度；$\frac{\sigma}{\varepsilon}=\tau$ 具有时间的量纲，称为导电媒质弛豫时间或时常数，它是电荷密度减少到其初始值的 1/e 所需的时间。

由电荷密度的表示式可知，电荷按指数规律减少，最终流至并分布于导体的外表面。

7.13　一平板电容器的极板为圆盘状，其半径为 a，极板间距离为 $d(d\ll a)$，如图 7-3 所示。

(1) 假设极板上电荷均匀分布，且 $\rho_S=\pm\rho_m\cos\omega t$，忽略边缘效应，求极板间的电场强度和磁场强度；

(2) 证明这样的场不满足电磁场基本方程。

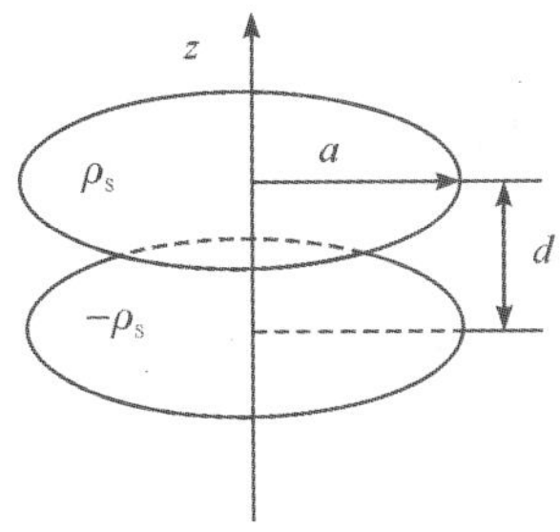

图 7-3　习题 7.13 图

(1) **解**　由边界条件得两极板间的电通密度为

$$D=\rho_S$$

故电场强度为

$$\boldsymbol{E}=-\frac{\rho_m\cos\omega t}{\varepsilon_0}\boldsymbol{e}_z$$

电容器极板间的位移电流密度为

$$\boldsymbol{J}_d=\frac{\partial\boldsymbol{D}}{\partial t}=\boldsymbol{e}_z\frac{\omega\rho_m}{\varepsilon_0}\sin\omega t$$

由安培定律得

$$\oint_C\boldsymbol{H}\cdot\mathrm{d}\boldsymbol{l}=\pi\rho^2J_d$$

故极板间的磁场强度为

$$\boldsymbol{H}=\boldsymbol{e}_\phi\frac{\omega\rho_m}{2\varepsilon_0}\rho\sin\omega t$$

(2) **证明**　由

$$\nabla\times\boldsymbol{E}=\begin{vmatrix}\boldsymbol{e}_x & \boldsymbol{e}_y & \boldsymbol{e}_z\\ \frac{\partial}{\partial x} & \frac{\partial}{\partial y} & \frac{\partial}{\partial z}\\ 0 & 0 & \frac{\omega\rho_m}{\varepsilon_0}\sin\omega t\end{vmatrix}=\boldsymbol{0}$$

和

$$\frac{\partial B}{\partial t}=\mu_0\frac{\partial H}{\partial t}=\mu_0\frac{\omega^2\rho_m}{2\varepsilon_0}\rho\cos\omega t$$

可知$\nabla\times\boldsymbol{E}\neq-\frac{\partial\boldsymbol{B}}{\partial t}$，因此这样的场不满足电磁场基本方程，也说明这种电荷分布是无法实现的。

7.14　设 $z=0$ 的平面为空气与理想导体的分界面，$z<0$ 一侧为理想导体，分界面处的磁场强度为 $\boldsymbol{H}(x,y,0,t)=\boldsymbol{e}_xH_0\sin ax\cos(\omega t-ay)$，求理想导体表面上的电流分布、电荷分布以及分界面处的电场强度。

解　理想导体表面上的电流分布为

$$\begin{aligned}\boldsymbol{J}_S&=\boldsymbol{e}_n\times\boldsymbol{H}=\boldsymbol{e}_z\times\boldsymbol{e}_xH_0\sin ax\cos(\omega t-ay)\\&=\boldsymbol{e}_yH_0\sin ax\cos(\omega t-ay)\end{aligned}$$

由分界面上的电流连续性方程$\nabla_t\cdot\boldsymbol{J}_S=-\frac{\partial\rho_S}{\partial t}$可得

$$\begin{aligned}-\frac{\partial\rho_S}{\partial t}&=\left(\boldsymbol{e}_x\frac{\partial}{\partial x}+\boldsymbol{e}_y\frac{\partial}{\partial y}\right)\cdot[\boldsymbol{e}_yH_0\sin ax\cos(\omega t-ay)]\\&=\frac{\partial}{\partial y}[H_0\sin ax\cos(\omega t-ay)]\\&=aH_0\sin ax\cos(\omega t-ay)\end{aligned}$$

所以

$$\rho_S=\frac{aH_0}{\omega}\sin ax\cos(\omega t-ay)+c(x,y)$$

假设 $t=0$ 时，$\rho_S=0$，则有

$$\frac{aH_0}{\omega}\sin ax\cos ay+c(x,y)=0$$

解得

$$c(x,y)=-\frac{aH_0}{\omega}\sin ax\cos ay$$

故理想导体表面上的电荷分布为

$$\begin{aligned}\rho_S&=\frac{aH_0}{\omega}\sin ax\cos(\omega t-ay)-\frac{aH_0}{\omega}\sin ax\cos ay\\&=\frac{aH_0}{\omega}\sin ax[\cos(\omega t-ay)-\cos ay]\end{aligned}$$

由边界条件 $\boldsymbol{e}_n\cdot D=\rho_S$ 以及 $\boldsymbol{e}_n$ 的方向可得

$$D_{1n}=\rho_S=\frac{aH_0}{\omega}\sin ax[\cos(\omega t-ay)-\cos ay]$$

$$\boldsymbol{D}_1(x,y,0,t)=\boldsymbol{e}_z\frac{aH_0}{\omega}\sin ax[\cos(\omega t-ay)-\cos ay]$$

故分界面处的电场强度为

$$\boldsymbol{E}(x,y,0,t)=\boldsymbol{e}_z\frac{aH_0}{\omega\varepsilon}\sin ax[\cos(\omega t-ay)-\cos ay]$$

7.15　证明在无初值的时变场条件下，法向分量的边界条件已含于切向分量的边界条件之中，即只有两个切向分量的边界条件是独立的。因此，在解电磁场边值问题中只需代入两个切向分量的边界条件。

证明　在分界面两侧的媒质中，有

$$\nabla\times\boldsymbol{E}_1=-\frac{\partial\boldsymbol{B}_1}{\partial t},\ \nabla\times\boldsymbol{E}_2=-\frac{\partial\boldsymbol{B}_2}{\partial t}$$

将矢性微分算符和场矢量都分解为切向分量和法向分量，即令

$$\boldsymbol{E}=\boldsymbol{E}_{\mathrm{t}}+\boldsymbol{E}_{\mathrm{n}},\ \nabla=\nabla_{\mathrm{t}}+\nabla_{\mathrm{n}}$$

则有

$$(\nabla_{\mathrm{t}}+\nabla_{\mathrm{n}})\times(\boldsymbol{E}_{\mathrm{t}}+\boldsymbol{E}_{\mathrm{n}})=-\frac{\partial}{\partial t}(\boldsymbol{B}_{\mathrm{t}}+\boldsymbol{B}_{\mathrm{n}})$$

即

$$(\nabla_{\mathrm{t}}\times\boldsymbol{E}_{\mathrm{t}})_{\mathrm{n}}+(\nabla_{\mathrm{t}}\times\boldsymbol{E}_{\mathrm{n}})_{\mathrm{t}}+(\nabla_{\mathrm{n}}\times\boldsymbol{E}_{\mathrm{t}})_{\mathrm{t}}+(\nabla_{\mathrm{n}}\times\boldsymbol{E}_{\mathrm{n}})_{\mathrm{t}}=-\frac{\partial\boldsymbol{B}_{\mathrm{n}}}{\partial t}-\frac{\partial\boldsymbol{B}_{\mathrm{t}}}{\partial t}$$

由上式可见

$$\nabla_{\mathrm{t}}\times\boldsymbol{E}_{\mathrm{t}}=-\frac{\partial\boldsymbol{B}_{\mathrm{n}}}{\partial t},\ \nabla_{\mathrm{n}}\times\boldsymbol{E}_{\mathrm{n}}=\boldsymbol{0},\ \nabla_{\mathrm{n}}\times\boldsymbol{E}_{\mathrm{t}}+\nabla_{\mathrm{t}}\times\boldsymbol{E}_{\mathrm{n}}=-\frac{\partial\boldsymbol{B}_{\mathrm{t}}}{\partial t}$$

对于媒质 1 和媒质 2 有

$$\nabla_{\mathrm{t}}\times\boldsymbol{E}_{1\mathrm{t}}=-\frac{\partial\boldsymbol{B}_{1\mathrm{n}}}{\partial t},\ \nabla_{\mathrm{t}}\times\boldsymbol{E}_{2\mathrm{t}}=-\frac{\partial\boldsymbol{B}_{2\mathrm{n}}}{\partial t}$$

上面两式相减得

$$\nabla_{\mathrm{t}}\times(\boldsymbol{E}_{1\mathrm{t}}-\boldsymbol{E}_{2\mathrm{t}})=-\frac{\partial}{\partial t}(\boldsymbol{B}_{1\mathrm{n}}-\boldsymbol{B}_{2\mathrm{n}})$$

代入切向分量的边界条件：

$$\boldsymbol{e}_{\mathrm{n}}\times(\boldsymbol{E}_1-\boldsymbol{E}_2)=\boldsymbol{0},\ \text{即}\ \boldsymbol{E}_{1\mathrm{t}}=\boldsymbol{E}_{2\mathrm{t}}$$

有

$$\frac{\partial}{\partial t}(\boldsymbol{B}_{1\mathrm{n}}-\boldsymbol{B}_{2\mathrm{n}})=\frac{\partial}{\partial t}[\boldsymbol{e}_{\mathrm{n}}\cdot(\boldsymbol{B}_1-\boldsymbol{B}_2)]=\boldsymbol{0}$$

从而有

$$\boldsymbol{e}_{\mathrm{n}}\cdot(\boldsymbol{B}_1-\boldsymbol{B}_2)=C\quad(\text{常数})$$

如果 $t=0$ 时的初值 B_1、B_2 都为零，那么 $C=0$，则有

$$\boldsymbol{e}_{\mathrm{n}}\cdot(\boldsymbol{B}_1-\boldsymbol{B}_2)=0,\ \text{即}\ \boldsymbol{B}_{1\mathrm{n}}=\boldsymbol{B}_{2\mathrm{n}}$$

同理，将式$\nabla\times\boldsymbol{H}=\boldsymbol{J}+\frac{\partial\boldsymbol{D}}{\partial t}$中的场量和矢性微分算符分解成切向分量和法向分量，并且展开取其中的法向分量，有

$$\nabla_{\mathrm{t}}\times\boldsymbol{H}_{\mathrm{t}}=\frac{\partial\boldsymbol{D}_{\mathrm{n}}}{\partial t}+\boldsymbol{J}_{\mathrm{n}}$$

上式对分界面两侧的媒质区域都成立，故有

$$\nabla_{\mathrm{t}}\times\boldsymbol{H}_{1\mathrm{t}}=\frac{\partial\boldsymbol{D}_{1\mathrm{n}}}{\partial t}+\boldsymbol{J}_{1\mathrm{n}},\ \nabla_{\mathrm{t}}\times\boldsymbol{H}_{2\mathrm{t}}=\frac{\partial\boldsymbol{D}_{2\mathrm{n}}}{\partial t}+\boldsymbol{J}_{2\mathrm{n}}$$

将以上两式相减并将

$$\boldsymbol{H}_{1t}=(\boldsymbol{e}_n\times\boldsymbol{H}_{1t})\times\boldsymbol{e}_n,\ \boldsymbol{H}_{2t}=(\boldsymbol{e}_n\times\boldsymbol{H}_{2t})\times\boldsymbol{e}_n$$

代入得

$$\nabla_t\times[\boldsymbol{e}_n\times(\boldsymbol{H}_1-\boldsymbol{H}_2)\times\boldsymbol{e}_n]=\frac{\partial}{\partial t}(\boldsymbol{D}_{1n}-\boldsymbol{D}_{2n})+(\boldsymbol{J}_{1n}-\boldsymbol{J}_{2n})$$

再将切向分量的边界条件

$$\boldsymbol{e}_n\times(\boldsymbol{H}_1-\boldsymbol{H}_2)=\boldsymbol{J}_S$$

代入上式得

$$\nabla_t\times(\boldsymbol{J}_S\times\boldsymbol{e}_n)=\frac{\partial}{\partial t}(\boldsymbol{D}_{1n}-\boldsymbol{D}_{2n})+(\boldsymbol{J}_{1n}-\boldsymbol{J}_{2n})$$

整理得

$$\boldsymbol{J}_S(\nabla_t\cdot\boldsymbol{e}_n)-\boldsymbol{e}_n(\nabla_t\cdot\boldsymbol{J}_S)-(\boldsymbol{J}_{1n}-\boldsymbol{J}_{2n})=\frac{\partial}{\partial t}(\boldsymbol{D}_{1n}-\boldsymbol{D}_{2n})$$

又

$$\nabla_t\cdot\boldsymbol{e}_n=0,\ \nabla_t\cdot\boldsymbol{J}_S+(\boldsymbol{J}_{1n}-\boldsymbol{J}_{2n})=-\frac{\partial\rho_S}{\partial t}\quad\text{(分界面处的电流连续性方程)}$$

故

$$\frac{\partial\rho_S}{\partial t}=\frac{\partial}{\partial t}[\boldsymbol{e}_n\cdot(\boldsymbol{D}_1-\boldsymbol{D}_2)]$$

即

$$\frac{\partial}{\partial t}[\boldsymbol{e}_n\cdot(\boldsymbol{D}_1-\boldsymbol{D}_2)-\rho_S]=0$$

7.16 设 $y=0$ 为两种磁介质的分界面，$y<0$ 为媒质 1，其磁导率为 μ_1，$y>0$ 为媒质 2，其磁导率为 μ_2，如7-4 所示。分界面上有以电流密度 $\boldsymbol{J}_S=2\boldsymbol{e}_x$(A/m)分布的面电流，已知媒质 1 中的磁场强度为 $\boldsymbol{H}_1=\boldsymbol{e}_x+2\boldsymbol{e}_y+3\boldsymbol{e}_z$(A/m)，求媒质 2 中的磁场强度 $\boldsymbol{H}_2$。

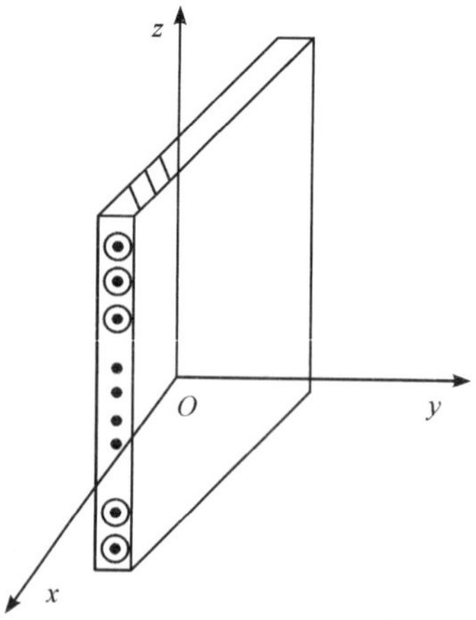

图 7-4 习题 7.16 图

解 由题意知分界面的法线方向为 $\boldsymbol{e}_n=-\boldsymbol{e}_y$。根据边界条件：

$$\boldsymbol{n}\times(\boldsymbol{H}_1-\boldsymbol{H}_2)=\boldsymbol{J}_S$$

可得

$$-\boldsymbol{e}_y\times[(1-H_{2x})\boldsymbol{e}_x+(2-H_{2y})\boldsymbol{e}_y+(3-H_{2z})\boldsymbol{e}_z]=2\boldsymbol{e}_x$$

即

$$(1-H_{2x})\boldsymbol{e}_z-(3-H_{2z})\boldsymbol{e}_x=2\boldsymbol{e}_x$$

得

$$H_{2x}=1,\ H_{2z}=5$$

根据磁通密度的法向分量连续的边界条件得

$$H_{2y}=2\frac{\mu_1}{\mu_2}$$

所以，媒质2中的磁场强度为

$$\boldsymbol{H}_2=\boldsymbol{e}_x+2\frac{\mu_1}{\mu_2}\boldsymbol{e}_y+5\boldsymbol{e}_z$$

7.17　两导体平板（$z=0$ 和 $z=d$）之间的空气中，已知电场强度 $\boldsymbol{E}=\boldsymbol{e}_yE_0\sin\frac{\pi}{d}z\cos(\omega t-kx)$ (V/m)，求：

(1) 磁场强度；

(2) 导体表面的电流密度。

解　(1) 将电场强度 $\boldsymbol{E}=\boldsymbol{e}_yE_0\sin\frac{\pi}{d}z\cos(\omega t-kx)$ 表示成复数形式，由复数形式的麦克斯韦方程得

$$\boldsymbol{E}(x,z)=\boldsymbol{e}_yE_0\sin\frac{\pi}{d}z\,\mathrm{e}^{-\mathrm{j}k_xx}$$

因为

$$\nabla\times\boldsymbol{E}=-\frac{\partial\boldsymbol{B}}{\partial t}=-\mu_0\frac{\partial\boldsymbol{H}}{\partial t}=-\mu_0\mathrm{j}\omega\boldsymbol{H}$$

所以

$$\boldsymbol{H}(x,z)=-\frac{1}{\mathrm{j}\omega\mu_0}\nabla\times\boldsymbol{E}=-\frac{1}{\mathrm{j}\omega\mu_0}\left(-\boldsymbol{e}_x\frac{\partial\boldsymbol{E}_y}{\partial z}+\boldsymbol{e}_z\frac{\partial\boldsymbol{E}_y}{\partial x}\right)$$

$$=\frac{E_0}{\omega\mu_0}\left[-\boldsymbol{e}_x\mathrm{j}\frac{\pi}{d}\cos\frac{\pi}{d}z+\boldsymbol{e}_zk_x\sin\frac{\pi}{d}z\right]\mathrm{e}^{-\mathrm{j}k_xx}\quad(\mathrm{A/m})$$

从而磁场强度的瞬时表达式为

$$\boldsymbol{H}(x,z,t)=\mathrm{Re}[\boldsymbol{H}(x,z)\mathrm{e}^{\mathrm{j}\omega t}]$$

$$=\boldsymbol{e}_x\frac{E_0\pi}{\omega\mu_0d}\cos\frac{\pi}{d}z\sin(\omega t-k_xx)+\boldsymbol{e}_z\frac{k_xxE_0}{\omega\mu_0}\sin\frac{\pi}{d}z\cos(\omega t-k_xx)$$

(2) $z=0$ 处导体表面的电流密度为

$$\boldsymbol{J}_\mathrm{S}=\boldsymbol{e}_\mathrm{n}\times\boldsymbol{H}\mid_{z=0}=\boldsymbol{e}_z\times\boldsymbol{H}\mid_{z=0}=\boldsymbol{e}_y\frac{E_0\pi}{\omega\mu_0d}\sin(\omega t-k_xx)\quad(\mathrm{A/m})$$

$z=d$ 处导体表面的电流密度为

$$\boldsymbol{J}_\mathrm{S}=\boldsymbol{e}_\mathrm{n}\times\boldsymbol{H}\mid_{z=d}=-\boldsymbol{e}_z\times\boldsymbol{H}\mid_{z=d}=\boldsymbol{e}_y\frac{E_0\pi}{\omega\mu_0d}\sin(\omega t-k_xx)\quad(\mathrm{A/m})$$

7.18 如图 7-5 所示，已知内截面为 $a\times b$ 的矩形金属波导中的时变电磁场各分量为 $E_y=E_{y0}\sin\frac{\pi}{a}x\cos(\omega t-k_z z)$，$H_x=H_{x0}\sin\frac{\pi}{a}x\cos(\omega t-k_z z)$，$H_z=H_{z0}\cos\frac{\pi}{a}x\sin(\omega t-k_z z)$，当波导内部为真空时，试求：

(1) 波导中的位移电流分布；

(2) 波导内壁上的电荷及电流分布。

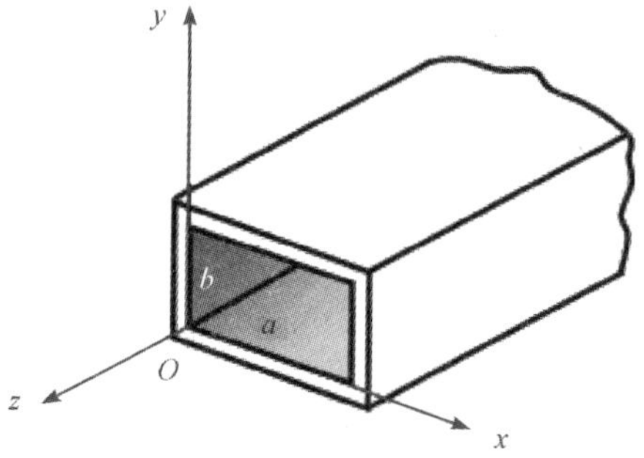

图 7-5 习题 7.18 图(一)

解 (1) 由题求得位移电流分布为

$$\boldsymbol{J}_\mathrm{d}=\frac{\partial \boldsymbol{D}}{\partial t}=-\boldsymbol{e}_y E_{y0}\omega\varepsilon\sin\frac{\pi}{a}x\sin(\omega t-k_z z)$$

(2) 在 $y=0$ 的内壁上，有

$$\rho_\mathrm{S}=\boldsymbol{e}_y\cdot(\varepsilon\boldsymbol{E}_y)=\varepsilon E_y$$

$$\boldsymbol{J}_\mathrm{S}=\boldsymbol{e}_y\times(\boldsymbol{H}_x+\boldsymbol{H}_z)=-\boldsymbol{e}_z H_x+\boldsymbol{e}_x H_z$$

在 $y=b$ 的内壁上，有

$$\rho_\mathrm{S}=-\boldsymbol{e}_y\cdot(\varepsilon\boldsymbol{E}_y)=-\varepsilon E_y$$

$$\boldsymbol{J}_\mathrm{S}=-\boldsymbol{e}_y\times(\boldsymbol{H}_x+\boldsymbol{H}_z)=\boldsymbol{e}_z H_x-\boldsymbol{e}_x H_z$$

在 $x=0$ 的侧壁上，$\boldsymbol{H}_x=\boldsymbol{0}$，则

$$\boldsymbol{J}_\mathrm{S}=\boldsymbol{e}_x\times\boldsymbol{e}_z H_{z0}\sin(\omega t-k_z z)=-\boldsymbol{e}_y H_{z0}\sin(\omega t-k_z z)$$

在 $x=a$ 的侧壁上，$\boldsymbol{H}_x=\boldsymbol{0}$，则

$$\boldsymbol{J}_\mathrm{S}=-\boldsymbol{e}_x\times\boldsymbol{e}_z[-H_{z0}\sin(\omega t-k_z z)]=-\boldsymbol{e}_y H_{z0}\sin(\omega t-k_z z)$$

在 $x=0$ 及 $x=a$ 的侧壁上，因为 $\boldsymbol{E}_y=\boldsymbol{0}$，所以 $\rho_\mathrm{S}=0$。

7.19 在无源区求均匀导电媒质中电场强度和磁场强度满足的波动方程。

解 在线性、各向同性的均匀导电媒质中，应用本构关系后，麦克斯韦方程组为

$$\begin{cases}\nabla\times\boldsymbol{H}=\sigma\boldsymbol{E}+\varepsilon\dfrac{\partial\boldsymbol{E}}{\partial t}\\ \nabla\times\boldsymbol{E}=-\mu\dfrac{\partial\boldsymbol{H}}{\partial t}\\ \nabla\cdot\boldsymbol{H}=0\\ \nabla\cdot\boldsymbol{E}=0\end{cases}$$

将麦克斯韦方程组的第二个方程两边取旋度后有

$$\nabla\times\nabla\times\boldsymbol{E}=\nabla\times\left(-\mu\frac{\partial\boldsymbol{H}}{\partial t}\right)=-\mu\frac{\partial}{\partial t}(\nabla\times\boldsymbol{H})$$

将麦克斯韦方程组的第一个方程代入上式有

$$\nabla\times\nabla\times\boldsymbol{E}=-\mu\frac{\partial}{\partial t}\left(\sigma\boldsymbol{E}+\varepsilon\frac{\partial\boldsymbol{E}}{\partial t}\right)$$

利用矢量等式$\nabla\times\nabla\times\boldsymbol{E}=\nabla(\nabla\cdot\boldsymbol{E})-\nabla^2\boldsymbol{E}$以及麦克斯韦方程组的第四个方程，可得电场强度满足的波动方程为

$$\nabla^2\boldsymbol{E}-\mu\varepsilon\frac{\partial^2\boldsymbol{E}}{\partial t^2}-\mu\sigma\frac{\partial\boldsymbol{E}}{\partial t}=\boldsymbol{0}$$

同理，先对麦克斯韦方程组的第一个方程两边取旋度后，将第二个方程代入，然后利用类似的矢量等式进行化简，可得磁场强度满足的波动方程为

$$\nabla^2\boldsymbol{H}-\mu\varepsilon\frac{\partial^2\boldsymbol{H}}{\partial t^2}-\mu\sigma\frac{\partial\boldsymbol{H}}{\partial t}=\boldsymbol{0}$$

7.20　证明以下矢量函数满足真空中的无源波动方程$\nabla^2\boldsymbol{E}-\frac{1}{c^2}\frac{\partial^2\boldsymbol{E}}{\partial t^2}=\boldsymbol{0}$，其中$c^2=\frac{1}{\mu_0\varepsilon_0}$。

(1) $\boldsymbol{E}=\boldsymbol{e}_xE_0\cos\left(\omega t-\frac{\omega}{c}z\right)$，$E_0$ 为常数；

(2) $\boldsymbol{E}=\boldsymbol{e}_xE_0\sin\frac{\omega}{c}z\cos\omega t$；

(3) $\boldsymbol{E}=\boldsymbol{e}_yE_0\cos\left(\omega t+\frac{\omega}{c}z\right)$。

证明　(1) 因为

$$\nabla^2\boldsymbol{E}=\boldsymbol{e}_xE_0\nabla^2\cos\left(\omega t-\frac{\omega}{c}z\right)=\boldsymbol{e}_xE_0\frac{\partial^2}{\partial z^2}\cos\left(\omega t-\frac{\omega}{c}z\right)$$

$$=-\boldsymbol{e}_x\left(\frac{\omega}{c}\right)^2E_0\cos\left(\omega t-\frac{\omega}{c}z\right)$$

$$\frac{\partial^2\boldsymbol{E}}{\partial t^2}=\boldsymbol{e}_xE_0\frac{\partial^2}{\partial t^2}\cos\left(\omega t-\frac{\omega}{c}z\right)=-\boldsymbol{e}_x\omega^2E_0\cos\left(\omega t-\frac{\omega}{c}z\right)$$

所以

$$\nabla^2\boldsymbol{E}-\frac{1}{c^2}\frac{\partial^2\boldsymbol{E}}{\partial t^2}=-\boldsymbol{e}_x\left(\frac{\omega}{c}\right)^2E_0\cos\left(\omega t-\frac{\omega}{c}z\right)-\frac{1}{c^2}\left[-\boldsymbol{e}_x\omega^2E_0\cos\left(\omega t-\frac{\omega}{c}z\right)\right]=\boldsymbol{0}$$

即矢量函数 $\boldsymbol{E}=\boldsymbol{e}_xE_0\cos\left(\omega t-\frac{\omega}{c}z\right)$满足波动方程$\nabla^2\boldsymbol{E}-\frac{1}{c^2}\frac{\partial^2\boldsymbol{E}}{\partial t^2}=\boldsymbol{0}$。

(2) 因为

$$\nabla^2\boldsymbol{E}=\boldsymbol{e}_xE_0\nabla^2\left[\sin\frac{\omega}{c}z\cos\omega t\right]=\boldsymbol{e}_xE_0\frac{\partial^2}{\partial z^2}\left[\sin\frac{\omega}{c}z\cos\omega t\right]$$

$$=-\boldsymbol{e}_x\left(\frac{\omega}{c}\right)^2E_0\sin\frac{\omega}{c}z\cos\omega t$$

$$\frac{\partial^2\boldsymbol{E}}{\partial t^2}=\boldsymbol{e}_xE_0\frac{\partial^2}{\partial t^2}\left[\sin\left(\frac{\omega}{c}z\right)\cos\omega t\right]=-\boldsymbol{e}_x\omega^2E_0\left[\sin\frac{\omega}{c}z\cos\omega t\right]$$

所以

$$\nabla^2\boldsymbol{E}-\frac{1}{c^2}\frac{\partial^2\boldsymbol{E}}{\partial t^2}=-\boldsymbol{e}_x\left(\frac{\omega}{c}\right)^2E_0\sin\frac{\omega}{c}z\cos\omega t-\frac{1}{c^2}\left[-\boldsymbol{e}_x\omega^2E_0\sin\frac{\omega}{c}z\cos\omega t\right]=\boldsymbol{0}$$

即矢量函数 $\boldsymbol{E}=\boldsymbol{e}_x E_0 \sin\frac{\omega}{c}z\cos\omega t$ 满足波动方程 $\nabla^2\boldsymbol{E}-\frac{1}{c^2}\frac{\partial^2\boldsymbol{E}}{\partial t^2}=\boldsymbol{0}$。

(3) 因为

$$\nabla^2\boldsymbol{E}=\boldsymbol{e}_y E_0\nabla^2\cos\left(\omega t+\frac{\omega}{c}z\right)=\boldsymbol{e}_y E_0\frac{\partial^2}{\partial z^2}\cos\left(\omega t+\frac{\omega}{c}z\right)$$
$$=-\boldsymbol{e}_y\left(\frac{\omega}{c}\right)^2 E_0\cos\left(\omega t+\frac{\omega}{c}z\right)$$
$$\frac{\partial^2\boldsymbol{E}}{\partial t^2}=\boldsymbol{e}_y E_0\frac{\partial^2}{\partial t^2}\cos\left(\omega t+\frac{\omega}{c}z\right)=-\boldsymbol{e}_y\omega^2 E_0\cos\left(\omega t+\frac{\omega}{c}z\right)$$

所以

$$\nabla^2\boldsymbol{E}-\frac{1}{c^2}\frac{\partial^2\boldsymbol{E}}{\partial t^2}=-\boldsymbol{e}_y\left(\frac{\omega}{c}\right)^2 E_0\cos\left(\omega t+\frac{\omega}{c}z\right)-\frac{1}{c^2}\left[-\boldsymbol{e}_y\omega^2 E_0\cos\left(\omega t+\frac{\omega}{c}z\right)\right]=\boldsymbol{0}$$

即矢量函数 $\boldsymbol{E}=\boldsymbol{e}_y E_0\cos\left(\omega t+\frac{\omega}{c}z\right)$ 满足波动方程 $\nabla^2\boldsymbol{E}-\frac{1}{c^2}\frac{\partial^2\boldsymbol{E}}{\partial t^2}=\boldsymbol{0}$。

7.21 证明：矢量函数 $\boldsymbol{E}=\boldsymbol{e}_x E_0\cos\left(\omega t-\frac{\omega}{c}x\right)$ 满足真空中的无源波动方程

$$\nabla^2\boldsymbol{E}-\frac{1}{c^2}\frac{\partial^2\boldsymbol{E}}{\partial t^2}=\boldsymbol{0}$$

但不满足麦克斯韦方程。

证明 因为

$$\nabla^2 E(\boldsymbol{r},t)=\boldsymbol{e}_x E_0\nabla^2\cos\left(\omega t-\frac{\omega}{c}x\right)=\boldsymbol{e}_x E_0\frac{\partial^2}{\partial x^2}\cos\left(\omega t-\frac{\omega}{c}x\right)=-\boldsymbol{e}_x\left(\frac{\omega}{c}\right)^2\boldsymbol{E}_0\cos\left(\omega t-\frac{\omega}{c}x\right)$$
$$\frac{\partial^2}{\partial t^2}\boldsymbol{E}^2(\boldsymbol{r},t)=\boldsymbol{e}_x E_0\frac{\partial^2}{\partial t^2}\cos\left(\omega t-\frac{\omega}{c}x\right)=-\boldsymbol{e}_x\omega^2 E_0\cos\left(\omega t-\frac{\omega}{c}x\right)$$

所以

$$\nabla^2\boldsymbol{E}-\frac{1}{c^2}\frac{\partial^2\boldsymbol{E}}{\partial t^2}=-\boldsymbol{e}_x\left(\frac{\omega}{c}\right)^2 E_0\cos\left(\omega t-\frac{\omega}{c}x\right)-\frac{1}{c^2}\left[-\boldsymbol{e}_x\omega^2 E_0\cos\left(\omega t-\frac{\omega}{c}x\right)\right]=\boldsymbol{0}$$

即矢量函数 $\boldsymbol{E}=\boldsymbol{e}_x E_0\cos\left(\omega t-\frac{\omega}{c}x\right)$ 满足波动方程 $\nabla^2\boldsymbol{E}-\frac{1}{c^2}\frac{\partial^2\boldsymbol{E}}{\partial t^2}=\boldsymbol{0}$。

另一方面，因

$$\nabla\cdot\boldsymbol{E}=E_0\frac{\partial}{\partial x}\cos\left(\omega t-\frac{\omega}{c}x\right)=E_0\frac{\omega}{c}\sin\left(\omega t-\frac{\omega}{c}x\right)\neq 0$$

而在无源的真空中，$\boldsymbol{E}$ 应满足麦克斯韦方程

$$\nabla\cdot\boldsymbol{E}=0$$

故矢量函数 $\boldsymbol{E}=\boldsymbol{e}_x E_0\cos\left(\omega t-\frac{\omega}{c}x\right)$ 不满足麦克斯韦方程。

以上结果表明，波动方程的解不一定满足麦克斯韦方程。

7.22 在无损耗的线性、各向同性媒质中，电场强度 $\boldsymbol{E}(\boldsymbol{r})$ 的波动方程为

$$\nabla^2\boldsymbol{E}(\boldsymbol{r})+\omega^2\mu\varepsilon\boldsymbol{E}(\boldsymbol{r})=\boldsymbol{0}$$

已知矢量函数 $\boldsymbol{E}(\boldsymbol{r})=\boldsymbol{E}_0\mathrm{e}^{-\mathrm{j}\boldsymbol{k}\cdot\boldsymbol{r}}$，其中 $\boldsymbol{E}_0$ 和 $\boldsymbol{k}$ 是常矢量。试证明 $\boldsymbol{E}(\boldsymbol{r})$ 满足波动方程的条件是 $k^2=\omega^2\mu\varepsilon$，这里 $k=|\boldsymbol{k}|$。

证明　在直角坐标系中 $\boldsymbol{r}=\boldsymbol{e}_x x+\boldsymbol{e}_y y+\boldsymbol{e}_z z$。设 $\boldsymbol{k}=\boldsymbol{e}_x k_x+\boldsymbol{e}_y k_y+\boldsymbol{e}_z k_z$，则

$$\boldsymbol{k}\cdot\boldsymbol{r}=(\boldsymbol{e}_x k_x+\boldsymbol{e}_y k_y+\boldsymbol{e}_z k_z)\cdot(\boldsymbol{e}_x x+\boldsymbol{e}_y y+\boldsymbol{e}_z z)=k_x x+k_y y+k_z z$$

故

$$\boldsymbol{E}(\boldsymbol{r})=\boldsymbol{E}_0\mathrm{e}^{-\mathrm{j}\boldsymbol{k}\cdot\boldsymbol{r}}=\boldsymbol{E}_0\mathrm{e}^{-\mathrm{j}(k_x x+k_y y+k_z z)}$$

从而

$$\begin{aligned}\nabla^2\boldsymbol{E}(\boldsymbol{r})&=\boldsymbol{E}_0\nabla^2\mathrm{e}^{-\mathrm{j}\boldsymbol{k}\cdot\boldsymbol{r}}=\boldsymbol{E}_0\nabla^2\mathrm{e}^{-\mathrm{j}(k_x x+k_y y+k_z z)}\\&=\boldsymbol{E}_0\left(\frac{\partial^2}{\partial x^2}+\frac{\partial^2}{\partial y^2}+\frac{\partial^2}{\partial z^2}\right)\mathrm{e}^{-\mathrm{j}(k_x x+k_y y+k_z z)}\\&=(-k_x^2-k_y^2-k_z^2)\boldsymbol{E}_0\mathrm{e}^{-\mathrm{j}(k_x x+k_y y+k_z z)}\\&=-k^2\boldsymbol{E}(\boldsymbol{r})\end{aligned}$$

代入方程 $\nabla^2\boldsymbol{E}(\boldsymbol{r})+\omega^2\mu\varepsilon\boldsymbol{E}(\boldsymbol{r})=\boldsymbol{0}$ 得

$$-k^2\boldsymbol{E}+\omega^2\mu\varepsilon\boldsymbol{E}=\boldsymbol{0}$$

于是 $k^2=\omega^2\mu\varepsilon$。

7.23　真空中同时存在两个正弦电磁场，电场强度分别为

$$\boldsymbol{E}_1=\boldsymbol{e}_x E_{10}\mathrm{e}^{-\mathrm{j}k_1 z},\ \boldsymbol{E}_2=\boldsymbol{e}_y E_{20}\mathrm{e}^{-\mathrm{j}k_2 z}$$

试证明总的平均能流密度矢量等于两个正弦电磁场的平均能流密度矢量之和。

证明　由麦克斯韦方程

$$\nabla\times\boldsymbol{E}_1=\boldsymbol{e}_y\frac{\partial E_{1x}}{\partial z}=\boldsymbol{e}_y(-\mathrm{j}k_1)E_{10}\mathrm{e}^{-\mathrm{j}k_1 z}=-\mathrm{j}\omega\mu_0\boldsymbol{H}_1$$

可得

$$\boldsymbol{H}_1=\boldsymbol{e}_y\frac{k_1}{\omega\mu_0}E_{10}\mathrm{e}^{-\mathrm{j}k_1 z}$$

故

$$\boldsymbol{S}_1=\mathrm{Re}\left[\frac{1}{2}\boldsymbol{E}_1\times\boldsymbol{H}_1^*\right]=\boldsymbol{e}_z\frac{k_1E_{10}^2}{2\omega\mu_0}$$

同理可得

$$\nabla\times\boldsymbol{E}_2=-\boldsymbol{e}_x\frac{\partial E_{2y}}{\partial z}=-\boldsymbol{e}_x(-\mathrm{j}k_2)E_{20}\mathrm{e}^{-\mathrm{j}k_2 z}=-\mathrm{j}\omega\mu_0\boldsymbol{H}_2$$

$$\boldsymbol{H}_2=-\boldsymbol{e}_x\frac{k_2}{\omega\mu_0}E_{20}\mathrm{e}^{-\mathrm{j}k_2 z}$$

$$\boldsymbol{S}_2=\mathrm{Re}\left[\frac{1}{2}\boldsymbol{E}_2\times\boldsymbol{H}_2^*\right]=\boldsymbol{e}_z\frac{k_2E_{20}^2}{2\omega\mu_0}$$

另一方面，因为

$$\boldsymbol{E}=\boldsymbol{E}_1+\boldsymbol{E}_2$$

$$\nabla\times\boldsymbol{E}=-\boldsymbol{e}_x\frac{\partial E_y}{\partial z}+\boldsymbol{e}_y\frac{\partial E_x}{\partial z}=-\mathrm{j}\omega\mu_0\boldsymbol{H}$$

所以

$$\boldsymbol{H}=-\boldsymbol{e}_x\frac{k_2}{\omega\mu_0}E_{20}\mathrm{e}^{-\mathrm{j}k_2 z}+\boldsymbol{e}_y\frac{k_1}{\omega\mu_0}E_{10}\mathrm{e}^{-\mathrm{j}k_1 z}$$

$$\boldsymbol{S}=\mathrm{Re}\left[\frac{1}{2}\boldsymbol{E}\times\boldsymbol{H}^*\right]=\boldsymbol{e}_z\frac{1}{2}\left(\frac{k_1E_{10}^2}{\omega\mu_0}+\frac{k_2E_{20}^2}{\omega\mu_0}\right)=\boldsymbol{S}_1+\boldsymbol{S}_2$$

7.24 已知无源、自由空间中的电场强度 $\boldsymbol{E}=E_m\sin(\omega t-kz)\boldsymbol{e}_y$。

(1) 由麦克斯韦方程组求磁场强度；

(2) 证明 ω/k 等于光速 c；

(3) 求坡印廷矢量的时间平均值。

(1) **解** 无源即 $J_S=0$，$\rho_S=0$。由麦克斯韦方程可知

$$\nabla\times\boldsymbol{E}=-\boldsymbol{e}_x\frac{\partial E_y}{\partial z}=\boldsymbol{e}_x kE_m\cos(\omega t-kz)=-\mu\frac{\partial\boldsymbol{H}}{\partial t}$$

对上式进行积分并忽略与时间无关(表示静场)的常数，得

$$\boldsymbol{H}=-\boldsymbol{e}_x\frac{kE_m}{\mu_0\omega}\sin(\omega t-kz)$$

(2) **证明** 将 $\boldsymbol{H}=-\boldsymbol{e}_x\frac{kE_m}{\mu_0\omega}\sin(\omega t-kz)$和 $\boldsymbol{D}=\varepsilon_0\boldsymbol{E}$ 代入麦克斯韦方程$\nabla\times\boldsymbol{H}=\boldsymbol{J}+\frac{\partial\boldsymbol{D}}{\partial t}$，有

$$\nabla\times\boldsymbol{H}=\boldsymbol{e}_y\frac{\partial H_x}{\partial z}=\boldsymbol{e}_y\frac{k^2E_m}{\mu_0\omega}\cos(\omega t-kz)=\varepsilon_0\frac{\partial\boldsymbol{E}}{\partial t}=\boldsymbol{e}_y\varepsilon_0\omega E_m\cos(\omega t-kz)$$

由此得

$$\frac{k^2}{\mu_0\omega}=\varepsilon_0\omega$$

即

$$\frac{\omega}{k}=\sqrt{\frac{1}{\mu_0\varepsilon_0}}=c$$

(3) **解** 坡印廷矢量的时间平均值为

$$\boldsymbol{S}_{av}=\frac{1}{T}\int_0^T\boldsymbol{E}\times\boldsymbol{H}\,\mathrm{d}t=\boldsymbol{e}_z\frac{1}{2}\frac{kE_m^2}{\mu_0\omega}$$

7.25 已知时变电磁场中矢量位 $\boldsymbol{A}=\boldsymbol{e}_xA_m\sin(\omega t-kz)$，其中 A_m、k 是常数，求电场强度、磁场强度和坡印廷矢量。

解 因为

$$\boldsymbol{B}=\nabla\times\boldsymbol{A}=\begin{vmatrix}\boldsymbol{e}_x & \boldsymbol{e}_y & \boldsymbol{e}_z\\ \frac{\partial}{\partial x} & \frac{\partial}{\partial y} & \frac{\partial}{\partial z}\\ A_m\sin(\omega t-kz) & 0 & 0\end{vmatrix}=-\boldsymbol{e}_ykA_m\cos(\omega t-kz)$$

所以

$$\boldsymbol{H}=-\boldsymbol{e}_y\frac{kA_m}{\mu}\cos(\omega t-kz)$$

由洛伦兹规范$\nabla\cdot\boldsymbol{A}=-\varepsilon\mu\frac{\partial\varphi}{\partial t}$及$\nabla\cdot\boldsymbol{A}=0$ 可得 $\varphi=C$(C 为常数)。若假设过去某一时刻场还没有建立，则 $C=0$，故

$$\boldsymbol{E}=-\nabla\varphi-\frac{\partial \boldsymbol{A}}{\partial t}=-\boldsymbol{e}_x\omega A_m\cos(\omega t-kz)$$

坡印廷矢量为

$$\begin{aligned}\boldsymbol{S}&=\boldsymbol{E}\times\boldsymbol{H}\\&=[-\boldsymbol{e}_x\omega A_m\cos(\omega t-kz)]\times\left[-\boldsymbol{e}_y\frac{k}{\mu}A_m\cos(\omega t-kz)\right]\\&=\boldsymbol{e}_z\frac{\omega k}{\mu}A_m^2\cos^2(\omega t-kz)\end{aligned}$$

7.26　设电场强度和磁场强度分别为 $\boldsymbol{E}=\boldsymbol{E}_0\cos(\omega t+\Psi_e)$ 和 $\boldsymbol{H}=\boldsymbol{H}_0\cos(\omega t+\Psi_m)$，证明其坡印廷矢量的平均值为 $\boldsymbol{S}_{av}=\frac{1}{2}\boldsymbol{E}_0\times\boldsymbol{H}_0\cos(\Psi_e-\Psi_m)$。

证明　坡印廷矢量的瞬时值为

$$\begin{aligned}\boldsymbol{S}=\boldsymbol{E}\times\boldsymbol{H}&=\boldsymbol{E}_0\cos(\omega t+\Psi_e)\times\boldsymbol{H}_0\cos(\omega t+\Psi_m)\\&=\frac{1}{2}\boldsymbol{E}_0\times\boldsymbol{H}_0[\cos(\omega t+\Psi_e+\omega t+\Psi_m)+\cos(\omega t+\Psi_e-\omega t-\Psi_m)]\\&=\frac{1}{2}\boldsymbol{E}_0\times\boldsymbol{H}_0[\cos(2\omega t+\Psi_e+\Psi_m)+\cos(\Psi_e-\Psi_m)]\end{aligned}$$

故平均坡印廷矢量为

$$\begin{aligned}\boldsymbol{S}_{av}&=\frac{1}{T}\int_0^T\boldsymbol{S}\,dt=\frac{1}{T}\int_0^T\frac{1}{2}\boldsymbol{E}_0\times\boldsymbol{H}_0[\cos(2\omega t+\Psi_e+\Psi_m)+\cos(\Psi_e-\Psi_m)]dt\\&=\frac{1}{2}\boldsymbol{E}_0\times\boldsymbol{H}_0\cos(\Psi_e-\Psi_m)\end{aligned}$$

7.27　已知正弦电磁场的电场强度的瞬时值为

$$\boldsymbol{E}(z,t)=\boldsymbol{e}_x0.03\sin(10^8\pi t-kz)+\boldsymbol{e}_x0.04\sin\left(10^8\pi t-kz-\frac{\pi}{3}\right)$$

求：

(1) 电场强度的复矢量；

(2) 磁场强度的复矢量和瞬时值。

解　(1) 由题意得

$$\boldsymbol{E}(z,t)=\boldsymbol{e}_x0.03\cos\left(10^8\pi t-kz-\frac{\pi}{2}\right)+\boldsymbol{e}_x0.04\cos\left(10^8\pi t-kz-\frac{\pi}{3}\right)$$

所以电场强度的复矢量为

$$\boldsymbol{E}(z)=\boldsymbol{e}_x(0.03e^{-j\frac{\pi}{2}}+0.04e^{-j\frac{\pi}{3}})e^{-jkz}\quad(\text{V/m})$$

(2) 由复数形式的麦克斯韦方程可得磁场强度的复矢量为

$$\begin{aligned}\boldsymbol{H}(z)&=-\frac{1}{j\omega\mu_0}\nabla\times\boldsymbol{E}=\boldsymbol{e}_y\frac{j}{\omega\mu_0}\frac{\partial E_x}{\partial z}=\boldsymbol{e}_y\frac{k}{\omega\mu_0}(0.03e^{-j\frac{\pi}{2}}+0.04e^{-j\frac{\pi}{3}})e^{-jkz}\\&=\boldsymbol{e}_yk(7.6\times10^{-5}e^{-j\frac{\pi}{2}}+1.01\times10^{-4}e^{-j\frac{\pi}{3}})e^{-jkz}\quad(\text{A/m})\end{aligned}$$

磁场强度的瞬时值为

$$\boldsymbol{H}(z,t)=\boldsymbol{e}_yk\left[7.6\times10^{-5}\sin(10^8\pi t-kz)+1.01\times10^{-4}\cos\left(10^8\pi t-kz-\frac{\pi}{3}\right)\right]$$

7.28 一个真空中存在的电磁场为 $\boldsymbol{E}=\boldsymbol{e}_x \mathrm{j}E_0\sin kz$，$\boldsymbol{H}=\boldsymbol{e}_y\sqrt{\dfrac{\varepsilon_0}{\mu_0}}E_0\cos kz$，其中 $k=\dfrac{2\pi}{\lambda}=\dfrac{\omega}{c}$。求 $z=0$、$\dfrac{\lambda}{8}$、$\dfrac{\lambda}{4}$ 各点的坡印廷矢量的瞬时值和平均值。

解 电磁场的瞬时值为

$$\boldsymbol{E}=\boldsymbol{e}_x E_0\sin kz\cos\left(\omega t+\frac{\pi}{2}\right),\ \boldsymbol{H}=\boldsymbol{e}_y\sqrt{\frac{\varepsilon_0}{\mu_0}}E_0\cos kz\cos\omega t$$

则空间任一点的坡印廷矢量的瞬时值为

$$\boldsymbol{S}=\boldsymbol{E}\times\boldsymbol{H}=-\boldsymbol{e}_z\frac{1}{4}\sqrt{\frac{\varepsilon_0}{\mu}}E_0^2\sin 2kz\sin 2\omega t$$

故

$$z=0,\ \boldsymbol{S}=\boldsymbol{0}$$

$$z=\frac{\lambda}{8},\ k_2=\frac{\pi}{2},\ \boldsymbol{S}=-\boldsymbol{e}_z\frac{1}{4}\sqrt{\frac{\varepsilon_0}{\mu_0}}E_0^2\sin 2\omega t$$

$$z=\frac{\lambda}{4},\ k_{2z}=\pi,\ \boldsymbol{S}=\boldsymbol{0}$$

任一点的坡印廷矢量的平均值为

$$\boldsymbol{S}_{\mathrm{av}}=\frac{1}{T}\int_0^T\boldsymbol{S}\,\mathrm{d}t=-\boldsymbol{e}_z\frac{1}{4}\sqrt{\frac{\varepsilon_0}{\mu_0}}E_0^2\sin 2kz\,\frac{1}{T}\int_0^T\sin 2\omega t\,\mathrm{d}t=\boldsymbol{0}$$

7.29 已知空气(介电常数为 ε_0、磁导率为 μ_0)中传播的均匀平面波的磁场强度表示式为

$$\boldsymbol{H}(x,t)=\boldsymbol{e}_y 4\cos(\omega t-\pi x)\quad(\mathrm{A/m})$$

试确定：

(1) 波的传播方向；

(2) 波长和频率；

(3) 与 $\boldsymbol{H}(x,t)$ 相伴的电场强度 $\boldsymbol{E}(x,t)$；

(4) 平均坡印廷矢量。

解 (1) 沿 $+x$ 方向传播。

(2) $\lambda=2\pi/\beta=2$ m，$f=c/\lambda=1.5\times10^8$ Hz。

(3) $\boldsymbol{E}(x,t)=\eta_0\boldsymbol{H}(x,t)\times\boldsymbol{e}_x=-\boldsymbol{e}_z 480\pi\cos(\omega t-\pi x)$ (V/m)。

(4) 由

$$\boldsymbol{S}=\boldsymbol{E}(x,t)\times\boldsymbol{H}(x,t)=\boldsymbol{e}_x 1920\pi\cos^2(\omega t-\pi x)$$

得

$$\boldsymbol{S}_{\mathrm{av}}=\frac{1}{T}\int_0^T\boldsymbol{S}\,\mathrm{d}t=\boldsymbol{e}_x 960\pi\quad(\mathrm{W/m^2})$$

或由

$$\boldsymbol{E}(x)=-\boldsymbol{e}_z 480\pi\mathrm{e}^{-\mathrm{j}\pi x},\ \boldsymbol{H}(x)=\boldsymbol{e}_y 4\mathrm{e}^{-\mathrm{j}\pi x}$$

得

$$\boldsymbol{S}_{\mathrm{av}}=\frac{1}{2}\mathrm{Re}[\boldsymbol{E}\times\boldsymbol{H}^*]=\boldsymbol{e}_x 960\pi\quad(\mathrm{W/m^2})$$

7.30　由半径为 a 的两圆形导体平板构成一平行板电容器，间距为 d，两板间充满介电常数为 ε、电导率为 σ 的媒质，如图 7-6 所示。设两板间外加缓变电压 $u=U_m\cos\omega t$，略去边缘效应。

(1) 求电容器内的瞬时坡印廷矢量 $\boldsymbol{S}$ 和平均坡印廷矢量 $\boldsymbol{S}_{av}$；

(2) 证明进入电容器的平均功率等于电容器内损耗的平均功率。

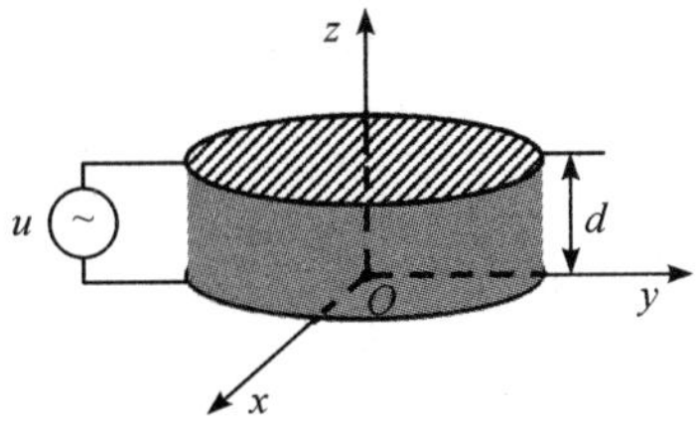

图 7-6　习题 7.30 图

(1) **解**　由题设知

$$\boldsymbol{E}=\frac{u}{d}\boldsymbol{e}_\theta=\frac{U_m\cos\omega t}{d}\boldsymbol{e}_\theta$$

则

$$J=\sigma E=\frac{\sigma U_m\cos\omega t}{d},\quad \frac{\partial D}{\partial t}=\varepsilon\frac{\partial E}{\partial t}=-\frac{\varepsilon\omega\sigma U_m\sin\omega t}{d}$$

由$\oint_C \boldsymbol{H}\cdot d\boldsymbol{l}=\int_S\left(\boldsymbol{J}+\frac{\partial \boldsymbol{D}}{\partial t}\right)\cdot d\boldsymbol{S}$ 可得

$$2\pi rH=\left(\frac{\sigma U_m\cos\omega t}{d}-\frac{\varepsilon\omega\sigma U_m\sin\omega t}{d}\right)\pi r^2$$

所以

$$\boldsymbol{H}=\frac{U_m r}{2d}(\sigma\cos\omega t-\varepsilon\omega\sin\omega t)\boldsymbol{e}_\phi$$

从而

$$\boldsymbol{S}=\boldsymbol{E}\times\boldsymbol{H}=-\boldsymbol{e}_r\frac{U_m^2 r}{2d^2}\left(\sigma\cos^2\omega t-\frac{\varepsilon\omega}{2}\sin\omega t\right)$$

$$\boldsymbol{S}_{av}=\frac{1}{2}\text{Re}[\boldsymbol{E}\times\boldsymbol{H}^*]=-\boldsymbol{e}_r\frac{U_m^2 r}{4d^2}$$

(2) **证明**　由于

$$P_T=\int JE\,dv=\int\sigma E^2\,dv=\int\sigma\left(\frac{U_m\cos\omega t}{d}\right)^2 dv$$

$$=\sigma\left(\frac{U_m\cos\omega t}{d}\right)^2\pi a^2 d=\frac{\sigma\pi a^2U_m^2}{d}\cos^2\omega t$$

$$P_{av}=\frac{\omega}{2\pi}\int_0^{\frac{2\pi}{\omega}}\frac{\sigma\pi a^2U_m^2}{d}\cos^2\omega t\,dt=\frac{\sigma\pi a^2U_m^2}{2d}$$

而进入电容器的平均功率为

$$-\oint_S S_{av}\,dS=\frac{U_m^2 r}{4d^2}2\pi ad=\frac{\sigma\pi a^2U_m^2}{2d}=P_{av}$$

因此得证。

7.31 已知无源的自由空间中，时变电磁场的电场强度复矢量 $\boldsymbol{E}(z)=\boldsymbol{e}_y E_0 \mathrm{e}^{-\mathrm{j}kz}$ (V/m)，式中 k、E_0 为常数。求：

(1) 磁场强度复矢量；

(2) 坡印廷矢量的瞬时值；

(3) 平均坡印廷矢量。

解 (1) 由 $\nabla \times \boldsymbol{E}=-\mathrm{j}\omega\mu_0 \boldsymbol{H}$ 得磁场强度的复矢量为

$$\boldsymbol{H}(z)=-\frac{1}{\mathrm{j}\omega\mu_0}\nabla \times \boldsymbol{E}(z)=-\frac{1}{\mathrm{j}\omega\mu_0}\boldsymbol{e}_z \times \frac{\partial}{\partial t}(\boldsymbol{e}_y E_0 \mathrm{e}^{-\mathrm{j}kz})=-\boldsymbol{e}_x \frac{kE_0}{\mathrm{j}\omega\mu_0}\mathrm{e}^{-\mathrm{j}kz}$$

(2) 电场强度、磁场强度的瞬时值为

$$\boldsymbol{E}(z,t)=\mathrm{Re}[\boldsymbol{E}(z)\mathrm{e}^{-\mathrm{j}\omega t}]=\boldsymbol{e}_y E_0 \cos(\omega t-kz)$$

$$\boldsymbol{H}(z,t)=\mathrm{Re}[\boldsymbol{H}(z)\mathrm{e}^{-\mathrm{j}\omega t}]=-\boldsymbol{e}_x \frac{kE_0}{\omega\mu_0}\cos(\omega t-kz)$$

故坡印廷矢量的瞬时值为

$$\boldsymbol{S}(z,t)=\boldsymbol{E}(z,t)\times \boldsymbol{H}(z,t)=\boldsymbol{e}_z \frac{kE_0^2}{\omega\mu_0}\cos^2(\omega t-kz)$$

(3) 平均坡印廷矢量为

$$\boldsymbol{S}_{\mathrm{av}}=\frac{1}{2}\mathrm{Re}[\boldsymbol{E}(z)\times \boldsymbol{H}^*(z)]=\frac{1}{2}\mathrm{Re}\left[\boldsymbol{e}_y E_0 \mathrm{e}^{-\mathrm{j}kz}\times\left(-\boldsymbol{e}_x \frac{kE_0}{\omega\mu_0}\mathrm{e}^{\mathrm{j}kz}\right)\right]$$

$$=\frac{1}{2}\mathrm{Re}\left[\boldsymbol{e}_z \frac{kE_0^2}{\omega\mu_0}\right]=\frac{1}{2}\boldsymbol{e}_z \frac{kE_0^2}{\omega\mu_0}$$

7.32 已知某真空区域中时变电磁场的电场强度的瞬时值为 $\boldsymbol{E}(r,t)=\boldsymbol{e}_y \sqrt{2}\sin 10\pi x \cdot \sin(\omega t-k_z z)$，求：

(1) 其磁场强度的复数形式；

(2) 其能流密度矢量的平均值。

解 (1) 根据电场强度的瞬时值求得其有效值的复矢量形式为

$$\boldsymbol{E}(r)=\boldsymbol{e}_y \sin 10\pi x\, \mathrm{e}^{-\mathrm{j}k_z z}$$

由 $\nabla \times \boldsymbol{E}=-\mathrm{j}\omega\mu_0 \boldsymbol{H}$ 得

$$\boldsymbol{H}=\frac{\mathrm{j}}{\omega\mu_0}\nabla \times \boldsymbol{E}$$

由于电场强度仅有 y 分量，且与变量 y 无关，即 $\frac{\partial E_y}{\partial y}=0$，则

$$\nabla \times \boldsymbol{E}=-\boldsymbol{e}_x \frac{\partial E_y}{\partial z}+\boldsymbol{e}_z \frac{\partial E_y}{\partial x}=\boldsymbol{e}_x \mathrm{j}k_z \sin 10\pi x\, \mathrm{e}^{-\mathrm{j}k_z z}+\boldsymbol{e}_z 10\pi \cos 10\pi x\, \mathrm{e}^{-\mathrm{j}k_z z}$$

故

$$\boldsymbol{H}=\left(-\boldsymbol{e}_x \frac{k_z}{\omega\mu_0}\sin 10\pi x+\boldsymbol{e}_z \mathrm{j}\frac{10\pi}{\omega\mu_0}\cos 10\pi x\right)\mathrm{e}^{-\mathrm{j}k_z z}$$

(2) 由于能流密度矢量的平均值 $\boldsymbol{S}_{\mathrm{av}}=\mathrm{Re}[\boldsymbol{E}\times \boldsymbol{H}^*]$，而

$$\boldsymbol{S}_{\mathrm{c}}=\boldsymbol{E}\times \boldsymbol{H}^*=\boldsymbol{e}_z \frac{k_z}{\omega\mu_0}\sin^2 10\pi x-\boldsymbol{e}_x \mathrm{j}\frac{10\pi}{2\omega\mu_0}\sin 20\pi x$$

因此

$$\boldsymbol{S}_{av}=\boldsymbol{e}_z\frac{k_z}{\omega\mu_0}\sin^2 10\pi x$$

7.33　若真空中正弦电磁场的电场强度复矢量为 $\boldsymbol{E}(\boldsymbol{r})=(-\mathrm{j}\boldsymbol{e}_x-2\boldsymbol{e}_y+\mathrm{j}\sqrt{3}\boldsymbol{e}_z)\cdot \mathrm{e}^{-\mathrm{j}0.05\pi(\sqrt{3}x+z)}$，求：

(1) 电场强度的瞬时值 $\boldsymbol{E}(\boldsymbol{r},t)$；

(2) 磁感应强度的复矢量 $\boldsymbol{B}(\boldsymbol{r})$；

(3) 复能流密度矢量 $\boldsymbol{S}_c(\boldsymbol{r})$。

解　(1) 由 $\boldsymbol{E}(\boldsymbol{r})=(-\mathrm{j}\boldsymbol{e}_x-2\boldsymbol{e}_y+\mathrm{j}\sqrt{3}\boldsymbol{e}_z)\mathrm{e}^{-\mathrm{j}0.05\pi(\sqrt{3}x+z)}$ 可知

$$\boldsymbol{k}\cdot\boldsymbol{r}=k_x x+k_y y+k_z z=0.05\pi(\sqrt{3}x+z)$$

则

$$k_x=0.05\sqrt{3}\pi,\ k_y=0,\ k_z=0.05\pi$$

故

$$k=\sqrt{k_x^2+k_y^2+k_z^2}=0.1\pi$$

从而

$$\omega=\frac{k}{\sqrt{\varepsilon_0\mu_0}}=9.42\times10^7\ \mathrm{rad/s}$$

于是电场强度的瞬时值为

$$\boldsymbol{E}(\boldsymbol{r},t)=\sqrt{2}(-\mathrm{j}\boldsymbol{e}_x-2\boldsymbol{e}_y+\mathrm{j}\sqrt{3}\boldsymbol{e}_z)\sin[9.42\times10^7-0.05\pi(\sqrt{3}x+z)]$$

(2) 由麦克斯韦方程可得磁感应强度的复矢量为

$$\boldsymbol{B}(\boldsymbol{r})=\frac{\pi}{10\omega}(\boldsymbol{e}_x-2\mathrm{j}\boldsymbol{e}_y-\sqrt{3}\boldsymbol{e}_z)\mathrm{e}^{-\mathrm{j}0.05\pi(\sqrt{3}x+z)}$$

(3) 复能流密度矢量为

$$\boldsymbol{S}_c(\boldsymbol{r})=\boldsymbol{E}\times\boldsymbol{H}^*=\frac{2\pi}{5\omega\mu_0}(\sqrt{3}\boldsymbol{e}_x+\boldsymbol{e}_z)$$

7.34　频率为 $f=10^8$ Hz 的均匀平面电磁波在 $\mu_r=1$ 的理想介质中传播，其电场强度矢量 $\boldsymbol{E}(\boldsymbol{r})=\boldsymbol{e}_x\mathrm{e}^{-\mathrm{j}\left(2\pi z-\frac{\pi}{5}\right)}$ (V/m)，试求：

(1) 该理想介质的相对介电常数 ε_r；

(2) 平面电磁波在该理想介质中传播的相速度 v_p；

(3) 平面电磁波坡印廷矢量的平均值 $\boldsymbol{S}_{av}$。

解　(1) 因为 $k=\omega\sqrt{\mu_0\varepsilon_0}\sqrt{\varepsilon_r}=\dfrac{2\pi f}{c}\sqrt{\varepsilon_r}=2\pi$，所以 $\varepsilon_r=9$。

(2) 所求相速度为 $v_p=\dfrac{\omega}{k}=\dfrac{c}{\sqrt{\varepsilon_r}}=10^8\ \mathrm{m/s}$。

(3) 由于

$$\eta=\frac{\eta_0}{\sqrt{\varepsilon_r}}=40\pi\ \Omega$$

因此坡印廷矢量的平均值为

$$\boldsymbol{S}_{av}=\frac{1}{2}\text{Re}[\boldsymbol{E}\times\boldsymbol{H}^*]=-\frac{|\boldsymbol{E}|^2}{2\eta}\boldsymbol{e}_z=\frac{1}{80\pi}\boldsymbol{e}_z\quad(\text{J/m}^2)$$

7.35 如图7-7所示，同轴线的内导体半径为a、外导体的内半径为b，其间填充均匀的理想介质。设内外导体间外加缓变电压为$u=U_m\cos\omega t$，导体中流过缓变电流为$i=I_m\cos\omega t$。

(1) 在导体为理想导体的情况下，计算同轴线中的平均坡印廷矢量$\boldsymbol{S}_{av}$和传输的平均功率P_{av}；

(2) 当导体的电导率σ为有限值时，定性分析对传输功率的影响。

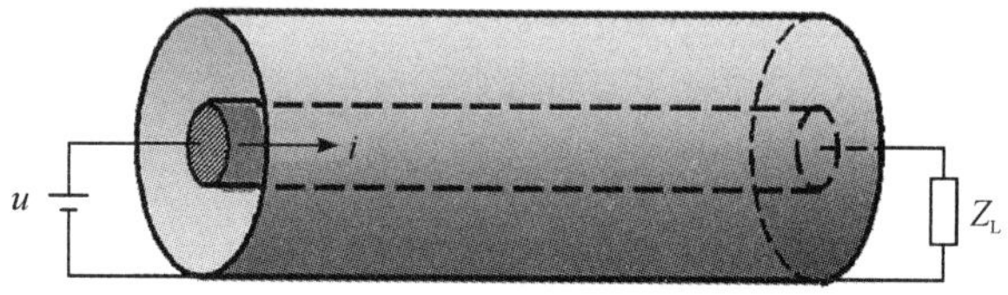

图7-7 习题7.35图

解 (1) 在缓变条件下，内、外导体之间的电场强度和磁场强度分别为

$$\boldsymbol{E}=\boldsymbol{e}_\rho\frac{u}{\rho\ln(b/a)}=\boldsymbol{e}_\rho\frac{U_m}{\rho\ln(b/a)}\cos\omega t\quad(a<\rho<b)$$

$$\boldsymbol{H}=\boldsymbol{e}_\phi\frac{i}{2\pi\rho}=\boldsymbol{e}_\phi\frac{I_m}{2\pi\rho}\cos\omega t\quad(a<\rho<b)$$

则内、外导体之间任意横截面上的坡印廷矢量为

$$\boldsymbol{S}=\boldsymbol{E}\times\boldsymbol{H}=\left[\boldsymbol{e}_\rho\frac{U_m\cos\omega t}{\rho\ln(b/a)}\right]\times\left(\boldsymbol{e}_\phi\frac{I_m\cos\omega t}{2\pi\rho}\right)=\boldsymbol{e}_z\frac{U_mI_m\cos^2\omega t}{2\pi\rho^2\ln(b/a)}$$

故同轴线中的平均坡印廷矢量为

$$\boldsymbol{S}_{av}=\boldsymbol{e}_z\frac{U_mI_m}{4\pi\rho^2\ln(b/a)}$$

同轴线中传输的平均功率为

$$P_{av}=\int_S\boldsymbol{S}_{av}\cdot\boldsymbol{e}_z\text{d}S=\int_a^b\frac{U_mI_m}{4\pi\rho^2\ln(b/a)}2\pi\rho\text{d}\rho=\frac{1}{2}U_mI_m$$

(2) 当导体的电导率为有限值时，有一部分能量进入导体中，被导体所吸收，成为导体中的焦耳热损耗功率。

第 8 章 均匀平面波在无界媒质中传播

8.1 基本要求

本章学习有以下几点基本要求：

(1) 理解并掌握均匀平面波的概念、意义、特点。

(2) 理解并掌握理想介质中的均匀平面波的概念和传播特性。

(3) 理解并掌握理想介质中任意方向上的均匀平面波的传播特性。

(4) 理解并掌握导电媒质中的均匀平面波的传播特性。

(5) 理解强导电、弱导电媒质中均匀平面波的概念和传播特性。

(6) 理解并掌握电磁波的极化的概念与特性。

(7) 了解电磁波的色散与两种速度(相速与群速)。

8.2 重点与难点

本章重点：

(1) 均匀平面波的概念。

(2) 一维波动方程的均匀平面波的解及其传播特性。

(3) 任意方向上的均匀平面波的传播特性。

(4) 导电媒质中的均匀平面波的传播特性。

(5) 趋肤深度的概念与应用。

(6) 电磁波极化的概念与特性。

本章难点：

(1) 一维波动方程的均匀平面波的解的推导。

(2) 任意方向上的均匀平面波的传播特性。

(3) 一般导电媒质中的均匀平面波的传播特性。

(4) 电磁波极化的概念与特性。

8.3 重点知识归纳

1. 均匀平面电磁波的概念

波阵面：空间相位相同的点相连而构成的曲面称为等相位面，也称为波阵面。

电磁波的分类：根据等相位面的形状一般可分为平面电磁波、柱面电磁波和球面电磁波。

平面电磁波：等相位面为无限大平面的电磁波。

均匀平面波：等相位面是平面，等相位面上电场和磁场的方向、振幅都保持不变的平面波。

2. 理想介质中的均匀平面波传播

理想介质中的均匀平面波是横电磁波(TEM 波)。电磁波在理想介质中传输是不衰减的，因此理想介质也称为无耗媒质。

1) 波动方程

在无源理想介质($\rho=0$，$J=0$，$\sigma=0$)中，时谐电磁场的亥姆霍兹方程为

$$\begin{cases}\nabla^2\boldsymbol{E}+k^2\boldsymbol{E}=\boldsymbol{0}\\ \nabla^2\boldsymbol{H}+k^2\boldsymbol{H}=\boldsymbol{0}\end{cases}$$

其中 $k^2=\omega^2\mu\varepsilon$。

假设电磁波为沿 z 轴方向传播的均匀平面波，则亥姆霍兹方程的电场解和磁场解分别为

$$\boldsymbol{E}(z)=\boldsymbol{A}_1\mathrm{e}^{-\mathrm{j}kz}+\boldsymbol{A}_2\mathrm{e}^{\mathrm{j}kz}$$

$$\boldsymbol{H}(z)=\frac{1}{\eta}\boldsymbol{e}_z\times\boldsymbol{E}(z)$$

2) 理想介质中均匀平面波的传播参数

角频率：单位时间内的相位变化。

周期：时间相位变化 2π 的时间间隔，

$$T=\frac{2\pi}{\omega}$$

频率：描述相位随时间的变化特性，

$$f=\frac{1}{T}=\frac{\omega}{2\pi}$$

波长：空间相位差为 2π 的两个波阵面的间距，

$$\lambda=\frac{2\pi}{k}$$

相位常数：波传播单位距离的相位变化，

$$k=\frac{2\pi}{\lambda}$$

相速：电磁波的等相位面在空间中的移动速度，

$$v_{\mathrm{p}}=\frac{\mathrm{d}z}{\mathrm{d}t}=\frac{\omega}{k}=\frac{1}{\sqrt{\varepsilon\mu}}$$

在自由空间(真空)中，

$$v_{\mathrm{p}}=v=\frac{1}{\sqrt{\mu_0\varepsilon_0}}=\frac{1}{\sqrt{4\pi\times10^{-7}\times\dfrac{1}{36\pi}\times10^{-9}}}=3\times10^8\ \mathrm{m/s}=c$$

波阻抗：描述均匀平面波的电场和磁场之间的大小及相位关系，

$$\eta=\sqrt{\frac{\mu}{\varepsilon}}$$

在真空中，

$$\eta=\eta_0=\sqrt{\frac{\mu_0}{\varepsilon_0}}=\sqrt{\frac{4\pi\times10^{-7}}{\frac{1}{36\pi}\times10^{-9}}}=120\pi\approx377\ \Omega$$

3）能量密度与能流密度矢量

在理想介质中，均匀平面波的电场能量密度 w_e 和磁场能量密度 w_m 相等，即

$$w_e(z, t)=\frac{1}{2}\varepsilon E^2(z, t)=\frac{1}{2}\mu H^2(z, t)=w_m(z, t)$$

则电磁场的总能量密度为

$$w(r, t)=w_e(z, t)+w_m(z, t)=\varepsilon E^2(z, t)=\mu H^2(z, t)$$

瞬时坡印廷矢量：

$$\boldsymbol{S}(z, t)=\boldsymbol{E}(z, t)\times\boldsymbol{H}(z, t)=\boldsymbol{e}_z\frac{1}{\eta}E^2(z, t)$$

平均能流密度矢量(平均坡印廷矢量)：

$$\boldsymbol{S}_{av}(z)=\frac{1}{2}\mathrm{Re}[\boldsymbol{E}(z)\times\boldsymbol{H}^*(z)]=\frac{1}{2\eta}\boldsymbol{e}_z E_m^2$$

3. 导电媒质中的均匀平面波传播

如理想介质一样，在无限大均匀、线性、各向同性的导电媒质中传播的均匀平面波是横电磁波(TEM 波)。在导电媒质中，电导率 $\sigma\neq0$，$J\neq0$，则必有电磁能量的损耗。

1）波动方程

在导电媒质($\rho=0$，$J\neq0$，$\sigma\neq0$)中，时谐电磁场的亥姆霍兹方程为

$$\begin{cases}\nabla^2\boldsymbol{E}+k_c^2\boldsymbol{E}=\boldsymbol{0}\\ \nabla^2\boldsymbol{H}+k_c^2\boldsymbol{H}=\boldsymbol{0}\end{cases}$$

其中 $k_c=\omega\sqrt{\mu\varepsilon_c}$，等效复介电常数为 $\varepsilon_c=\varepsilon-\mathrm{j}\dfrac{\sigma}{\omega}$。

假设电磁波为沿 z 轴方向传播的均匀平面波，则亥姆霍兹方程的电场解和磁场解分别为(令 $\gamma=\mathrm{j}k_c=\alpha+\mathrm{j}\beta$)

$$\boldsymbol{E}(z)=\boldsymbol{e}_x E_x(z)=\boldsymbol{e}_x E_m \mathrm{e}^{-\gamma z}=\boldsymbol{e}_x E_m \mathrm{e}^{-\mathrm{j}k_c z}=\boldsymbol{e}_x E_m \mathrm{e}^{-\alpha z}\mathrm{e}^{-\mathrm{j}\beta z}$$

$$\boldsymbol{H}(z)=\frac{1}{\eta_c}\boldsymbol{e}_z\times\boldsymbol{E}(z)=\boldsymbol{e}_y\frac{1}{|\eta_c|}E_m\mathrm{e}^{-\alpha z}\mathrm{e}^{-\mathrm{j}(\beta z+\varphi)}$$

2）导电媒质中均匀平面波的传播参数

衰减常数：表示平面波每传播一个单位长度其振幅的衰减量，

$$\alpha=\omega\sqrt{\frac{\mu\varepsilon}{2}\left[\sqrt{1+\left(\frac{\sigma}{\omega\varepsilon}\right)^2}-1\right]}$$

相位常数：表示平面波每传播一个单位长度其相位落后的量，

$$\beta=\omega\sqrt{\frac{\mu\varepsilon}{2}\left[\sqrt{1+\left(\frac{\sigma}{\omega\varepsilon}\right)^2}+1\right]}$$

可见，在导电媒质中，电磁波传播的衰减常数和相位常数不仅与介质参数有关，而且与电磁波的频率有关。

波阻抗：

$$\eta_c=\sqrt{\frac{\mu}{\varepsilon_c}}=\sqrt{\frac{\mu}{\varepsilon-j\dfrac{\sigma}{\omega}}}=\eta\left(1-j\frac{\sigma}{\omega\varepsilon}\right)^{-1/2}=|\eta_c|e^{j\theta}$$

其中，$|\eta_c|=\eta\left[1+\left(\frac{\sigma}{\omega\varepsilon}\right)^2\right]^{-1/4}<\eta$，$\theta=\frac{1}{2}\arctan\frac{\sigma}{\omega\varepsilon}$。可见，导电媒质的本征阻抗为复数，其模小于理想介质的本征阻抗，说明电场与磁场尽管在空间上仍然相互垂直，但在时间上有相位差，电场强度与磁场强度有不同的相位，电场超前磁场 θ 角。

相速：

$$v_p=\frac{dz}{dt}=\frac{\omega}{\beta}=\sqrt{\frac{2}{\varepsilon\mu}}\left[\sqrt{1+\left(\frac{\sigma}{\omega\varepsilon}\right)^2}+1\right]^{-1/2}<\frac{1}{\sqrt{\varepsilon\mu}}$$

波长：

$$\lambda=\frac{2\pi}{\beta}=\frac{1}{f}\sqrt{\frac{2}{\varepsilon\mu}}\left[\sqrt{1+\left(\frac{\sigma}{\omega\varepsilon}\right)^2}+1\right]^{-1/2}$$

瞬时坡印廷矢量：

$$\boldsymbol{S}(z,t)=\boldsymbol{e}_z\frac{E_m^2}{|\eta_c|}e^{-2\alpha z}\cos(\omega t-\beta z)\cos(\omega t-\beta z-\theta)$$

平均坡印廷矢量：

$$\boldsymbol{S}_{av}(z)=\frac{1}{2}\mathrm{Re}[\boldsymbol{E}(z)\times\boldsymbol{H}^*(z)]=\boldsymbol{e}_z\frac{E_m^2}{2|\eta_c|}e^{-2\alpha z}\cos\theta$$

对于弱导电媒质($\sigma/(\omega\varepsilon)\ll1$)，有

$$\alpha\approx\frac{\sigma}{2}\sqrt{\frac{\mu}{\varepsilon}},\ \beta\approx\omega\sqrt{\varepsilon\mu}$$

$$\eta_c=\sqrt{\frac{\mu}{\varepsilon_c}}=\sqrt{\frac{\mu}{\varepsilon-j\dfrac{\sigma}{\omega}}}\approx\sqrt{\frac{\mu}{\varepsilon}}\left(1+j\frac{\sigma}{2\omega\varepsilon}\right)\approx\sqrt{\frac{\mu}{\varepsilon}}$$

对于强导电媒质($\sigma/(\omega\varepsilon)\gg1$)，有

$$\alpha\approx\beta\approx\sqrt{\frac{\omega\mu\sigma}{2}}=\sqrt{\pi f\mu\sigma}$$

$$\eta_c\approx\sqrt{\frac{j\omega\mu}{\sigma}}=(1+j)\sqrt{\frac{\pi f\mu}{\sigma}}=\sqrt{\frac{2\pi f\mu}{\sigma}}e^{j\frac{\pi}{4}}$$

为了描述频率一定的电磁波在导体中的穿入深度，引入了趋肤深度 δ 的概念，也称为穿透深度。所谓趋肤深度，是指电磁波进入良导体后，其电场强度的振幅下降到其表面处振幅的 1/e 时所传播的距离，即

$$\delta=\frac{1}{\alpha}=\frac{1}{\sqrt{\pi f\mu\sigma}}$$

4. 电磁波的极化

在电磁波传播的空间给定点处，电场强度矢量的端点随时间变化的轨迹称为电磁波的极化。电磁波的极化按照电场强度矢量的端点随时间变化的不同轨迹分为线极化、圆极化、椭圆极化 3 种类型。

设电场强度矢量 $\boldsymbol{E}=\boldsymbol{e}_x E_x+\boldsymbol{e}_y E_y$，则电场强度的振幅表示为

$$E=\sqrt{E_x^2+E_y^2}=\sqrt{E_{xm}^2\cos^2(\omega t+\phi_x)+E_{ym}^2\cos^2(\omega t+\phi_y)}$$

电场强度与 x 轴的夹角为

$$\alpha(t)=\arctan\frac{E_y}{E_x}=\arctan\left[\frac{E_{ym}\cos(\omega t+\phi_y)}{E_{xm}\cos(\omega t+\phi_x)}\right]$$

当 $\phi_y-\phi_x=0$ 或 $\pm\pi$ 时，合成波为线极化波。

当 $\phi_y-\phi_x=\pm\dfrac{\pi}{2}$ 且 $E_{xm}=E_{ym}$ 时，合成波为圆极化波。其中，当 $\phi_y-\phi_x=\pi/2$ 时，这种圆极化波称为左旋圆极化波；当 $\phi_y-\phi_x=-\pi/2$ 时，这种圆极化波称为右旋圆极化波。

当 $\phi_y-\phi_x\neq\pm\dfrac{\pi}{2}$ 且 $E_{xm}\neq E_{ym}$ 时，合成波为椭圆极化波。其中，当电场两分量的相位差 $0<\phi<\pi$ 时，E_y 分量比 E_x 分量超前，这种椭圆极化波称为左旋椭圆极化波；当电场两分量的相位差 $-\pi<\phi<0$ 时，E_y 分量比 E_x 分量滞后，这种椭圆极化波称为右旋椭圆极化波。

5. 电磁波的色散

电磁波的相速随频率改变的现象称为色散现象，此时的导电媒质称为色散媒质。

6. 相速与群速

1）相速与群速的概念

每一频率电磁波的恒定相位面的传播速度定义为相速。在媒质中，单一频率电磁波沿 z 方向传播的相速为

$$v_p=\frac{dz}{dt}=\frac{\omega}{\beta}$$

多个频率形成电磁波的包络波上恒定相位面的传播速度定义为群速。由 $\Delta\omega t-\Delta\beta z=$ 常数可得到群速为

$$v_g=\frac{dz}{dt}=\frac{\Delta\omega}{\Delta\beta}$$

2）相速与群速的关系

根据相速公式可以得到相速与群速的关系，即

$$v_g=\frac{v_p}{1-\dfrac{\omega}{v_p}\dfrac{dv_p}{d\omega}}$$

一般情况下，相速与群速是不相等的。但存在以下三种可能情形：

（1）若 $\dfrac{dv_p}{d\omega}=0$，则说明相速与频率无关，此时群速与相速相等，即 $v_g=v_p$，称为无色散；

(2) 若$\dfrac{\mathrm{d}v_p}{\mathrm{d}\omega}<0$，则说明相速随频率升高而减小，此时群速小于相速，即 $v_g<v_p$，称为正常色散；

(3) 若$\dfrac{\mathrm{d}v_p}{\mathrm{d}\omega}>0$，则说明相速随频率升高而增大，此时群速大于相速，即 $v_g>v_p$，称为非正常色散。

8.4 思 考 题

1. 什么是均匀平面波？平面波与均匀平面波有何区别？
2. 在理想介质中，均匀平面波的相速是否与频率有关？
3. 在理想介质中，均匀平面波具有哪些特点？
4. 在导电媒质中，均匀平面波的相速是否与频率有关？
5. 在导电媒质中，均匀平面波的电场与磁场是否同相位？
6. 什么是波的极化？什么是线极化、圆极化、椭圆极化？
7. 什么是群速？它与相速有何区别？
8. 什么是波的色散？何谓正常色散？何谓反常色散？

8.5 习 题 全 解

8.1 已知在空气中 $\boldsymbol{E}=\boldsymbol{e}_y 0.1\sin 10\pi x\cos(6\pi\times10^9 t-\beta z)$，求 $\boldsymbol{H}$ 和 β。

提示 将 $\boldsymbol{E}$ 代入直角坐标中的波动方程，可求得 β。

解 $\boldsymbol{E}$ 应满足波动方程

$$\nabla^2\boldsymbol{E}-\mu_0\varepsilon_0\frac{\partial^2\boldsymbol{E}}{\partial t^2}=\boldsymbol{0}$$

将已知的 $\boldsymbol{E}=\boldsymbol{e}_y E_y$ 代入上述波动方程，得

$$\frac{\partial^2 E_y}{\partial x^2}+\frac{\partial^2 E_y}{\partial z^2}-\mu_0\varepsilon_0\frac{\partial^2 E_y}{\partial t^2}=0$$

又

$$\frac{\partial^2 E_y}{\partial x^2}=-0.1(10\pi)^2\sin 10\pi x\cos(6\pi\times10^9 t-\beta z)$$

$$\frac{\partial^2 E_y}{\partial z^2}=0.1\sin 10\pi x[-\beta^2\cos(6\pi\times10^9 t-\beta z)]$$

$$\mu_0\varepsilon_0\frac{\partial^2 E_y}{\partial t^2}=0.1\mu_0\varepsilon_0\sin 10\pi x[-(6\pi\times10^9)^2\cos(6\pi\times10^9 t-\beta t)]$$

故得

$$-(10\pi)^2-\beta^2+\mu_0\varepsilon_0(6\pi\times10^9)^2=0$$

解得

$$\beta=\pi\sqrt{300}=54.41\ \text{rad/m}$$

由$\nabla\times\boldsymbol{E}=-\mu_0\dfrac{\partial\boldsymbol{H}}{\partial t}$得

$$\begin{aligned}\frac{\partial\boldsymbol{H}}{\partial t}&=-\frac{1}{\mu_0}\nabla\times\boldsymbol{E}=-\frac{1}{\mu_0}\left(-\boldsymbol{e}_x\frac{\partial E_y}{\partial z}+\boldsymbol{e}_z\frac{\partial E_y}{\partial x}\right)\\&=-\frac{1}{\mu_0}[-\boldsymbol{e}_x0.1\beta\sin10\pi x\sin(6\pi\times10^9t-\beta z)+\\&\qquad\boldsymbol{e}_z0.1\times10\pi\cos10\pi x\cos(6\pi\times10^9t-\beta z)]\end{aligned}$$

将上式对时间 t 积分，得

$$\begin{aligned}\boldsymbol{H}&=-\frac{1}{\mu_0\times6\pi\times10^9}[\boldsymbol{e}_x0.1\beta\sin10\pi x\cos(6\pi\times10^9t-\beta z)+\\&\quad\boldsymbol{e}_z\pi\cos10\pi x\sin(6\pi\times10^9t-\beta z)]\\&=-\boldsymbol{e}_x2.3\times10^{-4}\sin10\pi x\cos(6\pi\times10^9t-54.41z)-\\&\quad\boldsymbol{e}_z1.33\times10^{-4}\cos10\pi x\sin(6\pi\times10^9t-54.41z)\quad(\mathrm{A/m})\end{aligned}$$

8.2　空气中传播的均匀平面波的电场强度为 $\boldsymbol{E}=\boldsymbol{e}_xE_0\mathrm{e}^{-\mathrm{j}kz}$，已知电磁波沿 z 轴传播，频率为 f。求：

（1）磁场强度 $\boldsymbol{H}$；

（2）波长 λ；

（3）能流密度矢量 $\boldsymbol{S}$ 和平均能流密度矢量 $\boldsymbol{S}_{\mathrm{av}}$；

（4）能量密度 w。

解　（1）磁场强度为

$$\boldsymbol{H}=\frac{1}{\eta}\boldsymbol{e}_z\times\boldsymbol{e}_xE_0\mathrm{e}^{-\mathrm{j}kz}=\boldsymbol{e}_y\sqrt{\frac{\varepsilon_0}{\mu_0}}E_0\mathrm{e}^{-\mathrm{j}kz}$$

（2）波长为

$$\lambda=\frac{v}{f}=\frac{1}{f\sqrt{\varepsilon_0\mu_0}}$$

（3）能流密度矢量和平均能流密度矢量分别为

$$\begin{aligned}\boldsymbol{S}&=\boldsymbol{E}\times\boldsymbol{H}=\sqrt{\frac{\varepsilon_0}{\mu_0}}\boldsymbol{e}_xE_0\mathrm{e}^{-\mathrm{j}kz}\times\boldsymbol{e}_yE_0\mathrm{e}^{-\mathrm{j}kz}=\boldsymbol{e}_z\sqrt{\frac{\varepsilon_0}{\mu_0}}E_0^2\mathrm{e}^{-\mathrm{j}kz}\\&=\boldsymbol{e}_z\sqrt{\frac{\varepsilon_0}{\mu_0}}E_0^2\cos^2(2\pi ft-kz)\end{aligned}$$

$$\boldsymbol{S}_{\mathrm{av}}=\frac{1}{2}\mathrm{Re}[\boldsymbol{E}\times\boldsymbol{H}^*]=\boldsymbol{e}_z\frac{1}{2}\sqrt{\frac{\varepsilon_0}{\mu_0}}E_0^2$$

（4）能量密度为

$$w=\frac{1}{2}\varepsilon_0E^2+\frac{1}{2}\mu_0H^2$$

8.3　已知自由空间中电磁波的电场强度 $\boldsymbol{E}=\boldsymbol{e}_y50\cos(6\pi\times10^8t-\beta x)(\mathrm{V/m})$。

（1）此波是否为均匀平面波？如果是，则求出该波的频率、波长、波速和相位常数，并指出波的传播方向；

（2）写出磁场强度表达式；

(3) 若在 $x=x_0$ 处水平放置一半径 $R=2.5$ m 的圆环，求垂直穿过圆环的平均电磁功率。

解 (1) 从电场强度的表达式中 $6\pi\times10^8t-\beta x$ 可以看出，该波的传播方向为 $+x$ 方向，电场垂直于波的传播方向，且在与 x 轴垂直的平面上各点 $\boldsymbol{E}$ 的大小相等，故此波是均匀平面波。该波的频率为

$$f=\frac{\omega}{2\pi}=\frac{6\pi\times10^8}{2\pi}=3\times10^8\ \text{Hz}$$

因该波位于自由空间，故其波速为

$$v_0=\frac{1}{\sqrt{\mu_0\varepsilon_0}}=3\times10^8\ \text{m/s}$$

该波的波长为

$$\lambda=\frac{v_0}{f}=1\ \text{m}$$

相位常数为

$$\beta=\frac{2\pi}{\lambda}=6.243\ \text{rad/m}$$

(2) 因为自由空间的波阻抗 $\eta_0=\sqrt{\frac{\mu_0}{\varepsilon_0}}=120\pi\approx377\ \Omega$，所以磁场强度的表达式为

$$\boldsymbol{H}=\frac{50}{\eta_0}\cos(6\pi\times10^8t-\beta x)\boldsymbol{e}_z=\frac{50}{377}\cos(6\pi\times10^8t-\beta x)\boldsymbol{e}_z\quad(\text{A/m})$$

(3) 因平均坡印廷矢量为

$$\boldsymbol{S}_{\text{av}}=\text{Re}[\boldsymbol{E}\times\boldsymbol{H}^*]=\boldsymbol{e}_x\frac{E_0^{+2}}{\eta}=\frac{1250}{377}\boldsymbol{e}_x\quad(\text{W/m}^2)$$

故垂直穿过圆环的平均电磁功率为

$$P=\int S_{\text{av}}\text{d}A=S_{\text{av}}A=\frac{1250}{377}\pi R^2=65.1\ \text{W}$$

8.4 频率为 100 MHz 的正弦均匀平面波在各向同性的均匀理想介质中沿 $+z$ 方向传播，介质的特性参数为 $\varepsilon_r=4$，$\mu_r=1$，$\sigma=0$。设电场沿 x 方向，当 $t=0$，$z=0.125$ m 时，电场等于其振幅值 10^{-4} V/m。试求：

(1) 电场强度和磁场强度的瞬时值；

(2) 波的传播速度；

(3) 平均坡印廷矢量。

解 (1) 设电场强度的瞬时表达式为

$$\boldsymbol{E}(z,\ t)=\boldsymbol{e}_xE_x=\boldsymbol{e}_x10^{-4}\cos(\omega t-kz+\phi)$$

由于

$$\omega=2\pi f=2\pi\times10^8\ \text{rad/s}$$

$$c=\frac{1}{\sqrt{\varepsilon_0\mu_0}}$$

因此

$$k=\omega\sqrt{\varepsilon\mu}=\omega\sqrt{\varepsilon_r\varepsilon_0\mu_r\mu_0}=\frac{\omega}{c}\sqrt{\varepsilon_r\mu_r}=\frac{2\pi\times10^8}{3\times10^8}\sqrt{4}=\frac{4}{3}\pi\ \text{rad/m}$$

对于余弦函数，当相角为 0 时达到振幅值，所以当 $t=0$，$z=0.125=\dfrac{1}{8}$ m 时，电场强度达到振幅值，此时

$$\phi=kz=\frac{4}{3}\pi\times\frac{1}{8}=\frac{\pi}{6}$$

从而电场强度的瞬时值为

$$\boldsymbol{E}(z,\ t)=\boldsymbol{e}_x 10^{-4}\cos\left(2\pi\times10^8 t-\frac{4}{3}\pi z+\frac{\pi}{6}\right)\quad(\text{V/m})$$

磁场强度的瞬时值

$$\boldsymbol{H}=\frac{1}{\eta}\boldsymbol{e}_z\times\boldsymbol{E}=\boldsymbol{e}_y\frac{E_x}{\eta},\ H_y=\frac{E_x}{\eta}$$

其中

$$\eta=\sqrt{\frac{\mu}{\varepsilon}}=\sqrt{\frac{\mu_0\mu_r}{\varepsilon_0\varepsilon_r}}=\eta_0\sqrt{\frac{1}{\varepsilon_r}}=120\pi\times\frac{1}{\sqrt{4}}=60\pi\ \Omega$$

(2) 波速为

$$v_p=\frac{\omega}{k}=\frac{1}{\sqrt{\varepsilon\mu}}=\frac{c}{\sqrt{\varepsilon_0\mu_0}}=\frac{3\times10^8}{\sqrt{4}}\ \text{m/s}=1.5\times10^8\ \text{m/s}$$

(3) 平均坡印廷矢量为

$$\boldsymbol{S}_{av}=\frac{1}{2}\text{Re}[\dot{\boldsymbol{E}}\times\dot{\boldsymbol{H}}^*]=\frac{1}{2}\text{Re}\left[\boldsymbol{e}_x 10^{-4}e^{-j\left(\frac{4\pi}{3}z-\frac{\pi}{6}\right)}\times\boldsymbol{e}_y\frac{10^{-4}}{60\pi}e^{j\left(\frac{4\pi}{3}z-\frac{\pi}{6}\right)}\right]$$

$$=\frac{1}{2}\text{Re}\left[\boldsymbol{e}_z\frac{10^{-8}}{60\pi}\right]=\boldsymbol{e}_z\frac{10^{-8}}{120\pi}\quad(\text{W/m}^2)$$

8.5　如果要求电子仪器的铝外壳($\sigma=3.54\times10^7$ S/m，$\mu_r=1$)至少为 5 个趋肤深度，为屏蔽频率为 20 kHz～200 MHz 的无线电干扰，铝外壳应取多厚?

解　因为工作频率越高，趋肤深度越小，所以铝壳的最小厚度应不低于屏蔽频率为 20 kHz 的无线电干扰时所对应的厚度。因趋肤深度为

$$\delta_0=\sqrt{\frac{2}{\omega\mu\sigma}}=\sqrt{\frac{1}{\pi f_1\mu\sigma}}=0.000\ 598\ \text{m}$$

且铝壳为 5 个趋肤深度，故铝壳的厚度应为

$$h=5\delta_0=0.003\ \text{m}$$

8.6　微波炉利用磁控管输出的频率为 2.45 GHz 的微波加热食品，在该频率上，牛排的等效复介电常数 $\tilde{\varepsilon}_r=40(1-j0.3)$。

(1) 求微波传入牛排的穿透深度 δ 在牛排内 8 mm 处的微波场强是表面处的百分之几?

(2) 微波炉中盛牛排的盘子是发泡聚苯乙烯制成的，其等效复介电常数 $\tilde{\varepsilon}_r=1.03(1-j0.3\times10^{-4})$。说明为何用微波加热时，牛排被烧熟而盘子并没有被毁。

解　(1) 微波传入牛排的穿透深度为

$$\delta=\frac{1}{\alpha}=\frac{1}{\omega}\sqrt{\frac{2}{\mu\varepsilon}}\left[\sqrt{1+\left(\frac{\sigma}{\omega\varepsilon}\right)^2}-1\right]^{-\frac{1}{2}}=0.0208\ \text{m}=20.8\ \text{mm}$$

在牛排内 8 mm 处的微波场强与表面处的比值为

$$\frac{|E|}{|E_0|}=e^{-z/\varepsilon}=e^{-8/20.8}=68\%$$

（2）发泡聚苯乙烯的穿透深度为

$$\delta=\frac{1}{\alpha}=\frac{2}{\sigma}\sqrt{\frac{\varepsilon}{\mu}}=\frac{2}{\omega\left(\frac{\sigma}{\omega\varepsilon}\right)}\sqrt{\frac{1}{\mu\varepsilon}}$$

$$=\frac{2\times3\times10^{8}}{2\pi\times2.45\times10^{9}\times0.3\times10^{-4}\times\sqrt{1.03}}=1.28\times10^{3}\ \text{m}$$

可见其穿透深度很大，意味着微波在其中传播的热损耗极小，所以不会被烧毁。

8.7 为了抑制无线电干扰室内电子设备，通常采用厚度为 5 个趋肤深度的一层铜皮（$\varepsilon_r=1$，$\mu_r=1$，$\sigma=5.8\times10^7$ S/m）包裹该室。若要求屏蔽的是频率为 10 kHz～100 MHz 的无线电干扰，则铜皮的厚度应该是多少？

解 因工作频率越高，趋肤深度越小，故铜皮的最小厚度应不低于屏蔽频率为 10 kHz 的无线电干扰时所对应的厚度。因为趋肤深度 $\delta=\sqrt{\frac{2}{\omega\mu\gamma}}=0.000\ 66$ m，所以铜皮的最小厚度为 $h=5\delta=0.0033$ m。

8.8 有一均匀平面波在自由空间中传播，已知其电场强度的复矢量形式为 $\boldsymbol{E}=\boldsymbol{e}_x10^{-4}e^{-j20\pi z}+\boldsymbol{e}_y10^{-4}e^{-j(20\pi z-\pi/2)}$（V/m）。求：

（1）平面波的传播方向；

（2）频率；

（3）波的极化状态；

（4）磁场强度；

（5）电磁波的平均坡印廷矢量 $\boldsymbol{S}_{av}$。

解 （1）由 $\boldsymbol{E}=\boldsymbol{e}_x10^{-4}e^{-j20\pi z}+\boldsymbol{e}_y10^{-4}e^{-j\left(20\pi z-\frac{\pi}{2}\right)}$ 可知电磁波沿 z 方向传播。

（2）自由空间电磁波的相速为 $v_p=c=3\times10^8$ m/s，而

$$k=\frac{\omega}{c}=20\pi$$

所以

$$\omega=20\pi c$$

从而

$$f=\frac{\omega}{2\pi}=\frac{20\pi c}{2\pi}=10c=3\times10^{9}\ \text{Hz}$$

（3）由于

$$\boldsymbol{E}_x=\boldsymbol{e}_x10^{-4}\cos(\omega t-20\pi z)$$

$$\boldsymbol{E}_y=\boldsymbol{e}_y10^{-4}\cos\left(\omega t-20\pi z+\frac{\pi}{2}\right)=-\boldsymbol{e}_y10^{-4}\sin(\omega t-20\pi z)$$

因此

$$\phi_y-\phi_x=\frac{\pi}{2},\quad E_{xm}=E_{ym}$$

由此可知该电磁波为左旋圆极化波。

(4) 磁场强度为

$$\boldsymbol{H}=\frac{1}{\eta}\boldsymbol{e}_z\times\boldsymbol{E}$$

而自由空间中

$$\frac{1}{\eta}=\frac{1}{\eta_0}=\frac{1}{120\pi}=2.65\times10^{-3}$$

所以

$$\boldsymbol{H}=2.65\times10^{-7}\left[\boldsymbol{e}_y\mathrm{e}^{-\mathrm{j}20\pi z}-\boldsymbol{e}_x\mathrm{e}^{-\mathrm{j}\left(20\pi z-\frac{\pi}{2}\right)}\right]\quad(\mathrm{A/m})$$

(5) 电磁波的平均坡印廷矢量为

$$\boldsymbol{S}_{\mathrm{av}}=\frac{1}{2}\mathrm{Re}[\dot{\boldsymbol{E}}\times\dot{\boldsymbol{H}}^*]=\frac{\boldsymbol{E}\cdot\boldsymbol{E}^*}{2\eta}\boldsymbol{e}_z=2.65\times10^{-11}\boldsymbol{e}_z\quad(\mathrm{W/m^2})$$

8.9　证明任何一个椭圆极化波可以分解为两个旋转方向相反的圆极化波。

证明　设某椭圆极化波沿 x 轴传播，其电场强度可表示成 $\boldsymbol{E}=\boldsymbol{e}_xE_{x0}\mathrm{e}^{-\mathrm{j}kx}\pm\mathrm{j}\boldsymbol{e}_yE_{y0}\mathrm{e}^{\mathrm{j}kx}$，其中 $E_{x0}\neq E_{y0}$。这是一个正椭圆，对于任意椭圆都可以避过坐标变换将其变为一个正椭圆，所以此椭圆极化波具有任意性。

选择 $E_{10}=\frac{1}{2}(E_{x0}+E_{y0})$，$E_{20}=\frac{1}{2}(E_{x0}-E_{y0})$，则有

$$E_{x0}=E_{10}+E_{20}，E_{y0}=E_{10}-E_{20}$$

代入椭圆极化波的电场强度表达式，得

$$\begin{aligned}\boldsymbol{E}&=\boldsymbol{e}_x(E_{10}+E_{20})\mathrm{e}^{-\mathrm{j}kx}\pm\mathrm{j}\boldsymbol{e}_y(E_{10}-E_{20})\mathrm{e}^{\mathrm{j}kx}\\&=E_{10}(\boldsymbol{e}_x\mathrm{e}^{-\mathrm{j}kx}\pm\mathrm{j}\boldsymbol{e}_y\mathrm{e}^{\mathrm{j}kx})+E_{20}(\boldsymbol{e}_x\mathrm{e}^{-\mathrm{j}kx}\mp\mathrm{j}\boldsymbol{e}_y\mathrm{e}^{\mathrm{j}kx})\end{aligned}$$

此式表示的即旋转方向相反的两个圆极化波。

8.10　已知平面波的电场强度为

$$\boldsymbol{E}=[\boldsymbol{e}_x(2+\mathrm{j}3)+\boldsymbol{e}_y4+\boldsymbol{e}_z3]\mathrm{e}^{\mathrm{j}(1.8y-2.4z)}\quad(\mathrm{V/m})$$

(1) 试确定其传播方向和极化状态；

(2) 该平面波是否为横电磁波？

解　(1) 传播方向上的单位矢量为

$$\boldsymbol{e}_k=\frac{k_y\boldsymbol{e}_y+k_z\boldsymbol{e}_z}{\sqrt{k_y^2+k_z^2}}=-\frac{3}{5}\boldsymbol{e}_y+\frac{4}{5}\boldsymbol{e}_z$$

改写为电场强度是

$$\begin{aligned}\boldsymbol{E}&=\left[\boldsymbol{e}_x\sqrt{13}\,\mathrm{e}^{\mathrm{jarctan}\frac{3}{2}}+5\left(\frac{4}{5}\boldsymbol{e}_y+\frac{3}{5}\boldsymbol{e}_z\right)\right]\mathrm{e}^{-\mathrm{j}3\left(-\frac{3}{5}\boldsymbol{e}_y+\frac{4}{5}\boldsymbol{e}_z\right)\cdot\boldsymbol{r}}\\&=(\boldsymbol{e}_x\sqrt{13}\,\mathrm{e}^{\mathrm{jarctan}\frac{3}{2}}+5\boldsymbol{e}'_y)\,\mathrm{e}^{-\mathrm{j}3\boldsymbol{e}_k\cdot\boldsymbol{r}}\end{aligned}$$

显然 $\boldsymbol{e}_x$、$\boldsymbol{e}'_y$ 均与 $\boldsymbol{e}_k$ 垂直。此外，在上式中两个分量的振幅并不相等，所以该平面波为右旋椭圆极化波。

(2) 因为 $\boldsymbol{e}_k\cdot\boldsymbol{E}=0$，即 $\boldsymbol{E}$ 的所有分量均与其传播方向垂直，所以此波为横电磁波。

8.11　证明两个传播方向及频率相同的圆极化波叠加时，若它们的旋向相同，则合成波仍是同一旋向的圆极化波；若它们的旋向相反，则合成波是椭圆极化波，其旋向与振幅

大的圆极化波的相同。

证明 (1) 任设两个传播方向、频率及旋向均相同的圆极化波 A、B，其电场强度为

$$\boldsymbol{E}_A = A(\boldsymbol{e}_x + j\boldsymbol{e}_y)e^{-jkz},\ \boldsymbol{E}_B = B(\boldsymbol{e}_x + j\boldsymbol{e}_y)e^{-jkz}$$

式中，A、B 为非 0 的实常数，且 $A+B\neq 0$，则合成波的电场强度为

$$\boldsymbol{E} = \boldsymbol{E}_A + \boldsymbol{E}_B = (A+B)(\boldsymbol{e}_x + j\boldsymbol{e}_y)e^{-jkz}$$

说明合成波仍为与圆极化波 A、B 同旋向的圆极化波。

(2) 任设两个传播方向、频率相同但旋向相反的圆极化波 A、B，其电场强度为

$$\boldsymbol{E}_A = A(\boldsymbol{e}_x + j\boldsymbol{e}_y)e^{-jkz},\ \boldsymbol{E}_B = B(\boldsymbol{e}_x - j\boldsymbol{e}_y)e^{-jkz}$$

式中，A、B 为非 0 的实常数，且 $A+B\neq 0$，则合成波的电场强度为

$$\boldsymbol{E} = \boldsymbol{E}_A + \boldsymbol{E}_B = (A+B)\boldsymbol{e}_x e^{-jkz} + j(A-B)\boldsymbol{e}_y e^{-jkz}$$

若$|A|>|B|$，则

$$j(A-B)\boldsymbol{e}_y \times (A+B)\boldsymbol{e}_x = -j(|A|^2 - |B|^2)\boldsymbol{e}_z$$

说明合成波的传播方向与圆极化波 A 的传播方向相反，故合成波为左旋椭圆极化波，其旋向与圆极化波 A 的旋向相同。若$|A|<|B|$，则

$$j(A-B)\boldsymbol{e}_y \times (A+B)\boldsymbol{e}_x = -j(|A|^2 - |B|^2)\boldsymbol{e}_z$$

说明合成波的传播方向与圆极化波 B 的传播方向相同，故合成波为右旋椭圆极化波，其旋向与圆极化波 B 的旋向相同。

8.12 证明一个在理想介质中传播的圆极化波，其瞬时坡印廷矢量是与时间和距离都无关的常数。

证明 设圆极化波电场强度的两个分量 E_y 和 E_x 分别为

$$E_y = E_{1m}\cos(\omega t - \varphi_1),\ E_z = E_{2m}\cos(\omega t - \varphi_2)$$

它们的幅值相等，且相位相差$\pm\frac{\pi}{2}$。令 $E_{1m}=E_{2m}=E_m$，$\varphi_1=0$，$\varphi_2=\frac{\pi}{2}$，则

$$E_y = E_{1m}\cos\omega t,\ E_z = E_{2m}\sin\omega t$$

故合成电场强度为

$$E=\sqrt{E_y^2+E_z^2}=E_m=\text{常数}$$

从而瞬时坡印廷矢量为

$$\boldsymbol{S}(x,t)=\sqrt{\frac{\mu}{\varepsilon}}H^2\boldsymbol{e}_x=\sqrt{\frac{\mu}{\varepsilon}}\frac{\varepsilon}{\mu}E^2\boldsymbol{e}_x=\sqrt{\frac{\varepsilon}{\mu}}E_m^2\boldsymbol{e}_x$$

可见 $\boldsymbol{S}(x,t)$是一个与时间和距离都无关的常数。

8.13 试计算由两个同频率、同方向传播的直线极化波合成的平面电磁波的能流密度矢量的平均值。

解 设两个同频率的直线极化波在理想介质中沿$+x$ 方向传播，其电场强度和磁场强度的瞬时表达式分别为

$$\boldsymbol{E}(x,t)=\sqrt{2}E_y^+\cos(\omega t-\beta x+\theta_1)\boldsymbol{e}_y+\sqrt{2}E_z^+\cos(\omega t-\beta x+\theta_2)\boldsymbol{e}_z$$

$$\boldsymbol{H}(x,t)=\sqrt{2}\frac{E_y^+}{Z_0}\cos(\omega t-\beta x+\theta_1)\boldsymbol{e}_x-\sqrt{2}\frac{E_z^+}{Z_0}\cos(\omega t-\beta x+\theta_2)\boldsymbol{e}_y$$

故能流密度矢量的瞬时表示式为

$$\boldsymbol{S}(x,t)=\boldsymbol{E}(x,t)\times\boldsymbol{H}(x,t)$$
$$=\left[\frac{2(E_y^+)^2}{Z_0}\cos^2(\omega t-\beta x+\theta_1)+\frac{2(E_z^+)^2}{Z_0}\cos^2(\omega t-\beta x+\theta_2)\right]\boldsymbol{e}_x$$

能流密度矢量的平均值为

$$\boldsymbol{S}_{\mathrm{av}}=\frac{1}{T}\int_0^T\boldsymbol{S}(x,t)\mathrm{d}t=\left[\frac{(E_y^+)^2}{Z_0}+\frac{(E_z^+)^2}{Z_0}\right]\boldsymbol{e}_x$$

8.14　证明理想介质中平面电磁波的电场能量密度等于磁场能量密度，而且能量密度的平均值等于总能量密度的平均值与传播速度的乘积。

解　在理想介质中，假设均匀平面波沿 $+z$ 方向传播，电场只有 x 分量，磁场只有 y 分量，则有

$$\begin{cases}\boldsymbol{E}(z)=\boldsymbol{e}_xE_x(z)=\boldsymbol{e}_xE_{x\mathrm{m}}\mathrm{e}^{\mathrm{j}\phi_0}\mathrm{e}^{-\mathrm{j}kz}\\ \boldsymbol{H}(z)=\dfrac{1}{\eta}\boldsymbol{e}_z\times\boldsymbol{E}(z)=\boldsymbol{e}_y\dfrac{E_x(z)}{\eta}=\boldsymbol{e}_y\dfrac{E_{x\mathrm{m}}\mathrm{e}^{\mathrm{j}\phi_0}}{\eta}\mathrm{e}^{-\mathrm{j}kz}\end{cases}\tag{1}$$

对应的瞬时量为

$$\begin{cases}\boldsymbol{E}(z,t)=\mathrm{Re}[\boldsymbol{e}_xE_x(z)\mathrm{e}^{\mathrm{j}\omega t}]=\boldsymbol{e}_xE_{x\mathrm{m}}\cos(\omega t-kz+\phi_0)\\ \boldsymbol{H}(z,t)=\mathrm{Re}\left[\boldsymbol{e}_y\dfrac{E_x(z)}{\eta}\mathrm{e}^{\mathrm{j}\omega t}\right]=\boldsymbol{e}_y\dfrac{E_{x\mathrm{m}}}{\eta}\cos(\omega t-kz+\phi_0)=\boldsymbol{e}_yH_{y\mathrm{m}}\cos(\omega t-kz+\phi_0)\end{cases}$$

式中，$E_{x\mathrm{m}}$ 和 $H_{y\mathrm{m}}$ 为实常数，分别表示电场强度和磁场强度的幅度，$H_{y\mathrm{m}}=\dfrac{E_{x\mathrm{m}}}{\eta}$；$\omega t$ 称为空间相位；ϕ_0 为初相位。

在理想介质中，电场能量密度和磁场能量密度为

$$\begin{cases}w_{\mathrm{e}}(z,t)=\dfrac{1}{2}D(z,t)E(z,t)=\dfrac{1}{2}\varepsilon E^2(z,t)=\dfrac{1}{2}\varepsilon E_{\mathrm{m}}^2\cos^2(\omega t-kz+\phi_0)\\ w_{\mathrm{m}}(z,t)=\dfrac{1}{2}B(z,t)H(z,t)=\dfrac{1}{2}\mu H^2(z,t)=\dfrac{1}{2}\mu H_{\mathrm{m}}^2\cos^2(\omega t-kz+\phi_0)\end{cases}$$

利用式(1)可以得到

$$w_{\mathrm{m}}(z,t)=\frac{1}{2}\mu H_{\mathrm{m}}^2\cos^2(\omega t-kz+\phi_0)=\frac{1}{2}\mu\frac{E_{\mathrm{m}}^2}{\eta^2}\cos^2(\omega t-kz+\phi_0)$$
$$=\frac{1}{2}\mu\frac{E_{\mathrm{m}}^2}{\eta/\varepsilon}\cos^2(\omega t-kz+\phi_0)=\frac{1}{2}\varepsilon E_{\mathrm{m}}^2\cos^2(\omega t-kz+\phi_0)$$
$$=w_{\mathrm{e}}(z,t)$$

即电场能量密度 w_{e} 和磁场能量密度 w_{m} 相等。这样，电磁场的总能量密度 w 为

$$w(r,t)=w_{\mathrm{e}}(z,t)+w_{\mathrm{m}}(z,t)=\frac{1}{2}\varepsilon E^2(z,t)+\frac{1}{2}\mu H^2(z,t)$$
$$=\varepsilon E^2(z,t)=\mu H^2(z,t)$$

则电磁场的平均能量密度为

$$w_{\mathrm{av}}=\frac{1}{2}\varepsilon E_{\mathrm{m}}^2=\frac{1}{2}\mu H_{\mathrm{m}}^2$$

可见，任一时刻电场能量密度和磁场能量密度相等，各为总能量密度的一半。电磁场平均能量密度等于电场能量密度或磁场能量密度的最大值。

在理想介质中，瞬时坡印廷矢量 $\boldsymbol{S}(z,t)$ 为

$$\boldsymbol{S}(z,t)=\boldsymbol{E}(z,t)\times\boldsymbol{H}(z,t)=\frac{1}{\eta}\boldsymbol{E}(z,t)\times[\boldsymbol{e}_z\times\boldsymbol{E}(z,t)]=\boldsymbol{e}_z\frac{1}{\eta}E^2(z,t)$$

平均坡印廷矢量 $\boldsymbol{S}_{\mathrm{av}}(z)$ 为

$$\boldsymbol{S}_{\mathrm{av}}(z)=\frac{1}{2}\mathrm{Re}[\boldsymbol{E}(z)\times\boldsymbol{H}^*(z)]=\frac{1}{2\eta}\boldsymbol{e}_zE_{\mathrm{m}}^2=\frac{1}{2}\varepsilon E_{\mathrm{m}}^2\frac{1}{\sqrt{\varepsilon\mu}}\boldsymbol{e}_z=w_{\mathrm{av}}v_{\mathrm{p}}\boldsymbol{e}_z$$

可见，平均坡印廷矢量(平均能流密度矢量)为常数，它等于平均能量密度与传播相速的乘积，表明在与传播方向垂直的所有平面上，每单位面积通过的平均功率都相同，电磁波在传播过程中没有能量损失(沿传播方向电磁波无衰减)。因此理想介质中的均匀平面电磁波是等振幅波，能量的传输速度等于相速。

8.15　在自由空间中，某电磁波的波长为 0.2 m。当该波进入理想电介质后，波长变为 0.09 m。设 $\mu_{\mathrm{r}}=1$，求 ε_{r} 及在该电介质中的波速。

解　由于 $\lambda_0=\dfrac{c}{f}=\dfrac{3\times10^8}{f}=0.2$，因此

$$f=\frac{3\times10^8}{0.2}=15\times10^8\ \mathrm{Hz}$$

而 $\lambda=\dfrac{v}{f}=0.09$，所以

$$v=0.09\times f=0.09\times15\times10^8=1.35\times10^8\ \mathrm{m/s}$$

又 $v=\dfrac{1}{\sqrt{\mu\varepsilon}}=\dfrac{1}{\sqrt{\mu_0\varepsilon_{\mathrm{r}}\varepsilon_0}}=\dfrac{c}{\sqrt{\varepsilon_{\mathrm{r}}}}$，故

$$\varepsilon_{\mathrm{r}}=\left(\frac{c}{v}\right)^2=\left(\frac{3\times10^8}{1.35\times10^8}\right)^2=4.94$$

8.16　某工作频率为 1.8 GHz 的均匀平面波在 $\varepsilon_{\mathrm{r}}=25$，$\mu_{\mathrm{r}}=1.6$，$\sigma=2.5$ S/m 的媒质中传播。设该区域中电场强度为 $\boldsymbol{E}=\boldsymbol{e}_x\mathrm{e}^{-\alpha z}\cos(\omega t-\beta z)$ (V/m)，求：

(1) 传播常数；

(2) 衰减常数；

(3) 波阻抗；

(4) 相速；

(5) 平均坡印廷矢量。

解　电磁波的角频率为

$$\omega=2\pi f=2\pi\times1.8\times10^9=3.6\pi\times10^9\ \mathrm{rad/s}$$

复介电常数可表示为

$$\tilde{\varepsilon}=\varepsilon\left(1-\mathrm{j}\frac{\sigma}{\omega\varepsilon}\right)=\varepsilon\left(1-\mathrm{j}\frac{2.5\times36\pi}{3.6\pi\times10^9\times25\times10^{-9}}\right)=\varepsilon(1-\mathrm{j})$$

(1) 传播常数为

$$\tilde{k}=\omega\sqrt{\mu\tilde{\varepsilon}}=\beta-\mathrm{j}\alpha=262-\mathrm{j}109$$

(2) 衰减常数为

$$\alpha=109\ \mathrm{Np/m}$$

（3）波阻抗为

$$\tilde{\eta}=\sqrt{\frac{\mu}{\tilde{\varepsilon}}}=\sqrt{\frac{\mu_0\mu_r}{\varepsilon_0\varepsilon_r(1-j)}}=120\pi\sqrt{\frac{1.6}{25\sqrt{2}}}e^{j22.5}=80e^{j22.5}$$

（4）相速为

$$v_p=\frac{\omega}{\beta}=\frac{3.6\pi\times10^9}{262}=4.3\times10^7\ \text{m/s}$$

（5）平均坡印廷矢量为

$$\boldsymbol{S}_{av}=\frac{1}{2}\text{Re}[\boldsymbol{E}\times\boldsymbol{H}^*]=\boldsymbol{e}_z\frac{|E_{mf}|^2}{2|\tilde{\eta}|}e^{-2\alpha z}\cos\theta_0=\boldsymbol{e}_z5.77e^{-218z}\quad(\text{mW/m}^2)$$

8.17　空气中有一正弦均匀平面波，其电场强度的复数形式为 $\boldsymbol{E}(x, z)=E_0e^{-j(k_xx+k_zz)}\boldsymbol{e}_y$。

（1）求此波的频率 f 和波长 λ；

（2）求磁场强度 $\boldsymbol{H}$；

（3）求能流密度矢量 $\boldsymbol{S}$ 和平均能流密度矢量 $\boldsymbol{S}_{av}$；

（4）当此波入射到位于 $z=0$ 平面上的理想导体板上时，求理想导体表面上的电流面密度 $\boldsymbol{J}_S(x)$。

解　（1）$\lambda=\dfrac{2\pi}{k}$，其中 $k=\sqrt{k_x^2+k_z^2}$；$f=\dfrac{c}{\lambda}$，其中 c 为电磁波在空气中的传播速度。

（2）$\boldsymbol{H}=\sqrt{\dfrac{\varepsilon_0}{\mu_0}}\boldsymbol{e}_n\times\boldsymbol{E}=\dfrac{1}{k}\sqrt{\dfrac{\varepsilon_0}{\mu_0}}E_0(-k_z\boldsymbol{e}_x+k_x\boldsymbol{e}_z)e^{-j(k_xx+k_zz)}$，其中 $\boldsymbol{e}_n=\dfrac{k_x\boldsymbol{e}_x+k_z\boldsymbol{e}_z}{k}$。

（3）能流密度矢量为

$$\boldsymbol{S}=\boldsymbol{E}\times\boldsymbol{H}=\sqrt{\frac{\varepsilon_0}{\mu_0}}E_0^2\cos^2(\omega t-k_xx-k_zz)\boldsymbol{e}_n$$

平均能流密度矢量为

$$\boldsymbol{S}_{av}=\frac{1}{2}\text{Re}[\boldsymbol{E}\times\boldsymbol{H}^*]=\frac{1}{2}\sqrt{\frac{\varepsilon_0}{\mu_0}}E_0^2\boldsymbol{e}_n$$

（4）此时电场强度和磁场强度分别为

$$\boldsymbol{E}'(x, z)=-\boldsymbol{e}_y\boldsymbol{E}_0e^{-j(k_xx-k_zz)}$$

$$\boldsymbol{H}'=\sqrt{\frac{\varepsilon_0}{\mu_0}}\boldsymbol{e}_n\times\boldsymbol{E}'=-\frac{1}{k}\sqrt{\frac{\varepsilon_0}{\mu_0}}E_0(k_x\boldsymbol{e}_z+k_z\boldsymbol{e}_x)e^{-j(k_zz+k_xx)}$$

因为在 $z=0$ 平面上有

$$\boldsymbol{J}_S=\boldsymbol{e}_n\times(\boldsymbol{H}_2-\boldsymbol{H}_1)$$

其中

$$\boldsymbol{H}_2=0,\ \boldsymbol{H}_1=\boldsymbol{H}+\boldsymbol{H}'=-\boldsymbol{e}_x\frac{2k_z}{k}\sqrt{\frac{\varepsilon_0}{\mu_0}}E_0e^{-jk_xx}$$

所以

$$\boldsymbol{J}_S=-\boldsymbol{e}_x\times\boldsymbol{H}_1=\boldsymbol{e}_y\frac{2k_z}{k}\sqrt{\frac{\varepsilon_0}{\mu_0}}E_0e^{-jk_xx}$$

8.18 一均匀平面电磁波从海水表面($x=0$)向海水中($+x$ 方向)传播。在 $x=0$ 处，电场强度 $\boldsymbol{E}=\boldsymbol{e}_y 100\cos(10^7\pi t)$ (V/m)，若海水的 $\varepsilon_r=80$，$\mu_r=1$，$\sigma=4$ S/m。

(1) 求衰减常数、相位常数、波阻抗、相位速度、波长、透入深度；

(2) 写出海水中的电场强度表达式；

(3) 求电场强度的振幅衰减至表面值的 1%时波传播的距离；

(4) 求 $x=0.8$ m 时电场强度与磁场强度的表达式；

(5) 如果电磁波的频率变为 $f=50$ kHz，重复(3)的计算，并比较两个结果，从中会得到什么结论？

解 (1) 因为

$$\frac{\sigma}{\omega\varepsilon}=\frac{\sigma}{\omega\varepsilon_0\varepsilon_r}=180\gg 1$$

所以衰减常数为

$$\alpha=\sqrt{\frac{\omega\mu\sigma}{2}}=2\sqrt{2}\pi\approx 8.9\ \text{Np/m}$$

相位常数为

$$\beta=\sqrt{\frac{\omega\mu\sigma}{2}}=8.9\ \text{rad/m}$$

波阻抗为

$$\eta=\sqrt{\frac{\mu}{\varepsilon}}=\sqrt{\frac{\omega\mu}{2\sigma}}(1+\text{j})=\frac{\pi}{\sqrt{2}}(1+\text{j})\Omega$$

相位速度为

$$v_p=\frac{\omega}{\beta}=3.53\times 10^6\ \text{m/s}$$

波长为

$$\lambda=\frac{2\pi}{\beta}=0.707\ \text{m}$$

透入深度为

$$\delta_c=\frac{1}{\alpha}=0.11\ \text{m}$$

(2) $\boldsymbol{E}=\boldsymbol{e}_y 100\text{e}^{-8.9x}\cos(10^7\pi t-8.9x)$ (V/m)。

(3) 因为 $\text{e}^{-8.9x}=1\%$，所以 $x=0.52$ m。

(4) 因为

$$\eta=\frac{\pi}{\sqrt{2}}(1+\text{j})=\pi\text{e}^{\text{j}\frac{\pi}{4}}$$

$$\dot{\boldsymbol{E}}=\boldsymbol{e}_y 100\text{e}^{-8.9x}\text{e}^{-\text{j}8.9x}$$

所以

$$\dot{\boldsymbol{H}}=\frac{1}{\eta}\boldsymbol{e}_x\times\dot{\boldsymbol{E}}=\boldsymbol{e}_z\frac{100}{\pi}\text{e}^{-8.9x}\text{e}^{-\text{j}8.9x-\text{j}\frac{\pi}{4}}\quad (\text{A/m})$$

从而

$$\boldsymbol{H}=\mathrm{Re}[\dot{\boldsymbol{H}}\mathrm{e}^{\mathrm{j}\omega t}]=\boldsymbol{e}_z\ \frac{100}{\pi}\mathrm{e}^{-8.9x}\cos\left(10^7\pi t-8.9x-\frac{\pi}{4}\right)\quad(\mathrm{A/m})$$

当 $x=0.8$ m 时，电场强度与磁场强度的表达式分别为

$$\boldsymbol{E}=\boldsymbol{e}_y 0.082\cos(10^7\pi t-7.11)\quad(\mathrm{V/m})$$

$$\boldsymbol{H}=\boldsymbol{e}_z 0.026\cos(10^7\pi t-7.9)\quad(\mathrm{A/m})$$

(5) 当 $f=50$ kHz 时，衰减常数为

$$\alpha=\sqrt{\frac{\omega\mu\sigma}{2}}=\sqrt{\pi f\mu\sigma}=0.89\ \mathrm{Np/m}$$

此时波传播的距离为

$$x=5.2\ \mathrm{m}$$

结论：频率越大，电磁波衰减越快。

8.19　已知自由空间中电磁场的电场强度表达式为 $\boldsymbol{E}=37.7\cos(6\pi\times10^8t+2\pi z)\boldsymbol{e}_y$ (V/m)。这是一种什么性质的场？试求出其频率、波长、速度、相位常数、传播方向以及磁场强度 $\boldsymbol{H}$ 的表达式。

解　这是一个均匀平面波的表达式，因为它在 z 为常数的平面上相位相等，且在等相位面上，电场强度值一样。

由电场强度的表达式可得

$$\omega=6\pi\times10^8$$

故

$$f=\frac{\omega}{2\pi}=3\times10^8\ \mathrm{Hz}=300\ \mathrm{MHz}$$

波长为

$$\lambda=vT=cT=\frac{c}{f}=\frac{3\times10^8}{3\times10^8}=1\ \mathrm{m}$$

速度为

$$v=\lambda f=3\times10^8\ \mathrm{m/s}$$

相位常数为

$$\beta=\omega\sqrt{\mu_0\varepsilon_0}=\frac{\omega}{\lambda f}=\frac{2\pi}{\lambda}=2\pi\ \mathrm{rad/s}$$

它是沿 $-z$ 方向前进的电磁波。

因为 $\boldsymbol{E}\times\boldsymbol{H}$ 的方向与 $(-\boldsymbol{e}_z)$ 相一致，所以 $\boldsymbol{H}$ 的方向为 $\boldsymbol{e}_z$。由于 $\frac{E_y}{H_x}=377\ \Omega$，因此

$$H_x=\frac{E_y}{377}=\frac{37.7}{377\sqrt{2}}=0.07\ \mathrm{A/m}$$

从而 $\boldsymbol{H}$ 的表达式为

$$\boldsymbol{H}=0.07\sqrt{2}\cos(6\pi\times10^8t+2\pi x)\boldsymbol{e}_x=0.1\cos(6\pi\times10^8t+2\pi x)\boldsymbol{e}_x\quad(\mathrm{A/m})$$

8.20　某电台发射 600 kHz 的电磁波，在离电台足够远处可以认为是平面波。设在某一点 a，某瞬间的电场强度为 10×10^{-3} V/m，求该点瞬间的磁场强度。若沿电磁波的传播方向前行 100 m 到达另一点 b，则电磁波要推迟多长时间，才具有 10×10^{-3} V/m 的电场强度？

解 因 $Z_0=\dfrac{E^+}{H^+}$，故点 a 的磁场强度为

$$H^+=\frac{E^+}{Z_0}=\frac{10\times10^{-2}}{377}=0.027\ \text{A/m}$$

又 $x=vt$，故由点 a 到点 b，电磁波要推迟的时间为

$$t=\frac{x}{v}=\frac{100}{3\times10^8}=\frac{1}{3}\times10^6\ \text{s}$$

8.21 若介质的电导率为 4 S/m，相对介电常数为 81，相对磁导率为 1，试分别计算将其看作低耗介质、良导体的频率范围。

解 对于电介质，当 $\dfrac{\sigma}{\omega\varepsilon}<10^{-2}$ 时可视为低耗介质，所以

$$f>\frac{100\sigma}{2\pi\varepsilon}=8.89\times10^{10}\ \text{Hz}$$

当 $\dfrac{\sigma}{\omega\varepsilon}>100$ 时可视为良导体，所以

$$f>\frac{\sigma}{2\pi\varepsilon}=8.89\times10^{6}\ \text{Hz}$$

8.22 电场强度为 $\boldsymbol{E}(z)=(\boldsymbol{e}_x+\text{j}\boldsymbol{e}_y)E_\text{m}\text{e}^{-\text{j}\beta z}$ (V/m)的均匀平面波从空气中垂直入射到 $z=0$ 处的理想介质(相对介电常数 $\varepsilon_\text{r}=4$、相对磁导率 $\mu_\text{r}=4$)平面上，式中的 β_0 和 E_m 均为已知。

(1) 说明入射波的极化状态；

(2) 求反射波的电场强度，并说明反射波的极化状态；

(3) 求透射波的电场强度，并说明透射波的极化状态。

解 (1) 入射波为左旋圆极化波。

(2) 因为

$$\eta_1=\eta_0=120\pi,\ \eta_2=\frac{\eta_0}{\sqrt{\varepsilon_\text{r}}}=\frac{\eta_0}{2}=60\pi$$

所以

$$\Gamma=\frac{\eta_2-\eta_1}{\eta_2+\eta_1}=-\frac{1}{3},\ \boldsymbol{E}_1(z)=-(\boldsymbol{e}_x+\text{j}\boldsymbol{e}_y)\frac{E_\text{m}}{3}\text{e}^{\text{j}\beta_0 z}\quad(\text{V/m})$$

故反射波是沿 $-z$ 方向传播的右旋圆极化波。

(3) 因为

$$\tau=1+\Gamma=\frac{2}{3},\ \beta_2=\sqrt{\varepsilon_\text{r}}\beta_0=2\beta_0$$

所以

$$\boldsymbol{E}_2(z)=(\boldsymbol{e}_x+\text{j}\boldsymbol{e}_y)\frac{2E_\text{m}}{3}\text{e}^{-\text{j}2\beta_0 x}\quad(\text{V/m})$$

故透射波是沿 $+z$ 方向传播的左旋圆极化波。

8.23 有一均匀平面波在 $\mu=\mu_0$、$\varepsilon=4\varepsilon_0$、$\sigma=0$ 的媒质中传播，其电场强度 $\boldsymbol{E}=\boldsymbol{E}_\text{m}\sin\left(\omega t-kz+\dfrac{\pi}{3}\right)$。若已知平面波的频率 $f=150$ MHz，平均能量密度为 0.265 μW/m^2。

试求：

（1）电磁波的波数、相速、波长和波阻抗；

（2）$t=0$、$z=0$ 时的电场强度 $E(0,0)$的值。

解　（1）电磁波的波数为

$$k=\omega\sqrt{\mu\varepsilon}=\frac{2\pi f}{c}\sqrt{\varepsilon_r}=2\pi\ \text{rad/m}$$

相速为

$$v_p=\frac{1}{\sqrt{\mu\varepsilon}}=\frac{1}{\sqrt{4\mu_0\varepsilon_0}}=1.5\times10^8\ \text{m/s}$$

波长为

$$\lambda=\frac{2\pi}{k}=1\ \text{m}$$

波阻抗为

$$\eta=\sqrt{\frac{\mu}{\varepsilon}}=\sqrt{\frac{\mu_0}{4\varepsilon_0}}=60\pi\approx188.5\ \Omega$$

（2）由于平均能量密度矢量为

$$\boldsymbol{S}_{av}=\frac{1}{2\eta}E_m^2\boldsymbol{e}_z=0.265\times10^{-6}\ \boldsymbol{e}_z(\text{W/m}^2)$$

因此

$$E_m=(2\eta\times0.265\times10^{-6})^{1/2}\approx10^{-2}\ \text{V/m}$$

故得

$$E(0,0)=E_m\sin\left(\frac{\pi}{3}\right)=8.66\times10^{-3}\ \text{V/m}$$

8.24　判断下面表示的平面波的极化状态：

（1）$\boldsymbol{E}=\boldsymbol{e}_x\cos(\omega t-\beta z)+\boldsymbol{e}_y2\sin(\omega t-\beta z)$；

（2）$\boldsymbol{E}=\boldsymbol{e}_x\sin(\omega t-\beta z)+\boldsymbol{e}_y\cos(\omega t-\beta z)$；

（3）$\boldsymbol{E}=\boldsymbol{e}_x\sin(\omega t-\beta z)+\boldsymbol{e}_y5\sin(\omega t-\beta z)$。

解　（1）由 $\boldsymbol{E}=\boldsymbol{e}_x\cos(\omega t-\beta z)+\boldsymbol{e}_y2\sin(\omega t-\beta z)$可得

$$\boldsymbol{E}_x=\boldsymbol{e}_x\cos(\omega t-\beta z),\ \boldsymbol{E}_y=\boldsymbol{e}_y2\sin(\omega t-\beta z)=\boldsymbol{e}_y2\cos\left(\omega t-\beta z-\frac{\pi}{2}\right)$$

则 $E_{xm}\neq E_{ym}$ 且 $\phi_y-\phi_x=-\frac{\pi}{2}$。又

$$\left(\frac{E_x}{E_{xm}}\right)^2-2\frac{E_x}{E_{xm}}\frac{E_y}{E_{ym}}\cos\varphi+\left(\frac{E_y}{E_{ym}}\right)^2=\sin^2\varphi\quad(-\pi<\varphi<0)$$

故该平面波是右旋椭圆极化波。

（2）由 $\boldsymbol{E}=\boldsymbol{e}_x\sin(\omega t-\beta z)+\boldsymbol{e}_y\cos(\omega t-\beta z)$可得

$$\boldsymbol{E}_x=\boldsymbol{e}_x\sin(\omega t-\beta z)=\boldsymbol{e}_x\cos\left(\omega t-\beta z-\frac{\pi}{2}\right),\ \boldsymbol{E}_y=\boldsymbol{e}_y\cos(\omega t-\beta z)$$

则 $E_{xm}=E_{ym}$ 且 $\phi_y-\phi_x=\frac{\pi}{2}$，故该平面波是左旋圆极化波。

(3) 由 $\boldsymbol{E}=\boldsymbol{e}_x\sin(\omega t-\beta z)+\boldsymbol{e}_y5\sin(\omega t-\beta z)$ 可得

$$\boldsymbol{E}_x=\boldsymbol{e}_x\sin(\omega t-\beta z)=\boldsymbol{e}_x\cos\left(\omega t-\beta z-\frac{\pi}{2}\right)$$

$$\boldsymbol{E}_y=\boldsymbol{e}_y5\sin(\omega t-\beta z)=\boldsymbol{e}_y5\cos\left(\omega t-\beta z-\frac{\pi}{2}\right)$$

则 $\phi_x=\phi_y$，$E_{xm}=1$，$E_{ym}=5$，即相位相等，幅度不同，故该平面波为线极化波。

8.25 写出在自由空间传播的正弦时变均匀平面波的电场强度表达式，已知该平面波具有以下特性：

(1) $f=100$ MHz；

(2) 该波沿 $+z$ 方向传播；

(3) 该波是右旋极化波，并且电场在 $z=0$ 面上，在 $t=0$ 时有一个 x 分量等于 E_0，一个 y 分量等于 $0.75E_0$。

解 依题意得

$$\omega=2\pi f=2\pi\times10^8\ \text{Hz},\ k=\omega\sqrt{\varepsilon\mu}=2\pi f\sqrt{\varepsilon_0\mu_0}=\frac{2\pi}{3}$$

当 $E_{xm}=E_{ym}$ 时，$\phi_y-\phi_x=-\frac{\pi}{2}$。由 $z=0$，$t=0$ 时

$$\begin{cases}E_{xm}\cos\phi_x=E_0\\E_{ym}\cos\phi_y=E_{ym}\cos\left(\phi_x-\frac{\pi}{2}\right)=\frac{3}{4}E_0\end{cases}$$

得

$$\tan\phi_x=\frac{3}{4},\ E_{xm}=\frac{5}{4}E_0,\ E_{ym}=\frac{5}{4}E_0$$

故电场强度表达式为

$$\boldsymbol{E}(z,t)=\boldsymbol{e}_x\ \frac{5}{4}E_0\cos\left(2\pi\times10^8t-\frac{2}{3}\pi z+\arctan\frac{3}{4}\right)+\boldsymbol{e}_y\ \frac{5}{4}E_0\cos\left(2\pi\times10^8t-\frac{2}{3}\pi z+\arctan\frac{3}{4}\right)$$

当 $E_{xm}\neq E_{ym}$ 时，$-\pi<\Delta\phi<0$。由 $z=0$，$t=0$ 时

$$\begin{cases}E_{xm}\sin\phi_x=E_0\\E_{ym}\sin\phi_y=\frac{3}{4}E_0\end{cases}$$

并令 $\phi_x=\frac{\pi}{3}$，$\phi_y=\frac{\pi}{6}$ 得

$$E_{xm}=2E_0,\ E_{ym}=\frac{\sqrt{3}}{2}E_0$$

故电场强度表达式为

$$\boldsymbol{E}(z,t)=\boldsymbol{e}_x2E_0\cos\left(2\pi\times10^8t-\frac{2}{3}\pi z+\frac{\pi}{3}\right)+\boldsymbol{e}_y\frac{\sqrt{3}}{2}E_0\cos\left(2\pi\times10^8t-\frac{2}{3}\pi z+\frac{\pi}{6}\right)$$

8.26 假设海水的电导率 $\sigma=4$ S/m、相对介电常数 $\varepsilon_r=81$、相对磁导率 $\mu_r=1$。如果有一载频为 $f=100$ kHz 的窄频带信号在海水中传播，试求其相速和群速。

解　由于$\dfrac{\sigma}{\omega\varepsilon}\approx\dfrac{4}{2\pi\times10^5\times\dfrac{1}{36\pi}\times10^{-9}\times81}\approx8.9\times10^3\gg1$，因此海水是良导体。

利用良导体中的传播常数公式，可以得到相位常数 β 为

$$\beta\approx\sqrt{\pi f\mu\sigma}=\sqrt{\pi\times10^5\times4\pi\times10^{-7}\times4}\approx1.256\ \text{rad/m}$$

根据相速的公式可以得到

$$v_p=\frac{\omega}{\beta}=\frac{2\pi\times10^5}{1.256}\approx5\times10^5\ \text{m/s}$$

因为

$$v_p(\omega)=\frac{\omega}{\beta}=\frac{\omega}{\sqrt{\pi f\mu\sigma}}\approx\frac{\omega}{\sqrt{(1/2)\times4\pi\times10^{-7}\times4}}\approx631\sqrt{\omega}$$

所以

$$\frac{dv_p(\omega)}{d\omega}=\frac{315.5}{\sqrt{\omega}}$$

根据群速与相速的关系可以得到

$$v_g=\frac{v_p}{1-\dfrac{\omega}{v_p}\dfrac{dv_p}{d\omega}}=\frac{5\times10^5}{1-\dfrac{2\pi\times10^5}{5\times10^5}\times\dfrac{315.5}{\sqrt{2\pi\times10^5}}}=1\times10^6\ \text{m/s}>v_p$$

可见，相速小于群速，说明此种情况属于非正常色散。

8.27　若均匀平面波在一种色散媒质中传播，该媒质的参量为 $\varepsilon_r=1+\dfrac{A^2}{B^2-\omega^2}$，$\mu_r=1$，$\sigma=0$，式中 A、B 是角频率量纲的常数，试求电磁波在该媒质中传播的相速和群速。

解　当 $\sigma=0$ 时，该媒质为理想介质，电磁波在该媒质中传播的相速为

$$v_p=\frac{1}{\sqrt{\varepsilon\mu}}=\frac{1}{\sqrt{\varepsilon_0\varepsilon_r\mu_0\mu_r}}=\frac{1}{\sqrt{\varepsilon_0\mu_0}}\frac{1}{\sqrt{1+\dfrac{A^2}{B^2-\omega^2}}}$$

则

$$\frac{dv_p}{d\omega}=-\frac{1}{\sqrt{\varepsilon_0\mu_0}}\frac{A^2\omega}{\sqrt{B^2-\omega^2}}\frac{1}{(A^2+B^2-\omega^2)^{\frac{3}{2}}}$$

于是电磁波在该媒质中传播的群速为

$$v_g=\frac{v_p}{1-\dfrac{\omega}{v_p}\dfrac{dv_p}{d\omega}}=\frac{\dfrac{1}{\sqrt{\varepsilon_0\mu_0}}\dfrac{1}{\sqrt{1+\dfrac{A^2}{B^2-\omega^2}}}}{1-\dfrac{\omega}{\dfrac{1}{\sqrt{\varepsilon_0\mu_0}}\dfrac{1}{\sqrt{1+\dfrac{A^2}{B^2-\omega^2}}}}\left[-\dfrac{1}{\sqrt{\varepsilon_0\mu_0}}\dfrac{A^2\omega}{\sqrt{B^2-\omega^2}}\dfrac{1}{(A^2+B^2-\omega^2)^{\frac{3}{2}}}\right]}$$

$$=\frac{1}{\sqrt{\varepsilon_0\mu_0}}\frac{1}{\sqrt{1+\dfrac{A^2}{B^2-\omega^2}}}\frac{1}{1-\dfrac{A^2\omega^2}{(A^2+B^2-\omega^2)(B^2-\omega^2)}}$$

8.28 一个 $f=3$ GHz、电场沿 y 方向极化的均匀平面波在 $\varepsilon_r=2.5$、损耗角正切为 0.02 的非磁性媒质中沿 $+x$ 方向传播。

(1) 求波的振幅衰减一半时传播的距离；

(2) 求媒质的本征阻抗、波的波长及相速；

(3) 设在 $x=0$ 处有 $\boldsymbol{E}=\boldsymbol{e}_y 50\sin(6\pi\times10^9 t+\pi/3)$ (V/m)，写出磁场强度的瞬时表达方式。

解 (1) 因

$$\frac{\sigma}{\omega\varepsilon}=\frac{\sigma}{2\pi f\varepsilon_r\varepsilon_0}=\frac{\sigma}{2\pi\times3\times10^9\times2.5\times\frac{1}{36\pi}\times10^{-9}}=\frac{18\sigma}{3\times2.5}=0.02$$

故

$$\sigma=\frac{3\times2.5\times0.02}{18}=0.833\times10^{-2}\ \text{S/m}$$

而$\frac{\sigma}{\omega\varepsilon}=0.02\ll1$，则该媒质在 $f=3$ GHz 时可视为弱导电媒质，故衰减常数为

$$\alpha\approx\frac{\sigma}{2}\sqrt{\frac{\mu}{\varepsilon}}=\frac{0.833\times10^{-2}}{2}\sqrt{\frac{\mu_0}{2.5\varepsilon_0}}=0.993\ \text{Np/m}$$

由 $\mathrm{e}^{-\alpha x}=\frac{1}{2}$得

$$x=\frac{1}{\alpha}\ln2=\frac{1}{0.993}\ln2\approx0.698\ \text{m}$$

(2) 对于弱导电媒质，其本征阻抗为

$$\begin{aligned}\eta&\approx\sqrt{\frac{\mu}{\varepsilon}}\left(1+\mathrm{j}\frac{\sigma}{2\omega\varepsilon}\right)=\sqrt{\frac{\mu_0}{2.5\varepsilon_0}}\left(1+\mathrm{j}\frac{0.02}{2}\right)\\&=238.44(1+\mathrm{j}0.01)\\&=238.44\mathrm{e}^{\mathrm{j}0.576^\circ}\\&=238.44\mathrm{e}^{\mathrm{j}0.0032\pi}\ \Omega\end{aligned}$$

而相位常数为

$$\beta\approx\omega\sqrt{\mu\varepsilon}=2\pi f\sqrt{2.5\mu_0\varepsilon_0}=2\pi\times3\times10^9\times\frac{\sqrt{2.5}}{3\times10^8}=31.6\pi\ \text{rad/m}$$

故波长和相速分别为

$$\lambda=\frac{2\pi}{\beta}=\frac{2\pi}{31.6\pi}=0.063\ \text{m}$$

$$v_p=\frac{\omega}{\beta}=\frac{2\pi\times3\times10^9}{31.6\pi}=1.89\times10^8\ \text{m/s}$$

(3) 在 $x=0$ 处，

$$\boldsymbol{E}(0,t)=\boldsymbol{e}_y50\sin\left(6\pi\times10^9t+\frac{\pi}{3}\right)\quad(\text{V/m})$$

则

$$\boldsymbol{E}(x,t)=\boldsymbol{e}_y50\mathrm{e}^{-0.993x}\sin\left(6\pi\times10^9t-31.6\pi x+\frac{\pi}{3}\right)\quad(\text{V/m})$$

故

$$\begin{aligned}\boldsymbol{H}(x) &= \frac{1}{|\eta_c|}\boldsymbol{e}_x \times \boldsymbol{E}(x)\mathrm{e}^{-\mathrm{j}\varphi} \\ &= \frac{1}{238.44}\boldsymbol{e}_x \times \boldsymbol{e}_y 50\mathrm{e}^{-0.993x}\mathrm{e}^{-\mathrm{j}31.6\pi x}\mathrm{e}^{\mathrm{j}\frac{\pi}{3}}\mathrm{e}^{\frac{\pi}{2}}\mathrm{e}^{-\mathrm{j}0.0032\pi} \\ &= \boldsymbol{e}_z 0.21\mathrm{e}^{-0.993x}\mathrm{e}^{-\mathrm{j}31.6\pi x}\mathrm{e}^{\mathrm{j}\frac{\pi}{3}}\mathrm{e}^{-\mathrm{j}0.0032\pi}\mathrm{e}^{\frac{\pi}{2}} \quad (\mathrm{A/m})\end{aligned}$$

从而

$$\begin{aligned}\boldsymbol{H}(x,t) &= \mathrm{Re}[\boldsymbol{H}(x)\mathrm{e}^{\mathrm{j}\omega t}] \\ &= \boldsymbol{e}_z 0.21\mathrm{e}^{-0.993x}\sin\left(6\pi\times10^9 t - 31.6\pi x + \frac{\pi}{3} - 0.0032\pi\right) \quad (\mathrm{A/m})\end{aligned}$$

8.29　设平面电磁波从空气($z<0$)垂直入射到相对介电常数等于 2.25 的非磁性理想介质($z>0$)上，若入射波的电场强度为 $\boldsymbol{E}=E_m\cos(\omega t-2\pi z)\boldsymbol{e}_x+2E_m\sin(\omega t-2\pi z)\boldsymbol{e}_y$。

(1) 求电磁波的频率，并分别指出入射波、反射波的极化状态；

(2) 求介质中及空气中的电场强度、磁场强度；

(3) 求介质中能流密度矢量的平均值。

解　(1) 因为 $k=\frac{2\pi}{\lambda}=2\pi$，所以 $\lambda=1$ m，从而

$$f=\frac{c}{\lambda}=300\ \mathrm{MHz}$$

电场强度复振幅矢量为

$$\boldsymbol{E}_r=\boldsymbol{e}_x E_m \mathrm{e}^{-\mathrm{j}2\pi z}+\boldsymbol{e}_y 2E_m \mathrm{e}^{-\mathrm{j}\left(2\pi z+\frac{\pi}{2}\right)}$$

则

$$|E_{xm}|\neq|E_{ym}|,\ \phi_x-\phi_y=\frac{\pi}{2}$$

又入射波沿 $+z$ 方向传播，故入射波为右旋椭圆极化波，反射波为左旋椭圆极化波。

(2) 空气中入射波的电场强度为

$$\boldsymbol{E}_i=E_m(\boldsymbol{e}_x-2\boldsymbol{e}_y)\mathrm{e}^{-\mathrm{j}2\pi z}$$

而介质的波阻抗为 $\eta=\frac{\eta_0}{\sqrt{\varepsilon_r}}=80\pi$，反射系数为 $\Gamma=\frac{\eta-\eta_0}{\eta+\eta_0}=\frac{1}{5}$，透射系数为 $\tau=1+\Gamma=0.8$，所以反射波的电场强度为

$$\boldsymbol{E}_r=-\frac{1}{5}E_m(\boldsymbol{e}_x-2\boldsymbol{e}_y)\mathrm{e}^{\mathrm{j}2\pi z}$$

透射波的电场强度为

$$\boldsymbol{E}_t=\frac{4}{5}E_m(\boldsymbol{e}_x-2\boldsymbol{e}_y)\mathrm{e}^{-\mathrm{j}3\pi z}$$

于是空气中的电场强度为

$$\boldsymbol{E}_{air}=\boldsymbol{E}_i+\boldsymbol{E}_r=E_m(\boldsymbol{e}_x-2\boldsymbol{e}_y)\left(\mathrm{e}^{-\mathrm{j}2\pi z}-\frac{1}{5}\mathrm{e}^{\mathrm{j}2\pi z}\right)$$

空气中的磁场强度为

$$\boldsymbol{H}_{\text{air}}=\frac{\text{j}}{\omega\varepsilon}\nabla\times\boldsymbol{E}_{\text{air}}=\frac{E_{\text{m}}}{120\pi}(2\text{j}\boldsymbol{e}_x+\boldsymbol{e}_y)\left(\text{e}^{-\text{j}2\pi z}+\frac{1}{5}\text{e}^{\text{j}2\pi z}\right)^{-\text{j}3\pi z}$$

介质中的电场强度为

$$\boldsymbol{E}_{介}=\boldsymbol{E}_{\text{t}}=\frac{4}{5}E_{\text{m}}(\boldsymbol{e}_x-2\boldsymbol{e}_y)\text{e}^{-\text{j}3\pi z}$$

介质中的磁场强度为

$$\boldsymbol{H}_{介}=\frac{1}{\eta}\boldsymbol{e}_z\times\boldsymbol{E}_{介}=\frac{E_{\text{m}}}{100\pi}(2\text{j}\boldsymbol{e}_x+\boldsymbol{e}_y)\text{e}^{-\text{j}3\pi z}$$

(3) 介质中能流密度矢量的平均值为

$$\boldsymbol{S}_{\text{av}}=\frac{\text{Re}[\boldsymbol{E}_{介}\times\boldsymbol{H}_{介}^{*}]}{2}=\frac{E_{\text{m}}^2}{50\pi}\boldsymbol{e}_z$$

注意 入射波与反射波的极化方向相反，空气中的场强应为合场强，介质中的波阻抗和传播常数均已变化。

8.30 有一电场强度矢量为 $\boldsymbol{E}=10(\boldsymbol{e}_x-\text{j}\boldsymbol{e}_y)\text{e}^{-\text{j}2\pi z}$ (V/m)的均匀平面电磁波由空气垂直射向相对介电常数 $\varepsilon_{\text{r}}=2.25$、相对磁导率 $\mu_{\text{r}}=1$ 的理想介质，其界面为 $z=0$ 的无限大平面。试求：

(1) 反射波的极化状态；

(2) 反射波的磁场强度振幅 H_{rm}；

(3) 透射波的磁场强度振幅 H_{tm}。

解 (1) 因为 $\eta=\dfrac{\eta_0}{\sqrt{\varepsilon_{\text{r}}}}=80\pi\ \Omega$，所以 $\Gamma=\dfrac{\eta-\eta_0}{\eta+\eta_0}=-\dfrac{1}{5}$，从而

$$\boldsymbol{E}_{\text{r}}=\Gamma 10(\boldsymbol{e}_x-\text{j}\boldsymbol{e}_y)\text{e}^{\text{j}2\pi z}=2(\text{j}\boldsymbol{e}_y-\boldsymbol{e}_x)\text{e}^{\text{j}2\pi z}\quad(\text{V/m})$$

又反射波沿 $-z$ 方向传播，且

$$|E_{x\text{m}}|=|E_{y\text{m}}|,\ \phi_x-\phi_y=\frac{\pi}{2}$$

于是反射波为左旋圆极化波。

(2) 因为反射波的电场强度振幅为

$$E_{\text{rm}}=2\sqrt{2}\quad\text{V/m}$$

所以反射波的磁场强度振幅为

$$H_{\text{rm}}=\frac{E_{\text{rm}}}{\eta_0}=\frac{\sqrt{2}}{60\pi}\quad\text{A/m}$$

(3) 因为透射系数 $\tau=1+\Gamma=0.8$，所以透射波的电场强度振幅为

$$E_{\text{tm}}=TE_{\text{im}}=8\sqrt{2}\quad\text{V/m}$$

从而透射波的磁场强度振幅为

$$H_{\text{tm}}=\frac{E_{\text{tm}}}{\eta}=\frac{\sqrt{2}}{10\pi}\quad\text{A/m}$$

第 9 章 电磁波的反射与折射

9.1 基本要求

本章学习有以下几点基本要求：

(1) 理解并掌握平面电磁波在媒质界面上的反射与折射特性。

(2) 理解并掌握平面电磁波在导电媒质、理想导体和理想介质分界面上垂直入射的特性。

(3) 理解并掌握反射定律与折射定律、菲涅尔公式。

(4) 理解并掌握平面电磁波在理想介质分界面上斜入射的特性。

(5) 理解并掌握全反射与全透射的现象、条件和特征。

(6) 理解并掌握垂直极化波对理想导体表面的斜入射的特性。

(7) 理解并掌握平行极化波对理想导体表面的斜入射的特性。

(8) 理解并掌握平面电磁波在导电媒质分界面上斜入射的特性。

9.2 重点与难点

本章重点：

(1) 平面电磁波在导电媒质、理想导体和理想介质分界面上垂直入射的特性。

(2) 平面电磁波在多层媒质分界面上垂直入射的特性。

(3) 入射面、入射角、反射角、折射角及其对应的单位矢量表达式。

(4) 反射定律与折射定律、菲涅尔公式。

(5) 平面电磁波在理想介质分界面上斜入射的表达式与特性。

(6) 全反射与全透射的现象、条件和特征。

(7) 垂直极化波和平行极化波对理想导体表面的斜入射的特性。

本章难点：

(1) 平面电磁波在导电媒质分界面上垂直入射的特性。

(2) 合成波的特点和分析。

(3) 平面电磁波在理想介质分界面上斜入射的表达式与特性。

(4) 全反射与全透射的条件和特征。

(5) 垂直极化波和平行极化波对理想导体表面的斜入射的相关公式推导。

9.3 重点知识归纳

均匀平面波向不同媒质的无限大平面分界面入射时，其反射波和折射波也是平面波。反射波和折射波的振幅和相位取决于分界面两侧媒质的电磁参数、入射波的幅值、极化及入射波矢量与界面的关系。电磁波在媒质中的传播方式一般是电磁波斜入射到分界面上，特殊情况时电磁波可能会垂直入射到分界面上。

1. 平面电磁波对媒质分界面的垂直入射

1）对导电媒质分界面的垂直入射

媒质1中的合成电磁场为

$$\begin{cases}\boldsymbol{E}_1(z)=\boldsymbol{E}_i(z)+\boldsymbol{E}_r(z)=\boldsymbol{e}_x(E_{im}e^{-\gamma_1 z}+E_{rm}e^{\gamma_1 z})\\ \boldsymbol{H}_1(z)=\boldsymbol{H}_i(z)+\boldsymbol{H}_r(z)=\boldsymbol{e}_y\dfrac{1}{\eta_{1c}}(E_{im}e^{-\gamma_1 z}-E_{rm}e^{\gamma_1 z})\end{cases}$$

媒质2中的合成电磁场为

$$\begin{cases}\boldsymbol{E}_2(z)=\boldsymbol{E}_t(z)=\boldsymbol{e}_xE_{tm}e^{-\gamma_2 z}\\ \boldsymbol{H}_2(z)=\boldsymbol{H}_t(z)=\boldsymbol{e}_y\dfrac{1}{\eta_{2c}}E_{tm}e^{-\gamma_2 z}\end{cases}$$

将反射波电场强度的振幅与入射波电场强度的振幅之比定义为分界面上的反射系数Γ，将透射波电场强度的振幅与入射波电场强度的振幅之比定义为分界面上的透射系数τ，则有

$$\begin{cases}\Gamma=\dfrac{E_{rm}}{E_{im}}=\dfrac{\eta_{2c}-\eta_{1c}}{\eta_{2c}+\eta_{1c}}\\ \tau=\dfrac{E_{tm}}{E_{im}}=\dfrac{2\eta_{2c}}{\eta_{2c}+\eta_{1c}}\end{cases}$$

反射系数Γ与透射系数τ的关系为

$$1+\Gamma=\tau$$

2）对理想导体分界面的垂直入射

由于$\sigma_1=0$，$\sigma_2=\infty$，因此$\Gamma=-1$，$\tau=0$。此结果说明理想导体的内部电磁场为零，也就是说在理想导体中没有电磁波透过来，因此没有透射波存在。这种情况称为全反射。

媒质1中的合成电磁场为

$$\begin{cases}\boldsymbol{E}_1(z)=\boldsymbol{E}_i(z)+\boldsymbol{E}_r(z)=\boldsymbol{e}_xE_{im}(e^{-j\beta_1 z}-e^{j\beta_1 z})=-\boldsymbol{e}_x j2E_{im}\sin\beta_1 z\\ \boldsymbol{H}_1(z)=\boldsymbol{H}_i(z)+\boldsymbol{H}_r(z)=\boldsymbol{e}_y\dfrac{E_{im}}{\eta_1}(e^{-j\beta_1 z}+e^{j\beta_1 z})=\boldsymbol{e}_y\dfrac{2E_{im}}{\eta_1}\cos\beta_1 z\end{cases}$$

空间各点合成波的相位相同，同时达到最大值或最小值。平面波在空间没有移动，只是在原位置上下波动，具有这种特点的电磁波称为驻波。将振幅始终为零的地方称为驻波的波节点，振幅始终为最大值的地方称为驻波的波腹点。

波节点：$z=-\dfrac{n\lambda_1}{2}\quad(n=0,1,2,3,\cdots)$

波腹点：$z=-\frac{(2n+1)\lambda_1}{4}$　$(n=0, 1, 2, 3, \cdots)$

3）对理想介质分界面的垂直入射

由于 $\sigma_1=0$，$\sigma_2=0$，因此 $\Gamma=\frac{\eta_2-\eta_1}{\eta_2+\eta_1}$，$\tau=\frac{2\eta_2}{\eta_2+\eta_1}$。此时反射系数 Γ 与透射系数 τ 都是实数。

媒质 1 中的合成电磁场为

$$\begin{cases}\boldsymbol{E}_1(z)=\boldsymbol{E}_{\mathrm{i}}(z)+\boldsymbol{E}_{\mathrm{r}}(z)=\boldsymbol{e}_x E_{\mathrm{im}}[(1+\Gamma)\mathrm{e}^{-\mathrm{j}\beta_1 z}+\mathrm{j}2\Gamma\sin\beta_1 z] \\ \boldsymbol{H}_1(z)=\boldsymbol{H}_{\mathrm{i}}(z)+\boldsymbol{H}_{\mathrm{r}}(z)=\boldsymbol{e}_y \frac{E_{\mathrm{im}}}{\eta_1}[(1+\Gamma)\mathrm{e}^{-\mathrm{j}\beta_1 z}-2\Gamma\cos\beta_1 z]\end{cases}$$

媒质 2 中的透射波的合成电磁场为

$$\begin{cases}\boldsymbol{E}_2(z)=\boldsymbol{E}_{\mathrm{t}}(z)=\boldsymbol{e}_x \tau E_{\mathrm{im}}\mathrm{e}^{-\mathrm{j}\beta_2 z} \\ \boldsymbol{H}_2(z)=\boldsymbol{H}_{\mathrm{t}}(z)=\boldsymbol{e}_y \frac{1}{\eta_2}\tau E_{\mathrm{im}}\mathrm{e}^{-\mathrm{j}\beta_2 z}\end{cases}$$

驻波系数 S 定义为驻波的电场强度振幅的最大值与最小值之比，即

$$S=\frac{|\boldsymbol{E}|_{\max}}{|\boldsymbol{E}|_{\min}}=\frac{1+|\Gamma|}{1-|\Gamma|}$$

4）对多层媒质分界面的垂直入射

假设有三层不同参数的无限大无耗媒质形成两个分界面，媒质 1、2、3 的参数分别为 (ε_1, μ_1)、(ε_2, μ_2) 和 (ε_3, μ_3)，媒质 1 与 2 的分界面位于 $z=0$ 的无限大平面，媒质 2 的厚度为 d，媒质 2 与 3 的分界面位于 $z=d$ 的无限大平面。电磁波沿 z 方向从媒质 1 开始向媒质 2、3 传播。

媒质 1 中的合成电磁场为

$$\begin{cases}\boldsymbol{E}_1(z)=\boldsymbol{E}_{1\mathrm{i}}(z)+\boldsymbol{E}_{1\mathrm{r}}(z)=\boldsymbol{e}_x E_{1\mathrm{im}}(\mathrm{e}^{-\mathrm{j}\beta_1 z}+\Gamma_1\mathrm{e}^{\mathrm{j}\beta_1 z}) \\ \boldsymbol{H}_1(z)=\boldsymbol{H}_{1\mathrm{i}}(z)+\boldsymbol{H}_{1\mathrm{r}}(z)=\boldsymbol{e}_y \frac{E_{1\mathrm{im}}}{\eta_1}(\mathrm{e}^{-\mathrm{j}\beta_1 z}-\Gamma_1\mathrm{e}^{\mathrm{j}\beta_1 z})\end{cases}$$

媒质 2 中的合成电磁场为

$$\begin{cases}\boldsymbol{E}_2(z)=\boldsymbol{E}_{2\mathrm{i}}(z)+\boldsymbol{E}_{2\mathrm{r}}(z)=\boldsymbol{e}_x \tau_1 E_{1\mathrm{im}}[\mathrm{e}^{-\mathrm{j}\beta_2(z-d)}+\Gamma_2\mathrm{e}^{\mathrm{j}\beta_2(z-d)}] \\ \boldsymbol{H}_2(z)=\boldsymbol{H}_{2\mathrm{i}}(z)+\boldsymbol{H}_{2\mathrm{r}}(z)=\boldsymbol{e}_y \frac{\tau_1 E_{1\mathrm{im}}}{\eta_2}[\mathrm{e}^{-\mathrm{j}\beta_2(z-d)}-\Gamma_2\mathrm{e}^{\mathrm{j}\beta_2(z-d)}]\end{cases}$$

媒质 3 中的合成电磁场为

$$\begin{cases}\boldsymbol{E}_3(z)=\boldsymbol{e}_x E_{3\mathrm{t}}(z)\mathrm{e}^{-\mathrm{j}\beta_3(z-d)}=\boldsymbol{e}_x \tau_1\tau_2 E_{1\mathrm{im}}\mathrm{e}^{-\mathrm{j}\beta_3(z-d)} \\ \boldsymbol{H}_3(z)=\boldsymbol{e}_y \frac{1}{\eta_3}E_{3\mathrm{t}}\mathrm{e}^{-\mathrm{j}\beta_3(z-d)}=\boldsymbol{e}_y \frac{1}{\eta_3}\tau_1\tau_2 E_{1\mathrm{im}}\mathrm{e}^{-\mathrm{j}\beta_3(z-d)}\end{cases}$$

2. 平面电磁波对理想介质平面的斜入射

电磁波以任意角度入射到分界面上，称为斜入射。

1）反射定律与折射定律

斯耐尔反射定律：反射波的反射角等于入射波的入射角，即

$$\theta_i = \theta_r$$

斯耐尔折射定律：折射波的折射角与入射波的入射角的正弦之比等于它们所处媒质中的折射率的倒数之比，即

$$\frac{\sin\theta_t}{\sin\theta_i} = \frac{k_1}{k_2} = \frac{n_1}{n_2} = \frac{1/n_2}{1/n_1}$$

2）菲涅尔公式

垂直极化波：电场方向与入射面垂直的平面波。

平行极化波：电场方向与入射面平行的平面波。

垂直极化波的菲涅尔公式(反射系数 $\Gamma_\perp$ 与透射系数 $\tau_\perp$)：

$$\begin{cases} \Gamma_\perp = \dfrac{\eta_2\cos\theta_i - \eta_1\cos\theta_t}{\eta_2\cos\theta_i + \eta_1\cos\theta_t} \\ \tau_\perp = \dfrac{2\eta_2\cos\theta_i}{\eta_2\cos\theta_i + \eta_1\cos\theta_t} \end{cases}$$

平行极化波的菲涅尔公式(反射系数 $\Gamma_{/\!/}$ 与透射系数 $\tau_{/\!/}$)：

$$\begin{cases} \Gamma_{/\!/} = \dfrac{\eta_1\cos\theta_i - \eta_2\cos\theta_t}{\eta_1\cos\theta_i + \eta_2\cos\theta_t} \\ \tau_{/\!/} = \dfrac{2\eta_2\cos\theta_i}{\eta_1\cos\theta_i + \eta_2\cos\theta_t} \end{cases}$$

3）全反射

临界角：使电磁波产生全反射时的入射角称为临界角，即

$$\theta_c = \arcsin\sqrt{\frac{\varepsilon_2}{\varepsilon_1}}$$

使电磁波产生全反射的条件为：① 电磁波由稠密媒质入射到稀疏媒质中，即 $\varepsilon_1 > \varepsilon_2$；② 电磁波的入射角 θ_i 不小于临界角 θ_c，即 $\theta_i \geqslant \theta_c$。

4）全透射

布儒斯特角：将使得反射系数 $\Gamma_{/\!/}=0$ 时的入射角用 θ_b 表示，称为布儒斯特角，即

$$\theta_b = \arctan\sqrt{\frac{\varepsilon_2}{\varepsilon_1}}$$

使平行极化波产生全透射的条件为 $\theta_i=\theta_b$。平行极化波会产生全透射现象，而垂直极化波不可能发生全透射。

3. 平面波对理想导体平面的斜入射

当垂直极化平面波或平行极化平面波向理想导体表面斜投射时，无论入射角如何，均会发生全反射，即

$$\begin{cases} \Gamma_\perp = -1 \\ \tau_\perp = 0 \end{cases} \quad 或 \quad \begin{cases} \Gamma_{/\!/} = 1 \\ \tau_{/\!/} = 0 \end{cases}$$

9.4 思 考 题

1. 均匀平面波垂直入射到两种理想介质分界面时，在什么情况下，反射系数大于 0?

在什么情况下，反射系数小于 0？

2. 均匀平面波向理想导体表面垂直入射时，其合成波具有什么特点？

3. 均匀平面波垂直入射到两种理想介质分界面时，在什么情况下，分界面上合成波的电场强度有最大值？在什么情况下，分界面上合成波的电场强度有最小值？

4. 垂直极化入射波与平行极化入射波有什么异同？

5. 平行极化波斜入射到理想介质表面上时，理想介质外面的合成波具有什么特点？

6. 垂直极化波斜入射到理想介质表面上时，理想介质外面的合成波具有什么特点？

7. 平行极化波斜入射到理想导体表面上时，理想导体外面的合成波具有什么特点？

9.5 习题全解

9.1　一电场强度为 $\boldsymbol{E}_i=\boldsymbol{e}_x 100\sin(\omega t-\beta z)+\boldsymbol{e}_y 200\cos(\omega t-\beta z)$ (V/m) 的均匀平面波沿 $+z$ 方向传播。

(1) 求相伴的磁场强度；

(2) 若在传播方向上 $z=0$ 处放置一无限大的理想导体平板，求 $z<0$ 区域中的电场强度和磁场强度；

(3) 求理想导体板表面的电流密度。

解　(1) 将已知电场强度写成复数形式：

$$\boldsymbol{E}(z)=\boldsymbol{e}_x 100\mathrm{e}^{-\mathrm{j}(\beta z+90°)}+\boldsymbol{e}_y 200\mathrm{e}^{-\mathrm{j}\beta z}$$

由 $\nabla\times\boldsymbol{E}=-\mathrm{j}\omega\mu_0\boldsymbol{H}$ 得

$$\begin{aligned}\boldsymbol{H}(z)&=\frac{1}{-\mathrm{j}\omega\mu_0}\nabla\times\boldsymbol{E}(z)=\frac{1}{-\mathrm{j}\omega\mu_0}\begin{vmatrix}\boldsymbol{e}_x & \boldsymbol{e}_y & \boldsymbol{e}_z\\ \dfrac{\partial}{\partial x} & \dfrac{\partial}{\partial y} & \dfrac{\partial}{\partial z}\\ E_x & E_y & 0\end{vmatrix}\\ &=\frac{1}{-\mathrm{j}\omega\mu_0}\left(-\boldsymbol{e}_x\frac{\partial E_y}{\partial z}+\boldsymbol{e}_y\frac{\partial E_x}{\partial z}\right)\\ &=\frac{1}{-\mathrm{j}\omega\mu_0}\left[-\boldsymbol{e}_x 200(-\mathrm{j}\beta)\mathrm{e}^{-\mathrm{j}\beta z}+\boldsymbol{e}_y 100(-\mathrm{j}\beta)\mathrm{e}^{-\mathrm{j}(\beta z+90°)}\right]\\ &=\frac{\beta}{\omega\mu_0}\left[-\boldsymbol{e}_x 200\mathrm{e}^{-\mathrm{j}\beta z}+\boldsymbol{e}_y 100\mathrm{e}^{-\mathrm{j}(\beta z+90°)}\right]\\ &=\frac{1}{\eta_0}\left[-\boldsymbol{e}_x 200\mathrm{e}^{-\mathrm{j}\beta z}+\boldsymbol{e}_y 100\mathrm{e}^{-\mathrm{j}(\beta z+90°)}\right]\quad(\mathrm{A/m})\end{aligned}$$

写成瞬时表达式为

$$\begin{aligned}\boldsymbol{H}(z,t)&=\mathrm{Re}\left[\boldsymbol{H}(z)\mathrm{e}^{\mathrm{j}\omega t}\right]\\ &=\frac{1}{\eta_0}\left[-\boldsymbol{e}_x 200\cos(\omega t-\beta z)+\boldsymbol{e}_y 100\cos(\omega t-\beta z-90°)\right]\\ &=\frac{1}{\eta_0}\left[-\boldsymbol{e}_x 200\cos(\omega t-\beta z)+\boldsymbol{e}_y 100\sin(\omega t-\beta z)\right]\quad(\mathrm{A/m})\end{aligned}$$

(2) 均匀平面波垂直入射到理想导体平面上会产生全反射，反射波的电场强度为

$$E_{rx}=-100\mathrm{e}^{\mathrm{j}(\beta z-90°)}$$

$$E_{ry} = -200e^{j\beta z}$$

即 $z<0$ 区域内反射波的电场强度为

$$\boldsymbol{E}_r = \boldsymbol{e}_x E_{rx} + \boldsymbol{e}_y E_{ry} = -\boldsymbol{e}_x 100e^{j(\beta z-90^\circ)} - \boldsymbol{e}_y 200e^{j\beta z}$$

与之相伴的磁场强度为

$$\boldsymbol{H}_r = \frac{1}{\eta_0}(-\boldsymbol{e}_z \times \boldsymbol{E}_r) = \frac{1}{\eta_0}[-\boldsymbol{e}_x 200e^{j\beta z} + \boldsymbol{e}_y 100e^{j(\beta z-90^\circ)}]$$

至此，即可求出 $z<0$ 区域内的总电场强度 $\boldsymbol{E}_1$ 和总磁场强度 $\boldsymbol{H}_1$。

因

$$E_{1x} = E_x + E_{rx} = 100e^{-j(\beta z-90^\circ)} - 100e^{j(\beta z-90^\circ)}$$
$$= 100e^{-j90^\circ}(e^{-j\beta z} - e^{j\beta z}) = -j200\sin\beta z\, e^{-j90^\circ}$$
$$E_{1y} = E_y + E_{ry} = 200e^{-j\beta z} - 200e^{j\beta z} = -j400\sin\beta z$$

故

$$\boldsymbol{E}_1 = \boldsymbol{e}_x E_{1x} + \boldsymbol{e}_y E_{1y} = -\boldsymbol{e}_x j200\sin\beta z\, e^{-j90^\circ} - \boldsymbol{e}_y j400\sin\beta z$$

同理

$$H_{1x} = H_x + H_{rx} = -\frac{1}{\eta_0}200e^{-j\beta z} - \frac{1}{\eta_0}200e^{j\beta z} = -\frac{1}{\eta_0}400\cos\beta z$$

$$H_{1y} = H_y + H_{ry} = \frac{1}{\eta_0}[100e^{-j(\beta z+90^\circ)} + 100e^{j(\beta z+90^\circ)}] = \frac{1}{\eta_0}200\cos e^{-j90^\circ}\beta z$$

故

$$\boldsymbol{H}_1 = \boldsymbol{e}_x H_{1x} + \boldsymbol{e}_y H_{1y} = \frac{1}{\eta_0}(-\boldsymbol{e}_x 400\cos\beta z + \boldsymbol{e}_y 200e^{-j90^\circ}\cos\beta z)$$

（3）理想导体板表面的电流密度为

$$\boldsymbol{J}_S = \boldsymbol{e}_n \times \boldsymbol{H}_1\Big|_{z=0} = -\boldsymbol{e}_z \times (-\boldsymbol{e}_x 400\cos\beta z + \boldsymbol{e}_y 200e^{-j90^\circ}\cos\beta z)\frac{1}{\eta_0}\Big|_{z=0}$$
$$= \boldsymbol{e}_x 0.53e^{-j90^\circ} + \boldsymbol{e}_y 1.06 \quad (\text{A/m})$$

9.2　介质（$\mu=\mu_0$，$\varepsilon=\varepsilon_r\varepsilon_0$）中沿 y 方向传播的均匀平面波的电场强度为 $\boldsymbol{E}=377\cos(10^9 t-5y)\boldsymbol{e}_z$（V/m）。求：

（1）相对电容率；

（2）传播速度；

（3）本征阻抗；

（4）波长；

（5）磁场强度；

（6）波的平均能流密度矢量。

解　（1）介质中平面波的 $\boldsymbol{E}$ 应满足 $\nabla^2\boldsymbol{E}=\mu\varepsilon\dfrac{\partial^2\boldsymbol{E}}{\partial t^2}$，而

$$\nabla^2 E = \frac{\partial^2 E_z}{\partial y^2} = -9425\cos(10^9 t - 5y)$$

$$\frac{\partial^2 E_z}{\partial t^2} = -377\times 10^{18}\cos(10^9 t - 5y)$$

则有

$$-9425\cos(10^9t-5y)+\mu\varepsilon[377\times10^{18}\cos(10^9t-5y)]=0$$

解得 $\mu\varepsilon=25\times10^{-18}$，故

$$\varepsilon_r=\frac{25\times10^{-18}}{\mu_0\varepsilon_0}=25\times10^{-18}\times(3\times10^8)^2=2.25$$

(2) 余弦函数的宗量为常数时，电场的相位为常数，即 $10^9t-5y=C$，其中 C 为常数。对 t 微分，得

$$v_p=\frac{dy}{dt}=\frac{10^9}{5}=2\times10^8\ \text{m/s}$$

由于$\dfrac{dy}{dt}>0$，因此波以相速 $\boldsymbol{v}_p=2\times10^8\boldsymbol{e}_y$(m/s)传播。

按下列步骤考虑余弦函数的宗量也能得出同样的结论：

① 量$(\omega t-\beta y)$是 y 的函数，其中 $\omega=10^9$ rad/s，$\beta=5$ rad/m，因此波沿 y 方向传播。

② 量$(\omega t-\beta y)$中的负号说明波沿$+y$ 方向传播。

③ 相速 $v_p=\dfrac{\omega}{\beta}=\dfrac{10^9}{5}=2\times10^8$ m/s。

(3) 本征阻抗(波阻抗)为

$$\eta=\sqrt{\frac{\mu_0}{\varepsilon_r\varepsilon_0}}=\frac{120\pi}{\sqrt{2.25}}=251.33\ \Omega$$

(4) 因 $\beta\lambda$ 恒为 2π，故波长是

$$\lambda=\frac{2\pi}{\beta}=\frac{2\pi}{5}=1.257\ \text{m}$$

(5) 电场强度的相量形式为

$$\dot{\boldsymbol{E}}=377e^{-j5y}\boldsymbol{e}_z\quad(\text{V/m})$$

由 $\boldsymbol{e}_y\times\dot{\boldsymbol{E}}=\sqrt{\dfrac{\mu}{\varepsilon}}\dot{\boldsymbol{H}}$ 可得

$$\dot{\boldsymbol{H}}=1.5e^{-j5y}\boldsymbol{e}_x\quad(\text{A/m})$$

由$\nabla\times\boldsymbol{E}=-\mu\dfrac{\partial\boldsymbol{H}}{\partial t}$也能得到$\boldsymbol{H}$。$\boldsymbol{H}$ 的时域表达式为

$$\boldsymbol{H}=1.5\cos(10^9t-5y)\boldsymbol{e}_x\quad(\text{A/m})$$

(6) 媒质中波的平均能流密度矢量是

$$\boldsymbol{S}_{av}=\frac{1}{2}\text{Re}[\dot{\boldsymbol{E}}\times\dot{\boldsymbol{H}}^*]=\frac{1}{2}\times377\times1.5(\boldsymbol{e}_z\times\boldsymbol{e}_x)=282.75\boldsymbol{e}_y\quad(\text{W/m}^2)$$

9.3　假设聚苯乙烯的电磁参数为 $\varepsilon_r=2.3$，$\mu_r=1$，$\tan\delta=\dfrac{\gamma}{\omega\varepsilon}=2\times10^{-4}$。一频率 $f=100$ MHz 的平面电磁波在它的内部传播。求：

(1) 相速和衰减常数；

(2) 电磁波经过传播距离 10 m 后，能流密度下降的分贝数。

解　(1) 由 $Q=\dfrac{\omega\varepsilon}{\gamma}=\dfrac{1}{\tan\delta}=\dfrac{1}{2}\times10^4\gg1$ 可得聚苯乙烯是低损耗电介质。相速和衰减常

数分别为

$$v_p=\frac{\omega}{\beta}=\frac{\varepsilon}{\omega\sqrt{\mu\varepsilon}}=\frac{3\times10^8}{\sqrt{2.3}}=1.98\times10^8\ \text{m/s}$$

$$\alpha=\frac{\gamma}{2}\sqrt{\frac{\mu}{\varepsilon}}=\pi f\frac{\gamma}{\omega\varepsilon}\sqrt{\mu\varepsilon}=\pi f\frac{\tan\delta}{v_p}$$

$$=\frac{\pi\times10^8\times2\times10^{-4}}{1.98\times10^8}=3.17\times10^{-2}\ \text{Np/m}$$

(2) 方程$\frac{d^2E_x}{dz^2}-\gamma^2E_x=0$的一个特解是

$$E_x=E_{x0}e^{-\gamma z}=E_{x0}e^{-\alpha z}e^{-j\beta z}$$

另外，在垂直于传播方向的平面里，单位面积通过的平均能流密度为

$$S_{av}=\text{Re}\left[\frac{1}{2}E_x(z)H_y^*(z)\right]=\text{Re}\left[\frac{1}{2}|\eta|e^{j\varphi}H_y(z)H_y^*(z)\right]$$

$$=\frac{1}{2}|H_y(z)|^2|\eta|\cos\varphi$$

或写为

$$S_{av}=\text{Re}\left[\frac{1}{2}E_x(z)E_x^*(z)\frac{e^{-j\varphi}}{|\eta|}\right]=\text{Re}\left[\frac{1}{2}\frac{E_{x0}^2}{|\eta|}e^{-2\alpha z}e^{-j\varphi}\right]$$

$$=\frac{1}{2}\frac{E_{x0}^2}{|\eta|}e^{-2\alpha z}\cos\varphi$$

由E_x及S_{av}的表达式得

$$|E_x|=E_{x0}e^{-\alpha z},\ S_{av}=S_{av0}e^{-2\alpha z}$$

故

$$\alpha z=\frac{1}{2}\ln\frac{S_{av0}}{S_{av}}\quad(\text{Np/m})$$

式中，S_{av0}代表$z=0$平面上能流密度的平均值。按照分贝的定义，经过传播距离z而引起能流密度下降的分贝数为

$$10\lg\frac{S_{av0}}{S_{av}}=\frac{10}{2.3}\ln\frac{S_{av0}}{S_{av}}=\frac{20}{2.3}(\alpha z)=8.686\alpha z$$

因此，能流密度下降的分贝数为

$$8.686\times3.17\times10^{-2}\times10=2.8\ \text{dB}$$

9.4 磁场复矢量振幅$\boldsymbol{H}_r(\boldsymbol{r})=\frac{1}{60\pi}(-8\boldsymbol{e}_x+6\boldsymbol{e}_y)e^{-j\pi(3x+4z)}$(mA/m)的均匀平面电磁波由空气斜入射到海平面($z=0$的平面)，求：

(1) 反射角θ_r；

(2) 入射波的电场复矢量振幅$\boldsymbol{E}_i(\boldsymbol{r})$；

(3) 电磁波的频率f。

解 (1) 磁场传播方向为$\boldsymbol{e}_k=0.6\boldsymbol{e}_x+0.8\boldsymbol{e}_z$，分界面法向量为$\boldsymbol{e}_n=\boldsymbol{e}_z$，入射角即$\boldsymbol{e}_k$与$\boldsymbol{e}_n$的夹角，则

$$\theta_r=\theta_i=\arccos0.8$$

(2) $\boldsymbol{E}_i(\boldsymbol{r})=\eta(-\boldsymbol{e}_k)\times\boldsymbol{H}_i(\boldsymbol{r})=\dfrac{4}{5}(12\boldsymbol{e}_x+16\boldsymbol{e}_y-9\boldsymbol{e}_z)\mathrm{e}^{-\mathrm{j}\pi(3x+4z)}\quad(\mathrm{mV/m})$

(3) 由 $\lambda=\dfrac{2\pi}{k}=0.4\ \mathrm{m}$ 得 $f=\dfrac{c}{\lambda}=750\ \mathrm{MHz}$。

注意　本题中 $\boldsymbol{e}_k\cdot\boldsymbol{H}_i\neq0$，所以该电磁波不是均匀平面电磁波，严格来说此题应该是个错题。不过就方法而言，应该记住对于均匀平面电磁波有 $\boldsymbol{E}(\boldsymbol{r})=\eta(-\boldsymbol{e}_k)\times\boldsymbol{H}(\boldsymbol{r})$，$\boldsymbol{H}(\boldsymbol{r})=\dfrac{1}{\eta}\boldsymbol{e}_k\times\boldsymbol{E}(\boldsymbol{r})$，由这两个关系式可简化计算。当然也可以通过 $\nabla\times\boldsymbol{E}=-\mathrm{j}\omega\mu\boldsymbol{H}$，$\nabla\times\boldsymbol{H}=\mathrm{j}\omega\mu\boldsymbol{E}$ 计算。此外因为 $\mathrm{e}^{-\mathrm{j}\pi(3x+4z)}=\mathrm{e}^{-\mathrm{j}5\pi(0.6x\boldsymbol{e}_x+0.8z\boldsymbol{e}_z)\cdot\boldsymbol{r}}=\mathrm{e}^{-\mathrm{j}k\boldsymbol{e}_k\cdot\boldsymbol{r}}$，其中 $\boldsymbol{e}_k$ 是单位矢量，所以 $k=5\pi$。

9.5　平面电磁波在 $\varepsilon_1=9\varepsilon_0$ 的媒质 1 中沿 $+z$ 方向传播，在 $z=0$ 处垂直入射到 $\varepsilon_2=4\varepsilon_0$ 的媒质 2 中。若电磁波电场强度在分界面处的最大值为 0.1 V/m，极化方向为 $+x$ 方向，角频率为 300 Mrad/s。

(1) 求反射系数；

(2) 求透射系数；

(3) 写出媒质 1 和媒质 2 中电场强度的表达式。

解　媒质 1 中的传播常数为

$$k_1=\omega\sqrt{\mu_0\varepsilon_1}=3$$

波阻抗为

$$\eta_1=\sqrt{\frac{\mu_0}{\varepsilon_1}}=\frac{120\pi}{3}=40\pi$$

媒质 2 中的传播常数为

$$k_2=\omega\sqrt{\mu_0\varepsilon_2}=2$$

波阻抗为

$$\eta_2=\sqrt{\frac{\mu_0}{\varepsilon_2}}=\frac{120\pi}{2}=60\pi$$

(1) 反射系数为

$$\Gamma=\frac{\eta_2-\eta_1}{\eta_2+\eta_1}=\frac{60\pi-40\pi}{60\pi+40\pi}=0.2$$

(2) 透射系数为

$$\tau=\frac{2\eta_2}{\eta_2+\eta_1}=\frac{120\pi}{60\pi+40\pi}=1.2$$

(3) 媒质 1 中电场强度的表达式为

$$\boldsymbol{E}_1=\boldsymbol{e}_x(0.1\mathrm{e}^{-\mathrm{j}3z}+0.02\mathrm{e}^{\mathrm{j}3z})=\boldsymbol{e}_x[0.04\cos(3z)+0.08\mathrm{e}^{-\mathrm{j}3z}]$$

媒质 2 中电场强度的表达式为

$$\boldsymbol{E}_2=\boldsymbol{E}_t=\boldsymbol{e}_x0.12\mathrm{e}^{-\mathrm{j}2z}$$

9.6　均匀平面波从媒质 1 入射到媒质 2 的平面分界面上，已知 $\sigma_1=\sigma_2=0$，$\mu_1=\mu_2=\mu_0$。求使入射波的平均功率的 10% 被反射时的 $\varepsilon_{r2}/\varepsilon_{r1}$ 的值。

解　由题意得下列关系

$$|\Gamma|^2=0.1$$

而

$$\Gamma=\frac{\eta_2-\eta_1}{\eta_2+\eta_1}=\frac{\sqrt{\mu_2/\varepsilon_2}-\sqrt{\mu_1/\varepsilon_1}}{\sqrt{\mu_2/\varepsilon_2}+\sqrt{\mu_1/\varepsilon_1}}$$

$$=\frac{\eta_0\sqrt{1/\varepsilon_{r2}}-\eta_0\sqrt{1/\varepsilon_{r1}}}{\eta_0\sqrt{1/\varepsilon_{r2}}+\eta_0\sqrt{1/\varepsilon_{r1}}}=\frac{\sqrt{\varepsilon_{r1}/\varepsilon_{r2}}-1}{\sqrt{\varepsilon_{r1}/\varepsilon_{r2}}+1}$$

代入$|\Gamma|^2=0.1$中，得

$$\sqrt{\frac{\varepsilon_{r1}}{\varepsilon_{r2}}}=1.92 \quad 或 \quad \sqrt{\frac{\varepsilon_{r1}}{\varepsilon_{r2}}}=0.52$$

故

$$\frac{\varepsilon_{r1}}{\varepsilon_{r2}}=3.6864 \quad 或 \quad \frac{\varepsilon_{r1}}{\varepsilon_{r2}}=0.2704$$

9.7 一平面波垂直入射至直角等腰三角形棱镜的长边，并经反射而折回，如图 9-1 所示。若棱镜材料 $\varepsilon_r=4$，则反射波功率占入射波功率的百分比是多大？若棱镜置于 $\varepsilon_{r1}=81$ 的水中，此百分比又如何？

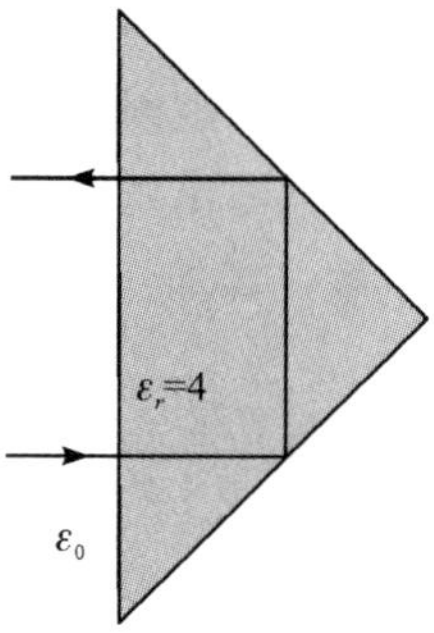

图 9-1 习题 9.7 图

解 若棱镜材料 $\varepsilon_r=4$，则反射波功率占入射波功率的百分比是

$$\frac{S_r}{S_i}=79\%$$

若棱镜置于水中，则

垂直极化波：
$$\frac{S_r}{S_i}=9.8\%$$

平行极化波：
$$\frac{S_r}{S_i}\approx 2.7\%$$

9.8 证明：平面电磁波正入射至两种理想介质的分界面，若其反射系数与透射系数大小相等，则其驻波比等于 3。

证明 两种介质分界面的反射系数和透射系数分别为

$$\Gamma=\frac{\eta_{02}-\eta_{01}}{\eta_{02}+\eta_{01}},\ \tau=\frac{2\eta_{02}}{\eta_{02}+\eta_{01}}$$

若$|\Gamma|=|\tau|$，则有 $3\eta_{02}=\eta_{01}$，因此有

$$|\Gamma|=\left|\frac{\eta_{02}-3\eta_{02}}{\eta_{02}+3\eta_{02}}\right|=\frac{1}{2}$$

于是驻波比为

$$S=\frac{1+|\Gamma|}{1-|\Gamma|}=\frac{1+\frac{1}{2}}{1-\frac{1}{2}}=3$$

9.9 自由空间中的一均匀平面波垂直入射到半无限大的无耗介质平面上，已知自由空间中合成波的驻波比为 3，介质内传输波的波长 λ_2 是自由空间中传输波波长 λ_1 的 1/6，且驻波电场的最小点在分界面上。求介质的相对磁导率和相对介电常数。

解 因为驻波比

$$S=\frac{1+|\Gamma|}{1-|\Gamma|}=3$$

所以$|\Gamma|=\frac{1}{2}$。

又驻波电场的最小点在分界面上，故$\Gamma=-\frac{1}{2}$。而反射系数

$$\Gamma=\frac{\eta_2-\eta_1}{\eta_2+\eta_1}$$

式中 $\eta_1=\eta_2=120\pi$，于是

$$\eta_2=\sqrt{\frac{\mu_2}{\varepsilon_2}}=\sqrt{\frac{\mu_1}{\varepsilon_1}}\sqrt{\frac{\pi}{\varepsilon_0}}=\eta_1\sqrt{\frac{\mu_r}{\varepsilon_r}}$$

由$\Gamma=-\frac{1}{2}$得

$$\eta_2=\frac{1}{3}\eta_1$$

则

$$\frac{\mu_r}{\varepsilon_r}=\frac{1}{9}$$

又由介质内的波长$\lambda_2=\frac{\lambda_1}{\sqrt{\mu_r\varepsilon_r}}=\frac{\lambda_1}{6}$ 得

$$\mu_r\varepsilon_r=36$$

故联立$\frac{\mu_r}{\varepsilon_r}=\frac{1}{9}$和 $\mu_r\varepsilon_r=36$ 求解得

$$\mu_r=2,\ \varepsilon_r=18$$

9.10 一均匀平面波由空气垂直入射到位于 $x=0$ 的理想介质(μ_0, ε)平面上，已知 $\mu_0=4\pi\times10^{-7}$ H/m，入射波的电场强度为 $\boldsymbol{E}^+=E_0^+(\boldsymbol{e}_y+\mathrm{j}\boldsymbol{e}_z)\mathrm{e}^{-\mathrm{j}kx}$。

(1) 若入射波电场强度的幅度 $E_0^+=1.5\times10^{-3}$ V/m，反射波磁场强度的幅度为 $H_0^-=1.326\times10^{-6}$ A/m，则 ε_r 是多少?

(2) 求反射波的电场强度 $\boldsymbol{E}^-$。

(3) 求折射波的磁场强度 $\boldsymbol{H}^\mathrm{T}$。

解 (1) 通过电场的反射系数 Γ 求 ε_r。因为反射波电场强度的幅度为

$$E_0^-=-\eta_1H_0^-=-\eta_0H_0^-=-0.5\times10^{-3}\ \text{V/m}$$

所以电场的反射系数为

$$\Gamma=\frac{E_0^-}{E_0^+}=-\frac{0.5\times10^{-3}}{1.5\times10^{-3}}=-\frac{1}{3}=\frac{\eta_2-\eta_1}{\eta_2+\eta_1}$$

解得 $\eta_2=\frac{\eta_1}{2}=\frac{\eta_0}{2}$，即$\sqrt{\frac{\mu_0}{\varepsilon_0\varepsilon_r}}=\sqrt{\frac{\mu_0}{\varepsilon_0}}\sqrt{\frac{1}{\varepsilon_r}}=\frac{\eta_0}{2}$，从而

$$\sqrt{\varepsilon_r}=2,\ \text{即}\ \varepsilon_r=4$$

(2) 由 $\eta_2=\sqrt{\frac{\mu}{\varepsilon}}=\frac{1}{\sqrt{4}}\eta_0=\frac{1}{2}\eta_0=60\pi\ \Omega$ 可得电场的反射系数和透射系数分别为

$$\Gamma=\frac{\eta_2-\eta_1}{\eta_2+\eta_1}=-\frac{1}{3},\quad \tau=\frac{2\eta_2}{\eta_2+\eta_1}=\frac{2}{3}$$

又反射波在 $-x$ 方向，电场强度的幅度是 $E_0^-=\Gamma E_0^+=-\frac{1}{3}E_0^+$，所以

$$\boldsymbol{E}^-=-\frac{1}{3}E_0^+(\boldsymbol{e}_y+\mathrm{j}\boldsymbol{e}_z)\mathrm{e}^{\mathrm{j}kx}$$

(3) 折射波仍在 x 方向，电场强度的幅度是

$$E_0^{\mathrm{T}}=\tau E^+=\frac{2}{3}E_0^+$$

相移常数是

$$k_2=\omega\sqrt{\mu_0\varepsilon_2}=\omega\sqrt{\mu_0\varepsilon_0}\sqrt{4}=2k$$

所以折射波的电场强度为

$$\boldsymbol{E}^{\mathrm{T}}=E_0^{\mathrm{T}}(\boldsymbol{e}_y+\mathrm{j}\boldsymbol{e}_z)\mathrm{e}^{-\mathrm{j}k_2x}=\frac{2}{3}E_0^+(\boldsymbol{e}_y+\mathrm{j}\boldsymbol{e}_z)\mathrm{e}^{-\mathrm{j}2kx}$$

于是折射波的磁场强度为

$$\boldsymbol{H}^{\mathrm{T}}=\boldsymbol{e}_x\times\frac{\boldsymbol{E}^{\mathrm{T}}}{\eta_2}=\frac{1}{90\pi}E_0^+(\boldsymbol{e}_z-\mathrm{j}\boldsymbol{e}_y)\mathrm{e}^{-\mathrm{j}2kx}$$

9.11 频率为 $f=10$ GHz 的均匀平面波从空气垂直入射到 $\varepsilon=4\varepsilon_0$，$\mu=\mu_0$ 的理想介质表面上，为了消除反射，在理想介质表面涂上 $\lambda/4$ 的匹配层，试求匹配层的相对介电常数和最小厚度。

解 已知空气和理想介质的本征阻抗为

$$\eta_1=\eta_0=377\ \Omega,\quad \eta_3=\frac{\eta_0}{\sqrt{\varepsilon_{r3}}}=188.5\ \Omega$$

则匹配层的本征阻抗为

$$\eta_2=\sqrt{\eta_1\eta_3}=\sqrt{377\times188.5}=\frac{377}{\sqrt{2}}\ \Omega$$

又 $\eta_2=\frac{\eta_0}{\sqrt{\varepsilon_{r2}}}$，故匹配层的相对介电常数为

$$\varepsilon_{r2}=\left(\frac{\eta_0}{\eta_2}\right)^2=\left(\frac{377}{377/\sqrt{2}}\right)^2=2$$

匹配层的最小厚度为

$$d_2=\frac{\lambda_2}{4}=\frac{0.3}{4\sqrt{2}}=0.053\ \mathrm{m}$$

9.12 设三层介质的分界面均为无限大的平面，介质的波阻抗分别为 η_1、η_2、η_3，介质 2 的厚度为 d。当平面波由介质 1 垂直射向分界面时，入射波的能量全部进入介质 3，试求 d 和 η_2。

解 均匀平面波在介质 1 与介质 2 分界面上的反射系数为 0，则 $\eta_2\times(-d)=\eta_1$，即

$$\eta_2\frac{\eta_3+j\eta_2\tan(\beta_2 d)}{\eta_2+j\eta_3\tan(\beta_2 d)}=\eta_1$$

上式可以展开为

$$\eta_2\eta_3\cos(\beta_2 d)+j\eta_2^2\sin(\beta_2 d)=\eta_1\eta_2\cos(\beta_2 d)+j\eta_1\eta_3\sin(\beta_2 d) \tag{1}$$

令式(1)两边实部、虚部分别相等，可得

$$\eta_2\eta_3\cos(\beta_2 d)=\eta_1\eta_2\cos(\beta_2 d)$$
$$\eta_2^2\sin(\beta_2 d)=\eta_1\eta_3\sin(\beta_2 d)$$

当 $\eta_1=\eta_3\neq\eta_2$ 时，式(1)成立的条件是 $\sin(\beta_2 d)=0$，即 $\beta_2 d=n\pi$，所以

$$d=\frac{n\pi}{\beta_2}=n\frac{\lambda_2}{2}\quad(n=1,2,3,\cdots)$$

可见，当介质 1 与介质 3 相同，介质 2 的厚度是介质内半波长的整数倍时，均匀平面波从介质 1 垂直入射到与介质 2 的分界面上不发生反射，这种介质层称为半波介质窗。

当 $\eta_1\neq\eta_3\neq\eta_2$ 时，式(1)成立的条件是

$$\cos(\beta_2 d)=0\quad 且\quad \eta_2=\sqrt{\eta_1\eta_3}$$

即 $\beta_2 d=(2n+1)\frac{\pi}{2}$，所以

$$d=(2n+1)\frac{\lambda_2}{4}$$

可见，当介质 1 与介质 3 不同，介质 2 的波阻抗 $\eta_2=\sqrt{\eta_1\eta_3}$、厚度是介质内四分之一波长的奇数倍时，均匀平面波从介质 1 垂直入射到与介质 2 的分界面上不发生反射，即入射波的能量全部进入介质 3，这种介质层称为 $\lambda/4$ 阻抗变换器。

9.13　如图 9-2 所示，在 $z>0$ 区域内的介质的介电常数为 ε_2，在此介质前面置有厚度为 d、介电常数为 ε_1 的介质板。对于一个从左面垂直入射的电磁波，证明当 $\varepsilon_{1r}=\sqrt{\varepsilon_{2r}}$ 和 $d=\frac{\lambda_0}{4\sqrt{\varepsilon_{1r}}}$（$\lambda_0$ 为自由空间的波长）时，没有反射。

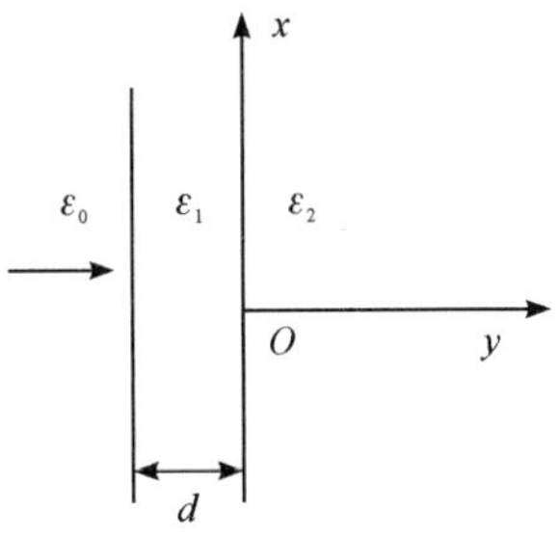

图 9-2　习题 9.13 图

证明　在介质板中，有

$$\lambda_1=\frac{\lambda_0}{\sqrt{\varepsilon_{1r}}}$$
$$\beta_1=\frac{2\pi}{\lambda_1}=2\pi\frac{\sqrt{\varepsilon_{1r}}}{\lambda_0}$$

因

$$\eta_1=\sqrt{\frac{\mu_1}{\varepsilon_1}}=\frac{1}{\sqrt{\varepsilon_{1r}}}\sqrt{\frac{\mu_0}{\varepsilon_0}}$$
$$\eta_2=\sqrt{\frac{\mu_2}{\varepsilon_2}}=\frac{1}{\sqrt{\varepsilon_{2r}}}\sqrt{\frac{\mu_0}{\varepsilon_0}}$$

故当 $\varepsilon_{1r}=\sqrt{\varepsilon_{2r}}$ 时，有

$$\eta_2=\frac{1}{\varepsilon_{1r}}\eta_0$$

式中，$\eta_0=\sqrt{\dfrac{\mu_0}{\varepsilon_0}}$。

当 $d=\dfrac{\lambda_0}{4\sqrt{\varepsilon_{1r}}}$时，有

$$\beta_1 d=2\pi\frac{\sqrt{\varepsilon_{1r}}}{\lambda_0}\frac{\lambda_0}{4\sqrt{\varepsilon_{1r}}}=\frac{\pi}{2}$$

这时，$z=-d$ 处的输入阻抗为

$$Z_{in}=\eta_1\frac{\eta_2\cos(\beta_1 d)+j\eta_1\sin(\beta_1 d)}{\eta_1\cos(\beta_1 d)+j\eta_2\sin(\beta_1 d)}=\frac{\eta_1^2}{\eta_2}=\eta_0$$

可见，$z=-d$ 处的输入阻抗等于空气的波阻抗，故在该处无反射。

9.14 海水的 $\varepsilon_r=81$，$\mu_r=1$，$\sigma=4$ S/m，一频率为 300 MHz 的均匀平面电磁波自海面垂直进入海水。设在海面电场强度为 $E=10^{-3}$ V/m(含成波电场幅度)。求：

(1) 波在海水中的速度及波长；

(2) 海水与空气分界面处的磁场强度；

(3) 进入海水每单位面积的电磁能流；

(4) 海水中距海面 0.1 m 处的电场强度与磁场强度的振幅；

(5) 波进入海水多少距离后其电磁场强度振幅衰减为原来的 1%。

解 (1) 当 $f=300$ MHz 时，将海水的参数代入$\dfrac{\sigma}{\omega\varepsilon}$，得

$$\frac{\sigma}{\omega\varepsilon}=\frac{4}{2\pi\times3\times10^8\times81\times8.85\times10^{-12}}=2.96$$

这说明海水不是良导体，故波在海水中的速度为

$$\begin{aligned}v&=\left[\sqrt{\frac{\mu\varepsilon}{2}\left(\sqrt{1+\frac{\sigma^2}{\omega^2\varepsilon^2}}+1\right)}\right]^{-1}\\&=\left[\sqrt{\frac{4\pi\times10^{-7}\times81\times8.85\times10^{-12}}{2}(\sqrt{1+2.96^2}+1)}\right]^{-1}\\&=2.32\times10^7\ \text{m/s}\end{aligned}$$

波长为

$$\lambda=\frac{v}{f}=\frac{2.32\times10^7}{3\times10^8}=7.73\ \text{cm}$$

(2) 海水的波阻抗为

$$\eta_0=\sqrt{\frac{\mu}{\varepsilon}}\times\sqrt{\frac{1}{1+j\sigma/\omega\varepsilon}}=\frac{377}{9}\sqrt{\frac{1}{1+j2.96}}=23.7\angle35.67^\circ$$

故海水与空气分界面处的磁场强度为

$$H=\frac{E}{|\eta_0|}=\frac{10^{-3}}{23.7}=4.22\times10^{-5}\ \text{A/m}$$

(3) 海水中的电场强度和磁场强度的复数形式为

$$\dot{\boldsymbol{E}}=\frac{10^{-3}}{2}e^{-\alpha x}e^{-j\beta x}\boldsymbol{e}_y\quad(\text{V/M})$$

$$\dot{\boldsymbol{H}}=\frac{4.22\times10^{-5}}{\sqrt{2}}\mathrm{e}^{-\alpha x}\mathrm{e}^{-\mathrm{j}(\beta x-35.67^\circ)}\boldsymbol{e}_z\quad(\mathrm{A/m})$$

式中衰减常数

$$\begin{aligned}\alpha&=\omega\sqrt{\frac{\mu\varepsilon}{2}\left(\sqrt{1+\frac{\sigma^2}{\omega^2\varepsilon^2}}-1\right)}\\&=2\pi\times3\times10^8\sqrt{\frac{4\pi\times10^{-7}\times81\times8.85\times10^{-12}}{2}(\sqrt{1+2.96^2}-1)}\\&=58.28\ \mathrm{Np/m}\end{aligned}$$

故进入海水每单位面积的电磁能流为

$$\dot{\boldsymbol{S}}=\dot{\boldsymbol{E}}\times\dot{\boldsymbol{H}}^*=\frac{4.22\times10^{-8}}{2}\mathrm{e}^{-2\alpha x}\mathrm{e}^{\mathrm{j}35.67^\circ}\boldsymbol{e}_x\quad(\mathrm{W/m^2})$$

(4) 海水中距海面 0.1 m 处的电场强度和磁场强度的振幅分别为

$$E=10^{-3}\mathrm{e}^{-58.28\times0.1}=2.94\times10^{-6}\ \mathrm{V/m}$$

$$H=4.22\times10^{-5}\mathrm{e}^{-58.28\times0.1}=1.24\times10^{-7}\ \mathrm{A/m}$$

(5) 根据 $10^{-3}\mathrm{e}^{-\alpha x}=10^{-3}\times1\%$，得

$$x=\frac{1}{\alpha}\ln100=\frac{1}{58.28}\ln100=7.9\ \mathrm{cm}$$

即波进入海水 7.9 m 后其电场强度振幅衰减为原来的 1%。

9.15　电子器件以铜箔作电磁屏蔽，其厚度为 0.1 mm。当频率为 300 MHz 的平面波垂直入射时，透过屏蔽片后，其电场强度和能流密度为入射波的百分之几？衰减了多少(单位为 dB)(屏蔽片两侧均为空气)？

解　当频率为 300 MHz 的平面波垂直入射时，透过屏蔽片后，平面波的电场强度和入射波的电场强度的比值为

$$\begin{aligned}\left|\frac{E_{\mathrm{i3}}}{E_{\mathrm{i1}}}\right|&=|\tau_{\mathrm{d}}\tau_0\mathrm{e}^{-\mathrm{j}k_2d}|=|3.39\times10^{-5}\mathrm{e}^{\mathrm{j}45^\circ}\times2\mathrm{e}^{-8.34\pi}|\\&=6.78\times10^{-5}\mathrm{e}^{-26.2}=2.83\times10^{-16}\end{aligned}$$

平面波的能流密度和入射波的能流密度的比值为

$$\frac{S_{\mathrm{av3}}}{S_{\mathrm{av1}}}=\left|\frac{E_{\mathrm{i3}}}{E_{\mathrm{i1}}}\right|^2=8.03\times10^{-32}$$

衰减了

$$A=10\lg\frac{S_{\mathrm{av3}}}{S_{\mathrm{av1}}}=-311\ \mathrm{dB}$$

9.16　均匀平面波垂直入射到两种无耗电介质分界面上，当反射系数与透射系数的大小相等时，其驻波比等于多少？

解　由题意有下列关系

$$|\Gamma|=\tau=1+\Gamma$$

由此可得

$$|\Gamma|^2=\tau^2=1+2\Gamma+\Gamma^2$$

解得

$$\Gamma=-\frac{1}{2}$$

故驻波比为

$$S=\frac{1+|\Gamma|}{1-|\Gamma|}=\frac{1+1/2}{1-1/2}=3$$

由 $\Gamma=\frac{\eta_2-\eta_1}{\eta_2+\eta_1}=-\frac{1}{2}$ 还可以得到

$$\eta_1=3\eta_2$$

若介质的磁导率 $\mu_1=\mu_2$，则可得到

$$\varepsilon_{r2}=9\varepsilon_{r1}$$

9.17 频率 $f=3$ GHz 的均匀平面波垂直入射到有一个大孔的聚苯乙烯($\varepsilon_r=2.7$)介质板上，平面波将分别通过孔洞和介质板达到右侧界面，如图 9-3 所示。试求介质板的厚度 d 为多少时，才能使通过孔洞和通过介质板的平面波有相同的相位。(注：计算此题时不考虑边缘效应，也不考虑在界面上的反射)

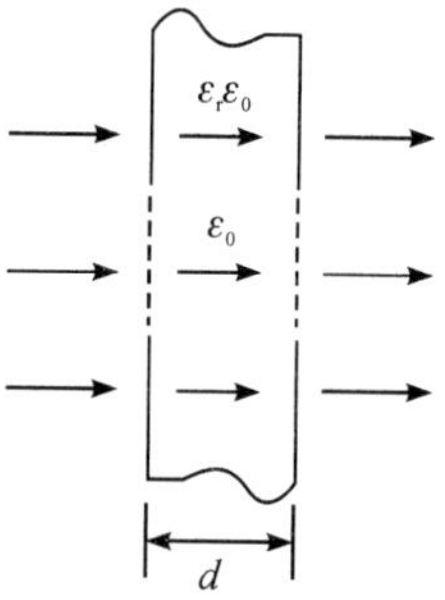

图 9-3 习题 9.17 图

解 相位常数与介质参数及波的频率有关。对于介质板，有

$$\beta=\omega\sqrt{\mu\varepsilon}=2\pi f\sqrt{\mu_0(2.7\varepsilon_0)}$$

对于孔洞，有

$$\beta_0=\omega\sqrt{\mu_0\varepsilon_0}=2\pi f\sqrt{\mu_0\varepsilon_0}$$

可见，波在介质板中传播单位距离引起的相位移要大于其在空气中的相位移。按题目要求，介质板的厚度 d 应满足

$$\beta d=\beta_0 d+2\pi$$

故得

$$d=\frac{2\pi}{\beta-\beta_0}=\frac{2\pi}{2\pi f\sqrt{\mu_0\varepsilon_0}(\sqrt{2.7}-1)}=\frac{3\times10^8}{3\times10^8(\sqrt{2.7}-1)}=155.5\ \text{mm}$$

9.18 设有三种不同的均匀无耗媒质平行放置，媒质参数分别为 ε_1、μ_1、ε_2、μ_2、ε_3、μ_3，媒质 2 的厚度为 d。

(1) 若波在媒质 1 中的电场强度振幅为 E_{10}，垂直入射后，求媒质 1 中的反射波和媒质 3 中的折射波，并写出媒质 1 中的反射系数和媒质 3 中的折射系数；

(2) 如何选择媒质 2 的参量 ε_2、μ_2 及其厚度 d，才可实现由媒质 1 到媒质 3 的全折射？

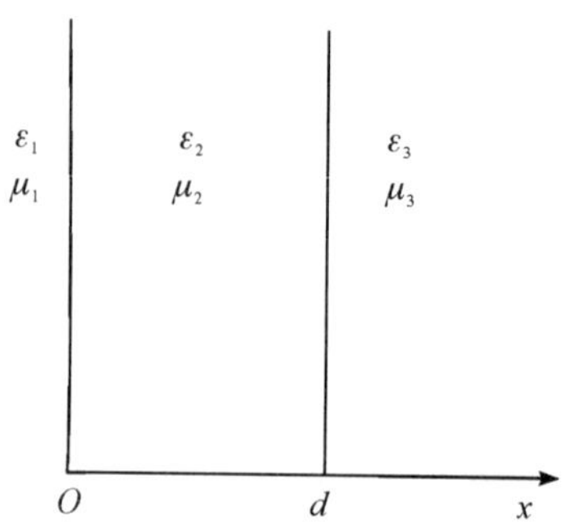

图 9-4 习题 9.18 图

解 根据题意画出图形，如图 9-4 所示。三种媒质的波阻抗分别为

$$\eta_{01}=\sqrt{\frac{\mu_1}{\varepsilon_1}},\ \eta_{02}=\sqrt{\frac{\mu_2}{\varepsilon_2}},\ \eta_{03}=\sqrt{\frac{\mu_3}{\varepsilon_3}}$$

设 $\dot{E}_1^+=E_{10}\angle0^\circ$，则各区域中的电场强度和磁场强度分别为

$$\begin{cases}\dot{E}_{1x}=\dot{E}_1^+\mathrm{e}^{-\mathrm{j}\beta_1 x}+\dot{E}_1^-\mathrm{e}^{\mathrm{j}\beta_1 x}=E_{10}\mathrm{e}^{-\mathrm{j}\beta_1 x}(1+\Gamma_1\mathrm{e}^{\mathrm{j}2\beta_1 x})\\ \dot{H}_{1y}=\dfrac{1}{\eta_{01}}(\dot{E}_1^+\mathrm{e}^{-\mathrm{j}\beta_1 x}-\dot{E}_1^-\mathrm{e}^{\mathrm{j}\beta_1 x})=\dfrac{E_{10}}{\eta_{01}}\mathrm{e}^{-\mathrm{j}\beta_1 x}(1-\Gamma_1\mathrm{e}^{\mathrm{j}2\beta_1 x})\end{cases}$$

$$\begin{cases}\dot{E}_{2x}=\dot{E}_2^+\mathrm{e}^{-\mathrm{j}\beta_2 x}+\dot{E}_2^-\mathrm{e}^{\mathrm{j}\beta_2 x}=\dot{E}_2^+\mathrm{e}^{-\mathrm{j}\beta_2 x}(1+\Gamma_2\mathrm{e}^{\mathrm{j}2\beta_2 x})\\ \dot{H}_{2y}=\dfrac{1}{\eta_{02}}(\dot{E}_2^+\mathrm{e}^{-\mathrm{j}\beta_2 x}-\dot{E}_2^-\mathrm{e}^{\mathrm{j}\beta_2 x})=\dfrac{\dot{E}_2^+}{\eta_{02}}\mathrm{e}^{-\mathrm{j}\beta_2 x}(1-\Gamma_2\mathrm{e}^{\mathrm{j}2\beta_2 x})\end{cases}$$

$$\begin{cases}\dot{E}_{3x}=\dot{E}_3^+\mathrm{e}^{-\mathrm{j}\beta_3 x}\\ \dot{H}_{3y}=\dfrac{\dot{E}_3^+}{\eta_{03}}\mathrm{e}^{-\mathrm{j}\beta_3 x}\end{cases}$$

式中，$\Gamma_1=\dot{E}_1^-/\dot{E}_1^+$，$\Gamma_2=\dot{E}_2^-/\dot{E}_2^+$；$\beta_1=\omega\sqrt{\mu_1\varepsilon_1}$，$\beta_2=\omega\sqrt{\mu_2\varepsilon_2}$，$\beta_3=\omega\sqrt{\mu_3\varepsilon_3}$。

(1) 在 $x=d$ 处的边界条件为：$E_{2x}(d)=E_{3x}(d)$，$H_{2y}(d)=H_{3y}(d)$，所以有

$$\frac{E_{2x}(d)}{H_{2y}(d)}=\frac{E_{3x}(d)}{H_{3y}(d)}=\sqrt{\frac{\mu_3}{\varepsilon_3}}$$

反射系数为

$$\Gamma_2=\frac{\dot{E}_2^-}{\dot{E}_2^+}=\frac{\dot{E}_2^-\mathrm{e}^{\mathrm{j}\beta_2 d}}{\dot{E}_2^+\mathrm{e}^{-\mathrm{j}\beta_2 d}}\times\frac{\mathrm{e}^{-\mathrm{j}\beta_2 d}}{\mathrm{e}^{\mathrm{j}\beta_2 d}}=\frac{\eta_{03}-\eta_{02}}{\eta_{03}+\eta_{02}}\mathrm{e}^{-\mathrm{j}\beta_2 d}$$

透射系数为

$$\tau_2=\frac{\dot{E}_3^+}{\dot{E}_2^+}=\frac{\dot{E}_3^+\mathrm{e}^{-\mathrm{j}\beta_3 d}}{\dot{E}_2^+\mathrm{e}^{-\mathrm{j}\beta_2 d}}\times\frac{\mathrm{e}^{\mathrm{j}\beta_3 d}}{\mathrm{e}^{\mathrm{j}\beta_2 d}}=\frac{2\eta_{03}}{\eta_{02}+\eta_{03}}\mathrm{e}^{-\mathrm{j}(\beta_3-\beta_2)d}$$

再由 $x=0$ 处的边界条件 $\dot{E}_{1x}^+(0)=\dot{E}_{2x}(0)$，$\dot{H}_{1y}(0)=\dot{H}_{2y}(0)$ 可得 $E_{10}(1+\Gamma_1)=\dot{E}_2^+(1+\Gamma_2)$ 和 $\dfrac{E_{10}}{\eta_{01}}(1-\Gamma_1)=\dfrac{\dot{E}_2^+}{\eta_{02}}(1-\Gamma_2)$，解得 $x=0$ 处媒质 1 中的反射系数和 $\dot{E}_2^+$ 分别为

$$\Gamma_1=\frac{\eta_{02}(1+\Gamma_2)-\eta_{01}(1-\Gamma_2)}{\eta_{02}(1+\Gamma_2)+\eta_{01}(1-\Gamma_2)}$$

$$\dot{E}_2^+=\frac{2\eta_{01}\eta_{02}}{\eta_{02}(1+\Gamma_2)+\eta_{01}(1-\Gamma_2)}$$

因此媒质 1 中的反射系数和媒质 3 中的折射系数分别为

$$\Gamma_1=\frac{\eta_{02}(1+\Gamma_2)-\eta_{01}(1-\Gamma_2)}{\eta_{02}(1+\Gamma_2)+\eta_{01}(1-\Gamma_2)}$$

$$\tau_3=\frac{2\eta_{03}}{\eta_{02}+Z_{03}}\mathrm{e}^{-\mathrm{j}(\beta_3-\beta_2)d}$$

媒质 1 中的反射波和媒质 3 中的折射波分别为

$$\dot{E}_1^-=\Gamma_1\dot{E}_1^+=\Gamma_1 E_{10}$$

$$\dot{E}_3^+=\tau_2\dot{E}_2^+$$

(2) 媒质 1 中无反射波时，有

$$\dot{E}_1=\dot{E}_1^+ e^{-j\beta_1 x}, \quad \dot{H}_1=\frac{\dot{E}_1^+}{\eta_{01}}e^{-j\beta_1 x}$$

媒质 2 中的电磁场强度为

$$\dot{E}_2=\dot{E}_2^+ e^{-j\beta_2 x}+\dot{E}_2^- e^{j\beta_2 x}, \quad \dot{H}_2=\frac{\dot{E}_2^+}{\eta_{02}}e^{-j\beta_2 x}-\frac{\dot{E}_2^-}{\eta_{02}}e^{j\beta_2 x}$$

媒质 3 中的电磁场强度为

$$\dot{E}_3=\dot{E}_3^+ e^{-j\beta_3 x}, \quad \dot{H}_3=\frac{\dot{E}_3^+}{\eta_{03}}e^{-j\beta_3 x}$$

再利用 $x=0$ 和 $x=d$ 处电场和磁场的边界条件，可得

$$e^{j2\beta_2 d}=\cos(2\beta_2 d)+j\sin(2\beta_2 d)=\frac{\eta_{01}+\eta_{02}}{\eta_{01}-\eta_{02}}\frac{\eta_{03}+\eta_{02}}{\eta_{03}+\eta_{02}}$$

由于理想介质的波阻抗都是实数，因此上式也应为实数，即有

$$\sin(2\beta_2 d)=0 \quad 或 \quad 2\beta_2 d=n\pi$$

于是媒质 2 的厚度为

$$d=\frac{n\pi}{2\beta_2}=\frac{n\lambda_2}{4}$$

若 n 为奇数，则

$$\cos(2\beta_2 d)=-1=\frac{(\eta_{01}+\eta_{02})(\eta_{03}-\eta_{02})}{(\eta_{01}-\eta_{02})(\eta_{03}+\eta_{02})}$$

解得

$$\eta_{02}=\sqrt{\eta_{01}\eta_{03}} \quad 或 \quad \sqrt{\frac{\mu_2}{\varepsilon_2}}=\sqrt{\frac{\mu_1}{\varepsilon_1}\frac{\mu_3}{\varepsilon_3}}$$

9.19　有一电场强度复矢量振幅为 $\boldsymbol{E}(\boldsymbol{r})=5(\boldsymbol{e}_x+j\boldsymbol{e}_y)e^{-j2\pi z}$（V/m）的均匀平面电磁波由空气垂直射向相对介电常数 $\varepsilon_r=2.25$、相对磁导率 $\mu_r=1$ 的理想介质，其界面为 $z=0$ 的无限大平面，试求：

（1）反射波的极化状态；

（2）反射波的电场强度振幅 E_{rm}；

（3）透射波的电场强度振幅 E_{tm}。

解　（1）因为介质的波阻抗 $\eta=\frac{\eta_0}{\sqrt{\varepsilon_r}}=80\pi\ \Omega$，$\Gamma=\frac{\eta-\eta_0}{\eta+\eta_0}=-\frac{1}{5}$，所以反射波的电场强度为

$$\boldsymbol{E}_r(\boldsymbol{r})=\Gamma 5(\boldsymbol{e}_x+j\boldsymbol{e}_y)e^{j2\pi z}=-(\boldsymbol{e}_x+j\boldsymbol{e}_y)e^{j2\pi z} \quad (V/m)$$

又反射波沿 $-z$ 方向传播，$|E_{xm}|=|E_{ym}|$，$\phi_x-\phi_y=-\frac{\pi}{2}$，故反射波为右旋圆极化波。

（2）反射波的电场强度振幅为 $E_{rm}=\sqrt{2}$ V/m。

（3）因透射系数 $\tau=1+\Gamma=0.8$，故透射波的电场强度振幅为 $E_{tm}=\tau E_{im}=4\sqrt{2}$ V/m。

9.20　$z<0$ 的半空间为空气，$z>0$ 的半空间为理想介质（$\mu=\mu_0$，$\varepsilon=\varepsilon_r\varepsilon_0$，$\sigma=0$），当电场强度振幅为 $E_{im}=10$ V/m 的均匀平面波从空气中垂直入射到介质表面上时，在空气中

距介质表面 0.5 m 处测到合成波电场强度振幅的第一个最大值点，且 $|E_1|_{max}=12\ V/m$。求：

(1) 电磁波的频率 f 和介质的相对介电常数 ε_r；

(2) 空气中的驻波比；

(3) 反射波的平均能流密度矢量 $\boldsymbol{S}_{rav}$ 和透射波的平均能流密度矢量 $\boldsymbol{S}_{tav}$。

解　(1) 合成波电场强度振幅最小值点在介质表面上，则

$$\lambda=4|Z_{max}-Z_{min}|=2\ m$$

故

$$f=\frac{v_0}{\lambda}=1.5\times10^8\ Hz$$

由 $|E_1|_{max}=E_{im}(1-\Gamma)$ 得

$$\Gamma=1-\frac{|E_1|_{max}}{E_{im}}=1-\frac{12}{10}=-\frac{1}{5}$$

又 $\Gamma=\dfrac{\eta-\eta_0}{\eta+\eta_0}=\dfrac{1-\sqrt{\varepsilon_r}}{1+\sqrt{\varepsilon_r}}=-\dfrac{1}{5}$，故 $\varepsilon_r=2.25$。

(2)
$$S=\frac{1+|\Gamma|}{1-|\Gamma|}=\frac{3}{2}$$

(3)
$$\boldsymbol{S}_{rav}=\frac{1}{2\eta_0}\Gamma^2E_{im}^2=\frac{1}{60\pi}\ W/m^2,\ \boldsymbol{S}_{tav}=\frac{1}{2\eta_2}(1+\Gamma)^2E_{im}^2=\frac{2}{5\pi}\ W/m^2$$

9.21　雷达天线罩用 $\varepsilon_r=3.78$ 的 SiO_2 玻璃制成，厚 10 mm。雷达发射的电磁波频率为9.375 GHz，设其垂直入射至天线罩平面上。试计算电磁波的反射系数 Γ 和反射功率占发射功率的百分比 γ。若要求无反射，则天线罩厚度应取多少？

解　由题意得

$$\Gamma=\frac{\eta_d-\eta_1}{\eta_d+\eta_1}=\frac{180-j126-377}{180+j126+377}=\frac{234\angle(180^\circ+32.6^\circ)}{571\angle12.7^\circ}=0.410\angle199.9^\circ$$

$$\gamma=|\Gamma|^2=0.168=16.8\%$$

令 $k_2d=\pi$(或 2π, …)，$\eta_d=\eta_3=\eta_1$，得 $\Gamma=0$，故可取 $k_2d=121.5\ \pi d=\pi$，得

$$d=\frac{1}{121.5}=8.23\times10^{-3}\ m=8.23\ m$$

9.22　真空中波长为 1.5 μm 的远红外电磁波以 75°的入射角从 $\varepsilon_r=2.5$、$\mu_r=1$ 的媒质斜入射到空气中，求距空气界面一个波长处的电场强度与空气界面上的电场强度之比。

解　由题意得

$$\theta_c=\arcsin\sqrt{\frac{\varepsilon_2}{\varepsilon_1}}=\arcsin\sqrt{\frac{1}{1.5}}=54.74^\circ$$

因为入射角大于临界角，斜入射电磁波发生全反射，所以

$$\cos\theta_t=-j\sqrt{\left(\sqrt{\frac{\varepsilon_2}{\varepsilon_1}}\sin\theta_i\right)^2-1}=-j0.633$$

从而

$$k_2\alpha=k_2\times0.633=\frac{2\pi}{\lambda_2}\times0.633$$

于是

$$\frac{E(\lambda_2)}{E(0)}=e^{-k_2\alpha\lambda_2}=e^{-2\pi\times 0.633}=0.0188$$

9.23 介质 1 为理想介质，且 $\varepsilon_1=2\varepsilon_0$，$\mu_1=\mu_0$，$\sigma_1=0$；介质 2 为空气。平面电磁波由介质 1 向分界面上斜入射，入射波电场与入射面平行，如图 9－5 所示。

当入射角 $\theta_1=\frac{\pi}{4}$时，试求：

(1) 全反射的临界角；

(2) 介质 2(空气)中折射波的折射角 θ_2；

(3) 反射系数 $\Gamma_{/\!/}$；

(4) 透射系数 $\tau_{/\!/}$。

当入射角 $\theta_1=\frac{\pi}{3}$时，试求：

(5) 此种情况是否满足无反射条件？布儒斯特角 θ_b 是多少？

(6) 入射波在入射方向的相速 v。

(7) 入射波在 x 方向的相速 v_x。

(8) 入射波在 y 方向的相速 v_y。

(9) 介质 2 中的平均能流密度矢量 $\boldsymbol{S}_{av}$。

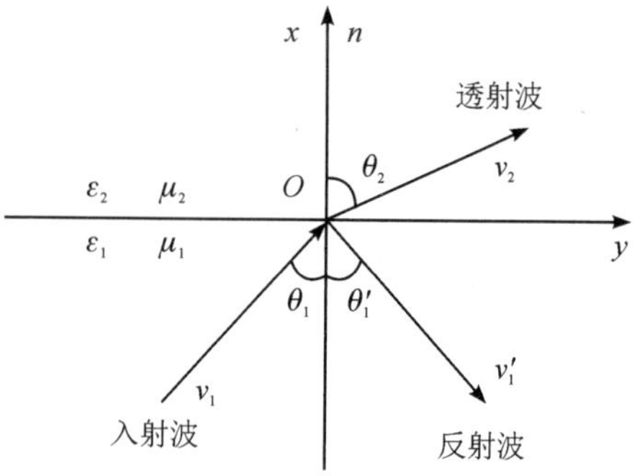

图 9－5 习题 9.23 图

解 当入射角 $\theta_1=\frac{\pi}{4}$时：

(1) 全反射的临界角为

$$\theta_c=\arcsin\sqrt{\frac{\varepsilon_2}{\varepsilon_1}}=\arcsin\sqrt{\frac{\varepsilon_0}{2\varepsilon_0}}=\frac{\pi}{4}=45°$$

(2) 因为$\frac{\sin\theta_2}{\sin\theta_1}=\sqrt{\frac{\varepsilon_1}{\varepsilon_2}}$，所以

$$\theta_2=\arcsin\left(\sqrt{\frac{\varepsilon_1}{\varepsilon_2}}\sin\theta_1\right)=\arcsin\left(\sqrt{\frac{2\varepsilon_0}{\varepsilon_0}}\sin\frac{\pi}{4}\right)=\frac{\pi}{2}$$

(3) 因

$$\eta_{01}=\sqrt{\frac{\mu_1}{\varepsilon_1}}=\sqrt{\frac{\mu_0}{2\varepsilon_0}}=2.66\times 10^2\ \Omega,\ \eta_{02}=377\ \Omega$$

故反射系数

$$|\Gamma_{/\!/}|=\frac{\eta_{02}\cos\theta_2-\eta_{01}\cos\theta_1}{\eta_{01}\cos\theta_1+\eta_{02}\cos\theta_2}=\frac{377\cos\frac{\pi}{2}-266\cos\frac{\pi}{4}}{266\cos\frac{\pi}{4}+377\cos\frac{\pi}{2}}=1$$

(4) 透射系数为

$$\Gamma_{/\!/}=\frac{2\eta_{02}\cos\theta_1}{\eta_{01}\cos\theta_1+\eta_{02}\cos\theta_2}=\frac{2\eta_{02}}{\eta_{01}}=\frac{2\times\eta_{01}/\sqrt{2}}{\eta_{01}}=\sqrt{2}$$

当入射角 $\theta_1=\frac{\pi}{3}$时：

（5）布儒斯特角为

$$\theta_b=\arctan\sqrt{\frac{\varepsilon_2}{\varepsilon_1}}=\arctan\sqrt{\frac{\varepsilon_0}{2\varepsilon_0}}=\arctan 0.707=35°$$

入射角 $\theta_1\neq\theta_b$，不满足无反射条件。

（6）入射波在入射方向的相速为

$$v=\frac{1}{\sqrt{\mu_1\varepsilon_1}}=\frac{1}{\sqrt{2\mu_0\varepsilon_0}}=\frac{1}{\sqrt{2}}\times3\times10^8=2.12\times10^8\ \text{m/s}$$

（7）由折射定律，得入射波在 x 方向的相速为

$$v_x=\frac{v}{\cos\theta_1}=\frac{2.12\times10^8}{\cos(\pi/3)}=4.24\times10^8\ \text{m/s}$$

（8）入射波在 y 方向的相速为

$$v_y=\frac{v}{\sin\theta_1}=\frac{2.12\times10^8}{\sin(\pi/3)}=2.45\times10^8\ \text{m/s}$$

（9）由于会发生全反射，因此媒质 2 中的平均能流密度矢量为 $\boldsymbol{S}_{av}=\boldsymbol{0}$。

9.24　有一正弦均匀平面波从空气斜入射到位于 $z=0$ 处的理想导体平面上，其电场强度的复数形式为

$$\boldsymbol{E}_i(x,z)=\boldsymbol{e}_y 10\mathrm{e}^{-\mathrm{j}(6x+8z)}\quad(\text{V/m})$$

试求：

（1）入射波的频率 f 与波长 λ；

（2）入射波电场强度与磁场强度的瞬时表达式；

（3）入射角；

（4）反射波电场强度和磁场强度的复数形式；

（5）空气中合成波的电场强度和磁场强度的复数形式。

解　（1）由题知入射波矢量为

$$\boldsymbol{k}_i=6\boldsymbol{e}_x+8\boldsymbol{e}_z$$

则

$$k_i=\sqrt{6^2+8^2}=10\ \text{rad/m}$$

故波长为 $\lambda=\frac{2\pi}{\beta}=\frac{2\pi}{k_i}=0.628$ m，频率为 $f=\frac{c}{\lambda}-4.78\times10^8$ Hz，$\omega=2\pi f=3\times10^9$ rad/s。

（2）因入射波传播方向上的单位矢量为

$$\boldsymbol{e}_i=\frac{\boldsymbol{k}_i}{|\boldsymbol{k}_i|}=\frac{6\boldsymbol{e}_x+8\boldsymbol{e}_z}{10}=0.6\boldsymbol{e}_x+0.8\boldsymbol{e}_z$$

故入射波磁场强度可表示为

$$\boldsymbol{H}_i(x,z)=\frac{1}{\eta_0}\boldsymbol{e}_i\times\boldsymbol{E}_i(x,z)=\frac{1}{120\pi}(-8\boldsymbol{e}_x+6\boldsymbol{e}_z)\mathrm{e}^{-\mathrm{j}(6x+8z)}$$

从而入射波磁场强度的瞬时表达式为

$$\boldsymbol{H}_i(x, z, t) = \text{Re}[\boldsymbol{H}_i(x, z)e^{j\omega t}]$$
$$= \frac{1}{120\pi}(-8\boldsymbol{e}_x + 6\boldsymbol{e}_z)\cos(3\times10^9 - 6x - 8z) \quad (\text{A/m})$$

入射波电场强度强度的瞬时表达式为

$$\boldsymbol{E}_i(x, z, t) = \text{Re}[\boldsymbol{E}_i(x, z)e^{j\omega t}]$$
$$= \boldsymbol{e}_y 10\cos(3\times10^9 - 6x - 8z) \quad (\text{V/m})$$

(3) 因为 $k_{iz}=k_i\cos\theta_i$，所以

$$\cos\theta_i = \frac{k_{iz}}{k_i} = \frac{8}{10}$$

解得 $\theta_i=36.9°$。

(4) 由斯耐尔反射定律得 $\theta_r=\theta_i=36.9°$，则反射波矢量为

$$\boldsymbol{k}_r = 6\boldsymbol{e}_x - 8\boldsymbol{e}_z$$

故

$$\boldsymbol{e}_r = \frac{\boldsymbol{k}_r}{k_r} = \frac{6\boldsymbol{e}_x - 8\boldsymbol{e}_z}{10} = 0.6\boldsymbol{e}_x - 0.8\boldsymbol{e}_z$$

而垂直极化波斜入射到理想导体平面时，反射系数为－1，所以反射波的电场强度为

$$\boldsymbol{E}_r(x, z) = -\boldsymbol{e}_y 10e^{-j(6x-8z)} \quad (\text{V/m})$$

相伴的磁场强度为

$$\boldsymbol{H}_r(x, z) = \frac{1}{\eta_0}\boldsymbol{e}_r \times \boldsymbol{E}_r(x, z) = \frac{1}{120\pi}(0.6\boldsymbol{e}_x - 0.8\boldsymbol{e}_z) \times [-\boldsymbol{e}_y e^{-j(6x-8z)}]$$
$$= \frac{1}{120\pi}(8\boldsymbol{e}_x - 6\boldsymbol{e}_z) \times e^{-j(6x-8z)} \quad (\text{A/m})$$

(5) 空气中合成波的电场强度为

$$\boldsymbol{E}_1(x, z) = \boldsymbol{E}_i(x, z) + \boldsymbol{E}_r(x, z) = -\boldsymbol{e}_y j20e^{-j6x}\sin 8z \quad (\text{V/m})$$

空气中合成波的磁场强度为

$$\boldsymbol{H}_1(x, z) = \boldsymbol{H}_i(x, z) + \boldsymbol{H}_r(x, z)$$
$$= \frac{1}{120\pi}(-\boldsymbol{e}_x 16\cos 8z - \boldsymbol{e}_y 12\sin 8z)e^{-j6x} \quad (\text{A/m})$$

9.25 空气中磁场强度 $\boldsymbol{H} = -\boldsymbol{e}_y e^{-j\sqrt{2}\pi(x+z)}$ (A/m)的均匀平面波向位于 $z=0$ 处的理想导体表面斜入射。求：

(1) 入射角；

(2) 入射波的电场强度；

(3) 反射波的电场强度和磁场强度；

(4) 合成波的电场强度和磁场强度；

(5) 理想导体表面上的感应电流密度和电荷密度。

解 (1) 由题意可知 $k_{ix}=k_{iz}=\sqrt{2}\pi$，所以入射波矢量为

$$\boldsymbol{k}_i = \boldsymbol{e}_x k_{ix} + \boldsymbol{e}_z k_{iz} = (\boldsymbol{e}_x + \boldsymbol{e}_z)\sqrt{2}\pi$$

且 $k_i=|\boldsymbol{k}_i|=2\pi$，故入射角为

$$\theta_i = \arctan\frac{k_{ix}}{k_{iz}} = \frac{\pi}{4}$$

(2) 入射波的电场强度为

$$\boldsymbol{E}_i=\eta_0\boldsymbol{H}_i\times\boldsymbol{e}_i=\frac{\eta_0}{k}\boldsymbol{H}_i\times\boldsymbol{k}_i=(-\boldsymbol{e}_x+\boldsymbol{e}_z)\frac{120\pi}{\sqrt{2}}\mathrm{e}^{-\mathrm{j}\sqrt{2}\pi(x+z)}$$

(3) 因反射波矢量为

$$\boldsymbol{k}_r=\boldsymbol{e}_x k_{ix}-\boldsymbol{e}_z k_{iz}=(\boldsymbol{e}_x-\boldsymbol{e}_z)\sqrt{2}\pi$$

故反射波的磁场强度和电场强度分别为

$$\boldsymbol{H}_r=-\boldsymbol{e}_y\mathrm{e}^{-\mathrm{j}\sqrt{2\pi}(x-z)}$$

$$\boldsymbol{E}_r=\eta_0\boldsymbol{H}_r\times\boldsymbol{e}_r=\frac{\eta_0}{k}\boldsymbol{H}_r\times\boldsymbol{k}_r=(\boldsymbol{e}_x+\boldsymbol{e}_z)\frac{120\pi}{\sqrt{2}}\mathrm{e}^{-\mathrm{j}\sqrt{2}\pi(x-z)}$$

(4) 合成波的电场强度为

$$\begin{aligned}\boldsymbol{E}_1&=\boldsymbol{E}_i+\boldsymbol{E}_r\\&=[\boldsymbol{e}_x(\mathrm{e}^{\mathrm{j}\sqrt{2}\pi z}-\mathrm{e}^{-\mathrm{j}\sqrt{2}\pi z})+\boldsymbol{e}_z(\mathrm{e}^{\mathrm{j}\sqrt{2}\pi z}+\mathrm{e}^{-\mathrm{j}\sqrt{2}\pi z})]\frac{120\pi}{\sqrt{2}}\mathrm{e}^{-\mathrm{j}\sqrt{2}\pi x}\\&=[\boldsymbol{e}_x\mathrm{j}\sin(\sqrt{2}\pi z)+\boldsymbol{e}_z\cos(\sqrt{2}\pi z)]120\sqrt{2}\pi\mathrm{e}^{-\mathrm{j}\sqrt{2}\pi x}\end{aligned}$$

合成波的磁场强度为

$$\boldsymbol{H}_1=\boldsymbol{H}_i+\boldsymbol{H}_r=-\boldsymbol{e}_y(\mathrm{e}^{\mathrm{j}\sqrt{2}\pi z}+\mathrm{e}^{-\mathrm{j}\sqrt{2}\pi z})\mathrm{e}^{-\mathrm{j}\sqrt{2}\pi x}=-\boldsymbol{e}_y 2\cos(\sqrt{2}\pi z)\mathrm{e}^{-\mathrm{j}\sqrt{2}\pi x}$$

(5) 理想导体表面上的感应电流密度和电荷密度分别为

$$\boldsymbol{J}_S=\boldsymbol{e}_n\times\boldsymbol{H}_1\Big|_{z=0}=(-\boldsymbol{e}_z)\times(-\boldsymbol{e}_y)2\mathrm{e}^{-\mathrm{j}\sqrt{2}\pi x}=-\boldsymbol{e}_x 2\mathrm{e}^{-\mathrm{j}\sqrt{2}\pi x}$$

$$\rho_S=\varepsilon_0\boldsymbol{e}_n\cdot\boldsymbol{E}_1\Big|_{z=0}=-\varepsilon_0\boldsymbol{e}_z\cdot\boldsymbol{E}_1\Big|_{z=0}=-120\sqrt{2}\pi\varepsilon_0\mathrm{e}^{-\mathrm{j}\sqrt{2}\pi x}$$

9.26　如图 9-6 所示，均匀平面波从 $\mu=\mu_0$，$\varepsilon=4\varepsilon_0$ 的理想介质中斜入射到位于 $z=0$ 处的理想导体表面。已知入射波的电场强度 $\boldsymbol{E}_i=E_0^+(\boldsymbol{e}_x-\sqrt{3}\boldsymbol{e}_z)\pi\mathrm{e}^{-\mathrm{j}(k_{ix}x+\pi z/3)}$，试求：

(1) 入射波的频率 f、波长 λ 和磁场强度 $\boldsymbol{H}_i$；

(2) 理想导体表面上的感应电流密度和电荷密度。

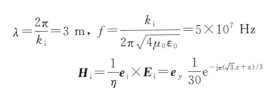

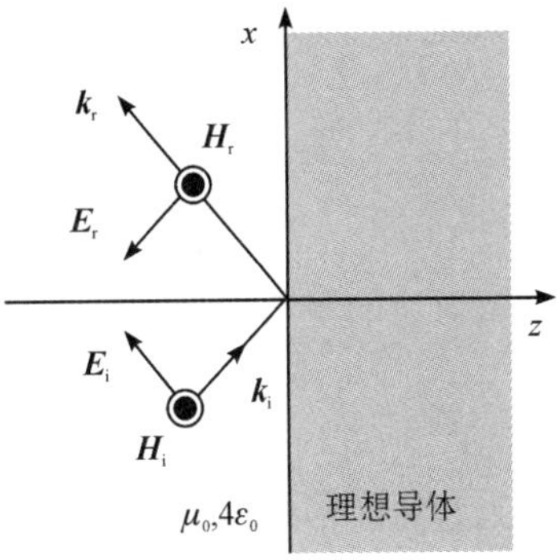

图 9-6　习题 9.26 图

解　(1) 由 $\boldsymbol{k}_i\cdot\boldsymbol{E}_{im}=0$ 得

$$k_{ix}=\frac{\sqrt{3}\pi}{3},\ k_i=\sqrt{\left(\frac{\sqrt{3}\pi}{3}\right)^2+\left(\frac{\pi}{3}\right)^2}=\frac{2\pi}{3}$$

故

$$\lambda=\frac{2\pi}{k_i}=3\ \mathrm{m},\ f=\frac{k_i}{2\pi\sqrt{4\mu_0\varepsilon_0}}=5\times10^7\ \mathrm{Hz}$$

$$\boldsymbol{H}_i=\frac{1}{\eta}\boldsymbol{e}_i\times\boldsymbol{E}_i=\boldsymbol{e}_y\frac{1}{30}\mathrm{e}^{-\mathrm{j}\pi(\sqrt{3}x+z)/3}$$

(2) 反射波的电场强度和磁场强度分别为

$$\boldsymbol{E}_r=(-\boldsymbol{e}_x-\boldsymbol{e}_z\sqrt{3})\pi\mathrm{e}^{-\mathrm{j}\pi(\sqrt{3}x-z)/3},\ \boldsymbol{H}_r=\boldsymbol{e}_y\frac{1}{30}\mathrm{e}^{-\mathrm{j}\pi(\sqrt{3}x-z)/3}$$

因合成波的磁场强度为

$$\boldsymbol{H}_1=\boldsymbol{H}_i+\boldsymbol{H}_r=\boldsymbol{e}_y\frac{1}{15}\cos\left(\frac{\pi z}{3}\right)e^{-j\sqrt{3}\pi x/3}$$

故理想导体表面上的感应电流密度为

$$\boldsymbol{J}_S=\boldsymbol{e}_n\times\boldsymbol{H}_1\Big|_{z=0}=-\boldsymbol{e}_z\times\boldsymbol{H}_1\Big|_{z=0}=\boldsymbol{e}_x\frac{1}{15}e^{-j\sqrt{3}\pi x/3}$$

因合成波的电场强度为

$$\begin{aligned}\boldsymbol{E}_1&=\boldsymbol{E}_i+\boldsymbol{E}_r=(\boldsymbol{e}_x-\boldsymbol{e}_z\sqrt{3})\pi e^{-j\pi(\sqrt{3}x+z)/3}-(\boldsymbol{e}_x+\boldsymbol{e}_z\sqrt{3})\pi e^{-j\pi(\sqrt{3}x-z)/3}\\&=-\boldsymbol{e}_x j2\pi\sin\left(\frac{\pi z}{3}\right)e^{-j\sqrt{3}\pi x/3}-\boldsymbol{e}_z 2\sqrt{3}\pi\cos\left(\frac{\pi z}{3}\right)e^{-j\sqrt{3}\pi x/3}\end{aligned}$$

故理想导体表面上的电荷密度为

$$\rho_S=\varepsilon_0\boldsymbol{e}_n\cdot\boldsymbol{E}_1\Big|_{z=0}=-\varepsilon_0\boldsymbol{e}_z\cdot\boldsymbol{E}_1\Big|_{z=0}=2\sqrt{3}\pi\varepsilon_0 e^{-j\sqrt{3}\pi x/3}$$

9.27 一个线极化平面波从自由空间入射到 $\varepsilon_r=4$，$\mu_r=1$ 的电介质分界面上，如果入射波电场强度矢量与入射面的夹角为 45°。求：

(1) 入射角为何值时，反射波中只有垂直极化波；

(2) 此时反射波的平均能流密度是入射波的百分之几。

解 (1) 由已知条件知入射波中包括垂直极化波和平行极化波，且两波的大小相等，都为 $E_{i0}/\sqrt{2}$。当入射角 θ_i 等于布儒斯特角 θ_b 时，平行极化波将无反射，反射波中只有垂直极化分量。此时入射角为

$$\theta_i=\theta_b=\arctan\sqrt{\frac{\varepsilon_2}{\varepsilon_1}}=\arctan\sqrt{\frac{4\varepsilon_0}{\varepsilon_0}}=\arctan 2=63.43°$$

(2) 当 $\theta_i=63.43°$ 时，垂直极化波的反射系数为

$$\Gamma_\perp=\frac{\cos\theta_i-\sqrt{\dfrac{\varepsilon_2}{\varepsilon_1}-\sin^2\theta_i}}{\cos\theta_i+\sqrt{\dfrac{\varepsilon_2}{\varepsilon_1}-\sin^2\theta_i}}=\frac{\cos 63.43°-\sqrt{\dfrac{4\varepsilon_0}{\varepsilon_0}-\sin^2 63.43°}}{\cos 63.43°+\sqrt{\dfrac{4\varepsilon_0}{\varepsilon_0}-\sin^2 63.43°}}=-0.6$$

故反射波的平均能流密度为

$$S_{rav}=\frac{1}{2\eta_1}E_{r0}^2=\frac{1}{2\eta_1}\left(\Gamma_\perp\frac{E_{i0}}{\sqrt{2}}\right)^2=\frac{E_{i0}^2}{2\eta_1}\times 0.18$$

而入射波的平均能流密度为

$$S_{iav}=\frac{1}{2\eta_1}E_{i0}^2$$

所以 $\dfrac{S_{rav}}{S_{iav}}=18\%$。

9.28 平行极化平面电磁波从折射率为 3 的介质入射到折射率为 1 的介质上，若发生全透射，求入射波的入射角。

解 当入射角为布儒斯特角时，发生全透射。因为介质 1 的折射率 $n_1=\sqrt{\varepsilon_1}=3$，介质 2 的折射率 $n_2=\sqrt{\varepsilon_2}=1$，所以布儒斯特角

$$\theta_b=\arcsin\sqrt{\frac{\varepsilon_2}{\varepsilon_1+\varepsilon_2}}=\arcsin\frac{1}{\sqrt{10}}$$

注意　发生全透射的条件为：首先，入射波必须是线极化波，对于垂直极化波，除非 $\varepsilon_1=\varepsilon_2$，否则无论入射角多大，都不可能发生全透射；其次，入射角等于布儒斯特角。

9.29　有一介电常数 $\varepsilon>\varepsilon_0$ 的介质棒，欲使电磁波从棒的任一端以任何角度射入时都能使电磁波只限制在该棒内传播，求该棒的相对介电常数 ε_r 的最小值。

解　如图 9－7 所示，要使波在介质内发生全反射，则必须使 $\theta_1\geqslant\theta_c$，即 $\sin\theta_1\geqslant\sin\theta_c$。因为 $\theta_1=\frac{\pi}{2}-\theta_t$，所以 $\cos\theta_t\geqslant\sin\theta_c$。

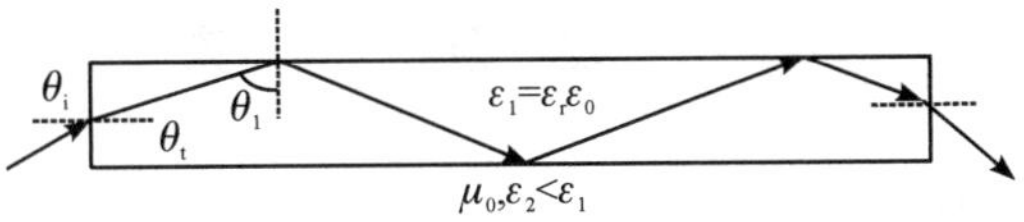

图 9－7　习题 9.29 图

由折射定律(斯耐尔定律)得

$$\sin\theta_t=\frac{1}{\sqrt{\varepsilon_r}}\sin\theta_i$$

由于 $\sin\theta_c=\sqrt{\frac{\varepsilon_0}{\varepsilon}}=\frac{1}{\sqrt{\varepsilon_r}}$，因此

$$\sqrt{1-\frac{1}{\varepsilon_r}\sin^2\theta_i}\geqslant\frac{1}{\sqrt{\varepsilon_r}}$$

解得

$$\varepsilon_r\geqslant1+\sin^2\theta_i$$

因为当 $\theta_i=\pi/2$ 时，上式右边是最大的，所以该介质棒的相对介电常数 ε_r 最小要等于 2。满足这个条件的介质有玻璃或石英。

9.30　设一均匀平面波在一良导体内传播，其传播速度为光速的 0.1%，且波长为 0.3 mm，若媒质的磁导率为 μ_0，试确定该电磁波的频率和良导体的电导率。

解　由题意知波速为

$$v=3\times10^8\times0.1\%=0.3\times10^6\ \text{m/s}$$

又波长 $\lambda=vT=\frac{v}{f}$，故该电磁波的频率

$$f=\frac{v}{\lambda}=\frac{0.3\times10^6}{0.3\times10^{-3}}=1\times10^9\ \text{Hz}$$

因 $\lambda=\frac{2\pi}{\beta}$，故

$$\beta=\frac{2\pi}{\lambda}=\frac{2\pi}{0.3\times10^{-3}}=20\ 944$$

从而由 $\beta=\sqrt{\pi f\mu\sigma}$ 得良导体的电导率为

$$\sigma=\frac{\beta^2}{\pi f\mu}=\frac{4.39\times10^8}{\pi\times10^9\times4\pi\times10^{-7}}=1.11\times10^5\ \text{S/m}$$

第 10 章 导行电磁波与传输

10.1 基本要求

本章学习有以下几点基本要求：

(1) 理解并掌握导行电磁波的概念。

(2) 理解并掌握导行电磁波的场方程与 TEM 波、TE 波、TM 波在波导中的传输特性。

(3) 理解并掌握双导体传输线方程及其解的推导、传输特性参数和状态参量。

(4) 理解同轴线及其特性。

(5) 理解并掌握矩形规则金属波导中的场分布与电磁波传输特性。

(6) 理解并掌握圆柱形规则金属波导中的场分布与电磁波传输特性。

10.2 重点与难点

本章重点：

(1) 导行电磁波的概念。

(2) 导行电磁波的场方程与 TEM 波、TE 波、TM 波在波导中的传输特性。

(3) 双导体传输线方程及其解、传输特性参数和状态参量。

(4) 矩形、圆柱形规则金属波导中的场分布与电磁波传输特性。

本章难点：

(1) TEM 波、TE 波、TM 波在波导中的传输特性。

(2) 矩形、圆柱形规则金属波导中的场分布与电磁波传输特性。

10.3 重点知识归纳

不同的导波装置可以传输不同模式的电磁波。求解电磁波在导波系统中的传输问题，可归结为求解满足特定边界条件的波动方程。根据波动方程的解的性质，可了解在各类导波装置中各种模式电磁波的场分布和传输特性。

1. 导波系统中的场方程

如果波导内无源，且为时谐场，则根据亥姆霍兹方程$\nabla^2\boldsymbol{E}+k^2\boldsymbol{E}=\boldsymbol{0}$和$\nabla^2\boldsymbol{H}+k^2\boldsymbol{H}=\boldsymbol{0}$可以得到求解两个纵向分量 E_z、H_z 的方程，即

$$\begin{cases}\left(\dfrac{\partial^2}{\partial x^2}+\dfrac{\partial^2}{\partial y^2}+k_c^2\right)E_z(x, y)=0 \\ \left(\dfrac{\partial^2}{\partial x^2}+\dfrac{\partial^2}{\partial y^2}+k_c^2\right)H_z(x, y)=0\end{cases}$$

只要求得纵向分量 E_z、H_z，就可得到其余四个横向分量 E_x、E_y、H_x、H_y，即

$$\begin{cases}E_x=-\dfrac{1}{k_c^2}\left(\gamma\dfrac{\partial E_z}{\partial x}+\mathrm{j}\omega\mu\dfrac{\partial H_z}{\partial y}\right) \\ E_y=-\dfrac{1}{k_c^2}\left(\gamma\dfrac{\partial E_z}{\partial y}-\mathrm{j}\omega\mu\dfrac{\partial H_z}{\partial x}\right) \\ H_x=-\dfrac{1}{k_c^2}\left(\gamma\dfrac{\partial H_z}{\partial x}-\mathrm{j}\omega\varepsilon\dfrac{\partial E_z}{\partial y}\right) \\ H_y=-\dfrac{1}{k_c^2}\left(\gamma\dfrac{\partial H_z}{\partial y}+\mathrm{j}\omega\varepsilon\dfrac{\partial E_z}{\partial x}\right)\end{cases}$$

式中，$k_c^2=\gamma^2+k^2$，$k=\omega\sqrt{\varepsilon\mu}$。

2. TEM 波、TE 波及 TM 波

根据纵向分量 E_z 和 H_z 存在与否，可将导波系统中的电磁波分为三种，即横电磁波(TEM 波)、横电波(TE 波)和横磁波(TM 波)。

(1) 横电磁波(TEM 波)：$E_z=0$、$H_z=0$。

传播常数：$\gamma_{\mathrm{TEM}}=\mathrm{j}k=\mathrm{j}\omega\sqrt{\varepsilon\mu}$

波阻抗：$\eta_{\mathrm{TEM}}=\dfrac{E_x}{H_y}=\dfrac{\gamma_{\mathrm{TEM}}}{\mathrm{j}\omega\varepsilon}=\sqrt{\dfrac{\mu}{\varepsilon}}=\eta$

(2) 横电波(TE 波)：$E_z=0$、$H_z\neq 0$。

传播常数：$\gamma_{\mathrm{TE}}=\sqrt{k_c^2-k^2}$

波阻抗：$\eta_{\mathrm{TE}}=\dfrac{E_x}{H_y}=\dfrac{\mathrm{j}\omega\mu}{\gamma_{\mathrm{TE}}}$

(3) 横磁波(TM 波)：$E_z\neq 0$、$H_z=0$。

传播常数：$\gamma_{\mathrm{TM}}=\sqrt{k_c^2-k^2}$

波阻抗：$\eta_{\mathrm{TM}}=\dfrac{E_x}{H_y}=\dfrac{\gamma_{\mathrm{TM}}}{\mathrm{j}\omega\varepsilon}$

(4) TE 波及 TM 波在波导中的传输特性。

电磁波在波导中的传输特性取决于传播常数 γ。由 $k_c^2=\gamma^2+k^2=\gamma^2+\omega^2\varepsilon\mu$ 可知：

当 $k>k_c$ 时，$\gamma=\mathrm{j}\sqrt{k_c^2-k^2}=\mathrm{j}\beta$，此为可传播模式，这种情形下可传播电磁波；

当 $k<k_c$ 时，$\gamma=\sqrt{k_c^2-k^2}=\alpha$，此为衰减模式，这种情形下不可传播电磁波；

当 $k=k_c$ 时，$\gamma=\sqrt{k_c^2-k^2}=0$，此为临界状态。

在临界状态下，因 $\gamma=0$，$\omega=\omega_c=\dfrac{k_c}{\sqrt{\varepsilon\mu}}$，故可得到截止频率 f_c 和截止波长 λ_c 分别为

$$f_c=\frac{k_c}{2\pi\sqrt{\varepsilon\mu}}$$

$$\lambda_c = \frac{v}{f_c} = \frac{2\pi}{k_c}$$

可见，只有当工作频率(信号源频率) $f > f_c$ 或工作波长 $\lambda < \lambda_c$ 时，电磁信号才可以传播，否则呈衰减波，此为波导的滤波作用。

在能够传播电磁波的情形下，

波导中的相位常数：$\beta = \sqrt{k^2 - k_c^2} = k\sqrt{1 - \left(\frac{f_c}{f}\right)^2} < k = \omega\sqrt{\varepsilon\mu}$

波导波长：$\lambda_g = \frac{2\pi}{\beta} = \frac{\lambda}{\sqrt{1 - \left(\frac{f_c}{f}\right)^2}} > \lambda$

波导相速：$v_p = \frac{\omega}{\beta} = \frac{v}{\sqrt{1 - \left(\frac{f_c}{f}\right)^2}} > v = \frac{1}{\sqrt{\varepsilon\mu}}$

3. 均匀传输线方程与传输特性参数和状态参量

1) 均匀传输线方程

一般传输线方程为

$$\begin{cases} -\dfrac{\partial u(z, t)}{\partial z} = R_1 i(z, t) + L_1 \dfrac{\partial i(z, t)}{\partial t} \\ -\dfrac{\partial i(z, t)}{\partial z} = G_1 u(z, t) + C_1 \dfrac{\partial u(z, t)}{\partial t} \end{cases}$$

时谐传输方程为

$$\begin{cases} \dfrac{\mathrm{d}U(z)}{\mathrm{d}z} = -Z_1 I(z) \\ \dfrac{\mathrm{d}I(z)}{\mathrm{d}z} = -Y_1 U(z) \end{cases}$$

式中，$Z_1 = R_1 + \mathrm{j}\omega L_1$ 和 $Y_1 = G_1 + \mathrm{j}\omega C_1$ 分别为传输线单位长度的串联阻抗和并联导纳。

2) 传输特性参数和状态参量

特性阻抗：$Z_0 = \frac{U_i(z)}{I_i(z)} = -\frac{U_r(z)}{I_r} = \sqrt{\frac{R + \mathrm{j}\omega L}{G + \mathrm{j}\omega C}}$

传播常数：$\gamma = \sqrt{(R + \mathrm{j}\omega L)(G + \mathrm{j}\omega C)} = \alpha + \mathrm{j}\beta$

相速：$v_p = \frac{z_2 - z_1}{t_2 - t_1} = \frac{\omega}{\beta}$

波长：$\lambda_p = v_p T = \frac{\omega}{\beta}\frac{1}{f} = \frac{2\pi}{\beta}$

输入阻抗：$Z_{in}(z) = \frac{U(Z)}{I(Z)} = \frac{U_i(z) + U_r(z)}{I_i(z) + I_r(z)}$

反射系数：$\begin{cases} \Gamma_U = \dfrac{U_r(z)}{U_i(z)} \\ \Gamma_I = \dfrac{I_r(z)}{I_i(z)} \end{cases}$

传输系数：$T(z)=\dfrac{\text{传输电压(或电流)}}{\text{入射电压(或电流)}}=\dfrac{U_t(z)}{U_i(z)}=\dfrac{I_t(z)}{I_i(z)}$

驻波比：$S=\left|\dfrac{U_{\max}}{U_{\min}}\right|=\left|\dfrac{I_{\max}}{I_{\min}}\right|=\text{VSWR}$

行波系数：$K=\dfrac{1}{S}=\dfrac{1-|\Gamma|}{1+|\Gamma|}$

4. 矩形波导中传播的 TE 波和 TM 波

(1) 横截面尺寸为 $a\times b$ 的矩形波导中传播的 TE 波的场分量为

$$\begin{cases}E_x=\displaystyle\sum_{m=0}^{\infty}\sum_{n=0}^{\infty}\frac{\mathrm{j}\omega\mu}{k_c^2}\frac{n\pi}{b}H_{mn}\cos\left(\frac{m\pi}{a}x\right)\sin\left(\frac{n\pi}{b}y\right)\mathrm{e}^{-\mathrm{j}\beta z}\\ E_y=\displaystyle\sum_{m=0}^{\infty}\sum_{n=0}^{\infty}\frac{-\mathrm{j}\omega\mu}{k_c^2}\frac{m\pi}{a}H_{mn}\sin\left(\frac{m\pi}{a}x\right)\cos\left(\frac{n\pi}{b}y\right)\mathrm{e}^{-\mathrm{j}\beta z}\\ E_z=0\\ H_x=\displaystyle\sum_{m=0}^{\infty}\sum_{n=0}^{\infty}\frac{\mathrm{j}\beta}{k_c^2}\frac{m\pi}{a}H_{mn}\sin\left(\frac{m\pi}{a}x\right)\cos\left(\frac{n\pi}{b}y\right)\mathrm{e}^{-\mathrm{j}\beta z}\\ H_y=\displaystyle\sum_{m=0}^{\infty}\sum_{n=0}^{\infty}\frac{\mathrm{j}\beta}{k_c^2}\frac{n\pi}{b}H_{mn}\cos\left(\frac{m\pi}{a}x\right)\sin\left(\frac{n\pi}{b}y\right)\mathrm{e}^{-\mathrm{j}\beta z}\\ H_z=\displaystyle\sum_{m=0}^{\infty}\sum_{n=0}^{\infty}H_{mn}\cos\left(\frac{m\pi}{a}x\right)\cos\left(\frac{n\pi}{b}y\right)\mathrm{e}^{-\mathrm{j}\beta z}\end{cases}$$

式中，$k_c=\sqrt{\left(\dfrac{m\pi}{a}\right)^2+\left(\dfrac{n\pi}{b}\right)^2}$ 为矩形波导 TE 波的截止波数，显然它与波导尺寸、传输波形有关。m 和 n 分别代表 TE 波沿 x 方向和 y 方向分布的半波个数，一组 m、n 对应一种 TE 波，称作 TE_{mn} 模。但 m 和 n 不能同时为零，否则场分量全部为零。由于矩形波导的尺寸 $a>b$，因此矩形波导 TE 波中的 TE_{10} 模是最低次模，其余称为高次模。

(2) 横截面尺寸为 $a\times b$ 的矩形波导中传播的 TM 波的场分量为

$$\begin{cases}E_x=\displaystyle\sum_{m=1}^{\infty}\sum_{n=1}^{\infty}\frac{-\mathrm{j}\beta}{k_c^2}\frac{m\pi}{a}E_{mn}\cos\left(\frac{m\pi}{a}x\right)\sin\left(\frac{n\pi}{b}y\right)\mathrm{e}^{-\mathrm{j}\beta z}\\ E_y=\displaystyle\sum_{m=1}^{\infty}\sum_{n=1}^{\infty}\frac{-\mathrm{j}\beta}{k_c^2}\frac{n\pi}{b}E_{mn}\sin\left(\frac{m\pi}{a}x\right)\cos\left(\frac{n\pi}{b}y\right)\mathrm{e}^{-\mathrm{j}\beta z}\\ E_z=\displaystyle\sum_{m=1}^{\infty}\sum_{n=1}^{\infty}E_{mn}\sin\left(\frac{m\pi}{a}x\right)\sin\left(\frac{n\pi}{b}y\right)\mathrm{e}^{-\mathrm{j}\beta z}\\ H_x=\displaystyle\sum_{m=1}^{\infty}\sum_{n=1}^{\infty}\frac{\mathrm{j}\omega\varepsilon}{k_c^2}\frac{n\pi}{b}E_{mn}\sin\left(\frac{m\pi}{a}x\right)\cos\left(\frac{n\pi}{b}y\right)\mathrm{e}^{-\mathrm{j}\beta z}\\ H_y=\displaystyle\sum_{m=1}^{\infty}\sum_{n=1}^{\infty}\frac{-\mathrm{j}\omega\varepsilon}{k_c^2}\frac{m\pi}{a}E_{mn}\cos\left(\frac{m\pi}{a}x\right)\sin\left(\frac{n\pi}{b}y\right)\mathrm{e}^{-\mathrm{j}\beta z}\\ H_z=0\end{cases}$$

式中，$k_c=\sqrt{\left(\dfrac{m\pi}{a}\right)^2+\left(\dfrac{n\pi}{b}\right)^2}$ 为矩形波导TM波的截止波数。一组 m、n 对应一种TM波，

称作 TM_{mn} 模，但 m 和 n 都不能为零。其中 TM_{11} 模是矩形波导 TM 波的最低次模，其他均为高次模。

5. 圆柱形波导中传播的 TE 波和 TM 波

(1) TE 波的场分量为

$$
\begin{cases}
E_\rho = \pm \sum_{m=0}^{\infty}\sum_{n=1}^{\infty} \dfrac{j\omega\mu m a^2}{\mu_{mn}\rho} H_{mn} J_m\left(\dfrac{\mu_{mn}}{a}\rho\right)\begin{pmatrix}\sin m\phi \\ \cos m\phi\end{pmatrix} e^{-j\beta z} \\
E_\phi = \sum_{m=0}^{\infty}\sum_{n=1}^{\infty} \dfrac{j\omega\mu a}{\mu_{mn}} H_{mn} J'_m\left(\dfrac{\mu_{mn}}{a}\rho\right)\begin{pmatrix}\cos m\phi \\ \sin m\phi\end{pmatrix} e^{-j\beta z} \\
E_z = 0 \\
H_\rho = \sum_{m=0}^{\infty}\sum_{n=1}^{\infty} \dfrac{-j\beta a}{\mu_{mn}} H_{mn} J'_m\left(\dfrac{\mu_{mn}}{a}\rho\right)\begin{pmatrix}\cos m\phi \\ \sin m\phi\end{pmatrix} e^{-j\beta z} \\
H_\phi = \pm \sum_{m=0}^{\infty}\sum_{n=1}^{\infty} \dfrac{j\beta m a^2}{\mu_{mn}^2\rho} H_{mn} J_m\left(\dfrac{\mu_{mn}}{a}\rho\right)\begin{pmatrix}\sin m\phi \\ \mathrm{cis} m\phi\end{pmatrix} e^{-j\beta z} \\
H_z = \sum_{m=0}^{\infty}\sum_{n=1}^{\infty} H_{mn} J_m\left(\dfrac{\mu_{mn}}{a}\rho\right)\begin{pmatrix}\cos m\phi \\ \sin m\phi\end{pmatrix} e^{-j\beta z}
\end{cases}
$$

(2) TM 波的场分量为

$$
\begin{cases}
E_\rho = \sum_{m=0}^{\infty}\sum_{n=1}^{\infty} \dfrac{-j\beta a}{v_{mn}} E_{mn} J'_m\left(\dfrac{v_{mn}}{a}\rho\right)\begin{pmatrix}\cos m\phi \\ \sin m\phi\end{pmatrix} e^{-j\beta z} \\
E_\phi = \pm \sum_{m=0}^{\infty}\sum_{n=1}^{\infty} \dfrac{j\beta m a^2}{v_{mn}^2\rho} E_{mn} J_m\left(\dfrac{v_{mn}}{a}\rho\right)\begin{pmatrix}\sin m\phi \\ \cos m\phi\end{pmatrix} e^{-j\beta z} \\
E_z = \sum_{m=0}^{\infty}\sum_{n=1}^{\infty} E_{mn} J_m\left(\dfrac{v_{mn}}{a}\rho\right)\begin{pmatrix}\cos m\phi \\ \sin m\phi\end{pmatrix} e^{-j\beta z} \\
H_\rho = \pm \sum_{m=0}^{\infty}\sum_{n=1}^{\infty} \dfrac{j\omega\varepsilon m a^2}{v_{mn}^2\rho} E_{mn} J_m\left(\dfrac{v_{mn}}{a}\rho\right)\begin{pmatrix}\sin m\phi \\ \cos m\phi\end{pmatrix} e^{-j\beta z} \\
H_\phi = \sum_{m=0}^{\infty}\sum_{n=1}^{\infty} \dfrac{-j\omega\varepsilon a}{v_{mn}} E_{mn} J'_m\left(\dfrac{v_{mn}}{a}\rho\right)\begin{pmatrix}\cos m\phi \\ \sin m\phi\end{pmatrix} e^{-j\beta z} \\
H_z = 0
\end{cases}
$$

10.4 思 考 题

1. 横电磁波能用纵向法求解吗？为什么？
2. 波导中频率满足什么条件才能正常传播？
3. 输入阻抗与特性阻抗有什么异同？
4. 为什么矩形波导中只能传输 TE 波和 TM 波？
5. 什么是模式的简并？在实际应用中如何处理简并模？
6. 矩形、圆柱形规则金属波导中有哪些简并模？

10.5 习题全解

10.1　在一均匀无耗传输线上传输频率为3 GHz的信号，已知其特性阻抗 $Z_0=100\ \Omega$，终端接 $Z_1=75+\mathrm{j}100\Omega$ 的负载，试求：

(1) 传输线上的驻波比；

(2) 距离终端10 cm处的反射系数；

(3) 距离终端2.5 cm处的输入阻抗。

解　(1) 终端反射系数为

$$\Gamma_1=\frac{Z_1-Z_0}{Z_1+Z_0}=\frac{75+\mathrm{j}100-100}{75+\mathrm{j}100+100}=\frac{-1+\mathrm{j}4}{7+\mathrm{j}4}=0.51\angle 74.3^\circ$$

因此，传输线上的驻波比为

$$S=\frac{1+|\Gamma_1|}{1-|\Gamma_1|}=3.08$$

(2) 已知信号频率为3 GHz，则其波长为

$$\lambda=\frac{c}{f}=\frac{3\times10^8}{3\times10^9}=0.1\ \mathrm{m}=10\ \mathrm{cm}$$

所以，距离终端10 cm处恰好为距离终端一个波长处。根据 $\lambda/2$ 的重复性，有

$$\Gamma(10\ \mathrm{cm})=\Gamma_1=0.51\angle 74.3^\circ$$

(3) 由于 $2.5\ \mathrm{cm}=\lambda/4$，因此根据 $\lambda/4$ 的变换性，即

$$Z_{\mathrm{in}}\left(\frac{\lambda}{4}\right)Z_1=Z_0^2$$

有

$$Z_{\mathrm{in}}\left(\frac{\lambda}{4}\right)=\frac{100\times100}{75+\mathrm{j}100}=48-\mathrm{j}64\ \Omega$$

10.2　有一特性阻抗 $Z_0=50\ \Omega$ 的无耗均匀传输线，导体间的媒质参数为 $\varepsilon_r=2.25$，$\mu_r=1$，终端接 $R_1=1\ \Omega$ 的负载。当 $f=100$ MHz时，传输线的线长度为 $\lambda/4$。试求：

(1) 传输线的实际长度；

(2) 负载终端反射系数；

(3) 输入端反射系数；

(4) 输入端阻抗。

解　(1) 传输线上的波长为

$$\lambda_g=\frac{c/f}{\sqrt{\varepsilon_r}}=2\ \mathrm{m}$$

因而，传输线的实际长度为

$$l=\frac{\lambda_g}{4}=0.5\ \mathrm{m}$$

(2) 负载终端反射系数为

$$\Gamma_1=\frac{R_1-Z_0}{R_1+Z_0}=-\frac{49}{51}$$

(3) 输入端反射系数为

$$\Gamma_{in}=\Gamma_1 e^{-j2\beta l}=\frac{49}{51}$$

(4) 根据传输线的 $\lambda/4$ 的阻抗变换性，输入端阻抗为 $\Gamma_{in}=2500\ \Omega$。

10.3 已知一双线无耗传播线的线距 $D=8$ cm，导线的直径为 $d=1$ cm，传输线的周围介质为空气。试计算：

(1) 单位长度电感和单位长度电容；

(2) 当 $f=600$ MHz 时的特性阻抗和相位常数。

解 (1) 单位长度的电容和电感可用与恒定场相同的方法计算。

设两导线的线间距为 $2h=D=8$ cm，导线半径为 $R=\dfrac{d}{2}=0.5$ cm，则电轴为

$$b=\sqrt{4^2-0.5^2}=3.968\ \text{cm}$$

两线间电压为

$$U=\frac{\tau}{\pi\varepsilon_0}\ln\frac{h+b}{R}$$

故

$$C_0=\frac{\tau}{U}=\frac{\pi\varepsilon_0}{\ln\dfrac{h+b}{R}}=\frac{\pi\times 8.85\times 10^{-12}}{\ln\dfrac{4+3.98}{0.5}}=10.27\ \text{pF/m}$$

因穿过两导线间的磁通为

$$\Phi_0=\frac{\mu_0 I}{\pi}\ln\frac{h+b}{R}$$

故电感为

$$L_0=\frac{\Phi_0}{I}=\frac{\mu_0}{\pi}\ln\frac{h+b}{R}=\frac{4\pi\times 10^{-7}}{\pi}\ln\frac{4+3.968}{0.5}=1.11\times 10^{-6}\ \text{H/m}$$

求出 C_0 后，由 $\sqrt{L_0C_0}=\sqrt{\mu\varepsilon}$，亦可得 L_0。

(2) 传输线的特性阻抗为

$$Z_0=\sqrt{\frac{L_0}{C_0}}=\sqrt{\frac{1.11\times 10^{-6}}{10.27\times 10^{-12}}}=324.67\ \Omega$$

相位常数 β 为

$$\beta=\omega\sqrt{L_0C_0}=2\pi\times 600\times 10^6\sqrt{1.11\times 10^{-6}\times 10.27\times 10^{-12}}=12.57\ \text{rad/m}$$

10.4 一条长为 100 m 的无耗传输线，其分布电感为 296 nH/m，分布电容为 46.2 pF/m，工作于无负载状态。在传输线输入端接有电压源，该电压源用于输送功率。电压源的开路电压为 $U_s(t)=100\cos(10^6 t)$ (V)，其内阻抗可忽略。计算：

(1) 线路的特性阻抗和相位常数；

(2) 接收端的电压和电源供给的电流；

(3) 电源送出的功率。

解 (1) 特性阻抗为

$$Z_0=\sqrt{\frac{L_0}{C_0}}=\sqrt{\frac{0.296\times 10^{-6}}{46.2\times 10^{-12}}}\approx 80\ \Omega$$

相位常数为

$$\beta=\omega\sqrt{L_0C_0}=3.698\times10^{-3}\ \text{rad/m}$$

(2) 接收端的电压为

$$\dot{U}(0)=100\angle0^\circ\cos(0.3698)-\text{j}80\dot{I}_s\sin(0.3698)$$

接收端的电流为

$$\dot{I}(0)=-\text{j}\,\frac{100\angle0^\circ}{80}\sin(0.3698)+\dot{I}_s\cos(0.3698)$$

则电源供给的电流和接收端的电压分别为

$$\dot{I}_s=\text{j}0.485\ \text{A}$$

$$\dot{U}(0)=107.26\ \text{V}$$

(3) 电源送出的功率为

$$\tilde{S}=\frac{1}{2}\dot{U}_S\dot{I}_S^*=\frac{1}{2}(100\angle0^\circ)(-\text{j}0.485)=-\text{j}24.25\ \text{VA}$$

10.5　一矩形波导的尺寸为：$a=2$ cm，$b=1$ cm，内部充满空气，该波导能否传输波长为 3 cm 的信号？求其在波导中的波导波长、相速、群速和波阻抗。

解　因为 TE_{10} 模的截止波长为 $\lambda_c=2a=4$ cm，所以该波导可以传输波长为 3 cm 的信号。

波导波长为

$$\lambda_g=\frac{\lambda}{\sqrt{1-\left(\frac{\lambda}{2a}\right)^2}}=4.54\ \text{cm}$$

相速为

$$v_p=\frac{c}{\sqrt{1-\left(\frac{\lambda}{2a}\right)^2}}=4.54\times10^8\ \text{m/s}$$

群速为

$$v_g=c\sqrt{1-\left(\frac{\lambda}{2a}\right)^2}=1.98\times10^8\ \text{m/s}$$

波阻抗为

$$\eta_{TE_{10}}=\frac{\eta}{\sqrt{1-\left(\frac{\lambda}{2a}\right)^2}}\approx181.4\pi\ \Omega$$

10.6　已知横截面为 $a\times b$ 的矩形波导内的纵向场分量为 $E_z=0$，$H_z=H_0\cos\left(\frac{\pi}{a}x\right)\cos\left(\frac{\pi}{b}y\right)e^{-\text{j}\beta z}$，其中 H_0 为常量。

(1) 试求波导内场的其他分量及传输模式；

(2) 试说明为什么波导内部不可能存在 TEM 波。

解　(1) 由横向场分量的表达式可得

$$E_x=\frac{\text{j}\omega\mu}{k_c^2}\frac{\pi}{b}H_0\cos\left(\frac{\pi}{a}x\right)\sin\left(\frac{\pi}{b}y\right)e^{-\text{j}\beta z}$$

$$E_y=-\frac{j\omega\mu}{k_c^2}\frac{\pi}{a}H_0\sin\left(\frac{\pi}{a}x\right)\cos\left(\frac{\pi}{b}y\right)e^{-j\beta z}$$

$$H_x=\frac{j\beta}{k_c^2}\frac{\pi}{a}H_0\sin\left(\frac{\pi}{a}x\right)\cos\left(\frac{\pi}{b}y\right)e^{-j\beta z}$$

$$H_y=\frac{j\beta}{k_c^2}\frac{\pi}{b}H_0\cos\left(\frac{\pi}{a}x\right)\sin\left(\frac{\pi}{b}y\right)e^{-j\beta z}$$

其传输的是 TE_{11} 模式的波。

(2) 空心波导内部不可能存在 TEM 波。这是因为，如果波导内部存在 TEM 波，则要求磁场应完全在波导的横截面内，而且是闭合曲线。由麦克斯韦方程可知，回线上磁场的环路积分应等于与回路交链的轴向电流。此处是空心波导，不存在轴向的传导电流，故必要求有轴向的位移电流。由位移电流的定义式 $\boldsymbol{J}=\frac{\partial \boldsymbol{D}}{\partial t}$ 可知，这时必有轴向变化的电场存在。这与 TEM 波电场、磁场仅存在于垂直于传播方向的横截面内的命题是完全矛盾的，所以波导内部不可能存在 TEM 波。

10.7 已知空气填充矩形波导中传播的电磁波是 TE_{10} 波，其中磁场的轴向 z 方向分量为

$$H_z=H_0\cos\left(\frac{\pi}{a}x\right)e^{j(\omega t-\beta z)}$$

试求：

(1) 矩形波导中电场、磁场各分量的表达式；

(2) 波导壁上的表面电流分布。

解 (1) 矩形波导中 TE 波的恒场、纵场关系为

$$\boldsymbol{H}_t=-\frac{\gamma}{k_c^2}\nabla_t H_z$$

$$\boldsymbol{E}_t=-\frac{j\omega\mu}{k_c^2}\nabla_t H_z\times\boldsymbol{e}_z=Z_{TE}\boldsymbol{H}_t\times\boldsymbol{e}_z$$

即

$$\boldsymbol{H}_t=-\frac{\gamma}{k_c^2}\left(\boldsymbol{e}_x\frac{\partial}{\partial x}+\boldsymbol{e}_y\frac{\partial}{\partial y}\right)H_z=H_0\frac{j\beta}{k_c^2}\frac{\pi}{a}\sin\left(\frac{\pi x}{a}\right)e^{j(\omega t-\beta z)}\boldsymbol{e}_x$$

$$\boldsymbol{E}_t=Z_{TE}\boldsymbol{H}_t\times\boldsymbol{e}_z=-jH_0\frac{Z_{TE}\beta}{k_c^2}\frac{\pi}{a}\sin\left(\frac{\pi x}{a}\right)e^{j(\omega t-\beta z)}\boldsymbol{e}_y$$

从而矩形波导中电场、磁场各分量的表达式为

$$H_z=H_0\cos\left(\frac{\pi}{a}x\right)e^{j(\omega t-\beta z)}$$

$$H_x=H_0\frac{j\beta}{k_c^2}\frac{\pi}{a}\sin\left(\frac{\pi x}{a}\right)e^{j(\omega t-\beta z)}$$

$$E_y=-jH_0\frac{Z_{TE}\beta}{k_c^2}\frac{\pi}{a}\sin\left(\frac{\pi x}{a}\right)e^{j(\omega t-\beta z)}$$

$$E_z=E_x=H_y=0$$

(2) 利用 $\boldsymbol{J}_S=\boldsymbol{e}_n\times\boldsymbol{H}\Big|_S$，得到 $\boldsymbol{J}_S=\boldsymbol{e}_n\times(\boldsymbol{H}_z+\boldsymbol{H}_x)|_S$，所以波导壁上的表面电流分

布为

$$\boldsymbol{J}_S\Big|_{x=0}=\boldsymbol{e}_x\times\boldsymbol{H}\Big|_{x=0}=-\boldsymbol{e}_yH_0\mathrm{e}^{\mathrm{j}(\omega t-\beta z)}$$

$$\boldsymbol{J}_S\Big|_{x=a}=-\boldsymbol{e}_x\times\boldsymbol{H}\Big|_{x=a}=-\boldsymbol{e}_yH_0\mathrm{e}^{\mathrm{j}(\omega t-\beta z)}$$

$$\boldsymbol{J}_S\Big|_{y=0}=\boldsymbol{e}_y\times\boldsymbol{H}\Big|_{y=0}=\left[\boldsymbol{e}_xH_0\cos\left(\frac{\pi}{a}x\right)-\boldsymbol{e}_zH_0\frac{\mathrm{j}\beta}{k_c^2}\frac{\pi}{a}\sin\left(\frac{\pi x}{a}\right)\right]\mathrm{e}^{\mathrm{j}(\omega t-\beta z)}$$

$$\boldsymbol{J}_S\Big|_{y=b}=-\boldsymbol{e}_y\times\boldsymbol{H}\Big|_{y=b}=\left[-\boldsymbol{e}_xH_0\cos\left(\frac{\pi}{a}x\right)+\boldsymbol{e}_zH_0\frac{\mathrm{j}\beta}{k_c^2}\frac{\pi}{a}\sin\left(\frac{\pi x}{a}\right)\right]\mathrm{e}^{\mathrm{j}(\omega t-\beta z)}$$

10.8　下列矩形波导具有相同的工作波长，试比较它们工作在 TM_{11} 模式的截止频率。

(1) $a\times b=23\ \text{mm}\times10\ \text{mm}$；

(2) $a\times b=16.5\ \text{mm}\times16.5\ \text{mm}$。

解　截止频率的计算公式为

$$f_c=\frac{1}{2\pi\sqrt{\mu\varepsilon}}\sqrt{\left(\frac{m\pi}{a}\right)^2+\left(\frac{n\pi}{b}\right)^2}$$

当介质为空气时

$$\sqrt{\mu\varepsilon}=\sqrt{\mu_0\varepsilon_0}=\frac{1}{c}$$

(1) 当 $a\times b=23\ \text{mm}\times10\ \text{mm}$，工作模式仍为 $TM_{11}(m=1,\ n=1)$时，其截止频率为

$$f_c=\frac{3\times10^{11}}{2}\sqrt{\left(\frac{1}{23}\right)^2+\left(\frac{1}{10}\right)^2}=16.36\ \text{GHz}$$

(2) 当 $a\times b=16.5\ \text{mm}\times16.5\ \text{mm}$，工作模式为 $TM_{11}(m=1,\ n=1)$时，其截止频率为

$$f_c=\frac{3\times10^{11}}{2}\sqrt{\left(\frac{1}{16.5}\right)^2+\left(\frac{1}{16.5}\right)^2}=12.86\ \text{GHz}$$

由以上计算可知：截止频率与波导的尺寸、传输模式及波导填充的介质有关，与工作频率无关。

10.9　空心矩形金属波导的尺寸为 $a\times b=22.86\ \text{mm}\times10.16\ \text{mm}$，当信源的波长分别为 10 cm、8 cm 和 3.2 cm 时，问：

(1) 哪些波长的波可以在该波导内传输？可传输的波在波导内可能存在哪些模式？

(2) 若信源的波长仍如上所述，而波导尺寸为 $a\times b=72.14\ \text{mm}\times30.4\ \text{mm}$，此时情况又如何？

解　根据模式传输条件，若信源波长小于某种模式的截止波长，即满足 $\lambda<\lambda_c$，则此种模式就能传输。而矩形波导的截止波长最长的模式为 TE_{10}，因此，若信源的波长小于 TE_{10} 的截止波长，则此信号就能通过波导。

(1) 矩形波导中几种模式的截止波长为 $\lambda_{cTE_{10}}=2a=4.572\ \text{cm}$。

由于 $\lambda=10$ cm 和 $\lambda=8$ cm 两种信源的波长均大于 TE_{10} 的截止波长，因此它们不能通过波导，只有波长为 3.2 cm 的信源能通过波导。

比 TE_{10} 模式低的两种模式的截止波长为

$$\lambda_{cTE_{20}}=a=2.286\ \text{cm}$$

$$\lambda_{cTE_{01}}=2b=2.032\ \text{cm}$$

显然，这两种模式的截止波长均小于信源的波长，所以此时波导内只存在 TE_{10} 模。

（2）当波导尺寸为 $a\times b=72.14\ \text{mm}\times 30.4\ \text{mm}$ 时，几种模式的截止波长分别为

$$\lambda_{cTE_{10}}=2a=14.428\ \text{cm}$$

$$\lambda_{cTE_{20}}=a=7.214\ \text{cm}$$

$$\lambda_{cTE_{01}}=2b=6.08\ \text{cm}$$

$$\lambda_{cTE_{11}}=\lambda_{cTM_{11}}=\frac{2ab}{\sqrt{a^2+b^2}}=5.603\ \text{cm}$$

$$\lambda_{cTE_{21}}=\lambda_{cTM_{21}}=\frac{2ab}{\sqrt{a^2+4b^2}}=2.975\ \text{cm}$$

可见，此时三种信源的波长均小于 TE_{10} 的截止波长，所以它们均可以通过波导。

当 $\lambda=10\ \text{cm}$ 和 $\lambda=8\ \text{cm}$ 时，波导中只存在主模 TE_{10}；当 $\lambda=3.2\ \text{cm}$ 时，波导中存在 TE_{10}、TE_{20}、TE_{01}、TE_{11} 和 TM_{11} 五种模式。

10.10 矩形波导截面尺寸为 $a\times b=23\ \text{mm}\times 10\ \text{mm}$，其内充满空气，设信号频率为 $f=10\ \text{GHz}$。

（1）求此波导中可传输波的传输模式及最低传输模式的截止频率、相位常数、波导波长、相速和波阻抗；

（2）若填充 $\varepsilon_r=4$ 的无耗电介质，则 $f=10\ \text{GHz}$ 时，波导中可能存在哪些传输模？

（3）对于 $\varepsilon_r=4$ 的波导，若要求只传输 TE_{10} 波，则重新确定波导尺寸或重新确定其单模工作的频段。

解 （1）工作波长为

$$\lambda=\frac{c}{f}=3\ \text{cm}$$

截止波长为

$$\lambda_{cTE_{10}}=2a=4.6\ \text{cm}$$

$$\lambda_{cTE_{20}}=a=2.3\ \text{cm}$$

根据传输条件，只有 $\lambda<\lambda_c$ 的波才能在波导中传输，故该波导只能传输 TE_{10} 波，其传输参数如下。

截止频率：$f_c=\dfrac{c}{\lambda_c}=\dfrac{3\times 10^8}{2a}=6.52\ \text{GHz}$

波导波长：$\lambda_g=\dfrac{\lambda_0}{\sqrt{1-\left(\dfrac{\lambda_0}{2a}\right)^2}}=3.95\ \text{cm}$

相位常数：$\beta=\dfrac{2\pi}{\lambda_g}=1.59\times 10^2\ \text{rad/s}$

相速：$v_p=\dfrac{\omega}{\beta}=f\lambda_g=3.95\times 10^8\ \text{m/s}$

波阻抗：$\eta_{TE_{10}}=\dfrac{\eta_0}{\sqrt{1-\left(\dfrac{\lambda_0}{2a}\right)^2}}=1.32\eta_0=496\ \Omega$

(2) 若 $\varepsilon_r=4$，则 $\lambda=\dfrac{\lambda_0}{\sqrt{\varepsilon_r}}=1.5\ \text{cm}$。由 $\lambda_c>\lambda$，即

$$\frac{2}{\sqrt{\left(\dfrac{m}{a}\right)^2+\left(\dfrac{n}{b}\right)^2}}>1.5$$

可得

$$m^2+(2.3n)^2<9.4$$

解该不等式可得 $m\leqslant 3$，$n\leqslant 1$。

对于 $m=3$，$n=1$：

$$\lambda_{cTE_{31}}=\lambda_{cTM_{31}}=\frac{2ab}{\sqrt{a^2+9b^2}}=1.22\ \text{cm}$$

对于 $m=2$，$n=1$：

$$\lambda_{cTE_{21}}=\lambda_{cTM_{21}}=\frac{2ab}{\sqrt{a^2+9b^2}}=1.509\ \text{cm}$$

所以，可传输的模式为 TE_{10}、TE_{20}、TE_{01}、TE_{11}、TM_{11}、TE_{30}、TE_{21}、TM_{21}。

(3) 对于填充 $\varepsilon_r=4$ 介质的波导，若 $f=10$ GHz，则当只传输 TE_{10} 波时，其单模工作的条件为

$$\lambda_{cTE_{20}}<\lambda<\lambda_{cTE_{10}}\ 及\ \lambda>\lambda_{cTE_{01}}$$

即

$$a<\lambda<2a,\ 2b<\lambda$$

解得

$$\frac{\lambda}{2}<a<\lambda,\ b<\frac{\lambda}{2}$$

当 $\lambda=1.5$ cm 时，有

$$0.75\ \text{cm}<a<1.5\ \text{cm},\ b<0.75\ \text{cm}$$

故可以取 $a=12$ mm，$b=5$ mm。

若 $a\times b=23\ \text{mm}\times 10\ \text{mm}$，则矩形波导中的单模工作条件为

$$f_{cTE_{10}}<f<f_{cTE_{20}}$$

而

$$f_{cTE_{10}}=\frac{\dfrac{c}{\sqrt{\varepsilon_r}}}{\lambda_{cTE_{10}}}=\frac{c}{2a\sqrt{\varepsilon_r}}=\frac{3\times 10^8}{4\times 2.3\times 10^{-2}}=3.26\ \text{GHz}$$

$$f_{cTE_{20}}=\frac{c}{a\sqrt{\varepsilon_r}}=\frac{3\times 10^8}{2\times 2.3\times 10^{-2}}=6.52\ \text{GHz}$$

所以，其单模工作的频段为 $3.26\ \text{GHz}<f<6.52\ \text{GHz}$。

从这个题可以看出，填充 $\varepsilon_r>1$ 介质的波导与空气波导相比，若尺寸相同，电磁波的频率一定，则填充 $\varepsilon_r>1$ 介质的波导中可能存在的传输模较多。若要求单模工作，则工作频率一定时，相应的波导尺寸较小；波导尺寸一定时，相应的工作频率较低。

10.11　如果在宽、窄边分别为 a、b 的传播 TE_{10} 波的矩形波导中 $z=0$ 和 $z=l$ 处分别

放置金属板，求其内部的电磁场表达式。

解 矩形波导中 TE_{10} 模的电场强度复振幅矢量为

$$\boldsymbol{E}_y(\boldsymbol{r})=E_0'\sin\left(\frac{\pi}{a}x\right)\mathrm{e}^{-\mathrm{j}\beta z}\boldsymbol{e}_y$$

在 $z=0$ 处加短路板后，波导腔内入射波与反射波叠加形成的合场强为

$$\boldsymbol{E}_y(\boldsymbol{r})=E_0'\sin\left(\frac{\pi}{a}x\right)(\mathrm{e}^{-\mathrm{j}\beta z}-\mathrm{e}^{\mathrm{j}\beta z})\boldsymbol{e}_y=2\mathrm{j}E_0'\sin\left(\frac{\pi}{a}x\right)\sin(\beta z)\boldsymbol{e}_y$$

在 $z=l$ 处加短路后，$\boldsymbol{E}_y(z=l)=0$，则 $\beta l=p\pi$，$\beta=\frac{p\pi}{l}(p\in\mathbf{N}^+)$，故

$$\boldsymbol{E}_y(r)=E_0\sin\left(\frac{\pi}{a}x\right)\sin\left(\frac{p\pi}{l}z\right)\boldsymbol{e}_y$$

因为

$$\nabla\times\boldsymbol{E}=-\mathrm{j}\omega\mu\boldsymbol{H}$$

$$\boldsymbol{H}_x=-\mathrm{j}\frac{E_0}{\omega\mu}\frac{p\pi}{l}\sin\left(\frac{\pi}{a}x\right)\sin\left(\frac{p\pi}{l}z\right)\boldsymbol{e}_x$$

所以

$$\boldsymbol{H}_y=\mathbf{0}\quad(p\in\mathbf{N}^+)$$

$$\boldsymbol{H}_z=\mathrm{j}\frac{E_0}{\omega\mu}\frac{\pi}{a}\cos\left(\frac{\pi}{a}x\right)\sin\left(\frac{p\pi}{l}z\right)\boldsymbol{e}_z$$

10.12 已知矩形波导中 TM 模的纵向电场 $E_z=E_0\sin\left(\frac{\pi}{3}x\right)\sin\left(\frac{\pi}{3}y\right)\cos\left(\omega t-\frac{\sqrt{2}}{3}\pi z\right)$，其中 x、y、z 的单位为 cm。

(1) 求截止波长和波导波长；

(2) 如果此模式为 TM_{21} 波，求波导尺寸。

解 (1) 由 E_z 的表达式可知

$$k_x=k_y=\frac{\pi}{3},\ \beta=\frac{\sqrt{2}}{3}\pi$$

所以

$$k_c=\sqrt{k_x^2+k_y^2}=\frac{\sqrt{2}}{3}\pi$$

于是截止波长和波导波长分别为

$$\lambda_c=\frac{2\pi}{k_c}=3\sqrt{2}\ \mathrm{cm},\quad \lambda_g=\frac{2\pi}{\beta}=3\sqrt{2}\ \mathrm{cm}$$

(2) 若此模式为 TM_{21} 波，则有

$$\frac{m\pi}{a}=\frac{2\pi}{a}=\frac{\pi}{3}$$

$$\frac{n\pi}{b}=\frac{\pi}{b}=\frac{\pi}{3}$$

故

$$a=6\ \text{cm},\ b=3\ \text{cm}$$

10.13　已知圆波导的直径为5 cm，填充空气介质。

(1) 求 TE_{11}、TE_{01}、TM_{01} 三种模式的截止波长。

(2) 当工作波长分别为7 cm、6 cm、3 cm时，波导中出现上述哪些模式？

(3) 当工作波长为 $\lambda=7$ cm时，求最低次模的波导波长 λ_g。

解　(1) 三种模式的截止波长分别为

$$\lambda_{cTE_{11}}=3.4126a=85.3150\ \text{mm}$$

$$\lambda_{cTM_{01}}=2.6127a=65.3175\ \text{mm}$$

$$\lambda_{cTE_{01}}=1.6398a=40.9950\ \text{mm}$$

(2) 当工作波长 $\lambda=70$ mm时，只出现主模 TE_{11}；当工作波长 $\lambda=60$ mm时，出现 TE_{11} 和 TM_{01}；当工作波长 $\lambda=50$ mm时，出现 TE_{11}、TM_{01} 和 TE_{01}。

(3) 最低次模的波导波长为

$$\lambda_g=\frac{2\pi}{\beta}=\frac{\lambda}{\sqrt{1-\left(\frac{\lambda}{\lambda_c}\right)^2}}=\frac{70}{\sqrt{1-\left(\frac{70}{85.3150}\right)^2}}=122.4498\ \text{mm}$$

10.14　设空气媒介矩形波导宽边和窄边内尺寸分别是 $a=2.3$ cm，$b=1.0$ cm。

(1) 求此波导只传播 TE_{10} 波的工作频率范围；

(2) 若此波导只传播 TE_{10} 波，在波导宽边中间沿纵轴测得两个相邻的电场强度波节点相距2.2 cm，求工作波长。

解　(1) 在矩形波导中，TE_{10} 波单模传输的条件为

$$a<\lambda<2a,\ f=\frac{c}{\lambda}$$

所以工作频率满足：

$$6.25\ \text{GHz}<f<13.04\ \text{GHz}$$

(2) 由题设知

$$\lambda_g=2.2\ \text{cm}\times 2=4.4\ \text{cm}$$

而 $\lambda_g=\dfrac{\lambda}{\sqrt{1-\left(\frac{\lambda}{2a}\right)^2}}$，所以工作波长为

$$\lambda=\frac{\lambda_g}{\sqrt{1+\left(\frac{\lambda_g}{2a}\right)^2}}=3.18\ \text{cm}$$

10.15　矩形波导(填充 μ_0、ε_0)内尺寸为 $a\times b$，如图10-1所示。已知电场强度 $\boldsymbol{E}=\boldsymbol{e}_y E_0\sin\left(\frac{\pi}{a}x\right)e^{-j\beta z}$，其中 $\beta=\dfrac{2\pi}{\lambda_g}=\dfrac{2\pi}{\lambda}\sqrt{1-\left(\frac{\lambda}{2a}\right)^2}$。

(1) 求出波导中的磁场强度 $\boldsymbol{H}$；

(2) 画出波导场结构；

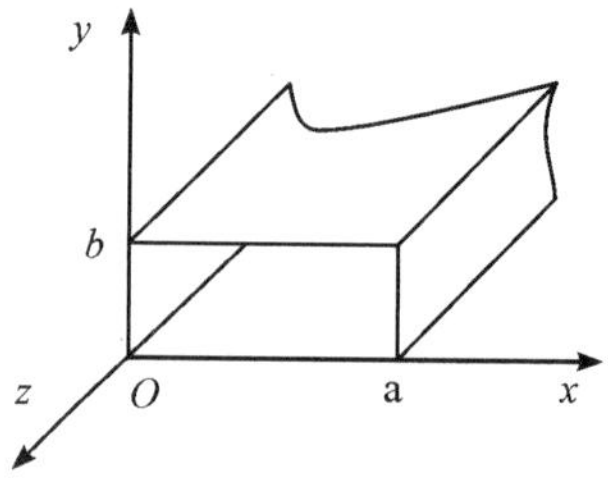

图 10-1 习题 10.15 图(一)

(3) 写出波导传输功率 P；

(4) 求波导下底壁($x\in[0, a]$，$y=0$)上的表面电流密度 $\boldsymbol{J}_S$(提示：$\boldsymbol{J}_S=\boldsymbol{e}_n\times\boldsymbol{H}$)。

解 (1) 因为

$$\nabla\times\boldsymbol{E}=-\mathrm{j}\omega\mu\boldsymbol{H}$$

所以

$$\boldsymbol{H}_x+\boldsymbol{H}_y+\boldsymbol{H}_z=\frac{\mathrm{j}}{\omega\mu_0}\nabla\times\boldsymbol{E}$$

从而

$$\boldsymbol{H}_x=-\frac{\beta}{\omega\mu_0}E_0\sin\left(\frac{\pi}{a}x\right)\mathrm{e}^{-\mathrm{j}\beta z}\boldsymbol{e}_x$$

$$\boldsymbol{H}_y=\boldsymbol{0}$$

$$\boldsymbol{H}_z=\mathrm{j}\frac{E_0}{\omega\mu_0}\frac{\pi}{a}\cos\left(\frac{\pi}{a}x\right)\mathrm{e}^{-\mathrm{j}\beta z}\boldsymbol{e}_z$$

(2) 波导场结构如图 10-2 所示。

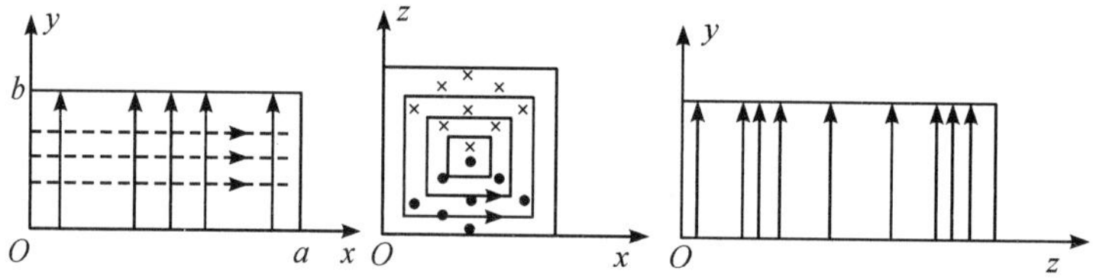

图 10-2 习题 10.15 图(二)

(3) 平均能流密度矢量为

$$\boldsymbol{S}_{av}=\frac{1}{2}\mathrm{Re}[\boldsymbol{E}\times\boldsymbol{H}^*]=\frac{\beta}{2\omega\mu_0}E_0^2\sin^2\left(\frac{\pi}{a}x\right)\boldsymbol{e}_z$$

则

$$P=\iint S_{av}\mathrm{d}x\mathrm{d}y=\frac{\beta}{2\omega\mu_0}E_0^2\int_0^b\mathrm{d}y\int_0^a\sin^2\left(\frac{\pi}{a}x\right)\mathrm{d}x=\frac{ab\beta}{4\omega\mu_0}E_0^2$$

而

$$\beta=\frac{2\pi}{\lambda}\sqrt{1-\left(\frac{\lambda}{2a}\right)^2},\ \omega=2\pi f=\frac{2\pi c}{\lambda}$$

故

$$P=\frac{abE_0^2}{4\eta_0}\sqrt{1-\left(\frac{\lambda}{2a}\right)^2}=\frac{abE_0^2}{480\pi}\sqrt{1-\left(\frac{\lambda}{2a}\right)^2}$$

(4) 由于 $\boldsymbol{J}_S=\boldsymbol{e}_n\times\boldsymbol{H}$，在 $y=0$ 面上 $\boldsymbol{e}_n=\boldsymbol{e}_y$，因此

$$\boldsymbol{J}_{zS}=\boldsymbol{e}_y\times\boldsymbol{H}_x=\frac{\beta}{\omega\mu}E_0\sin\left(\frac{\pi}{a}x\right)\mathrm{e}^{-\mathrm{j}\beta z}\boldsymbol{e}_z$$

$$\boldsymbol{J}_{xS}=\boldsymbol{e}_y\times\boldsymbol{H}_z=\mathrm{j}\frac{E_0}{\omega\mu}\cos\left(\frac{\pi}{a}x\right)\mathrm{e}^{-\mathrm{j}\beta z}\boldsymbol{e}_x$$

10.16　矩形波导尺寸为 23 mm×10 mm。

(1) 当波长为 20 mm、30 mm 时，波导中能传输哪些模？

(2) 为保证只传输 TE_{10} 波，TE_{10} 的波长范围和频率范围应为多少？

(3) 当 $\lambda=35.42$ mm 时，求 λ_g、β 和波阻抗。

解　(1) 因为 $\lambda_c=\dfrac{2}{\sqrt{\left(\frac{m}{a}\right)^2+\left(\frac{n}{b}\right)^2}}$，而

$$\lambda_{cTE_{10}}=2a=46\ \text{mm},\ \lambda_{cTE_{20}}=a=23\ \text{mm}$$

$$\lambda_{cTE_{01}}=2b=20\ \text{mm},\ \lambda_{cTE_{11}}=18.34\ \text{mm}$$

所以 $\lambda=20$ mm 时可传输 TE_{10}、TE_{20}、TE_{01}，$\lambda=30$ mm 时可传输 TE_{10}。

(2) 单模传输时 $a<\lambda<2a$，$f=c/\lambda$，则波长范围和频率范围分别为

$$23\ \text{mm}<\lambda<46\ \text{mm}$$

$$6.25\ \text{GHz}<f<13.04\ \text{GHz}$$

(3) 当 $\lambda=35.42$ mm 时，

$$\lambda_g=\frac{\lambda}{\sqrt{1-\left(\frac{\lambda}{2a}\right)^2}}=55.51\ \text{mm}$$

$$\beta=\frac{2\pi}{\lambda_g}=36\pi\ \text{rad/s}$$

$$\eta=\frac{\eta_0}{\sqrt{1-\left(\frac{\lambda}{2a}\right)^2}}=188.07\pi=590.55\ \Omega$$

10.17　如图 10-3 所示，无限长波导传输 TE_{10} 模，电场强度为 $\boldsymbol{E}(\boldsymbol{r})=\boldsymbol{e}_yE_0\cdot\sin\left(\frac{\pi}{a}x\right)\mathrm{e}^{-\mathrm{j}\beta z}$。现在在 $z=0$ 处放置一短路板，求此情况下 $z<0$ 区域内的电场强度 $\boldsymbol{E}_t$。

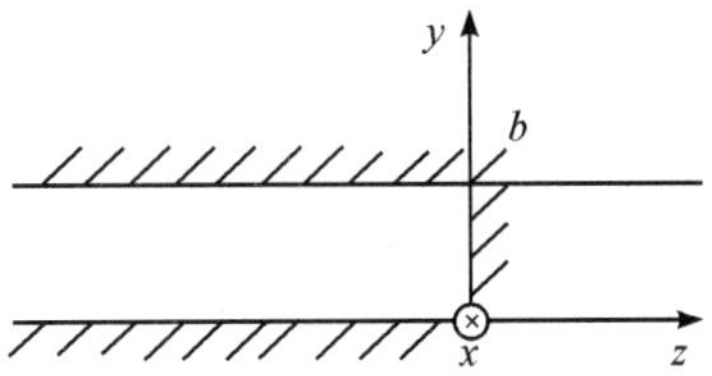

图 10-3　习题 10.17 图

解 因为接短路板后在 $z=0$ 处的反射系数 $\Gamma=-1$，所以反射波的电场强度为

$$\boldsymbol{E}_{\mathrm{r}}(\boldsymbol{r})=\Gamma E_0\sin\left(\frac{\pi}{a}x\right)\mathrm{e}^{\mathrm{j}\beta z}\boldsymbol{e}_y$$

从而

$$\boldsymbol{E}_{\mathrm{t}}(\boldsymbol{r})=\boldsymbol{E}(\boldsymbol{r})+\boldsymbol{E}_{\mathrm{r}}(\boldsymbol{r})=-2\mathrm{j}E_0\sin\left(\frac{\pi}{a}x\right)\sin(\beta z)\boldsymbol{e}_y$$

10.18 如图 10-4 所示，已知无耗传输线长度为 l，特性阻抗 $Z_0=1$。

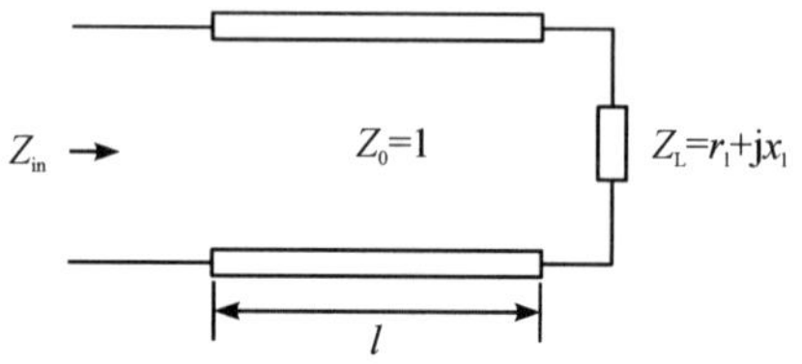

图 10-4 习题 10.18 图

(1) 已知负载阻抗 $Z_{\mathrm{L}}=r_1+\mathrm{j}x_1$，求负载驻波比 S_{L}；

(2) 求输入驻波比 S_{in}；

(3) 求负载反射系数 Γ_{L}。

解 (1) 因为 $\Gamma_1=\dfrac{r_1+\mathrm{j}x_1-1}{r_1+\mathrm{j}x_1+1}$，所以负载驻波比为

$$S_{\mathrm{L}}=\frac{1+|\Gamma_1|}{1-|\Gamma_1|}=\frac{\sqrt{(r_1+1)^2+x_1^2}+\sqrt{(r_1-1)^2+x_1^2}}{\sqrt{(r_1+1)^2+x_1^2}-\sqrt{(r_1-1)^2+x_1^2}}$$

(2) 由传输线为无耗传输线可知，线上驻波比处处相等，则输入驻波比为

$$S_{\mathrm{in}}=S_{\mathrm{L}}=\frac{1+|\Gamma_1|}{1-|\Gamma_1|}=\frac{\sqrt{(r_1+1)^2+x_1^2}+\sqrt{(r_1-1)^2+x_1^2}}{\sqrt{(r_1+1)^2+x_1^2}-\sqrt{(r_1-1)^2+x_1^2}}$$

(3) 负载反射系数为

$$\Gamma_{\mathrm{L}}=\frac{r_1+\mathrm{j}x_1-1}{r_1+\mathrm{j}x_1+1}$$

第 11 章 电磁辐射与天线

11.1 基 本 要 求

本章学习有以下几点基本要求：

(1) 理解并掌握电偶极子辐射的原理、近区场和远区场的分布和特性。

(2) 理解并掌握磁偶极子辐射的原理、近区场和远区场的分布和特性。

(3) 理解并掌握天线的基本参数。

(4) 了解线天线。

(5) 了解面天线。

11.2 重 点 与 难 点

本章重点：

(1) 电偶极子辐射的原理、近区场和远区场的分布和特性。

(2) 天线的基本参数。

本章难点：

(1) 电偶极子辐射场的分布和特性。

(2) 惠更斯元的辐射。

11.3 重点知识归纳

从电磁场与电磁波理论中知道，激发电磁波的源是变化的电荷或变化的电流。也就是说，变化的电荷或电流都可以是激发电磁振荡源，或称为辐射源。变化电磁场相互作用和有限的传播速度可使电磁能量脱离振荡源以电磁波的形式在空间传播，这种现象称为电磁辐射。要使得电磁能量按一定的方式辐射出去，变化的电荷或电流必须按一定的方式分布。天线就是使得辐射源产生电磁场且能使之有效辐射的系统。

1. 电偶极子的辐射

电偶极子是一种基本的辐射单元，是长度 l 远小于波长的直线电流元，线上电流均匀，且相位相同。

1）电偶极子的近区场分布

$kr \ll 1$，即 $r \ll \dfrac{\lambda}{2\pi}$ 的区域称为近区，近区中的电磁场称为近区场。由于时变电偶极子在近区产生的电场和磁场存在 $\pi/2$ 的相位差，能量在电场和磁场以及场与源之间交换，没有辐射也就没有波的传播，因此近区场也称为感应场。电偶极子的近区场分布为

$$\begin{cases} E_r = -\dfrac{\mathrm{j}Il\cos\theta}{2\pi\omega\varepsilon_0 r^3} \\ E_\theta = -\dfrac{\mathrm{j}Il\sin\theta}{4\pi\omega\varepsilon_0 r^3} \\ H_\phi = \dfrac{Il\sin\theta}{4\pi r^2} \end{cases}$$

近区场的平均坡印廷矢量为

$$\boldsymbol{S}_{\mathrm{av}} = \frac{1}{2}\mathrm{Re}[\boldsymbol{E}\times\boldsymbol{H}^*] = \boldsymbol{0}$$

2）电偶极子的远区场分布

$kr \gg 1$，即 $r \gg \dfrac{\lambda}{2\pi}$ 的区域称为远区，远区中的电磁场称为远区场。由于远区场有能量传播，因此远区场也称为辐射场。电偶极子的远区场分布为

$$\begin{cases} E_r = 0 \\ E_\theta = \mathrm{j}\dfrac{k^2 Il\sin\theta}{4\pi\omega\varepsilon_0 r}\mathrm{e}^{-\mathrm{j}kr} \\ H_\phi = \mathrm{j}\dfrac{kIl\sin\theta}{4\pi r}\mathrm{e}^{-\mathrm{j}kr} \end{cases}$$

远区场的平均坡印廷矢量为

$$\begin{aligned} \boldsymbol{S}_{\mathrm{av}} &= \frac{1}{2}\mathrm{Re}[\boldsymbol{E}\times\boldsymbol{H}^*] = \frac{1}{2}\mathrm{Re}\left[\boldsymbol{e}_\theta \mathrm{j}\frac{Il\eta_0\sin\theta}{2\lambda r}\mathrm{e}^{-\mathrm{j}kr} \times \left(\boldsymbol{e}_\phi \mathrm{j}\frac{Il\sin\theta}{2\lambda r}\mathrm{e}^{-\mathrm{j}kr}\right)^*\right] \\ &= \boldsymbol{e}_r \frac{\eta}{2}\left|\frac{Il\sin\theta}{2\lambda r}\right|^2 \end{aligned}$$

天线通过辐射场向外部空间辐射电磁波，其辐射功率即为通过包围此天线的闭合曲面的能流密度的总和，即

$$\begin{aligned} P_{\mathrm{r}} &= \int_S \boldsymbol{S}_{\mathrm{av}}\cdot \mathrm{d}\boldsymbol{S} = \int_0^{2\pi}\int_0^{\pi} \boldsymbol{e}_r \frac{\eta_0}{2}\left(\frac{Il\sin\theta}{2\lambda r}\right)^2 \cdot \boldsymbol{e}_r r^2 \sin\theta \mathrm{d}\theta \mathrm{d}\phi \\ &= \frac{\pi\eta_0}{3}\left(\frac{Il}{\lambda_0}\right)^2 = 40\pi^2 I^2\left(\frac{l}{\lambda_0}\right)^2 = \frac{1}{2}I^2 R_{\mathrm{r}} \end{aligned}$$

其中，$R_{\mathrm{r}} = 80\pi^2\left(\dfrac{l}{\lambda_0}\right)^2$，称为电偶极子的辐射电阻。

2. 磁偶极子的辐射

磁偶极子也是一种基本的辐射单元（磁流源），是周长远小于波长的小电流圆环，环上的时谐电流均匀，且振幅与相位处处相等。同电偶极子一样，磁偶极子的近区场只是感应

场，无法发射电磁波，则磁偶极子的远区($kr\gg1$)场分布为

$$\begin{cases} H_r=0 \\ H_\theta=-\dfrac{k^2IS}{4\pi r}\sin\theta\mathrm{e}^{-\mathrm{j}kr} \\ E_\phi=\dfrac{ISk^2}{2\pi r}\eta_0\sin\theta\mathrm{e}^{-\mathrm{j}kr} \end{cases}$$

远区场的平均坡印廷矢量为

$$\boldsymbol{S}_{\mathrm{av}}=\frac{1}{2}\mathrm{Re}[\boldsymbol{E}\times\boldsymbol{H}^*]=\boldsymbol{e}_r\ \frac{1}{2}\eta_0\left(\frac{\pi IS}{\lambda^2 r}\right)^2\sin^2\theta$$

辐射功率为

$$\begin{aligned} P_{\mathrm{r}}&=\oint_S\boldsymbol{S}_{\mathrm{av}}\cdot\mathrm{d}\boldsymbol{S}=\int_0^\pi\int_0^{2\pi}\frac{1}{2}\eta_0\left(\frac{\pi IS}{\lambda^2 r}\right)^2\sin^2\theta r^2\sin\theta\mathrm{d}\theta\mathrm{d}\phi \\ &=\frac{4}{3}\eta_0\pi\left(\frac{\pi IS}{\lambda^2}\right)^2=160\pi^4\left(\frac{S}{\lambda^2}\right)^2I^2=\frac{1}{2}I^2R_{\mathrm{r}} \end{aligned}$$

其中，$R_{\mathrm{r}}=320\pi^4\left(\dfrac{S}{\lambda^2}\right)^2$，称为磁偶极子的辐射电阻。

3. 天线的基本参数

根据天线的基本功能可确定其技术性能。天线的技术性能一般用若干参数来描述，这些参数称为天线的基本参数，如方向性函数、方向图、方向性系数、效率、增益等。

1) 方向性函数

在相同距离的条件下，天线辐射电场与空间方向(θ,ϕ)的函数关系称为天线的方向性函数 $f(\theta,\phi)$。为了便于比较不同天线的方向特性，常用归一化方向性函数 $F(\theta,\phi)$来表述天线的方向性函数，即

$$F(\theta,\phi)=\frac{|E(\theta,\phi)|}{|E_{\max}|}=\frac{f(\theta,\phi)}{|f(\theta,\phi)|_{\max}}$$

2) 方向图

实际天线的方向图要比电基本振子复杂得多，通常会有多个波瓣出现，它一般可细分为主瓣、副瓣和后瓣(或前后比)等。以极坐标绘出的典型雷达天线的方向图如图 11－1 所示。

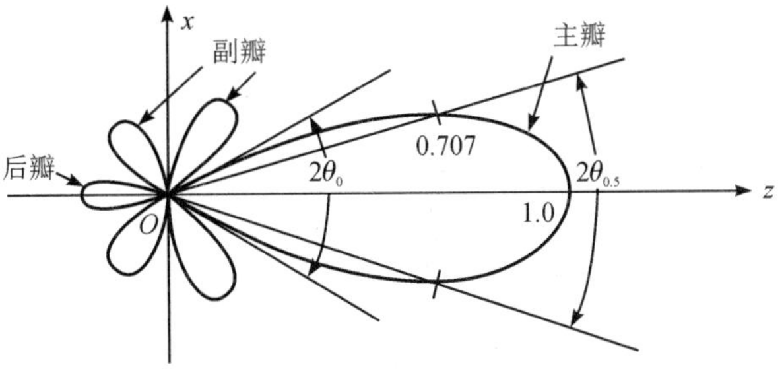

图 11－1　典型雷达天线的方向图

3）方向性系数

天线在最大辐射方向上远区某点的功率密度 S_{max} 与辐射功率相同的无方向性天线在同一点的功率密度 S_0 之比称为天线的方向性系数 D，即

$$D=\left.\frac{S_{max}}{S_0}\right|_{P_r=P_{r0}}=\left.\frac{E_{max}^2}{E_0^2}\right|_{P_r=P_{r0}}$$

4）效率

天线辐射效率 η_A 定义为天线辐射功率 P_r 与输入功率 P_{in} 之比，即

$$\eta_A=\frac{P_r}{P_{in}}=\frac{P_r}{P_r+P_L}$$

5）增益

定义在相同输入功率的条件下，天线最大辐射方向上的辐射功率密度 S_{max}（或场强 E_{max}^2）和理想无方向性天线（理想点源）的辐射功率密度 S_0（或场强 E_0^2）之比为天线增益 G，即

$$G=\left.\frac{S_{max}}{S_0}\right|_{P_{in}=P_{in0}}=\left.\frac{|E_{max}|^2}{|E_0|^2}\right|_{P_{in}=P_{in0}}$$

4. 线天线

对称天线的 E 面归一化方向性函数为

$$F(\theta)=\frac{\cos(kL\cos\theta)-\cos(kL)}{\sin\theta}$$

半波对称振子天线的归一化方向性函数为

$$F(\theta)=\frac{\cos\left(\frac{\pi}{2}\cos\theta\right)}{\sin\theta}$$

半波对称振子天线的场分布为

$$\begin{cases} E_\theta=\mathrm{j}\dfrac{60I_m\cos\left(\dfrac{\pi}{2}\cos\theta\right)}{r\sin\theta}\mathrm{e}^{-\mathrm{j}kr} \\ H_\phi=\dfrac{E_\theta}{\eta_0} \end{cases}$$

5. 面天线

惠更斯元两个主平面的归一化方向函数为

$$F(\theta)=\left|\frac{1+\cos\theta}{2}\right|$$

11.4 思 考 题

1. 电偶极子辐射远区场的特点有哪些？

2. 电偶极子辐射的近区场和远区场应如何区分？
3. 磁偶极子辐射远区场的特点有哪些？
4. 在实际工作中线天线和面天线如何选择？
5. 抛物面天线和卡塞格伦天线有何异同？

11.5 习题全解

11.1 已知某天线的辐射功率为100 W，方向系数 $D=3$，求：

(1) $r=10$ km 处，最大辐射方向上的电场强度振幅；

(2) 若保持功率不变，要使 $r=20$ km 处的电场强度等于原来 $r=10$ km 处的电场强度，应选取方向性系数 D 等于多少的天线？

解 (1) 最大辐射方向上的电场强度振幅为

$$|\boldsymbol{E}|=E_{\mathrm{m}}=\frac{\sqrt{60DP_{\mathrm{r}}}}{r}$$

代入具体数据得

$$E_{\mathrm{m}}=1.34\times10^{-2}\ \mathrm{V/m}$$

(2) 符合题意的方向性系数为

$$\frac{\sqrt{60D_1P_{\mathrm{r}}}}{r_1}=\frac{\sqrt{60D_2P_{\mathrm{r}}}}{r_2}$$

代入具体数值得 $D_2=12$。

11.2 计算矩形均匀同相口径天线的方向性系数及增益。

解 设口径面位于 $z=0$ 平面，如图11-2所示。口径场的某一直角坐标分量为

$$E_S=E_{S_0}\mathrm{e}^{-\mathrm{j}kz}$$

式中，E_{S_0} 是常数。利用口径 S 上的场在 P 点产生的辐射场的计算式，可得

$$E_P=\mathrm{j}\frac{E_{S_0}}{2\lambda}\int_{-b}^{b}\int_{-a}^{a}\frac{\mathrm{e}^{-\mathrm{j}kr}}{r}(1+\cos\theta')\mathrm{d}x'\mathrm{d}y' \quad (1)$$

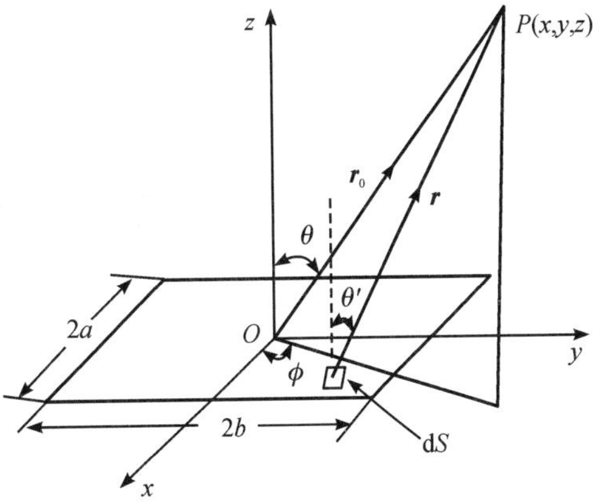

图11-2　习题11.2图

式中，r 为口径面上$(x',y',0)$点到 $P(x,y,z)$ 点的距离，且

$$\begin{aligned}r&=\sqrt{(x-x')^2+(y-y')^2+z^2}\\&=\sqrt{x^2+y^2+z^2-2xx'-2yy'+x'^2+y'^2}\\&=\sqrt{r_0^2-2xx'-2yy'+x'^2+y'^2}\\&=r_0\sqrt{1-\frac{2}{r_0^2}(xx'+yy')+\left(\frac{x'}{r_0}\right)^2+\left(\frac{y'}{r_0}\right)^2}\end{aligned}$$

式中，$r_0=\sqrt{x^2+y^2+z^2}$是坐标原点到场点 P 的距离。对于远区，$r_0 \gg x', r_0 \gg y'$，上式可以近似为

$$r=r_0-\frac{xx'+yy'}{r_0}$$

当 $r_0 \gg a, r_0 \gg b$ 时，可以近似取 $\theta \approx \theta', \frac{1}{r} \approx \frac{1}{r_0}$。如果场点采用球坐标表示，即取 $x=r_0\sin\theta\cos\phi$，$y=r_0\sin\theta\sin\phi$，那么将以上关系代入式(1)，得

$$E_P(r_0,\theta,\phi)=\mathrm{j}\frac{E_{S_0}\mathrm{e}^{-\mathrm{j}kr_0}}{2\lambda r_0}(1+\cos\theta)\int_{-a}^{a}\mathrm{d}x'\int_{-b}^{b}\mathrm{e}^{\mathrm{j}k\sin\theta(x'\cos\phi)+y'\sin\phi)}\mathrm{d}y'$$

$$=\mathrm{j}\frac{2abE_{S_0}}{\lambda r_0}(1+\cos\theta)\frac{\sin(ka\sin\theta\cos\phi)}{ka\sin\theta\cos\phi}\frac{\sin(kb\sin\theta\cos\phi)}{kb\sin\theta\cos\phi}\mathrm{e}^{-\mathrm{j}kr_0}$$

由上式可知，均匀同相矩形口径场的方向性函数为

$$F(\theta,\phi)=(1+\cos\theta)\frac{\sin(ka\sin\theta\cos\phi)}{ka\sin\theta\cos\phi}\frac{\sin(kb\sin\theta\cos\phi)}{kb\sin\theta\cos\phi}\mathrm{e}^{-\mathrm{j}kr_0}$$

可见，最大辐射方向在 $\theta=0$ 处，此时

$$E_P=E_{P_{\max}}=\mathrm{j}\frac{4abE_{S_0}}{\lambda r_0}\mathrm{e}^{-\mathrm{j}kr_0} \tag{2}$$

通过口径面的入射波的平均坡印廷矢量为 $\boldsymbol{S}_{\mathrm{av}}=\boldsymbol{a}_z|E_{S_0}|^2/2\eta$。因为口径面上场量分布是均匀的，所以通过口径面的总辐射功率为

$$P=|\boldsymbol{S}_{\mathrm{av}}|4ab=\frac{4ab|E_{S_0}|^2}{2\eta}$$

另一方面，产生与式(2)相等电场的点源天线的总辐射功率为

$$P_0=4\pi r r_0^2\frac{|E_{P_{\max}}|^2}{2\eta}=\frac{32\pi a^2b^2|E_{S_0}|^2}{\eta\lambda^2}$$

将以上两式代入定义天线方向性系数的公式，可得均匀激励的矩形口径面的方向性系数为

$$D=\frac{P_0}{P}\bigg|_{\text{相等电场强度}}=\frac{16\pi ab}{\lambda^2}=\frac{4\pi}{\lambda^2}S$$

式中，$S=4ab$ 代表口径的面积。上式是由口径面面积 S 和工作波长计算均匀同相激励口径面方向性系数的通用公式。

根据方向性系数与增益的关系知，矩形均匀同相口径天线的增益为

$$G=\eta_\tau D$$

式中，η_τ 为天线的辐射效率。

11.3 两个天线置于自由空间，相距 0.5 km(满足远场条件)，一个发射，另一个接收。设发射天线的增益为 20 dB，输入信号的功率为 150 W，信号频率为 1 GHz，接收天线的增益为 10 dB，问最大接收功率为多少瓦?

解 由 $f=1$ GHz 可得 $\lambda=\frac{c}{f}=0.3$ m。又发射天线的增益为 $G_t=20$ dB$=100$，接收天

线的增益为 $G_R=10\ \text{dB}=10$，故最大接收功率为

$$P_t=\left(\frac{\lambda}{4\pi r}\right)^2 P_R G_R G_t=0.342\ \text{mW}$$

11.4　设有两个天线，其方向性系数分别为 $D_1=20$，$D_2=10$，其效率分别为 $\eta_{A1}=20\%$，$\eta_{A2}=40\%$，求：

(1) 辐射功率相等时两个天线在最大辐射方向上的电场强度之比；

(2) 输入功率相等时两个天线在最大辐射方向上的电场强度之比。

解　(1) 由方向性系数的计算公式 $D=\dfrac{r^2E_{max}^2}{60P_\Sigma}$ 得

$$E_{max}^2=\frac{60DP_\Sigma}{r^2}$$

故 $\dfrac{E_{max1}^2}{E_{max2}^2}=\dfrac{D_1P_{\Sigma1}}{D_2P_{\Sigma2}}=\dfrac{D_1}{D_2}=2$，即

$$\frac{E_{max1}}{E_{max2}}=\sqrt{2}=1.414$$

(2) 由增益与方向性系数和效率的关系 $G=\eta_A D$ 得

$$G_1=\eta_{A1}D_1=0.2\times20=4,\ G_2=\eta_{A2}D_2=0.4\times10=4$$

又由增益的计算公式 $E_{max}^2=\dfrac{60P_{in}G}{r^2}$ 得

$$\frac{E_{max1}^2}{E_{max2}^2}=\frac{P_{in1}G_1}{P_{in2}G_2}=\frac{G_1}{G_2}=\frac{4}{4}=2$$

故

$$\frac{E_{max1}}{E_{max2}}=1$$

11.5　天线的归一化方向函数为

$$F(\theta)=\begin{cases}\cos^2\theta & |\theta|\leqslant\dfrac{\pi}{2}\\[2ex] 0 & |\theta|>\dfrac{\pi}{2}\end{cases}$$

试求其方向性系数。

解　将归一化方向函数 $F(\theta)$ 代入方向系数 D 的表达式中，有

$$D=\frac{4\pi}{\int_0^{2\pi}\int_0^{\pi}F^2(\theta)\sin\theta\,d\theta\,d\phi}=\frac{4\pi}{2\pi\int_0^{\pi}F^2(\theta)\sin\theta\,d\theta}$$

$$=\frac{2}{\int_0^{\pi/2}\cos^4\theta\sin\theta\,d\theta}=\frac{2}{-\int_0^{\pi/2}\cos^4\theta\,d\cos\theta}=10$$

11.6　某天线的增益系数为 20 dB，工作波长 $\lambda=1$ m，试求其有效接收面积 A_e。

解　接收天线的有效接收面积为

$$A_e=\frac{\lambda^2}{4\pi}G$$

将 $G=20\ \text{dB}=100$，$\lambda=1\ \text{m}$ 代入上式可得

$$A_e=\frac{1}{4\pi}\times 100=7.96\ \text{m}^2$$

11.7 已知天线的辐射功率为 P_r，方向系数为 D。

(1) 试给出自由空间中距离天线 r 处电场强度的表达式；

(2) 若距离增加一倍，天线的辐射功率不变，电场强度的大小不变，则天线方向系数需增加多少分贝？

解 (1) 电场强度大小为 $|E|=\dfrac{\sqrt{60P_rD}}{r}$。

(2) 因为电场强度大小不变，所以

$$|E_1|=\frac{\sqrt{60P_rD_1}}{r}=|E_2|=\frac{\sqrt{60P_rD_2}}{2r}$$

从而

$$D_2=4D_1,\ 10\lg\frac{D_2}{D_1}=6\ \text{dB}$$

注意 本题中的场强公式在历年考题中经常出现，需牢记。计算分贝时要留意与功率能量同量级的都是10lg，如方向系数 D、功率 P 等；与场强、电压同量级的都是20lg，如散射系数 S、隔离度耦合度等。

11.8 某天线置于自由空间，已知它产生的远区电场为 $\boldsymbol{E}(r,\theta,\phi)=c\dfrac{1}{r}e^{-jkr}(\sin\theta)^{1/2}\hat{\boldsymbol{\theta}}$，其中$(r,\theta,\phi)$为场点的球坐标，$c$ 为已知常数，$k=\dfrac{2\pi}{\lambda}$(λ 为波长)，$\hat{\boldsymbol{\theta}}$ 为 θ 方向的单位矢量。

(1) 求出这个天线的归一化远场方向函数；

(2) 求该天线 E 面方向图的半功率波束宽度；

(3) 求该天线的方向系数；

(4) 如果该天线的增益为 0 dB，则它的效率为多少？

(5) 求 $\theta=30°$时，远区电场的极化方向与极轴(z 轴)正向的夹角。

解 (1) 归一化远场方向函数为

$$F(\theta,\phi)=\frac{|E(\theta,\phi)|}{E_m}=\sqrt{\sin\theta}$$

(2) 归一化功率方向函数为

$$P(\theta,\phi)=F^2(\theta,\phi)=\sin\theta$$

令 $P(\theta,\phi)=0.5$，得 $\theta=30°$，则半功率波束宽度为

$$(2\theta_{0.5E})=2(90°-30°)=120°$$

(3) 方向系数为

$$D=\frac{4\pi}{\int_0^{2\pi}\int_0^{\pi}P(\theta,\phi)\sin\theta\,d\theta\,d\phi}=\frac{2}{\int_0^{\pi}\sin^2\theta\,d\theta}=\frac{4}{\pi}$$

(4) 因为 $G=0$ dB$=1$，所以天线效率为

$$\eta=\frac{G}{D}=\frac{\pi}{4}$$

(5) 如图 11-3 所示，当 $\theta=30°$时，电场强度 $\boldsymbol{E}$ 的方向矢量为

$$\boldsymbol{e}_\theta\big|_{\theta=30°}=\frac{\sqrt{3}}{2}\boldsymbol{e}_x-\frac{1}{2}\boldsymbol{e}_z$$

所以远区电场的极化方法与 z 轴正向的夹角为

$$\alpha=\arccos\frac{(\sqrt{3}\boldsymbol{e}_x-\boldsymbol{e}_z)\cdot\boldsymbol{e}_z}{|\sqrt{3}\boldsymbol{e}_x-\boldsymbol{e}_z||\boldsymbol{e}_z|}=120°$$

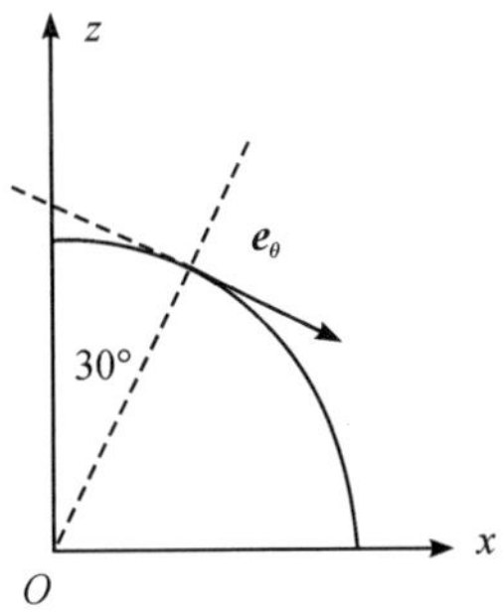

图 11-3　习题 11.8 图

11.9　某发射电台辐射功率为 10 kW，用偶极子天线发射，求在天线的垂直平分面上距离天线 1 km 处的 S_{av} 和 E。在与天线的垂直平分面成何角度时，S_{av} 减小一半？

解　由

$$S_{av}=\eta\left(\frac{I\Delta l}{2\lambda r}\right)^2\sin^2\theta \tag{3}$$

$$P=80\pi^2\left(\frac{\Delta l}{\lambda}\right)^2 I^2$$

得

$$S_{av}=\frac{3P}{8\pi r^2}=0.1194\times10^{-2}\ \text{W/m}^2$$

又 $\boldsymbol{S}_{av}=\text{Re}\left[\frac{1}{2}\boldsymbol{E}\times\boldsymbol{H}^*\right]$，其中 $\boldsymbol{E}$、$\boldsymbol{H}$ 同频率、同相位，故

$$S_{av}=\frac{1}{2}E_mH_m=EH=\frac{E^2}{\eta}$$

从而

$$E=\sqrt{S_{av}\eta}=0.67\ \text{V/m}$$

根据式(3)，$\sin^2\theta=\frac{1}{2}$，解得 $\sin\theta=\frac{1}{\sqrt{2}}$，$\theta=45°$，即在与天线的垂直平分面夹角为 45°时，$S_{av}$ 减小一半。

11.10　已知某天线在 E 面上的方向函数为

$$F(\theta)=\cos\left(\frac{\pi}{4}\cos\theta-\frac{\pi}{4}\right)$$

(1) 画出其 E 面方向图；

(2) 计算其半功率波瓣宽度。

解　(1) 借助 MATLAB 可画出 E 面方向图如图 11-4 所示。

(2) 半功率波瓣宽度就是场强下降到最大值的 $1/\sqrt{2}$时两个点之间的角度，即

$$\left|\cos\left(\frac{\pi}{4}\cos\theta-\frac{\pi}{4}\right)\right|=\frac{\sqrt{2}}{2}$$

解得 $\cos\theta=0$，即 $\theta=\pm90°$。所以，半功率波瓣宽度为

$$2\theta_{0.5}=180°$$

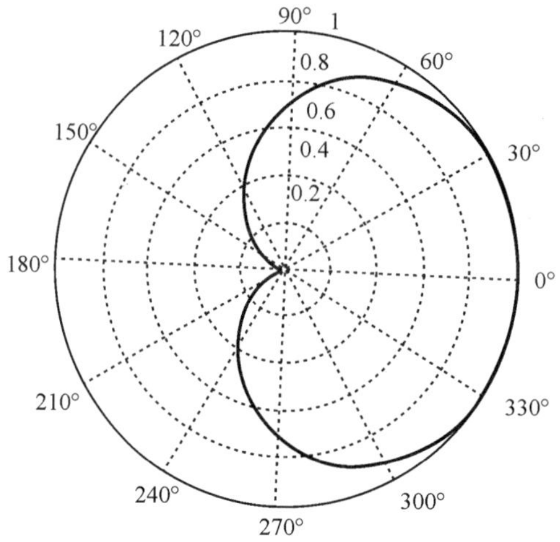

图 11-4 习题 11.10 图

11.11 已知两副天线的方向函数分别是 $f_1(\theta)=\sin^2\theta+0.5$，$f_2(\theta)=\cos^2\theta+0.4$，试计算这两副天线方向图的半功率角 $2\theta_{0.5}$。

解 首先将方向函数归一化。由 $f_1(\theta)=\sin^2\theta+0.5$ 和 $f_2(\theta)=\cos^2\theta+0.4$ 可得

$$F_1(\theta)=\frac{f_1(\theta)}{f_{\max}}=\frac{2}{3}(\sin^2\theta+0.5)$$

$$F_2(\theta)=\frac{f_2(\theta)}{f_{\max}}=\frac{5}{7}(\cos^2\theta+0.4)$$

对于 $F_1(\theta)$，当 $\theta=\pi/2$ 时有最大值 1。令

$$F_1(\theta)=\frac{3}{2}(\sin^2\theta+0.5)=\frac{\sqrt{2}}{2}$$

可得 $\theta=48.5°$，所以

$$2\theta_{0.5}=180°-2\times\theta=83°$$

对于 $F_2(\theta)$，当 $\theta=0$ 时有最大值 1。令

$$F_2(\theta)=\frac{5}{7}(\cos^2\theta+0.4)=\frac{\sqrt{2}}{2}$$

可得 $\theta=39.8°$，所以

$$2\theta_{0.5}=2\theta=79.6°$$

11.12 (1) 有一无方向性天线，辐射功率为 $P_\Sigma=100$ W，计算 $r=10$ km 处 M 点的辐射场强值。

(2) 若使方向系数 $D=100$ 的强方向性天线的最大辐射方向对准 M 点，则 M 点的辐射场强值为多少？

解 辐射功率 $P_\Sigma=100$ W 在距离为 r 的球面上的功率密度为

$$S_0=\frac{P_\Sigma}{4\pi r^2}$$

(1) 对于无方向性天线，能流密度为

$$S=\frac{1}{2}\mathrm{Re}[E_0 H_0^*]=\frac{|E_0|^2}{240\pi}$$

令 $S_0=S$，可得 $r=10$ km 处 M 点的辐射场强值为

$$|E_M|=\sqrt{\frac{60P_\Sigma}{r^2}}=7.75\ \mathrm{mV/m}$$

（2）对于方向系数为 D 的天线，根据方向系数的定义，有

$$|E_M|=\sqrt{\frac{60P_\Sigma}{r^2}D}=77.5\ \mathrm{mV/m}$$

可见，与无方向性天线相比较，采用方向系数为 D 的天线相当于在最大辐射方向上将辐射功率放大了 D 倍。

11.13　一长度为 $2h$（h 远小于 λ）中心馈电的短振子，其电流分布为 $I(z)=I_0(1-|z|/h)$，其中 I_0 为输入电流，也等于波腹电流 I_m。试求：

（1）短振子的辐射场（电场、磁场）；

（2）辐射电阻及方向系数。

解　（1）如图 11-5 所示，此短振子可以看成是由一系列电基本振子沿 z 轴排列组成的。z 轴上电基本振子的辐射场为

$$\mathrm{d}E_\theta=\mathrm{j}\frac{60\pi}{\lambda r'}\sin\theta\mathrm{e}^{-\mathrm{j}kr'}I(z)\mathrm{d}z$$

则

$$E_\theta=\mathrm{j}\frac{60\pi}{\lambda}\sin\theta\int_{-ah}^{h}I(z)\frac{\mathrm{e}^{\mathrm{j}kr'}}{r'}\mathrm{d}z$$

由于辐射场为远区，即 $r\gg h$，因而在 yOz 面内做下列近似：

$$r'\approx r-z\cos\theta$$

$$\frac{1}{r'}\approx\frac{1}{r}$$

$$k=\frac{2\pi}{\lambda}$$

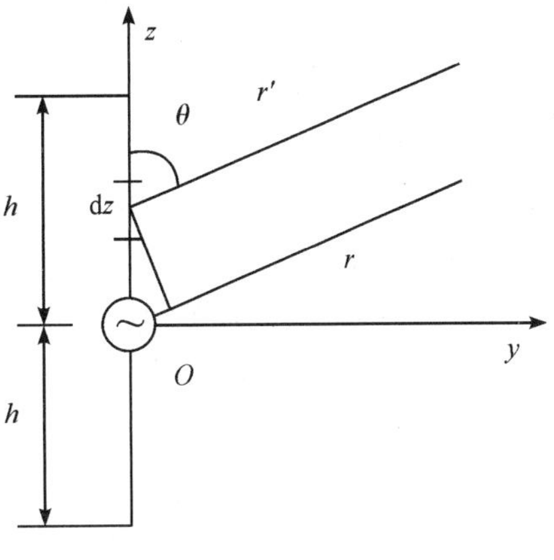

图 11-5　习题 11.13 图

可得

$$E_\theta=\mathrm{j}30k\sin\theta\frac{\mathrm{e}^{-\mathrm{j}kr}}{r}\int_{-h}^{h}I_0\left(1-\frac{|z|}{h}\right)\mathrm{e}^{\mathrm{j}kz}\mathrm{d}z$$

令

$$F_1=\int_{-h}^{h}\mathrm{e}^{\mathrm{j}kz\cos\theta}\mathrm{d}z=\frac{2\sin(kh\cos\theta)}{k\cos\theta}$$

$$F_2=\int_{-h}^{h}\frac{|z|}{h}\mathrm{e}^{\mathrm{j}kz\cos\theta}\mathrm{d}z=-\frac{2\sin(kh\cos\theta)}{k\cos\theta}+\frac{4\sin^2\left(kh\cos\dfrac{\theta}{2}\right)}{hk^2\cos^2\theta}$$

则

$$F_1+F_2=\frac{1}{h}\left[\frac{2\sin(kh\cos\theta)}{k\cos\theta}\right]^2$$

因为 $h \ll \lambda$，所以

$$F_1 + F_2 \approx h$$

因而有

$$E_\theta = \mathrm{j}30 I_0 \frac{\mathrm{e}^{-\mathrm{j}kr}}{r}(kh\sin\theta)$$

$$H_\phi = \frac{E_\theta}{\eta} = \mathrm{j}\frac{khI_0}{4\pi r}\sin\theta \mathrm{e}^{-\mathrm{j}kr}$$

（2）辐射功率为

$$P_\Sigma = \frac{1}{2}\int_0^{2\pi}\int_0^{\pi} E_\theta H_\phi^* \sin\theta \mathrm{d}\theta \mathrm{d}\phi$$

将 E_θ 和 H_ϕ 代入上式，同时考虑到 $P_\Sigma = \frac{1}{2} I_0^2 R_\Sigma$，可得短振子的辐射电阻为

$$R_\Sigma = 80\pi^2 \left(\frac{h}{\lambda}\right)^2$$

方向系数为

$$D = \frac{4\pi}{\int_0^{2\pi}\int_0^{\pi} |F(\theta, \phi)|^2 \sin\theta \mathrm{d}\theta \mathrm{d}\phi} = 1.5$$

由此可见，当短振子的臂长 $h \ll \lambda$ 时，电流三角分布的辐射电阻和方向系数与电流正弦分布的辐射电阻和方向系数相同。也就是说，电流分布的微小差别不影响辐射特性。因此，在分析天线的辐射特性时，当天线上精确的电流分布难以求得时，可假设为正弦电流分布，这正是对称振子天线的分析基础。

11.14 已知天线在某一主平面上的方向函数为 $F(\theta) = \sin^2\theta + 0.414$。

（1）画出天线在此主平面的方向图；

（2）若天线的方向系数为 $D = 1.6$，辐射功率为 $P_\Sigma = 10$ W，计算在 $\theta = 30°$方向上 $r = 2$ km 处的场强值。

解 （1）天线在此主平面的方向图如图 11-6 所示。

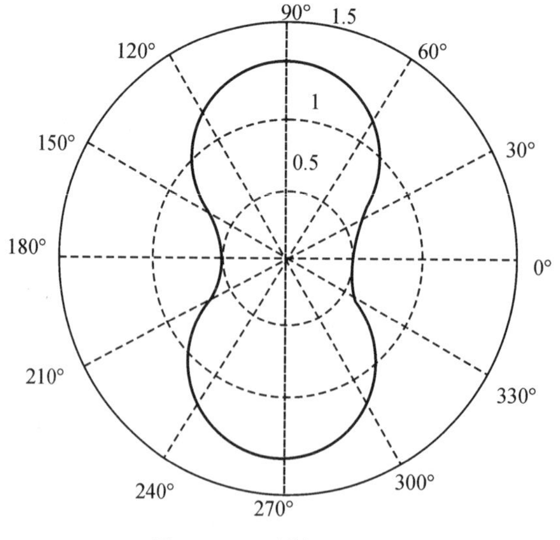

图 11-6 习题 11.14 图

(2) 根据方向系数的定义，可得最大辐射方向上 $r=2$ km 处的场强为

$$|E_{\max}|=\sqrt{\frac{60P_{\Sigma}}{r^2}D}=15.5\ \text{mV/m}$$

由于电场强度随方向按 $F(\theta)=\sin^2\theta+0.414$ 变化，因此在 $\theta=30°$ 方向上 $r=2$ km 处的场强值为

$$|E|_{\theta=30°}=|E_{\max}|\frac{\sin^2 30°+0.414}{\sin^2 90°+0.414}=7.28\ \text{mV/m}$$

11.15　设在相距 1.5 km 的两个站之间进行通信，每站均以半波振子为天线，工作频率为 300 MHz。若一个站发射的功率为 100 W，则另一个站的匹配负载中能收到多少功率？

解　由题意知

$$l=1.5\times10^3\ \text{m},\ f=300\ \text{MHz},\ P_{\Sigma}=100\ \text{W}$$

发射站的发射电磁波与接收电磁波的方向系数相同，即 $D=1.64$。令 $\eta_A=100\%$，则

$$G_i=G_R=D\eta_A=1.64$$

故传输损耗为

$$L_{bf}=32.45+20\lg f(\text{MHz})+20\lg l(\text{km})-G_i(\text{dB})-G_R(\text{dB})=81.214\ \text{dB}$$

又

$$L_{bf}=10\lg\frac{P_i}{P_r}$$

故

$$P_r=0.756\ \mu\text{W}$$

11.16　两个半波振子天线平行放置，相距 $\lambda/2$。若要求它们的最大辐射方向在偏离天线阵轴线 $\pm60°$ 的方向上，则两个半波振子天线馈电电流相位差应该是多少？

解　当两个半波振子天线馈电电流相位差 β 满足条件 $\cos\phi_m=-\dfrac{\beta}{kd}$ 时，由它们组成的天线阵的最大辐射方向 ϕ_m 取决于相邻阵元间的电流相位差 β。因此

$$\beta=-kd\cos\phi_m=-\frac{2\pi}{\lambda}\frac{\lambda}{2}\cos60°=-\frac{\pi}{2}$$

11.17　设电基本振子的轴线沿东西方向放置，在远方有一移动接收电台在正南方向而接收到最大的电场强度。当接收电台沿电基本振子为中心的圆周在地面上移动时，电场强度将逐渐减少。当电场强度减少到最大值的 $1/\sqrt{2}$ 时，接收电台的位置偏离正南方向多少度？

解　由题意知电基本振子的方向函数为 $F(\theta)=\sin\theta$，电基本振子在正南方，即 $\theta=90°$ 时辐射最大。接收电台沿以电基本振子为中心的圆周移动，如图 11-7 所示，当接收到的电场强度减少到最大值的 $1/\sqrt{2}$ 时，对应的角度为 $\theta_{0.5}$，即

$$\sin\theta_{0.5}=\frac{\sqrt{2}}{2}$$

解得 $\theta_{0.5}=45°$，$90°-45°=45°$，所以接收电台的位置偏离正南方向 $\pm45°$。

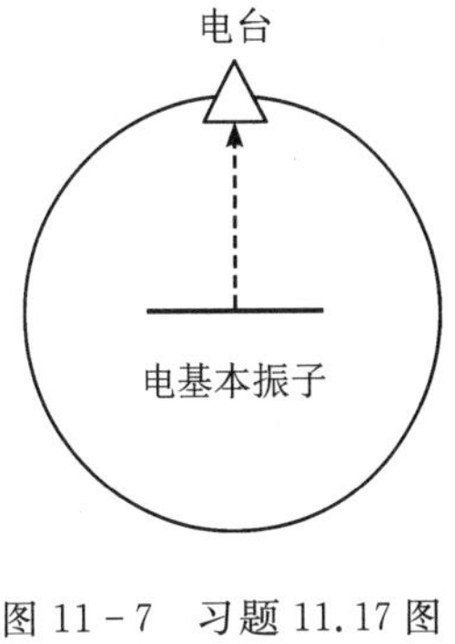

图 11-7　习题 11.17 图

11.18　当波源频率 $f=1\ \text{MHz}$，线长 $l=1\ \text{m}$ 时，求以下两种情况下的导线段的辐射电阻。

（1）设导线是长直的；

（2）设导线弯成环形形状。

解　（1）波长 $\lambda=\dfrac{v_0}{10^6}=\dfrac{3\times10^8}{10^6}=300\ \text{m}$。长直导线可视为电基本振子天线，则其辐射电阻为

$$R_\Sigma=80\pi^2\left(\frac{dl}{\lambda}\right)^2=8.8\times10^{-3}\ \Omega$$

（2）环形导线可视为磁偶极子天线，由 $2\pi R=1$ 得 $R=\dfrac{1}{2\pi}$，则其辐射电阻为

$$R_\Sigma=\frac{320\pi^4S^2}{\lambda^4}=\frac{320\pi^4\left(\dfrac{1}{2\pi}\right)^2}{300^4}=2.44\times10^{-8}\ \Omega$$

11.19　由于某种应用上的要求，在自由空间中离天线 1 km 的点处需保持 1 V/m 的电场强度，若天线是(1) 无方向性天线、(2) 电偶极子天线、(3) 对称半波天线，则必须馈给天线的功率是多少(不计损耗)？

解　由公式

$$|E_{\max}|=\frac{\sqrt{60P_{r0}D}}{r}$$

可得

$$P=\frac{|E|^2r^2}{60D}$$

无方向性天线、电偶极子天线、对称半波天线的方向系数分别为 $D_1=1$、$D_2=1.5$、$D_3=1.64$，把它们分别代入上式就能得到各天线所需功率：

$$P_1=\frac{1\times10^6}{60\times D_1}=\frac{10^6}{60}=16\ 666.7\ \text{W}$$

$$P_2=\frac{1\times10^6}{60\times D_2}=\frac{10^6}{60\times1.5}=11\ 111\ \text{W}$$

$$P_3=\frac{1\times10^6}{60\times D_3}=\frac{10^6}{60\times1.64}=10\ 162.6\ \text{W}$$

11.20　半波天线的电流振幅为 1 A，求离开天线 1 km 处的最大电场强度。

解　半波天线的电场强度为

$$E_\theta=\frac{\eta_0I_m e^{-jkr_0}}{2\pi r_0}\frac{\cos\left(\dfrac{\pi}{2}\cos\theta\right)}{\sin\theta}$$

可见，当 $\theta=90°$时电场强度取最大值。将 $\theta=90°$、$r_0=1\times10^3$ m 代入上式，得

$$|E_{\max}|=\frac{\eta_0I_m}{2\pi r_0}=\frac{60}{10^3}\ \text{V/m}=6\times10^{-2}\ \text{V/m}$$

11.21　由三个间距为 $\lambda/2$ 的各向同性元组成的三元阵，各单元天线上电流的相位相

同，振幅为 1∶2∶1，试画出该天线阵的方向图。

解　该三元阵可等效为两个间距为 $\lambda/2$ 的各向同性元组成的二元阵，如图 11-8(a)所示。于是元因子和阵因子均是二元阵，其方向函数均为 $\left|\cos\left(\frac{\pi}{2}\cos\phi\right)\right|$（等幅同向二元阵阵因子）。根据方向图相乘原理，可得该三元阵的方向函数为

$$F(\phi)=\cos^2\left(\frac{\pi}{2}\cos\phi\right)$$

其方向图如图 11-8(b)所示。

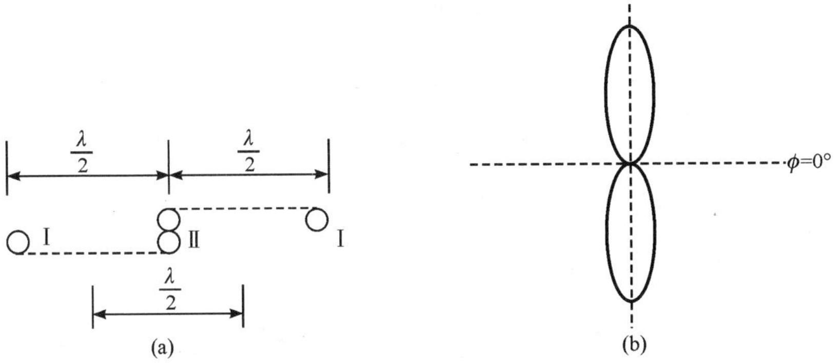

图 11-8　习题 11.21 图

11.22　假设有一电偶极子向空间辐射电磁波，已知在垂直它的方向上 100 km 处的电场强度为 100 μV/m，求该电偶极子的辐射功率。

解　天线在远场区产生的电场强度大小为 $|E(\theta,\phi)|=\frac{\sqrt{60P_\Sigma D}}{r}F(\theta,\phi)$，在垂直电偶极子方向上 $F(\theta,\phi)=1$。又电偶极子方向系数为 $D=1.5$，所以该电偶极子的辐射功率为

$$P_\Sigma=\frac{(Er)^2}{60D}=\frac{10}{9}\ \text{W}$$

11.23　如图 11-9 所示，在 yOz 面上放置的两平行半波阵子天线，间距为 $\lambda/4$，现对两天线馈电 $I_2=-\mathrm{j}I_1$。

(1) 求空间方向函数；

(2) 分别写出 E 面和 H 面方向函数；

(3) 画出 E 面和 H 面方向图。

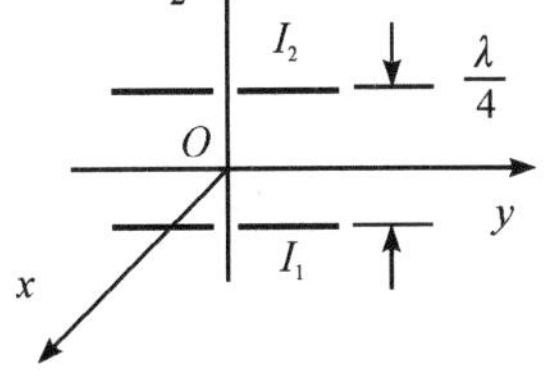

图 11-9　习题 11.23 图(一)

解　(1) 因为阵元为半波振子，所以单元因子为

$$|f_1(\theta,\varphi)|=\left|\frac{\cos\left(\frac{\pi}{2}\cos\beta\right)}{\sin\beta}\right|$$（式中 β 为矢量 $\boldsymbol{r}$ 与 y 轴的夹角）

又 $\cos\beta=\sin\theta\sin\varphi$，故

$$|f_1(\theta,\varphi)|=\left|\frac{\cos\left(\frac{\pi}{2}\sin\theta\sin\varphi\right)}{\sqrt{1-\sin^2\theta\sin^2\varphi}}\right|$$

从而阵因子为

$$|f_a(\theta,\varphi)|=\left|1+\frac{I_2}{I_1}e^{jkd\cos\theta}\right|=\left|1+e^{j\frac{\pi}{2}(\cos\theta-1)}\right|=2\left|\cos\frac{\pi}{4}(\cos\theta-1)\right|$$

于是空间方向函数为

$$|f(\theta,\varphi)|=|f_1f_a|=2\left|\frac{\cos\left(\frac{\pi}{2}\sin\theta\sin\varphi\right)}{\sqrt{1-\sin^2\theta\sin^2\varphi}}\cos\frac{\pi}{4}(\cos\theta-1)\right|$$

(2) 因为 E 面为 xOy 面，所以令 $\theta=90°$，得 E 面方向函数为

$$|f_E(\varphi)|=\sqrt{2}\left|\frac{\cos\left(\frac{\pi}{2}\sin\varphi\right)}{\cos\varphi}\right|$$

因为 H 面为 xOz 面，所以令 $\varphi=0°$，得 H 面方向函数为

$$|f_H(\theta)|=\sqrt{2}\cos\frac{\pi}{4}(\cos\theta-1)$$

(3) E 面和 H 面方向图如图 11－10 所示。

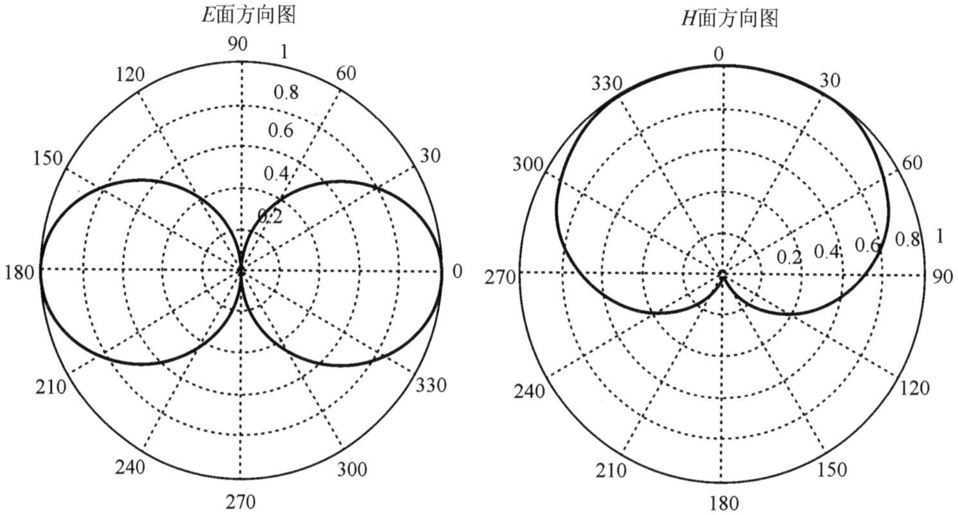

图 11－10　习题 11.23 图(二)

附　录
重要公式

第1章　矢量分析

附表1-1　矢量运算

类别		矢量运算	直角坐标系下运算
矢量的和、差		$\boldsymbol{A}\pm\boldsymbol{B}$，平行四边形法则或三角形法则	$\boldsymbol{A}\pm\boldsymbol{B}=\boldsymbol{e}_x(A_x\pm B_x)+\boldsymbol{e}_y(A_y\pm B_y)+\boldsymbol{e}_z(A_z\pm B_z)$
矢量的数乘		$\boldsymbol{B}=k\boldsymbol{A}$	$k\boldsymbol{A}=\boldsymbol{e}_x kA_x+\boldsymbol{e}_y kA_y+\boldsymbol{e}_z kA_z$
矢量积	点积	$\boldsymbol{A}\cdot\boldsymbol{B}=AB\cos\theta$	$\boldsymbol{A}\cdot\boldsymbol{B}=A_xB_x+A_yB_y+A_zB_z$
	叉积	$\boldsymbol{A}\times\boldsymbol{B}=\boldsymbol{e}_\mathrm{n}AB\sin\theta$	$\boldsymbol{A}\times\boldsymbol{B}=\begin{vmatrix}\boldsymbol{e}_x & \boldsymbol{e}_y & \boldsymbol{e}_z\\ A_x & A_y & A_z\\ B_x & B_y & B_z\end{vmatrix}$
	标量三重积	$\boldsymbol{A}\cdot(\boldsymbol{B}\times\boldsymbol{C})=\boldsymbol{B}\cdot(\boldsymbol{C}\times\boldsymbol{A})=\boldsymbol{C}\cdot(\boldsymbol{A}\times\boldsymbol{B})$	
	矢量三重积	$\boldsymbol{A}\times(\boldsymbol{B}\times\boldsymbol{C})=\boldsymbol{B}(\boldsymbol{A}\cdot\boldsymbol{C})-\boldsymbol{C}(\boldsymbol{A}\cdot\boldsymbol{B})$	
备　注		$\boldsymbol{A}=\boldsymbol{e}_xA_x+\boldsymbol{e}_yA_y+\boldsymbol{e}_zA_z$，$\boldsymbol{B}=\boldsymbol{e}_xB_x+\boldsymbol{e}_yB_y+\boldsymbol{e}_zB_z$	

附表1-2　坐标系及其变换

坐标系	直角坐标系	圆柱坐标系	球坐标系
坐标	$(i,j,k)=(x,y,z)$	$(i,j,k)=(\rho,\phi,z)$	$(i,j,k)=(r,\theta,\phi)$
位置矢量	$\boldsymbol{r}=\boldsymbol{e}_x x+\boldsymbol{e}_y y+\boldsymbol{e}_z z$	$\boldsymbol{r}=\boldsymbol{e}_\rho\rho+\boldsymbol{e}_z z$	$\boldsymbol{r}=\boldsymbol{e}_r r$
线元矢量	$\mathrm{d}\boldsymbol{l}=\boldsymbol{e}_x\mathrm{d}x+\boldsymbol{e}_y\mathrm{d}y+\boldsymbol{e}_z\mathrm{d}z$	$\mathrm{d}\boldsymbol{l}=\boldsymbol{e}_\rho\mathrm{d}\rho+\boldsymbol{e}_\phi\rho\mathrm{d}\phi+\boldsymbol{e}_z\mathrm{d}z$	$\mathrm{d}\boldsymbol{l}=\boldsymbol{e}_r\mathrm{d}r+\boldsymbol{e}_\theta r\mathrm{d}\theta+\boldsymbol{e}_\phi r\sin\theta\mathrm{d}\phi$

续表

坐标系	直角坐标系	圆柱坐标系	球坐标系
面元矢量	$\begin{cases} d\boldsymbol{S}_x = \boldsymbol{e}_x dydz \\ d\boldsymbol{S}_y = \boldsymbol{e}_y dxdz \\ d\boldsymbol{S}_z = \boldsymbol{e}_z dxdy \end{cases}$	$\begin{cases} d\boldsymbol{S}_\rho = \boldsymbol{e}_\rho \rho d\phi dz \\ d\boldsymbol{S}_\phi = \boldsymbol{e}_\phi d\rho dz \\ d\boldsymbol{S}_z = \boldsymbol{e}_z \rho d\rho d\phi \end{cases}$	$\begin{cases} d\boldsymbol{S}_r = \boldsymbol{e}_r r^2 \sin\theta d\theta d\phi \\ d\boldsymbol{S}_\theta = \boldsymbol{e}_\theta r \sin\theta dr d\phi \\ d\boldsymbol{S}_\phi = \boldsymbol{e}_\phi r dr d\theta \end{cases}$
体积元	$dV = dxdydz$	$dV = \rho d\rho d\phi dz$	$dV = r^2 \sin\theta dr d\theta d\phi$
单位矢量关系	$\begin{bmatrix} \boldsymbol{e}_x \\ \boldsymbol{e}_y \\ \boldsymbol{e}_z \end{bmatrix} = \begin{bmatrix} \cos\phi & -\sin\phi & 0 \\ \sin\phi & \cos\phi & 0 \\ 0 & 0 & 1 \end{bmatrix} \begin{bmatrix} \boldsymbol{e}_\rho \\ \boldsymbol{e}_\phi \\ \boldsymbol{e}_z \end{bmatrix}$ $\begin{bmatrix} \boldsymbol{e}_x \\ \boldsymbol{e}_y \\ \boldsymbol{e}_z \end{bmatrix} = \begin{bmatrix} \sin\theta\cos\phi & \cos\theta\cos\phi & -\sin\phi \\ \sin\theta\sin\phi & \cos\theta\sin\phi & \cos\phi \\ \cos\theta & -\sin\theta & 0 \end{bmatrix} \begin{bmatrix} \boldsymbol{e}_r \\ \boldsymbol{e}_\theta \\ \boldsymbol{e}_\phi \end{bmatrix}$	$\begin{bmatrix} \boldsymbol{e}_\rho \\ \boldsymbol{e}_\phi \\ \boldsymbol{e}_z \end{bmatrix} = \begin{bmatrix} \cos\phi & \sin\phi & 0 \\ -\sin\phi & \cos\phi & 0 \\ 0 & 0 & 1 \end{bmatrix} \begin{bmatrix} \boldsymbol{e}_x \\ \boldsymbol{e}_y \\ \boldsymbol{e}_z \end{bmatrix}$ $\begin{bmatrix} \boldsymbol{e}_\rho \\ \boldsymbol{e}_\phi \\ \boldsymbol{e}_z \end{bmatrix} = \begin{bmatrix} \sin\theta & \cos\theta & 0 \\ 0 & 0 & 1 \\ \cos\theta & -\sin\theta & 0 \end{bmatrix} \begin{bmatrix} \boldsymbol{e}_r \\ \boldsymbol{e}_\theta \\ \boldsymbol{e}_\phi \end{bmatrix}$	$\begin{bmatrix} \boldsymbol{e}_r \\ \boldsymbol{e}_\theta \\ \boldsymbol{e}_\phi \end{bmatrix} = \begin{bmatrix} \sin\theta\cos\phi & \sin\theta\sin\phi & \cos\theta \\ \cos\theta\cos\phi & \cos\theta\sin\phi & -\sin\theta \\ -\sin\phi & \cos\phi & 0 \end{bmatrix} \begin{bmatrix} \boldsymbol{e}_x \\ \boldsymbol{e}_y \\ \boldsymbol{e}_z \end{bmatrix}$ $\begin{bmatrix} \boldsymbol{e}_r \\ \boldsymbol{e}_\theta \\ \boldsymbol{e}_\phi \end{bmatrix} = \begin{bmatrix} \sin\theta & 0 & \cos\theta \\ \cos\theta & 0 & -\sin\theta \\ 0 & 1 & 0 \end{bmatrix} \begin{bmatrix} \boldsymbol{e}_\rho \\ \boldsymbol{e}_\phi \\ \boldsymbol{e}_z \end{bmatrix}$
坐标变换	$\begin{cases} x = \rho\cos\phi \\ y = \rho\sin\phi \\ z = z \end{cases}$, $\begin{cases} x = r\sin\theta\cos\phi \\ y = r\sin\theta\sin\phi \\ z = r\cos\theta \end{cases}$	$\begin{cases} \rho = \sqrt{x^2+y^2} \\ \phi = \arctan\dfrac{y}{x} \\ z = z \end{cases}$, $\begin{cases} \rho = r\sin\theta \\ \phi = \phi \\ z = r\cos\theta \end{cases}$	$\begin{cases} r = \sqrt{x^2+y^2+z^2} \\ \theta = \arccos\dfrac{z}{\sqrt{x^2+y^2+z^2}} \\ \phi = \arctan\dfrac{y}{x} \end{cases}$, $\begin{cases} r = \sqrt{\rho^2+z^2} \\ \theta = \arctan\dfrac{\rho}{z} \\ \phi = \phi \end{cases}$

第2章 场论基础

附表 2-1 场论基础

场类型	描述		定义	直角坐标表示	圆柱坐标表示	球坐标表示	性质
标量场	散度源	等值面	$u = u(M)$	$u(x, y, z) = C$ (C 任意常数)	$u(\rho, \phi, z) = C$ (C 任意常数)	$u(r, \theta, \phi) = C$ (C 任意常数)	
		方向导数	$\left.\dfrac{\partial u}{\partial l}\right\|_{M_0} = \lim\limits_{\rho \to 0} \dfrac{u(M) - u(M_0)}{\rho}$	$\dfrac{\partial u}{\partial l} = \nabla u \cdot \boldsymbol{l}$			标量
		梯度	$\mathbf{grad}\,(u) = \boldsymbol{e}_l \left.\dfrac{\partial u}{\partial l}\right\|_{\max}$	$\nabla u = \boldsymbol{e}_x \dfrac{\partial u}{\partial x} + \boldsymbol{e}_y \dfrac{\partial u}{\partial y} + \boldsymbol{e}_z \dfrac{\partial u}{\partial z}$	$\nabla u = \boldsymbol{e}_\rho \dfrac{\partial u}{\partial \rho} + \boldsymbol{e}_\phi \dfrac{1}{\rho} \dfrac{\partial u}{\partial \phi} + \boldsymbol{e}_z \dfrac{\partial u}{\partial z}$	$\nabla u = \boldsymbol{e}_r \dfrac{\partial u}{\partial r} + \boldsymbol{e}_\theta \dfrac{1}{r} \dfrac{\partial u}{\partial \theta} + \boldsymbol{e}_\phi \dfrac{1}{r\sin\theta} \dfrac{\partial u}{\partial \phi}$	矢量

续表

场类型	描述		定义	直角坐标表示	圆柱坐标表示	球坐标表示	性质
矢量场	散度源	通量	$\psi = \int_S \boldsymbol{A} \cdot \mathrm{d}\boldsymbol{S} = \int_S \boldsymbol{A} \cdot \boldsymbol{e}_{\mathrm{n}} \mathrm{d}S$				
		散度	$\mathrm{div}\,\boldsymbol{A} = \lim\limits_{\Delta V \to 0} \dfrac{\displaystyle\int_S \boldsymbol{A} \cdot \mathrm{d}\boldsymbol{S}}{\Delta V}$	$\nabla \cdot \boldsymbol{A} = \dfrac{\partial A_x}{\partial x} + \dfrac{\partial A_y}{\partial y} + \dfrac{\partial A_z}{\partial z}$	$\nabla \cdot \boldsymbol{A} = \dfrac{1}{\rho}\dfrac{\partial(\rho A_\rho)}{\partial \rho} + \dfrac{1}{\rho}\dfrac{\partial A_\phi}{\partial \phi} + \dfrac{\partial A_z}{\partial z}$	$\nabla \cdot \boldsymbol{A} = \dfrac{1}{r^2}\dfrac{\partial(r^2 A_r)}{\partial r} + \dfrac{1}{r\sin\theta}\dfrac{\partial(\sin\theta A_\theta)}{\partial \theta} + \dfrac{1}{r\sin\theta}\dfrac{\partial A_\phi}{\partial \phi}$	标量
		散度定理	$\oint_S \boldsymbol{A} \cdot \mathrm{d}\boldsymbol{S} = \int_V \nabla \cdot \boldsymbol{A}\,\mathrm{d}V$				
	旋度源	环量	$\Gamma = \int_C \boldsymbol{A} \cdot \mathrm{d}\boldsymbol{l} = \int_C A\cos\theta\,\mathrm{d}l$				
		旋度	$\mathrm{rot}\,\boldsymbol{A} = \boldsymbol{e}_{\mathrm{n}} \lim\limits_{\Delta S \to 0} \dfrac{\displaystyle\int_C \boldsymbol{A} \cdot \mathrm{d}\boldsymbol{l}}{\Delta S}\Big\|_{\max}$	$\nabla \times \boldsymbol{A} = \begin{vmatrix} \boldsymbol{e}_x & \boldsymbol{e}_y & \boldsymbol{e}_z \\ \dfrac{\partial}{\partial x} & \dfrac{\partial}{\partial y} & \dfrac{\partial}{\partial z} \\ A_x & A_y & A_z \end{vmatrix}$	$\nabla \times \boldsymbol{A} = \dfrac{1}{\rho}\begin{vmatrix} \boldsymbol{e}_\rho & \rho\boldsymbol{e}_\phi & \boldsymbol{e}_z \\ \dfrac{\partial}{\partial \rho} & \dfrac{\partial}{\partial \phi} & \dfrac{\partial}{\partial z} \\ A_\rho & \rho A_\phi & A_z \end{vmatrix}$	$\nabla \times \boldsymbol{A} = \dfrac{1}{r^2\sin\theta}\begin{vmatrix} \boldsymbol{e}_r & r\boldsymbol{e}_\theta & r\sin\theta\boldsymbol{e}_\phi \\ \dfrac{\partial}{\partial r} & \dfrac{\partial}{\partial \theta} & \dfrac{\partial}{\partial \phi} \\ A_r & rA_\theta & r\sin\theta A_\phi \end{vmatrix}$	矢量
		斯托克斯定理	$\oint_C \boldsymbol{A} \cdot \mathrm{d}\boldsymbol{l} = \int_S \nabla \times \boldsymbol{A} \cdot \mathrm{d}\boldsymbol{S}$				

附表 2-2　两个重要算子

算子	表示符号	性质	直角坐标表示	圆柱坐标表示	球坐标表示
哈密顿算子	∇	矢性，有矢量和运算双重意义	$\nabla = \boldsymbol{e}_x \dfrac{\partial}{\partial x} + \boldsymbol{e}_y \dfrac{\partial}{\partial y} + \boldsymbol{e}_z \dfrac{\partial}{\partial z}$	$\nabla = \boldsymbol{e}_\rho \dfrac{\partial}{\partial \rho} + \boldsymbol{e}_\phi \dfrac{1}{\rho}\dfrac{\partial}{\partial \phi} + \boldsymbol{e}_z \dfrac{\partial}{\partial z}$	$\nabla = \boldsymbol{e}_r \dfrac{\partial}{\partial r} + \boldsymbol{e}_\theta \dfrac{1}{r}\dfrac{\partial}{\partial \theta} + \boldsymbol{e}_\phi \dfrac{1}{r\sin\theta}\dfrac{\partial}{\partial \phi}$
拉普拉斯算子	∇^2	与标量场作用是数性，与矢量场作用是矢性	$\nabla^2 u = \dfrac{\partial^2 u}{\partial x^2} + \dfrac{\partial^2 u}{\partial y^2} + \dfrac{\partial^2 u}{\partial z^2}$	$\nabla^2 u = \dfrac{1}{\rho}\dfrac{\partial}{\partial \rho}\left(\rho \dfrac{\partial u}{\partial \rho}\right) + \dfrac{1}{\rho^2}\dfrac{\partial^2 u}{\partial \phi^2} + \dfrac{\partial^2 u}{\partial z^2}$	$\nabla^2 u = \dfrac{1}{r^2}\dfrac{\partial}{\partial r}\left(r^2 \dfrac{\partial u}{\partial r}\right) + \dfrac{1}{r^2\sin\theta}\dfrac{\partial}{\partial \theta}\left(\sin\theta \dfrac{\partial u}{\partial \theta}\right) + \dfrac{1}{r^2\sin\theta}\dfrac{\partial^2 u}{\partial \phi^2}$

附表 2-3 梯度、散度、旋度基本运算公式

梯度基本运算公式	散度基本运算公式	旋度基本运算公式
$\begin{cases} \nabla C = 0 \\ \nabla(Cu) = C\nabla u \\ \nabla(u \pm v) = \nabla u \pm \nabla v \\ \nabla(uv) = (\nabla u)v + u(\nabla v) \\ \nabla\left(\frac{u}{v}\right) = \frac{1}{v^2}[(\nabla u)v - u(\nabla v)] \\ \nabla[f(u)] = \frac{\partial f}{\partial u}\nabla u \end{cases}$	$\begin{cases} \nabla\cdot\boldsymbol{C} = 0 \\ \nabla\cdot(\boldsymbol{C}u) = \boldsymbol{C}\cdot\nabla u \\ \nabla\cdot(k\boldsymbol{A}) = k\nabla\cdot\boldsymbol{A} \\ \nabla\cdot(u\boldsymbol{A}) = u\nabla\cdot\boldsymbol{A} + \boldsymbol{A}\cdot\nabla u \\ \nabla\cdot(\boldsymbol{A}\pm\boldsymbol{B}) = \nabla\cdot\boldsymbol{A}\pm\nabla\cdot\boldsymbol{B} \end{cases}$	$\begin{cases} \nabla\times\boldsymbol{C} = \boldsymbol{0} \\ \nabla\times(\boldsymbol{C}u) = \nabla u\times\boldsymbol{C} \\ \nabla\times(\nabla u) = \boldsymbol{0} \\ \nabla\times(u\boldsymbol{A}) = u\nabla\times\boldsymbol{A} + \nabla u\times\boldsymbol{A} \\ \nabla\times(\boldsymbol{A}\pm\boldsymbol{B}) = \nabla\times\boldsymbol{A}\pm\nabla\times\boldsymbol{B} \\ \nabla\cdot(\boldsymbol{A}\times\boldsymbol{B}) = \boldsymbol{B}\cdot\nabla\times\boldsymbol{A} - \boldsymbol{A}\cdot\nabla\times\boldsymbol{B} \\ \nabla\cdot(\nabla\times\boldsymbol{A}) = 0 \\ \nabla\times\nabla\times\boldsymbol{A} = \nabla(\nabla\cdot\boldsymbol{A}) - \nabla^2\boldsymbol{A} \end{cases}$
备注：$\boldsymbol{C}$ 为常矢量，k 和 C 为常数标量，u 为标量函数		

附表 2-4 三个重要定理

格林定理	唯一性定理	亥姆霍兹定理
$\int_V (\varphi\nabla^2\psi + \nabla\varphi\cdot\nabla\psi)\,\mathrm{d}V = \oint_S \varphi\nabla\psi\cdot\mathrm{d}\boldsymbol{S}$ $\int_V (\varphi\nabla^2\psi - \psi\nabla^2\varphi)\,\mathrm{d}V = \oint_S (\varphi\nabla\psi - \psi\nabla\varphi)\cdot\mathrm{d}\boldsymbol{S}$ φ、ψ 为标量函数	如果一个矢量场的散度和旋度在全区域内确定，且在包围区域的封闭面上的法向分量也确定，则这个矢量场在区域内是唯一的	$\boldsymbol{F} = -\nabla u(\boldsymbol{r}) + \nabla\times\boldsymbol{A}(\boldsymbol{r})$ $\begin{cases} u(\boldsymbol{r}) = \frac{1}{4\pi}\int_V \frac{\nabla'\cdot\boldsymbol{F}(\boldsymbol{r}')}{\lvert\boldsymbol{r}-\boldsymbol{r}'\rvert}\mathrm{d}V' \\ \boldsymbol{A}(\boldsymbol{r}) = \frac{1}{4\pi}\int_V \frac{\nabla'\times\boldsymbol{F}(\boldsymbol{r}')}{\lvert\boldsymbol{r}-\boldsymbol{r}'\rvert}\mathrm{d}V' \end{cases}$
定量描述两个标量场之间的关系，也说明了区域 V 中的场与边界 S 上的场之间的关系		有限区域中的任一个矢量场可由其散度、旋度唯一确定，并且可以表示为一个标量函数的梯度和一个矢量函数的旋度之和。有限区域则需加上边界条件

附表 2-5 场 的 分 类

无散无旋场	有散无旋场	有旋无散场	有散有旋场
$\nabla\cdot\boldsymbol{F} = 0,\ \nabla\times\boldsymbol{F} = \boldsymbol{0}$	$\nabla\cdot\boldsymbol{F} \neq 0,\ \nabla\times\boldsymbol{F} = \boldsymbol{0}$	$\nabla\cdot\boldsymbol{F} = 0,\ \nabla\times\boldsymbol{F} \neq \boldsymbol{0}$	$\nabla\cdot\boldsymbol{F} \neq 0,\ \nabla\times\boldsymbol{F} \neq \boldsymbol{0}$
$\boldsymbol{F} = -\nabla u$ $\nabla\cdot\boldsymbol{F} = \nabla\cdot(\nabla u) = \nabla^2 u = 0$	$\boldsymbol{F} = -\nabla u$ $\nabla\cdot\boldsymbol{F} = \nabla\cdot(\nabla u)$ $= \nabla^2 u = \rho$	$\boldsymbol{F} = \nabla\times\boldsymbol{A}$ $\nabla^2\boldsymbol{A} = -\boldsymbol{J}$	$\boldsymbol{F} = \boldsymbol{G} + \boldsymbol{H}$, 无散场＋无源场 $\begin{cases} \boldsymbol{G} = \nabla\times\boldsymbol{A} \\ \boldsymbol{H} = -\nabla u \end{cases}$ $\boldsymbol{F} = \nabla\times\boldsymbol{A} - \nabla u$
根据场区域边界条件求解拉普拉斯方程，当获得标量 u 后可得到矢量场 $\boldsymbol{F}$	根据场区域的边界条件求解泊松方程，当获得标量 u 后可得到矢量场 $\boldsymbol{F}$	先求解泊松方程，当获得矢量 $\boldsymbol{A}$ 后可得到矢量场 $\boldsymbol{F}$	先获得矢量 $\boldsymbol{A}$ 和标量 u，然后求得矢量场 $\boldsymbol{F}$

第3章　静电场及其特性

附表 3-1　静电场及其特性

名称	说明与公式	备　注
电荷密度	体电荷密度：$\rho(\boldsymbol{r}')=\lim\limits_{\Delta V'\to 0}\left(\dfrac{\Delta q}{\Delta V'}\right)=\dfrac{\mathrm{d}q}{\mathrm{d}V'}$； 面电荷密度：$\rho_S(\boldsymbol{r}')=\lim\limits_{\Delta S'\to 0}\left(\dfrac{\Delta q}{\Delta S'}\right)=\dfrac{\mathrm{d}q}{\mathrm{d}S'}$； 线电荷密度：$\rho_l(\boldsymbol{r}')=\lim\limits_{\Delta l'\to 0}\left(\dfrac{\Delta q}{\Delta l'}\right)=\dfrac{\mathrm{d}q}{\mathrm{d}l'}$； 点电荷：$\rho(\boldsymbol{r})=q\delta(\boldsymbol{r}-\boldsymbol{r}')$	$\boldsymbol{r}'$ 为源点的位置矢量，$\boldsymbol{r}$ 为场点的位置矢量
库仑定律	$\boldsymbol{F}_{12}=\dfrac{q_1q_2}{4\pi\varepsilon_0R^2}\boldsymbol{e}_R=\dfrac{q_1q_2}{4\pi\varepsilon_0R^3}\boldsymbol{R}$， $\boldsymbol{F}=\dfrac{q}{4\pi\varepsilon_0}\sum\limits_{i=1}^{N}\dfrac{q_i}{\|\boldsymbol{r}-\boldsymbol{r}_i'\|^3}(\boldsymbol{r}-\boldsymbol{r}_i')$	$\varepsilon_0\approx\dfrac{1}{36\pi}\times10^{-9}\approx8.854\times10^{-12}$； $\|\boldsymbol{r}-\boldsymbol{r}_i'\|$ 为电荷 q_i 与电荷 q 之间的距离
电场强度	点电荷系：$\boldsymbol{E}(\boldsymbol{r})=\dfrac{1}{4\pi\varepsilon_0}\sum\limits_{i=1}^{N}\dfrac{q_i}{\|\boldsymbol{r}-\boldsymbol{r}_i'\|^3}(\boldsymbol{r}-\boldsymbol{r}_i')$； 体电荷：$\boldsymbol{E}(\boldsymbol{r})=\dfrac{1}{4\pi\varepsilon_0}\int_V\dfrac{\rho(\boldsymbol{r}')(\boldsymbol{r}-\boldsymbol{r}')}{\|\boldsymbol{r}-\boldsymbol{r}'\|^3}\mathrm{d}V'$； 面电荷：$\boldsymbol{E}(\boldsymbol{r})=\dfrac{1}{4\pi\varepsilon_0}\int_S\dfrac{\rho_S(\boldsymbol{r}')(\boldsymbol{r}-\boldsymbol{r}')}{\|\boldsymbol{r}-\boldsymbol{r}'\|^3}\mathrm{d}S'$； 线电荷：$\boldsymbol{E}(\boldsymbol{r})=\dfrac{1}{4\pi\varepsilon_0}\int_l\dfrac{\rho_l(\boldsymbol{r}')(\boldsymbol{r}-\boldsymbol{r}')}{\|\boldsymbol{r}-\boldsymbol{r}'\|^3}\mathrm{d}l'$	点电荷：$\boldsymbol{E}(\boldsymbol{r})=\dfrac{q}{4\pi\varepsilon_0}\dfrac{\boldsymbol{r}-\boldsymbol{r}'}{\|\boldsymbol{r}-\boldsymbol{r}'\|^3}$
真空中的静电场方程	微分形式：$\begin{cases}\nabla\cdot\boldsymbol{E}=\dfrac{\rho}{\varepsilon_0}\text{；}\\\nabla\times\boldsymbol{E}=\boldsymbol{0}\end{cases}$ 积分形式：$\begin{cases}\oint_S\boldsymbol{E}\cdot\mathrm{d}\boldsymbol{S}=\dfrac{1}{\varepsilon_0}\int_V\rho\mathrm{d}V=\dfrac{q}{\varepsilon_0}\\\oint_l\boldsymbol{E}\cdot\mathrm{d}\boldsymbol{l}=0\end{cases}$	
本构关系	$\boldsymbol{D}=\varepsilon_0\varepsilon_r\boldsymbol{E}=\varepsilon\boldsymbol{E}=\varepsilon_0\boldsymbol{E}+\boldsymbol{P}$	
极化强度	极化强度与极化体电荷密度关系：$\rho_P=-\nabla\cdot\boldsymbol{P}$； 极化强度与极化面电荷密度关系：$\rho_{SP}=\boldsymbol{P}\cdot\boldsymbol{e}_n$	ρ_P 为极化体电荷密度； ρ_{SP} 为极化面电荷密度
电介质中的静电场方程	微分形式：$\begin{cases}\nabla\cdot\boldsymbol{D}=\rho\\\nabla\times\boldsymbol{E}=\boldsymbol{0}\end{cases}$； 积分形式：$\begin{cases}\oint_S\boldsymbol{D}\cdot\mathrm{d}\boldsymbol{S}=\int_V\rho\mathrm{d}V=q\\\oint_l\boldsymbol{E}\cdot\mathrm{d}\boldsymbol{l}=0\end{cases}$	

续表

名称	说明与公式	备注
辅助函数（电位）	电场强度与电位的关系：$\boldsymbol{E}=-\nabla\varphi$	
	点电荷电位：$\varphi(\boldsymbol{r})=\dfrac{q}{4\pi\varepsilon}\dfrac{1}{\lvert\boldsymbol{r}-\boldsymbol{r}'\rvert}+C$	
	电荷系的电位：$\varphi(\boldsymbol{r})=\begin{cases}\dfrac{1}{4\pi\varepsilon}\sum\limits_{i=1}^{N}\dfrac{q_i}{\lvert\boldsymbol{r}-\boldsymbol{r}_i'\rvert}+C & \text{点电荷系}\\ \dfrac{1}{4\pi\varepsilon}\int_V\dfrac{\rho(\boldsymbol{r}')}{\lvert\boldsymbol{r}-\boldsymbol{r}'\rvert}\mathrm{d}V'+C & \text{体电荷}\\ \dfrac{1}{4\pi\varepsilon}\int_S\dfrac{\rho_S(\boldsymbol{r}')}{\lvert\boldsymbol{r}-\boldsymbol{r}'\rvert}\mathrm{d}S'+C & \text{面电荷}\\ \dfrac{1}{4\pi\varepsilon}\int_l\dfrac{\rho_l(\boldsymbol{r}')}{\lvert\boldsymbol{r}-\boldsymbol{r}'\rvert}\mathrm{d}l'+C & \text{线电荷}\end{cases}$	
	电位差：$\int_P^Q\boldsymbol{E}(\boldsymbol{r})\cdot\mathrm{d}\boldsymbol{l}=-\int_P^Q\mathrm{d}\varphi(\boldsymbol{r})=\varphi(P)-\varphi(Q)$	
电位方程	泊松方程：$\nabla^2\varphi(\boldsymbol{r})=-\dfrac{\rho}{\varepsilon}$	
	拉普拉斯方程：$\nabla^2\varphi(\boldsymbol{r})=0$	
折射	电场线折射：$\dfrac{\tan\theta_1}{\tan\theta_2}=\dfrac{\varepsilon_1}{\varepsilon_2}$	
边界条件	$\rho_S\neq0$：$(\boldsymbol{D}_1-\boldsymbol{D}_2)\cdot\boldsymbol{e}_n=\rho_S$，$\boldsymbol{e}_n\times(\boldsymbol{E}_1-\boldsymbol{E}_2)=\boldsymbol{0}$ 或 $D_{1n}-D_{2n}=\rho_S$，$E_{1t}=E_{2t}$	
	$\rho_S=0$：$(\boldsymbol{D}_1-\boldsymbol{D}_2)\cdot\boldsymbol{e}_n=0$，$\boldsymbol{e}_n\times(\boldsymbol{E}_1-\boldsymbol{E}_2)=\boldsymbol{0}$ 或 $D_{1n}-D_{2n}=0$，$E_{1t}=E_{2t}$	
	一个导体介质：$\boldsymbol{D}_1\cdot\boldsymbol{e}_n=\rho_S$，$\boldsymbol{e}_n\times\boldsymbol{E}_1=\boldsymbol{0}$ 或 $D_{1n}=\rho_S$，$E_{1t}=0$	
	电位：$\varphi_1=\varphi_2$，$\varepsilon_1\dfrac{\partial\varphi_1}{\partial n}-\varepsilon_2\dfrac{\partial\varphi_2}{\partial n}=-\rho_S$	
	特殊情形：理想介质（$\rho_S=0$）：$\varphi_1=\varphi_2$，$\varepsilon_1\dfrac{\partial\varphi_1}{\partial n}=\varepsilon_2\dfrac{\partial\varphi_2}{\partial n}$； 一个导体介质：$\varphi_1=0$，$\varepsilon_1\dfrac{\partial\varphi_1}{\partial n}=-\rho_S$	
电容	孤立导体：$C=\dfrac{q}{\varphi}$	
	两导体电容：$C=\dfrac{q}{\lvert\varphi_1-\varphi_2\rvert}=\dfrac{q}{U}$	
	部分电容系数：$C_{ii}=\sum\limits_{j=1}^{n}\beta_{ij}$，$C_{ij}=-\beta_{ij}\quad i\neq j$	
静电场的能量	能量密度：$w_e=\dfrac{1}{2}\boldsymbol{E}\cdot\boldsymbol{D}=\dfrac{1}{2}\rho\varphi$；静电能：$W_e=\int_V\dfrac{1}{2}\boldsymbol{E}\cdot\boldsymbol{D}\mathrm{d}V=\int_V\dfrac{1}{2}\rho\varphi\mathrm{d}V$	
静电场的力	恒电荷系统：$\boldsymbol{F}_r=-(\nabla W_e)\vert_{q=\text{常数}}$；恒电位系统：$\boldsymbol{F}_r=(\nabla W_e)\vert_{\varphi=\text{常数}}$	

第4章 恒定电场及其特性

附表 4-1 恒定电场及其特性

名称	说明与公式	备注
电流密度	体电流：$\boldsymbol{J}=\boldsymbol{e}_{\mathrm{n}}\lim\limits_{\Delta S\to 0}\left(\dfrac{\Delta i}{\Delta S}\right)=\boldsymbol{e}_{\mathrm{n}}\dfrac{\mathrm{d}i}{\mathrm{d}S}$； 面电流：$\boldsymbol{J}_{\mathrm{S}}=\boldsymbol{e}_{\mathrm{t}}\lim\limits_{\Delta l\to 0}\left(\dfrac{\Delta i}{\Delta l}\right)=\boldsymbol{e}_{\mathrm{t}}\dfrac{\mathrm{d}i}{\mathrm{d}l}$； 导体电流：$\boldsymbol{J}=\dfrac{\mathrm{d}\boldsymbol{i}}{\mathrm{d}l}=\rho\boldsymbol{v}$	$\boldsymbol{e}_{\mathrm{n}}$ 为面积元 $\mathrm{d}\boldsymbol{S}$ 法线方向的单位矢量；$\boldsymbol{e}_{\mathrm{t}}$ 为正电荷运动方向的单位矢量；ρ 为电荷密度；$\boldsymbol{v}$ 为电荷的运动速度
欧姆定律	积分形式：$U=RI$； 微分形式：$\boldsymbol{J}=\sigma\boldsymbol{E}$	
焦耳定律	积分形式：$P=I^2R=IU$； 微分形式：$p=\boldsymbol{J}\cdot\boldsymbol{E}=\sigma E^2$	
电流连续性方程	微分形式：$\nabla\cdot\boldsymbol{J}=-\dfrac{\partial\rho}{\partial t}$； 积分形式：$I=\int_S\boldsymbol{J}\cdot\mathrm{d}\boldsymbol{S}=-\dfrac{\mathrm{d}}{\mathrm{d}t}\int_V\rho\,\mathrm{d}V=-\int_V\dfrac{\partial\rho}{\partial t}\mathrm{d}V$	
恒定电场方程	微分形式：$\begin{cases}\nabla\cdot\boldsymbol{J}=0\\ \nabla\times\boldsymbol{E}=\boldsymbol{0}\end{cases}$； 积分形式：$\begin{cases}\int_S\boldsymbol{J}\cdot\mathrm{d}\boldsymbol{S}=0\\ \oint_C\boldsymbol{E}\cdot\mathrm{d}\boldsymbol{l}=0\end{cases}$	本构关系：$\boldsymbol{J}=\sigma\boldsymbol{E}$
辅助函数	$\boldsymbol{E}=-\nabla\varphi$；电位方程 $\nabla^2\varphi=0$	
边界条件	$\begin{cases}J_{1\mathrm{n}}-J_{2\mathrm{n}}=0\\ E_{1\mathrm{t}}-E_{2\mathrm{t}}=0\end{cases}$ 或 $\begin{cases}\boldsymbol{e}_{\mathrm{n}}\cdot(\boldsymbol{J}_1-\boldsymbol{J}_2)=0\\ \boldsymbol{e}_{\mathrm{n}}\times(\boldsymbol{E}_1-\boldsymbol{E}_2)=0\end{cases}$；$\begin{cases}\varphi_1=\varphi_2\\ \sigma_1\dfrac{\partial\varphi_1}{\partial n}=\sigma_2\dfrac{\partial\varphi_2}{\partial n}\end{cases}$	面电荷密度： $\rho_{\mathrm{S}}=\left(\dfrac{\varepsilon_1}{\sigma_1}-\dfrac{\varepsilon_2}{\sigma_2}\right)J_{\mathrm{n}}$
漏电导与接地电阻	漏电导：$G=\dfrac{I}{U}=\dfrac{\oint_S\boldsymbol{J}\cdot\mathrm{d}S}{\int_P^N\boldsymbol{E}\cdot\mathrm{d}\boldsymbol{l}}=\dfrac{\sigma\oint_S\boldsymbol{E}\cdot\mathrm{d}\boldsymbol{S}}{\int_P^N\boldsymbol{E}\cdot\mathrm{d}\boldsymbol{l}}$； 接地电阻：$R=\dfrac{\varphi}{I}=\dfrac{\text{接地体的电位}}{\text{流出接地体的电流}}$	

第 5 章　静磁场及其特性

附表 5-1　静磁场及其特性

名称	说明与公式	备　注
安培定律	$\boldsymbol{F}_{12}=\frac{\mu_0}{4\pi}\oint_{C_2}\oint_{C_1}\frac{I_2\mathrm{d}\boldsymbol{l}_2\times(I_1\mathrm{d}\boldsymbol{l}_1\times\boldsymbol{R}_{21})}{R_{21}^3}$； $\boldsymbol{F}_{21}=\frac{\mu_0}{4\pi}\oint_{C_1}\oint_{C_2}\frac{I_1\mathrm{d}\boldsymbol{l}_1\times(I_2\mathrm{d}\boldsymbol{l}_2\times\boldsymbol{R}_{12})}{R_{12}^3}$	$\mu_0\approx4\pi\times10^{-7}$
毕奥-萨伐尔定律	$\mathrm{d}\boldsymbol{B}(\boldsymbol{r})=\frac{\mu_0}{4\pi}\frac{I\mathrm{d}\boldsymbol{l}'\times(\boldsymbol{r}-\boldsymbol{r}')}{\lvert\boldsymbol{r}-\boldsymbol{r}'\rvert^3}$	
磁感应强度	体电流：$\boldsymbol{B}(\boldsymbol{r})=\frac{\mu_0}{4\pi}\oint_V\frac{\boldsymbol{J}(\boldsymbol{r}')\times(\boldsymbol{r}-\boldsymbol{r}')}{\lvert\boldsymbol{r}-\boldsymbol{r}'\rvert^3}\mathrm{d}V'$； 面电流：$\boldsymbol{B}(\boldsymbol{r})=\frac{\mu_0}{4\pi}\oint_S\frac{\boldsymbol{J}_S(\boldsymbol{r}')\times(\boldsymbol{r}-\boldsymbol{r}')}{\lvert\boldsymbol{r}-\boldsymbol{r}'\rvert^3}\mathrm{d}S'$； 线电流：$\boldsymbol{B}(\boldsymbol{r})=\frac{\mu_0I}{4\pi}\oint_C\frac{\mathrm{d}\boldsymbol{l}'\times\boldsymbol{R}}{R^3}=\frac{\mu_0I}{4\pi}\oint_C\frac{\mathrm{d}\boldsymbol{l}'\times(\boldsymbol{r}-\boldsymbol{r}')}{\lvert\boldsymbol{r}-\boldsymbol{r}'\rvert^3}$	$\boldsymbol{R}=\boldsymbol{r}-\boldsymbol{r}'$； $R=\lvert\boldsymbol{r}-\boldsymbol{r}'\rvert$
洛伦兹力	洛伦兹力：$\boldsymbol{F}=q\boldsymbol{v}\times\boldsymbol{B}$；运动电荷受力：$\boldsymbol{F}=q(\boldsymbol{E}+\boldsymbol{v}\times\boldsymbol{B})$	
真空中的静磁场方程	微分形式：$\begin{cases}\nabla\cdot\boldsymbol{B}=0\\\nabla\times\boldsymbol{B}=\mu_0\boldsymbol{J}\end{cases}$；　积分形式：$\begin{cases}\oint_S\boldsymbol{B}\cdot\mathrm{d}\boldsymbol{S}=0\\\oint_l\boldsymbol{B}\cdot\mathrm{d}\boldsymbol{l}=\mu_0I\end{cases}$	
本构关系	$\boldsymbol{B}=\mu_0\mu_r\boldsymbol{H}=\mu\boldsymbol{H}=\mu_0(\boldsymbol{H}+\boldsymbol{M})$	$\mu=\mu_0\mu_r$
磁化强度	磁化强度与磁化体电流密度关系：$\boldsymbol{J}_M=\nabla\times\boldsymbol{M}$； 磁化强度与磁化面电流密度关系：$\boldsymbol{J}_{SM}=\boldsymbol{M}\times\boldsymbol{e}_n$	
磁介质中的静磁场方程	微分形式：$\nabla\times\boldsymbol{H}=\boldsymbol{J}$，$\nabla\cdot\boldsymbol{B}=0$； 积分形式：$\oint_C\boldsymbol{H}\cdot\mathrm{d}\boldsymbol{l}=\int_S\boldsymbol{J}\cdot\mathrm{d}\boldsymbol{S}=I$，$\oint_S\boldsymbol{B}\cdot\mathrm{d}\boldsymbol{S}=0$	
磁力线折射	$\frac{\tan\theta_1}{\tan\theta_2}=\frac{\mu_1}{\mu_2}$	$J=0$ 的情形
辅助函数（磁矢位）	磁矢位与磁感应强度关系：$\boldsymbol{B}=\nabla\times\boldsymbol{A}$，$\nabla\cdot\boldsymbol{A}=0$(库仑规范) 体电流磁矢位：$\boldsymbol{A}(\boldsymbol{r})=\frac{\mu_0}{4\pi}\int_V\frac{\boldsymbol{J}(\boldsymbol{r}')}{\lvert\boldsymbol{r}-\boldsymbol{r}'\rvert}\mathrm{d}V'+\boldsymbol{C}$； 面电流磁矢位：$\boldsymbol{A}(\boldsymbol{r})=\frac{\mu_0}{4\pi}\int_S\frac{\boldsymbol{J}_S(\boldsymbol{r}')}{\lvert\boldsymbol{r}-\boldsymbol{r}'\rvert}\mathrm{d}S'+\boldsymbol{C}$； 线电流磁矢位：$\boldsymbol{A}(\boldsymbol{r})=\frac{\mu_0I}{4\pi}\int_l\frac{\mathrm{d}\boldsymbol{l}'}{\lvert\boldsymbol{r}-\boldsymbol{r}'\rvert}+\boldsymbol{C}$； 泊松方程：$\nabla^2\boldsymbol{A}=-\mu\boldsymbol{J}$； 拉普拉斯方程：$\nabla^2\boldsymbol{A}=0$	

续表

名称	说明与公式		备　注
辅助函数（磁标位）	磁标位与磁场强度关系：$\boldsymbol{H}(\boldsymbol{r})=-\nabla\varphi_{\mathrm{m}}$ 拉普拉斯方程：$\nabla^2\varphi_{\mathrm{m}}=0$		$J=0$ 的情形
边界条件	$J_{\mathrm{S}}\neq 0$	$(\boldsymbol{B}_1-\boldsymbol{B}_2)\cdot\boldsymbol{e}_{\mathrm{n}}=0,\ \boldsymbol{e}_{\mathrm{n}}\times(\boldsymbol{H}_1-\boldsymbol{H}_2)=\boldsymbol{J}_{\mathrm{S}}$ 或 $\boldsymbol{B}_{1\mathrm{n}}=\boldsymbol{B}_{2\mathrm{n}},\ \boldsymbol{H}_{1\mathrm{t}}-\boldsymbol{H}_{2\mathrm{t}}=\boldsymbol{J}_{\mathrm{S}}$	
	$J_{\mathrm{S}}=0$	$(\boldsymbol{B}_1-\boldsymbol{B}_2)\cdot\boldsymbol{e}_{\mathrm{n}}=0,\ \boldsymbol{e}_{\mathrm{n}}\times(\boldsymbol{H}_1-\boldsymbol{H}_2)=\boldsymbol{0}$ 或 $\boldsymbol{B}_{1\mathrm{n}}=\boldsymbol{B}_{2\mathrm{n}},\ \boldsymbol{H}_{1\mathrm{t}}=\boldsymbol{H}_{2\mathrm{t}}$	
	一个导体介质	$\boldsymbol{B}_1\cdot\boldsymbol{e}_{\mathrm{n}}=0,\ \boldsymbol{e}_{\mathrm{n}}\times\boldsymbol{H}_1=\boldsymbol{J}_{\mathrm{S}}$ 或 $\boldsymbol{B}_{1\mathrm{n}}=\boldsymbol{0},\ \boldsymbol{H}_{1\mathrm{t}}=\boldsymbol{J}_{\mathrm{S}}$	
	磁矢位	$\boldsymbol{A}_1=\boldsymbol{A}_2,\ \boldsymbol{e}_{\mathrm{n}}\times\left(\frac{1}{\mu_1}\nabla\times\boldsymbol{A}_1-\frac{1}{\mu_2}\nabla\times\boldsymbol{A}_2\right)=\boldsymbol{J}_{\mathrm{S}}$	
	磁标位	$\varphi_{\mathrm{m1}}=\varphi_{\mathrm{m2}},\ \mu_1\frac{\partial\varphi_{\mathrm{m1}}}{\partial n}=\mu_2\frac{\partial\varphi_{\mathrm{m2}}}{\partial n}$	
电感	自感	$L=L_{\mathrm{o}}+L_{\mathrm{i}}=\frac{\Psi_{\mathrm{o}}}{I}+\frac{\Psi_{\mathrm{i}}}{I}$	
	互感	$M_{12}=\frac{\Psi_{12}}{I_1}$	L_{i}、L_{o} 分别为内、外自感
	纽曼公式	$M_{12}=\frac{\Psi_{12}}{I_1}=\frac{\mu}{4\pi}\oint_{C_2}\oint_{C_1}\frac{\mathrm{d}\boldsymbol{l}_1\cdot\mathrm{d}\boldsymbol{l}_2}{\lvert\boldsymbol{r}_2-\boldsymbol{r}_1\rvert}$	
静磁场的能量	静磁能密度：$w_{\mathrm{m}}=\frac{1}{2}\boldsymbol{H}\cdot\boldsymbol{B}$； 静磁能：$W_{\mathrm{m}}=\frac{1}{2}\int_V\boldsymbol{H}\cdot\boldsymbol{B}\mathrm{d}V,\ W_{\mathrm{m}}=\frac{1}{2}\int_V\boldsymbol{J}\cdot\boldsymbol{A}\mathrm{d}V$		
静磁场的力	恒电流系统：$\boldsymbol{F}=\left.\frac{\partial W_{\mathrm{m}}}{\partial\boldsymbol{r}}\right\|_{I=常数}$ 恒磁链系统：$\boldsymbol{F}=-\left.\frac{\partial W_{\mathrm{m}}}{\partial\boldsymbol{r}}\right\|_{\Psi=常数}$		

第6章 静态场的计算

附表 6－1 静态场的计算

<table>
<tr><th colspan="2">名称</th><th>说明与公式</th><th>备 注</th></tr>
<tr><td colspan="2">边值类型</td><td>第一类边值问题(狄里赫利问题)：$\varphi\big|_S = f_1(S)$；第二类边值问题(纽曼问题)：$\dfrac{\partial\varphi}{\partial n}\bigg|_S = f_2(S)$；第三类边值问题(混合边值问题)：$\varphi\big|_{S_1} = f_1(S_1)$ 和 $\dfrac{\partial\varphi}{\partial n}\bigg|_{S_2} = f_2(S_2)$</td><td>$S = S_1 + S_2$</td></tr>
<tr><td colspan="2">唯一性定理</td><td>在场域V的边界S上，如果位函数φ或位函数的法向导数$\dfrac{\partial\varphi}{\partial n}$组成的边界条件已知，则位函数所满足的泊松方程或拉普拉斯方程在场域内的解具有唯一性</td><td>区域空间内的场唯一</td></tr>
<tr><td rowspan="4">镜像法</td><td>导体平面镜像法</td><td>点电荷对无限大接地导体平面的镜像：$q' = -q$，$h' = h$；
线电荷对无限大接地导体平面的镜像：$\rho_l' = -\rho_l$，$h' = h$；
点电荷对正交半无限大接地导体平面的镜像：$q_1 = -q$，$q_2 = -q$，$q_3 = q$</td><td rowspan="3">上标带“′”的为镜像参数；
原电荷的位置为$(d_1, d_2, 0)$，镜像电荷q_1的位置为$(-d_1, d_2, 0)$，镜像电荷q_2的位置为$(d_1, -d_2, 0)$，镜像电荷q_3的位置为$-(d_1, -d_2, 0)$</td></tr>
<tr><td>导体球面镜像法</td><td>点电荷对接地导体球面的镜像：$q' = -\dfrac{a}{d}q$，$d' = \dfrac{a^2}{d}$；
点电荷对不接地导体球面的镜像：$q' = -\dfrac{a}{d}q$，$d' = \dfrac{a^2}{d}$；$q'' = -q' = \dfrac{a}{d}q$，$d'' = 0$</td></tr>
<tr><td>导体圆柱面镜像法</td><td>线电荷对接地导体圆柱面的镜像：$\rho_l' = -\rho_l$，$d' = \dfrac{a^2}{d}$；
两平行圆柱导体的电轴：$b = \sqrt{h^2 - a^2}$</td></tr>
<tr><td>介质平面镜像法</td><td>点电荷与无限大电介质平面的镜像：$q' = \dfrac{\varepsilon_1 - \varepsilon_2}{\varepsilon_1 + \varepsilon_2}q$
线电流与无限大磁介质平面的镜像：$I' = \dfrac{\mu_2 - \mu_1}{\mu_1 + \mu_2}I$，$I'' = -I'$</td><td>线电荷与无限大电介质平面镜像就是将q换为ρ</td></tr>
</table>

续表

名称		说明与公式	备　注
分离变量法（二维场）	直角坐标系	$\varphi(x, y)=X(x)Y(y)=(A_0x+B_0)(C_0y+D_0)+\sum_{n=1}^{\infty}(A_n\sin k_nx+B_n\cos k_nx)(C_n\sinh k_ny+D_n\cosh k_ny)$ 或 $\varphi(x, y)=X(x)Y(y)=(A_0x+B_0)(C_0y+D_0)+\sum_{n=1}^{\infty}(A_n\sin k_nx+B_n\cos k_nx)(C'_n e^{k_ny}+D'_n e^{-k_ny})$	$\varphi(x, y, z)=X(x)Y(y)Z(z)$， $\varphi(x, y)=X(x)Y(y)$
	圆柱坐标系	$\varphi(\rho, \phi)=(A_0+B_0\ln\rho)+\sum_{n=1}^{\infty}(A_n\rho^n+B_n\rho^{-n})(C_n\cos n\phi+D_n\sin n\phi)$	$\varphi(\rho, \phi)=R(\rho)\Phi(\phi)$
	球坐标系	$\varphi(r, \theta)=\sum_{n=0}^{\infty}(A_nr^n+B_nr^{-(n+1)})P_n(\cos\theta)$	$\varphi(\rho, \theta)=R(\rho)\Theta(\theta)$
有限差分法	简单迭代法	$\varphi_{i,j}^{(n+1)}=\dfrac{\varphi_{i-1,j}^{(n)}+\varphi_{i+1,j}^{(n)}+\varphi_{i,j-1}^{(n)}+\varphi_{i,j+1}^{(n)}}{4}$	
	塞德尔迭代法	$\varphi_{i,j}^{(n+1)}=\dfrac{\varphi_{i-1,j}^{(n+1)}+\varphi_{i+1,j}^{(n)}+\varphi_{i,j-1}^{(n+1)}+\varphi_{i,j+1}^{(n)}}{4}$	
	超松弛迭代法	$\varphi_{i,j}^{(n+1)}=\varphi_{i,j}^{(n)}+\dfrac{\alpha}{4}[\varphi_{i-1,j}^{(n+1)}+\varphi_{i+1,j}^{(n)}+\varphi_{i,j-1}^{(n+1)}+\varphi_{i,j+1}^{(n)}-4\varphi_{i,j}^{(n)}]$	

第7章　时变电磁场及其特性

附表7-1　时变电磁场及其特性

名称	说明与公式	备注
法拉第电磁感应定律	一般定义：$\varepsilon_i = -\dfrac{d\Phi}{dt} = -\dfrac{d}{dt}\int_S \boldsymbol{B}\cdot d\boldsymbol{S} = -\dfrac{d}{dt}\int_S \boldsymbol{B}\cdot \boldsymbol{e}_n dS$ 推广积分形式：$\oint_C \boldsymbol{E}\cdot d\boldsymbol{l} = -\int_S \dfrac{\partial \boldsymbol{B}}{\partial t}\cdot d\boldsymbol{S} + \oint_C (\boldsymbol{v}\times\boldsymbol{B})\cdot d\boldsymbol{l}$ 推广微分形式：$\nabla\times\boldsymbol{E} = -\dfrac{\partial \boldsymbol{B}}{\partial t} + \nabla\times(\boldsymbol{v}\times\boldsymbol{B})$	
电流密度	电流连续性方程：$\nabla\cdot\boldsymbol{J} = -\dfrac{\partial\rho}{\partial t}$；传导电流：$\boldsymbol{J}=\sigma\boldsymbol{E}$；位移电流：$\boldsymbol{J}_d = \dfrac{\partial \boldsymbol{D}}{\partial t}$	
麦克斯韦方程组	微分形式：$\nabla\times\boldsymbol{H} = \boldsymbol{J} + \dfrac{\partial \boldsymbol{D}}{\partial t}$, $\nabla\times\boldsymbol{E} = -\dfrac{\partial \boldsymbol{B}}{\partial t}$, $\nabla\cdot\boldsymbol{D} = \rho$, $\nabla\cdot\boldsymbol{B} = 0$; 积分形式：$\oint_C \boldsymbol{H}\cdot d\boldsymbol{l} = \int_S \left(\boldsymbol{J} + \dfrac{\partial \boldsymbol{D}}{\partial t}\right)\cdot d\boldsymbol{S}$, $\oint_C \boldsymbol{E}\cdot d\boldsymbol{l} = -\int_S \dfrac{\partial \boldsymbol{B}}{\partial t}\cdot d\boldsymbol{S}$, $\oint_S \boldsymbol{D}\cdot d\boldsymbol{S} = \int_V \rho dV$, $\oint_S \boldsymbol{B}\cdot d\boldsymbol{S} = 0$	
本构关系	$\boldsymbol{D} = \varepsilon\boldsymbol{E}$, $\boldsymbol{B} = \mu\boldsymbol{H}$, $\boldsymbol{J} = \sigma\boldsymbol{E}$	各向同性的线性媒质
边界条件	$(\boldsymbol{D}_1 - \boldsymbol{D}_2)\cdot\boldsymbol{e}_n = \rho_S$, $(\boldsymbol{B}_1 - \boldsymbol{B}_2)\cdot\boldsymbol{e}_n = 0$, $\boldsymbol{e}_n\times(\boldsymbol{H}_1 - \boldsymbol{H}_2) = \boldsymbol{J}_S$, $\boldsymbol{e}_n\times(\boldsymbol{E}_1 - \boldsymbol{E}_2) = \boldsymbol{0}$	
时变电磁场的能量与能流	能量密度：$w(r,t) = \dfrac{1}{2}\boldsymbol{D}(r,t)\cdot\boldsymbol{E}(r,t) + \dfrac{1}{2}\boldsymbol{B}(r,t)\cdot\boldsymbol{H}(r,t)$ $= \dfrac{1}{2}[\varepsilon\boldsymbol{E}^2(r,t) + \mu\boldsymbol{H}^2(r,t)]$ 坡印廷定理：$-\oint_S (\boldsymbol{E}\times\boldsymbol{H})\cdot d\boldsymbol{S} = \dfrac{d}{dt}\int_V \left(\dfrac{1}{2}\boldsymbol{D}\cdot\boldsymbol{E} + \dfrac{1}{2}\boldsymbol{B}\cdot\boldsymbol{H}\right) dV + \int_V \boldsymbol{E}\cdot\boldsymbol{J} dV$ $= \dfrac{d}{dt}\int_V \left(\dfrac{1}{2}\varepsilon\boldsymbol{E}^2 + \dfrac{1}{2}\mu\boldsymbol{H}^2\right) dV + \int_V \boldsymbol{E}\cdot\boldsymbol{J} dV$ 坡印廷矢量：$\boldsymbol{S} = \boldsymbol{E}\times\boldsymbol{H}$　或　$\boldsymbol{S}(r,t) = \boldsymbol{E}(r,t)\times\boldsymbol{H}(r,t)$	

续表

名称		说明与公式	备注
波动方程	无源理想介质	$\nabla^2\boldsymbol{E}-\varepsilon\mu\dfrac{\partial^2\boldsymbol{E}}{\partial t^2}=\boldsymbol{0}$，$\nabla^2\boldsymbol{H}-\varepsilon\mu\dfrac{\partial^2\boldsymbol{H}}{\partial t^2}=\boldsymbol{0}$	
	无源导电介质	$\nabla^2\boldsymbol{E}-\mu\sigma\dfrac{\partial\boldsymbol{E}}{\partial t}-\varepsilon\mu\dfrac{\partial^2\boldsymbol{E}}{\partial t^2}=\boldsymbol{0}$，$\nabla^2\boldsymbol{H}-\mu\sigma\dfrac{\partial\boldsymbol{H}}{\partial t}-\varepsilon\mu\dfrac{\partial^2\boldsymbol{H}}{\partial t^2}=\boldsymbol{0}$	
	有源空间	$\nabla^2\boldsymbol{E}-\varepsilon\mu\dfrac{\partial^2\boldsymbol{E}}{\partial t^2}=\mu\dfrac{\partial\boldsymbol{J}}{\partial t}+\dfrac{\nabla\rho}{\varepsilon}$，$\nabla^2\boldsymbol{H}-\varepsilon\mu\dfrac{\partial^2\boldsymbol{H}}{\partial t^2}=-\nabla\times\boldsymbol{J}$	
位函数	位函数	$\boldsymbol{B}=\nabla\times\boldsymbol{A}$，$\boldsymbol{E}=-\dfrac{\partial\boldsymbol{A}}{\partial t}-\nabla\varphi$，$\nabla\cdot\boldsymbol{A}=-\varepsilon\mu\dfrac{\partial\varphi}{\partial t}$　（洛伦兹规范）	
	方程	矢量位方程：$\nabla^2\boldsymbol{A}-\varepsilon\mu\dfrac{\partial^2\boldsymbol{A}}{\partial t^2}=-\mu\boldsymbol{J}$， 标量位方程：$\nabla^2\varphi-\varepsilon\mu\dfrac{\partial^2\varphi}{\partial t^2}=-\dfrac{\rho}{\varepsilon}$	达朗贝尔方程
时谐电磁场	复数形式	$u(r,t)=\mathrm{Re}[u_{\mathrm{m}}(r)e^{j\phi(r)}e^{j\omega t}]=\mathrm{Re}[\dot{u}_{\mathrm{m}}(r)e^{j\omega t}]$， $\dot{u}_{\mathrm{m}}(r)=u_{\mathrm{m}}(r)e^{j\phi(r)}$	
	复数形式的麦克斯韦方程	$\nabla\times\boldsymbol{H}=\boldsymbol{J}+j\omega\boldsymbol{D}$，$\nabla\times\boldsymbol{E}=-j\omega\boldsymbol{B}$，$\nabla\cdot\boldsymbol{D}=\rho$，$\nabla\cdot\boldsymbol{B}=0$	
	复介电常数	$\varepsilon_{\mathrm{c}}=\varepsilon'-j\left(\varepsilon''+\dfrac{\sigma}{\omega}\right)$，$\mu_{\mathrm{c}}=\mu'-j\mu''$	
	波动方程	理想介质：$\nabla^2\boldsymbol{E}+k^2\boldsymbol{E}=\boldsymbol{0}$，$\nabla^2\boldsymbol{H}+k^2\boldsymbol{H}=\boldsymbol{0}$； 导电媒质：$\nabla^2\boldsymbol{E}+k_{\mathrm{c}}^2\boldsymbol{E}=\boldsymbol{0}$，$\nabla^2\boldsymbol{H}+k_{\mathrm{c}}^2\boldsymbol{H}=\boldsymbol{0}$	$k=\omega\sqrt{\varepsilon\mu}$， $k_{\mathrm{c}}=\omega\sqrt{\varepsilon_{\mathrm{c}}\mu_{\mathrm{c}}}$
	位函数	$\boldsymbol{B}=\nabla\times\boldsymbol{A}$，$\boldsymbol{E}=-j\omega\boldsymbol{A}-\nabla\varphi$，$\nabla\cdot\boldsymbol{A}=-j\omega\varepsilon\mu\varphi$（洛伦兹规范）	
	达朗贝尔方程	$\nabla^2\boldsymbol{A}+k^2\boldsymbol{A}=-\mu\boldsymbol{J}$，$\nabla^2\varphi+k^2\varphi=-\dfrac{\rho}{\varepsilon}$	
	平均能流密度矢量	$\boldsymbol{S}_{\mathrm{av}}(r)=\dfrac{1}{2}\mathrm{Re}[\boldsymbol{E}(r)\times\boldsymbol{H}^*(r)]$	
	平均能量密度	$w_{\mathrm{eav}}(r,t)=\dfrac{1}{4}\mathrm{Re}[\boldsymbol{D}(r)\times\boldsymbol{E}^*(r)]$， $w_{\mathrm{mav}}(r,t)=\dfrac{1}{4}\mathrm{Re}[\boldsymbol{B}(r)\times\boldsymbol{H}^*(r)]$	

第8章 均匀平面波在无界媒质中传播

附表 8-1 基 本 量

名称	理想介质中的均匀平面波	导电媒质中的均匀平面波
复矢量波动方程	$\begin{cases}\nabla^2 \boldsymbol{E}+k^2\boldsymbol{E}=\boldsymbol{0}\\ \nabla^2 \boldsymbol{H}+k^2\boldsymbol{H}=\boldsymbol{0}\end{cases}$, $k=\omega\sqrt{\mu\varepsilon}$	$\begin{cases}\nabla^2 \boldsymbol{E}+k_c^2\boldsymbol{E}=\boldsymbol{0}\\ \nabla^2 \boldsymbol{H}+k_c^2\boldsymbol{H}=\boldsymbol{0}\end{cases}$, $k_c=\omega\sqrt{\mu\varepsilon_c}$
电磁波参数	周期：$T=\dfrac{2\pi}{\omega}$； 波长：$\lambda=\dfrac{2\pi}{k}=\dfrac{2\pi}{\omega\sqrt{\varepsilon\mu}}=\dfrac{1}{f\sqrt{\varepsilon\mu}}$； 频率：$f=\dfrac{1}{T}=\dfrac{\omega}{2\pi}$； 相速：$v_p=\dfrac{1}{\sqrt{\varepsilon\mu}}=\dfrac{1}{\sqrt{\varepsilon_0\mu_0}}\dfrac{1}{\sqrt{\varepsilon_r\mu_r}}$； 波阻抗：$\eta=\sqrt{\dfrac{\mu}{\varepsilon}}$； 传播常数：$k=\omega\sqrt{\varepsilon\mu}$（相位常数）	周期：$T=\dfrac{2\pi}{\omega}$； 波长：$\lambda=\dfrac{2\pi}{\beta}=\dfrac{1}{f}\sqrt{\dfrac{2}{\varepsilon\mu}}\left[\sqrt{1+\left(\dfrac{\sigma}{\omega\varepsilon}\right)^2}+1\right]^{-1/2}$； 频率：$f=\dfrac{1}{T}=\dfrac{\omega}{2\pi}$； 相速：$v_p=\dfrac{\omega}{\beta}=\sqrt{\dfrac{2}{\varepsilon\mu}}\left[\sqrt{1+\left(\dfrac{\sigma}{\omega\varepsilon}\right)^2}+1\right]^{-1/2}$； 波阻抗：$\eta_c=\sqrt{\dfrac{\mu}{\varepsilon_c}}=\eta\left(1-\mathrm{j}\dfrac{\sigma}{\omega\varepsilon}\right)^{-1/2}=\lvert\eta_c\rvert \mathrm{e}^{\mathrm{j}\theta}$； 传播常数： $\gamma=\mathrm{j}k_c=\alpha+\mathrm{j}\beta$， $\alpha=\omega\sqrt{\dfrac{\varepsilon\mu}{2}\left[\sqrt{1+\left(\dfrac{\sigma}{\omega\varepsilon}\right)^2}-1\right]}$， $\beta=\omega\sqrt{\dfrac{\varepsilon\mu}{2}\left[\sqrt{1+\left(\dfrac{\sigma}{\omega\varepsilon}\right)^2}+1\right]}$
电场与磁场关系	$\boldsymbol{H}(z)=\dfrac{1}{\eta}\boldsymbol{e}_z\times\boldsymbol{E}(z)$， $\boldsymbol{E}(z)=\eta\boldsymbol{H}(z)\times\boldsymbol{e}_z$	$\boldsymbol{H}(z)=\dfrac{1}{\eta_c}\boldsymbol{e}_z\times\boldsymbol{E}(z)$， $\boldsymbol{E}(z)=\eta_c\boldsymbol{H}(z)\times\boldsymbol{e}_z$

续表

名称	理想介质中的均匀平面波	带电媒质中的均匀平面波
瞬时坡印廷矢量	$\boldsymbol{S}(z,t)=\boldsymbol{E}(z,t)\times\boldsymbol{H}(z,t)$ $=\boldsymbol{e}_z\dfrac{1}{\eta}E^2(z,t)$	$\boldsymbol{S}(z,t)=\boldsymbol{e}_z\dfrac{E_{\mathrm{m}}^2}{\lvert\eta_{\mathrm{c}}\rvert}\mathrm{e}^{-2\alpha z}\cos(\omega t-\beta z)\cdot$ $\cos(\omega t-\beta z-\theta)$
平均坡印廷矢量	$\boldsymbol{S}_{\mathrm{av}}(z)=\dfrac{1}{2}\mathrm{Re}[\boldsymbol{E}(z)\times\boldsymbol{H}^*(z)]=w_{\mathrm{av}}\boldsymbol{v}_{\mathrm{p}}$	$\boldsymbol{S}_{\mathrm{av}}(z)=\boldsymbol{e}_z\dfrac{E_{\mathrm{m}}^2}{2\lvert\eta_{\mathrm{c}}\rvert}\mathrm{e}^{-2\alpha z}\cos\theta=w_{\mathrm{av}}\boldsymbol{v}_{\mathrm{p}}$
任意方向传播	$\boldsymbol{E}(r)=\boldsymbol{E}_{\mathrm{m}}\mathrm{e}^{-\mathrm{j}\boldsymbol{k}\cdot\boldsymbol{r}}=\boldsymbol{E}_{\mathrm{m}}\mathrm{e}^{-\mathrm{j}(k_x x+k_y y+k_z z)}$； $\boldsymbol{H}(r)=\dfrac{1}{\eta}\boldsymbol{e}_{\mathrm{n}}\times\boldsymbol{E}_{\mathrm{m}}\mathrm{e}^{-\mathrm{j}(k_x x+k_y y+k_z z)}$	
趋肤深度		$\delta=\dfrac{1}{\alpha}=\sqrt{\dfrac{2}{\omega\mu\sigma}}=\dfrac{1}{\sqrt{\pi f\mu\sigma}}$

附表 8-2　电磁波特性

名称		条件或公式
极化	线极化	$E_{x\mathrm{m}}=E_{y\mathrm{m}}$ 和 $\phi_y-\phi_x=0,\pm\pi$
	圆极化	$E_{x\mathrm{m}}=E_{y\mathrm{m}}$ 和 $\phi_y-\phi_x=\begin{cases}\dfrac{\pi}{2} & \text{左旋}\\ -\dfrac{\pi}{2} & \text{右旋}\end{cases}$
	椭圆极化	$E_{x\mathrm{m}}\neq E_{y\mathrm{m}}$ 和 $\phi_y-\phi_x=\pm\dfrac{\pi}{2}$
相速与群速	相速	$v_{\mathrm{p}}=\dfrac{\mathrm{d}z}{\mathrm{d}t}=\dfrac{\omega}{\beta}$
	群速	$v_{\mathrm{g}}=\dfrac{\mathrm{d}\omega}{\mathrm{d}\beta}=\dfrac{\Delta\omega}{\Delta\beta}$
	关系	$v_{\mathrm{g}}=\dfrac{v_{\mathrm{p}}}{1-\dfrac{\omega}{v_{\mathrm{p}}}\dfrac{\mathrm{d}v_{\mathrm{p}}}{\mathrm{d}\omega}}$

第9章　电磁波的反射与折射

附表 9-1　基 本 量

名称	公　　式	备　　注
波矢量	$\boldsymbol{k}=\boldsymbol{e}_{\mathrm{n}}k=\boldsymbol{e}_x k_x+\boldsymbol{e}_y k_y+\boldsymbol{e}_z k_z$	直角坐标系
矢径分量	$\boldsymbol{r}=\boldsymbol{e}_x x+\boldsymbol{e}_y y+\boldsymbol{e}_z z$	
波传播方向	$\boldsymbol{e}_{\mathrm{n}}=\boldsymbol{e}_x\cos\alpha+\boldsymbol{e}_y\cos\beta+\boldsymbol{e}_z\cos\gamma$	
波表示	$\begin{cases}\boldsymbol{E}_{\mathrm{i}}(z)=\boldsymbol{e}_x E_{\mathrm{im}}\mathrm{e}^{-\gamma_1 z}\\ \boldsymbol{E}_{\mathrm{r}}(z)=\boldsymbol{e}_x E_{\mathrm{rm}}\mathrm{e}^{\gamma_1 z}\\ \boldsymbol{E}_{\mathrm{t}}(z)=\boldsymbol{e}_x E_{\mathrm{tm}}\mathrm{e}^{-\gamma_2 z}\end{cases}$，$\begin{cases}\boldsymbol{H}_{\mathrm{i}}(z)=\boldsymbol{e}_y\dfrac{E_{\mathrm{im}}}{\eta_{1\mathrm{c}}}\mathrm{e}^{-\gamma_1 z}\\ \boldsymbol{H}_{\mathrm{r}}(z)=-\boldsymbol{e}_y\dfrac{E_{\mathrm{rm}}}{\eta_{1\mathrm{c}}}\mathrm{e}^{\gamma_1 z}\\ \boldsymbol{H}_{\mathrm{t}}(z)=\boldsymbol{e}_y\dfrac{E_{\mathrm{tm}}}{\eta_{2\mathrm{c}}}\mathrm{e}^{-\gamma_2 z}\end{cases}$	$\boldsymbol{e}_{\mathrm{i}}$、$\boldsymbol{e}_{\mathrm{r}}$、$\boldsymbol{e}_{\mathrm{t}}$分别为入射波、反射波和折射波的方向单位矢量；传播常数$\gamma=\mathrm{j}k_{\mathrm{c}}=\alpha+\mathrm{j}\beta$
合成波	$\begin{cases}\boldsymbol{E}_1(r,t)=\boldsymbol{E}_{\mathrm{i}}(r,t)+\boldsymbol{E}_{\mathrm{r}}(r,t)\\ \boldsymbol{E}_2(r,t)=\boldsymbol{E}_{\mathrm{t}}(r,t)\end{cases}$ $\begin{cases}\boldsymbol{H}_1(r,t)=\boldsymbol{H}_{\mathrm{i}}(r,t)+\boldsymbol{H}_{\mathrm{r}}(r,t)\\ \boldsymbol{H}_2(r,t)=\boldsymbol{H}_{\mathrm{t}}(r,t)\end{cases}$	
反射定律	$\theta_{\mathrm{i}}=\theta_{\mathrm{r}}$	
折射定律	$\dfrac{\sin\theta_{\mathrm{t}}}{\sin\theta_{\mathrm{i}}}=\dfrac{k_1}{k_2}=\dfrac{k_1}{\beta-\mathrm{j}\alpha}=\dfrac{k_1(\beta+\alpha)}{\beta^2+\alpha^2}=a+\mathrm{j}b$	$\begin{cases}a=\dfrac{k_1\beta}{\beta^2+\alpha^2}\\ b=\dfrac{k_1\alpha}{\beta^2+\alpha^2}\end{cases}$
驻波比	$S=\dfrac{1+\lvert\Gamma\rvert}{1-\lvert\Gamma\rvert}$，$\lvert\Gamma\rvert=\dfrac{S-1}{S+1}$	
垂直极化波的反射系数	$\Gamma_{\perp}=\dfrac{k_1\cos\theta_{\mathrm{i}}-\sqrt{q^2+p^2}\,\mathrm{e}^{\mathrm{j}\phi/2}}{k_1\cos\theta_{\mathrm{i}}+\sqrt{q^2+p^2}\,\mathrm{e}^{\mathrm{j}\phi/2}}$	导电媒质分界面 $\begin{cases}p=\rho(\beta\sin\phi+\alpha\cos\phi)\\ q=\rho(\beta\cos\phi-\alpha\sin\phi)\end{cases}$
平行极化波的反射系数	$\Gamma_{/\!/}=\rho_{/\!/}\,\mathrm{e}^{-\mathrm{j}\delta_{/\!/}}$， $\begin{cases}\rho_{/\!/}^2=\dfrac{[(\beta^2-\alpha^2)\cos\theta_{\mathrm{i}}-k_1 q]^2+[2\alpha\beta\cos\theta_{\mathrm{i}}-k_1 p]^2}{[(\beta^2-\alpha^2)\cos\theta_{\mathrm{i}}+k_1 q]^2+[2\alpha\beta\cos\theta_{\mathrm{i}}+k_1 p]^2}\\ \tan\delta_{/\!/}=\dfrac{2k_1 p(q^2+p^2-k_1^2\sin\theta_{\mathrm{i}})\cos\theta_{\mathrm{i}}}{k_1^2(q^2+p^2)-(\beta^2+\alpha^2)^2\cos^2\theta_{\mathrm{i}}}\end{cases}$	

附表 9-2 平面波垂直入射情况

类型	项目	公 式	备注
导电媒质分界面	传播常数	$\gamma_1 = \mathrm{j}\omega\sqrt{\mu_1\varepsilon_{1c}} = \mathrm{j}\omega\sqrt{\mu_1\varepsilon_1\left(1-\mathrm{j}\dfrac{\sigma_1}{\omega\varepsilon_1}\right)}$ $\gamma_2 = \mathrm{j}\omega\sqrt{\mu_2\varepsilon_{2c}} = \mathrm{j}\omega\sqrt{\mu_2\varepsilon_2\left(1-\mathrm{j}\dfrac{\sigma_2}{\omega\varepsilon_2}\right)}$	$1+\Gamma=\tau$
	波阻抗	$\eta_{1c} = \sqrt{\dfrac{\mu_1}{\varepsilon_{1c}}} = \sqrt{\dfrac{\mu_1}{\varepsilon_1}}\left(1-\mathrm{j}\dfrac{\sigma_1}{\omega\varepsilon_1}\right)^{-1/2}$ $\eta_{2c} = \sqrt{\dfrac{\mu_2}{\varepsilon_{2c}}} = \sqrt{\dfrac{\mu_2}{\varepsilon_2}}\left(1-\mathrm{j}\dfrac{\sigma_2}{\omega\varepsilon_2}\right)^{-1/2}$	
	反、透射系数	$\Gamma = \dfrac{E_{\mathrm{rm}}}{E_{\mathrm{im}}} = \dfrac{\eta_{2c}-\eta_{1c}}{\eta_{2c}+\eta_{1c}},\ \tau = \dfrac{E_{\mathrm{tm}}}{E_{\mathrm{im}}} = \dfrac{2\eta_{2c}}{\eta_{2c}+\eta_{1c}}$	
	合成波	$\begin{cases}\boldsymbol{E}_1(z) = \boldsymbol{e}_x E_{\mathrm{im}}(\mathrm{e}^{-\gamma_1 z}+\Gamma\mathrm{e}^{\gamma_1 z})\\ \boldsymbol{H}_1(z) = \boldsymbol{e}_y \dfrac{E_{\mathrm{im}}}{\eta_{1c}}(\mathrm{e}^{-\gamma_1 z}-\Gamma\mathrm{e}^{\gamma_1 z})\end{cases},\ \begin{cases}\boldsymbol{E}_2(z) = \boldsymbol{e}_x \tau E_{\mathrm{im}}\mathrm{e}^{-\gamma_2 z}\\ \boldsymbol{H}_2(z) = \boldsymbol{e}_y \tau\dfrac{E_{\mathrm{im}}}{\eta_{2c}}\mathrm{e}^{-\gamma_2 z}\end{cases}$	
理想导体分界面	传播常数	$\gamma_1 = \mathrm{j}\omega\sqrt{\varepsilon_1\mu_1} = \mathrm{j}\beta_1$	$\sigma_1=0$, $\sigma_2=\infty$
	波阻抗	$\eta_{2c}=0,\ \eta_{1c} = \sqrt{\dfrac{\mu_1}{\varepsilon_1}} = \eta_1$	
	反、透射系数	$\Gamma=-1,\ \tau=0$	
	合成波	$\begin{cases}\boldsymbol{E}_1(z) = \boldsymbol{E}_{\mathrm{i}}(z)+\boldsymbol{E}_{\mathrm{r}}(z) = -\boldsymbol{e}_x \mathrm{j}2E_{\mathrm{im}}\sin\beta_1 z\\ \boldsymbol{H}_1(z) = \boldsymbol{H}_{\mathrm{i}}(z)+\boldsymbol{H}_{\mathrm{r}}(z) = \boldsymbol{e}_y\dfrac{2E_{\mathrm{im}}}{\eta_1}\cos\beta_1 z\end{cases}$	
理想介质分界面	传播常数	$\gamma_1 = \mathrm{j}\omega\sqrt{\varepsilon_1\mu_1} = \mathrm{j}\beta_1,\ \gamma_2 = \mathrm{j}\omega\sqrt{\varepsilon_2\mu_2} = \mathrm{j}\beta_2$	$\sigma_1=0$, $\sigma_2=0$
	波阻抗	$\eta_{1c} = \sqrt{\dfrac{\mu_1}{\varepsilon_1}} = \eta_1,\ \eta_{2c} = \sqrt{\dfrac{\mu_2}{\varepsilon_2}} = \eta_2$	
	反、透射系数	$\Gamma = \dfrac{\eta_2-\eta_1}{\eta_2+\eta_1},\ \tau = \dfrac{2\eta_2}{\eta_2+\eta_1}$	
	合成波	$\begin{cases}\boldsymbol{E}_1(z) = \boldsymbol{E}_{\mathrm{i}}(z)+\boldsymbol{E}_{\mathrm{r}}(z) = \boldsymbol{e}_x E_{\mathrm{im}}[(1+\Gamma)\mathrm{e}^{-\mathrm{j}\beta_1 z}+\mathrm{j}2\Gamma\sin\beta_1 z]\\ \boldsymbol{H}_1(z) = \boldsymbol{H}_{\mathrm{i}}(z)+\boldsymbol{H}_{\mathrm{r}}(z) = \boldsymbol{e}_y\dfrac{E_{\mathrm{im}}}{\eta_1}[(1+\Gamma)\mathrm{e}^{-\mathrm{j}\beta_1 z}-2\Gamma\cos\beta_1 z]\end{cases}$ $\begin{cases}\boldsymbol{E}_2(z) = \boldsymbol{E}_{\mathrm{t}}(z) = \boldsymbol{e}_x\tau E_{\mathrm{im}}\mathrm{e}^{-\mathrm{j}\beta_2 z}\\ \boldsymbol{H}_2(z) = \boldsymbol{H}_{\mathrm{t}}(z) = \boldsymbol{e}_y\dfrac{1}{\eta_2}\tau E_{\mathrm{im}}\mathrm{e}^{-\mathrm{j}\beta_2 z}\end{cases}$	

附表 9-3　平面波多层媒质分界面垂直入射情况

项目	公　　式	备　　注
传播常数	$\gamma_1 = \mathrm{j}\omega\sqrt{\varepsilon_1\mu_1} = \mathrm{j}\beta_1$，$\gamma_2 = \mathrm{j}\omega\sqrt{\varepsilon_2\mu_2} = \mathrm{j}\beta_2$， $\gamma_3 = \mathrm{j}\omega\sqrt{\varepsilon_3\mu_3} = \mathrm{j}\beta_3$	
波阻抗	$\eta_{1c} = \sqrt{\dfrac{\mu_1}{\varepsilon_1}} = \eta_1$，$\eta_{2c} = \sqrt{\dfrac{\mu_2}{\varepsilon_2}} = \eta_2$，$\eta_{3c} = \sqrt{\dfrac{\mu_3}{\varepsilon_3}} = \eta_3$	
反、透射系数	$\Gamma_1 = \dfrac{\eta_2-\eta_1}{\eta_2+\eta_1}$，$\tau_1 = \dfrac{2\eta_2}{\eta_2+\eta_1}$， $\Gamma_2 = \dfrac{\eta_3-\eta_2}{\eta_3+\eta_2}$，$\tau_2 = \dfrac{2\eta_3}{\eta_3+\eta_2}$	
合成波	$\begin{cases} \boldsymbol{E}_1(z) = \boldsymbol{E}_{1i}(z) + \boldsymbol{E}_{1r}(z) = \boldsymbol{e}_x E_{1im}(\mathrm{e}^{-\mathrm{j}\beta_1 z} + \Gamma_1 \mathrm{e}^{\mathrm{j}\beta_1 z}) \\ \boldsymbol{H}_1(z) = \boldsymbol{H}_{1i}(z) + \boldsymbol{H}_{1r}(z) = \boldsymbol{e}_y \dfrac{E_{1im}}{\eta_1}(\mathrm{e}^{-\mathrm{j}\beta_1 z} - \Gamma_1 \mathrm{e}^{\mathrm{j}\beta_1 z}) \end{cases}$ $\begin{cases} \boldsymbol{E}_2(z) = \boldsymbol{E}_{2i}(z) + \boldsymbol{E}_{2r}(z) \\ \qquad = \boldsymbol{e}_x \tau_1 E_{1im}\left[\mathrm{e}^{-\mathrm{j}\beta_2(z-d)} + \Gamma_2 \mathrm{e}^{\mathrm{j}\beta_2(z-d)}\right] \\ \boldsymbol{H}_2(z) = \boldsymbol{H}_{2i}(z) + \boldsymbol{H}_{2r}(z) \\ \qquad = \boldsymbol{e}_y \dfrac{\tau_1 E_{1im}}{\eta_2}\left[\mathrm{e}^{-\mathrm{j}\beta_2(z-d)} - \Gamma_2 \mathrm{e}^{\mathrm{j}\beta_2(z-d)}\right] \end{cases}$ $\begin{cases} \boldsymbol{E}_3(z) = \boldsymbol{e}_x E_{3t}(z)\mathrm{e}^{-\mathrm{j}\beta_3(z-d)} = \boldsymbol{e}_x \tau_1\tau_2 E_{1im}\mathrm{e}^{-\mathrm{j}\beta_3(z-d)} \\ \boldsymbol{H}_3(z) = \boldsymbol{e}_y \dfrac{1}{\eta_3} E_{3t}\mathrm{e}^{-\mathrm{j}\beta_3(z-d)} = \boldsymbol{e}_y \dfrac{1}{\eta_3}\tau_1\tau_2 E_{1im}\mathrm{e}^{-\mathrm{j}\beta_3(z-d)} \end{cases}$	$\begin{cases} 1+\Gamma_2 = \tau_2 \\ \dfrac{1-\Gamma_2}{\eta_2} = \dfrac{\tau_2}{\eta_3} \end{cases}$， $\begin{cases} 1+\Gamma_1 = \tau_1(\mathrm{e}^{\mathrm{j}\beta_2 d} + \Gamma_2 \mathrm{e}^{-\mathrm{j}\beta_2 d}) \\ \dfrac{1-\Gamma_1}{\eta_1} = \dfrac{\tau_1}{\eta_2}(\mathrm{e}^{\mathrm{j}\beta_2 d} - \Gamma_2 \mathrm{e}^{-\mathrm{j}\beta_2 d}) \end{cases}$
等效波阻抗	$\eta_{ef} = \eta_2 \dfrac{\mathrm{e}^{\mathrm{j}\beta_2 d} + \Gamma_2 \mathrm{e}^{-\mathrm{j}\beta_2 d}}{\mathrm{e}^{\mathrm{j}\beta_2 d} - \Gamma_2 \mathrm{e}^{-\mathrm{j}\beta_2 d}} = \eta_2 \dfrac{\eta_3 + \mathrm{j}\eta_2\tan(\beta_2 d)}{\eta_2 + \mathrm{j}\eta_3\tan(\beta_2 d)}$	
反、透射系数	$\Gamma_1 = \dfrac{\eta_{ef}-\eta_1}{\eta_{ef}+\eta_1}$，$\tau_1 = \dfrac{1+\Gamma_1}{\mathrm{e}^{\mathrm{j}\beta_2 d} + \Gamma_2 \mathrm{e}^{-\mathrm{j}\beta_2 d}}$	

附表 9－4　平面波斜入射情况

<table>
<tr><th>类型</th><th>项目</th><th>公　　式</th><th>备注</th></tr>
<tr><td rowspan="5">理想介质分界面</td><td rowspan="2">菲涅尔公式</td><td>$$\Gamma_{\perp}=\frac{\eta_2\cos\theta_i-\eta_1\cos\theta_t}{\eta_2\cos\theta_i+\eta_1\cos\theta_t}$$ $$\tau_{\perp}=\frac{2\eta_2\cos\theta_i}{\eta_2\cos\theta_i+\eta_1\cos\theta_t}$$</td><td>垂直极化波</td></tr>
<tr><td>$$\Gamma_{/\!/}=\frac{\eta_1\cos\theta_i-\eta_2\cos\theta_t}{\eta_1\cos\theta_i+\eta_2\cos\theta_t}$$ $$\tau_{/\!/}=\frac{2\eta_2\cos\theta_i}{\eta_1\cos\theta_i+\eta_2\cos\theta_t}$$</td><td>平行极化波</td></tr>
<tr><td rowspan="2">合成波</td><td>$$\begin{cases}E_{1y}(r)=E_{im}(e^{-jk_1z\cos\theta_i}+\Gamma_{\perp}e^{jk_1z\cos\theta_i})e^{-jk_1x\sin\theta_i}\\ H_{1x}(r)=\dfrac{E_{im}}{\eta_1}\cos\theta_i(-e^{-jk_1z\cos\theta_i}+\Gamma_{\perp}e^{jk_1z\cos\theta_i})e^{-jk_1x\sin\theta_i}\\ H_{1z}(r)=\dfrac{E_{im}}{\eta_1}\sin\theta_i(e^{-jk_1z\cos\theta_i}+\Gamma_{\perp}e^{jk_1z\cos\theta_i})e^{-jk_1x\sin\theta_i}\end{cases}$$ $$\begin{cases}E_{2y}(r)=E_{ty}(r)=E_{tm}e^{-j\boldsymbol{k}_t\cdot\boldsymbol{r}}=\tau_{\perp}E_{im}e^{-jk_2(x\sin\theta_t+z\cos\theta_t)}\\ H_{2x}(r)=H_{tx}(r)=-\dfrac{E_{tm}}{\eta_2}\cos\theta_t e^{-j\boldsymbol{k}_t\cdot\boldsymbol{r}}=-\tau_{\perp}\dfrac{E_{im}}{\eta_2}\cos\theta_t e^{-jk_2(x\sin\theta_t+z\cos\theta_t)}\\ H_{2z}(r)=H_{tz}(r)=\dfrac{E_{tm}}{\eta_2}\sin\theta_t e^{-j\boldsymbol{k}_t\cdot\boldsymbol{r}}=\tau_{\perp}\dfrac{E_{im}}{\eta_2}\sin\theta_t e^{-jk_2(x\sin\theta_t+z\cos\theta_t)}\end{cases}$$</td><td>垂直极化波</td></tr>
<tr><td>$$\begin{cases}E_{1x}(r)=E_{im}\cos\theta_i(e^{-jk_1z\cos\theta_i}-\Gamma_{/\!/}e^{jk_1z\cos\theta_i})e^{-jk_1x\sin\theta_i}\\ E_{1z}(r)=E_{im}\sin\theta_i(-e^{-jk_1z\cos\theta_i}-\Gamma_{/\!/}e^{jk_1z\cos\theta_i})e^{-jk_1x\sin\theta_i}\\ H_{1y}(r)=\dfrac{E_{im}}{\eta_1}(e^{-jk_1z\cos\theta_i}+\Gamma_{/\!/}e^{jk_1z\cos\theta_i})e^{-jk_1x\sin\theta_i}\end{cases},$$ $$\begin{cases}E_{2x}(r)=E_{tx}(r)=E_{tm}\cos\theta_t e^{-j\boldsymbol{k}_t\cdot\boldsymbol{r}}=\tau_{/\!/}E_{im}\cos\theta_t e^{-jk_2(x\sin\theta_t+z\cos\theta_t)}\\ E_{2z}(r)=E_{tz}(r)=-E_{tm}\sin\theta_t e^{-j\boldsymbol{k}_t\cdot\boldsymbol{r}}=-\tau_{/\!/}E_{tm}\sin\theta_t e^{-jk_2(x\sin\theta_t+z\cos\theta_t)}\\ H_{2y}(r)=H_{ty}(r)=\dfrac{E_{tm}}{\eta_2}e^{-j\boldsymbol{k}_t\cdot\boldsymbol{r}}=\tau_{/\!/}\dfrac{E_{im}}{\eta_2}e^{-jk_2(x\sin\theta_t+z\cos\theta_t)}\end{cases}$$</td><td>平行极化波</td></tr>
<tr><td>相关参数</td><td>临界角：
$$\theta_c=\arcsin\left(\sqrt{\frac{\varepsilon_2}{\varepsilon_1}}\right);$$
布儒斯特角：
$$\theta_b=\arctan\left(\sqrt{\frac{\varepsilon_2}{\varepsilon_1}}\right)$$
全反射：
$$\varepsilon_1>\varepsilon_2,\ \theta_i\geqslant\theta_c,\ \Gamma_{\perp}=\Gamma_{/\!/}=1;$$
全透射：
$$\Gamma=\Gamma_{/\!/}=0$$</td><td>平行极化波</td></tr>
</table>

续表

类型	项目	公式	备注
理想导体分界面	反、透射系数	垂直极化波：$\Gamma_{\perp}=-1$，$\tau_{\perp}=0$； 平行极化波：$\Gamma_{/\!/}=1$，$\tau_{/\!/}=0$	
	合成波	$\boldsymbol{E}_y(r)=\boldsymbol{e}_yE_m(\mathrm{e}^{-jkz\cos\theta_i}-\mathrm{e}^{jkz\cos\theta_i})\mathrm{e}^{-jkx\sin\theta_i}=-\boldsymbol{e}_y\mathrm{j}2E_m\sin(kz\cos\theta_i)\mathrm{e}^{-jkx\sin\theta_i}$ $\boldsymbol{H}_x(r)=-\boldsymbol{e}_x\dfrac{E_m}{\eta}\cos\theta_i(\mathrm{e}^{-jkz\cos\theta_i}+\mathrm{e}^{jkz\cos\theta_i})\mathrm{e}^{-jkx\sin\theta_i}=-\boldsymbol{e}_x\dfrac{2E_m}{\eta}\cos\theta_i\cos(kz\cos\theta_i)\mathrm{e}^{-jkx\sin\theta_i}$ $\boldsymbol{H}_z(r)=\boldsymbol{e}_z\dfrac{E_m}{\eta}\sin\theta_i(\mathrm{e}^{-jkz\cos\theta_i}-\mathrm{e}^{jkz\cos\theta_i})\mathrm{e}^{-jkx\sin\theta_i}=-\boldsymbol{e}_z\mathrm{j}\dfrac{2E_m}{\eta}\sin\theta_i\sin(kz\cos\theta_i)\mathrm{e}^{-jkx\sin\theta_i}$	垂直极化波
		$\boldsymbol{H}_y(r)=\boldsymbol{e}_y\dfrac{E_m}{\eta}(\mathrm{e}^{-jkz\cos\theta_i}+\mathrm{e}^{jkz\cos\theta_i})\mathrm{e}^{-jkx\sin\theta_i}=\boldsymbol{e}_y2\dfrac{E_m}{\eta}\cos(kz\cos\theta_i)\mathrm{e}^{-jkx\sin\theta_i}$ $\boldsymbol{E}_x(r)=\boldsymbol{e}_xE_m\cos\theta_i(\mathrm{e}^{-jkz\cos\theta_i}-\mathrm{e}^{jkz\cos\theta_i})\mathrm{e}^{-jkx\sin\theta_i}=-\boldsymbol{e}_x\mathrm{j}2E_m\cos\theta_i\sin(kz\cos\theta_i)\mathrm{e}^{-jkx\sin\theta_i}$ $\boldsymbol{E}_z(r)=-\boldsymbol{e}_zE_m\sin\theta_i(\mathrm{e}^{-jkz\cos\theta_i}+\mathrm{e}^{jkz\cos\theta_i})\mathrm{e}^{-jkx\sin\theta_i}=-\boldsymbol{e}_zE_m\sin\theta_i\cos(kz\cos\theta_i)\mathrm{e}^{-jkx\sin\theta_i}$	平行极化波

第10章　导行电磁波与传输

附表 10-1　导行电磁波场方程

名　称	公　式	备　注
波矢量	$\boldsymbol{k}=\boldsymbol{e}_nk=\boldsymbol{e}_xk_x+\boldsymbol{e}_yk_y+\boldsymbol{e}_zk_z$	直角坐标系
矢径分量	$\boldsymbol{r}=\boldsymbol{e}_xx+\boldsymbol{e}_yy+\boldsymbol{e}_zz$	
波导内电磁场满足的麦克斯韦方程	$\begin{cases}\nabla\times\boldsymbol{E}(x,y,z)=-\mathrm{j}\omega\mu\boldsymbol{H}(x,y,z)\\\nabla\times\boldsymbol{H}(x,y,z)=\mathrm{j}\omega\varepsilon\boldsymbol{E}(x,y,z)\end{cases}$	波导内无源，且为时谐场，电磁波沿 z 方向传输
直角坐标系下横向分量方程	$\begin{cases}E_x=-\dfrac{1}{k_c^2}\left(\gamma\dfrac{\partial E_z}{\partial x}+\mathrm{j}\omega\mu\dfrac{\partial H_z}{\partial y}\right)\\E_y=-\dfrac{1}{k_c^2}\left(\gamma\dfrac{\partial E_z}{\partial y}-\mathrm{j}\omega\mu\dfrac{\partial H_z}{\partial x}\right)\\H_x=-\dfrac{1}{k_c^2}\left(\gamma\dfrac{\partial H_z}{\partial x}-\mathrm{j}\omega\varepsilon\dfrac{\partial E_z}{\partial y}\right)\\H_y=-\dfrac{1}{k_c^2}\left(\gamma\dfrac{\partial H_z}{\partial y}+\mathrm{j}\omega\varepsilon\dfrac{\partial E_z}{\partial x}\right)\end{cases}$	
圆柱坐标系下横向分量方程	$\begin{cases}E_r=-\dfrac{1}{k_c^2}\left(\gamma\dfrac{\partial E_z}{\partial r}+\mathrm{j}\dfrac{\omega\mu}{r}\dfrac{\partial H_z}{\partial\phi}\right)\\E_\phi=-\dfrac{1}{k_c^2}\left(\dfrac{\gamma}{r}\dfrac{\partial E_z}{\partial\phi}-\mathrm{j}\omega\mu\dfrac{\partial H_z}{\partial r}\right)\\H_r=-\dfrac{1}{k_c^2}\left(\gamma\dfrac{\partial H_z}{\partial r}-\mathrm{j}\dfrac{\omega\varepsilon}{r}\dfrac{\partial E_z}{\partial\phi}\right)\\H_\phi=-\dfrac{1}{k_c^2}\left(\dfrac{\gamma}{r}\dfrac{\partial H_z}{\partial\phi}+\mathrm{j}\omega\varepsilon\dfrac{\partial E_z}{\partial r}\right)\end{cases}$	

附表 10－2 双导体传输线的传输特性

类型	项目	公式	备注
传输线方程	一般传输线方程	$\begin{cases} -\dfrac{\partial u(z,t)}{\partial z} = R_1 i(z,t) + L_1 \dfrac{\partial i(z,t)}{\partial t} \\ -\dfrac{\partial i(z,t)}{\partial z} = G_1 u(z,t) + C_1 \dfrac{\partial u(z,t)}{\partial t} \end{cases}$	$Z_1 = R_1 + \mathrm{j}\omega L_1$ $Y_1 = G_1 + \mathrm{j}\omega C_1$
	时谐传输方程	$\begin{cases} \dfrac{\mathrm{d}U(z)}{\mathrm{d}z} = -Z_1 I(z) \\ \dfrac{\mathrm{d}I(z)}{\mathrm{d}z} = -Y_1 U(z) \end{cases}$	
均匀传输线方程的解	通解	$\begin{cases} U(z) = A_1 \mathrm{e}^{-\gamma z} + A_2 \mathrm{e}^{\gamma z} \\ I(z) = \dfrac{1}{Z_0}(A_1 \mathrm{e}^{-\gamma z} - A_2 \mathrm{e}^{\gamma z}) \end{cases}$	$Z_0 = \dfrac{Z_1}{\gamma} = \sqrt{\dfrac{Z_1}{Y_1}} = \sqrt{\dfrac{R_1 + \mathrm{j}\omega L_1}{G_1 + \mathrm{j}\omega C_1}}$; $\gamma = \sqrt{Z_1 Y_1} = \sqrt{(R_1 + \mathrm{j}\omega L_1)(G_1 + \mathrm{j}\omega C_1)} = \alpha + \mathrm{j}\beta$; $z' = l - z$; $\Gamma_1 = \dfrac{Z_g - Z_0}{Z_g + Z_0}$; $\Gamma_2 = \dfrac{Z_L - Z_0}{Z_L + Z_0}$
	特解1：已知始端电压和电流的解	$\begin{cases} U(z) = \dfrac{U_1 + I_1 Z_0}{2} \mathrm{e}^{-\gamma z} + \dfrac{U_1 - I_1 Z_0}{2} \mathrm{e}^{\gamma z} \\ I(z) = \dfrac{U_1 + I_1 Z_0}{2Z_0} \mathrm{e}^{-\gamma z} - \dfrac{U_1 - I_1 Z_0}{2Z_0} \mathrm{e}^{\gamma z} \end{cases}$ 或 $\begin{cases} U(z) = U_1 \mathrm{ch}(\gamma z) - I_1 Z_0 \mathrm{sh}(\gamma z) \\ I(z) = -U_1 \dfrac{\mathrm{sh}(\gamma z)}{Z_0} + I_1 \mathrm{ch}(\gamma z) \end{cases}$	
	特解2：已知终端电压和电流的解	$\begin{cases} U(z') = \dfrac{U_2 + I_2 Z_0}{2} \mathrm{e}^{\gamma z'} + \dfrac{U_2 - I_2 Z_0}{2} \mathrm{e}^{-\gamma z'} \\ I(z') = \dfrac{U_2 + I_2 Z_0}{2Z_0} \mathrm{e}^{\gamma z'} - \dfrac{U_2 - I_2 Z_0}{2Z} \mathrm{e}^{-\gamma z'} \end{cases}$ 或 $\begin{cases} U(z') = U_2 \mathrm{ch}(\gamma z') + Z_0 I_2 \mathrm{sh}(\gamma z') \\ I(z') = \dfrac{U_2}{Z_0} \mathrm{sh}(\gamma z') + I_2 \mathrm{ch}(\gamma z') \end{cases}$	
	特解3：已知信号源电动势和内阻以及负载阻抗的解	$\begin{cases} U(z) = \dfrac{E_g Z_0}{Z_g + Z_0} \cdot \dfrac{\mathrm{e}^{-\gamma z} + \Gamma_2 \mathrm{e}^{-2\gamma l} \mathrm{e}^{\gamma z}}{1 - \Gamma_1 \Gamma_2 \mathrm{e}^{-2\gamma l}} \\ I(z) = \dfrac{E_g}{Z_g + Z_0} \cdot \dfrac{\mathrm{e}^{-\gamma z} - \Gamma_2 \mathrm{e}^{-2\gamma l} \mathrm{e}^{\gamma z}}{1 - \Gamma_1 \Gamma_2 \mathrm{e}^{-2\gamma l}} \end{cases}$	

续表一

类型	项　目	公　　式	备　　注
传输线传输特性参数	特性阻抗	$Z_0=\dfrac{U_i(z)}{I_i(z)}=-\dfrac{U_r(z)}{I_r}=\sqrt{\dfrac{R+j\omega L}{G+j\omega C}}$ (1) 无耗传输线： $Z_0=\sqrt{\dfrac{L}{C}}$ (2) 微波低耗传输线： $Z_0=\sqrt{\dfrac{R+j\omega L}{G+j\omega C}}$ $\approx\sqrt{\dfrac{L}{C}}\left[1-j\dfrac{1}{2}\left(\dfrac{R}{\omega L}-\dfrac{G}{\omega C}\right)\right]\approx\sqrt{\dfrac{L}{C}}$	(1) 平行双导线： $Z_0=\dfrac{120}{\sqrt{\varepsilon_r}}\ln\dfrac{2D}{d}$； (2) 无耗同轴线： $Z_0=\dfrac{60}{\sqrt{\varepsilon_r}}\ln\dfrac{a}{b}$； (3) 平行板传输线：$Z_0=\dfrac{d}{W}\eta$
	传播常数	$\gamma=\sqrt{(R+j\omega L)(G+j\omega C)}=\alpha+j\beta$ (1) 无耗传输线： $\begin{cases}\alpha=0\\ \beta=\omega\sqrt{LC}\end{cases}$ (2) 微波低耗传输线： $\gamma=\sqrt{(R+j\omega L)(G+j\omega C)}$ $\approx\dfrac{1}{2}\left(R\sqrt{\dfrac{C}{L}}+G\sqrt{\dfrac{L}{C}}\right)+j\omega\sqrt{LC}$	$\begin{cases}\alpha=\dfrac{R}{2}\sqrt{\dfrac{C}{L}}+\dfrac{G}{2}\sqrt{\dfrac{L}{C}}\\ \quad=\dfrac{R}{2Z_0}+\dfrac{GZ_0}{2}=\alpha_c+\alpha_d\\ \beta=\omega\sqrt{LC}\end{cases}$ 其中，$\alpha_c=\dfrac{R}{2Z_0}$，$\alpha_d=\dfrac{GZ_0}{2}$
	相速与波长	相速：$v_p=\dfrac{z_2-z_1}{t_2-t_1}=\dfrac{\omega}{\beta}$ 波长：$\lambda_p=v_pT=\dfrac{\omega}{\beta}\dfrac{1}{f}=\dfrac{2\pi}{\beta}$ 关系：$\lambda_p=\dfrac{v_p}{f}=\dfrac{\lambda_0}{\sqrt{\varepsilon_r}}$	(1) 微波无耗或低耗传输线： $v_p=\dfrac{\omega}{\beta}=\dfrac{1}{\sqrt{LC}}$ (2) 双导线和同轴线： $v_p=\dfrac{1}{\sqrt{\mu\varepsilon}}=\dfrac{C_{光}}{\sqrt{\varepsilon_r}}$
传输线状态参数	输入阻抗	$Z_{in}(z)=\dfrac{U(Z)}{I(Z)}=\dfrac{U_i(z)+U_r(z)}{I_i(z)+I_r(z)}$ $Z_{in}(z)=Z_0\dfrac{Z_L+jZ_0\tan(\beta z)}{Z_0+jZ_L\tan(\beta z)}$ $Y_{in}(z)=Y_0\dfrac{Y_L+jY_0\tan(\beta z)}{Y_0+jY_L\tan(\beta z)}$	
	反射系数	$\begin{cases}\Gamma_U=\dfrac{U_r(z)}{U_i(z)}\\ \Gamma_I=\dfrac{I_r(z)}{I_i(z)}\end{cases}$，$\begin{cases}\Gamma_U(z)=\dfrac{A_2}{A_1}e^{-j2\beta z}\\ \Gamma_I(z)=-\dfrac{A_2}{A_1}e^{-j2\beta z}=-\Gamma_U(z)\end{cases}$ 均匀无耗传输线： $\Gamma(z)=\dfrac{A_2}{A_1}e^{-j2\beta z}=\dfrac{Z_L-Z_0}{Z_L+Z_0}e^{-j2\beta z}=\Gamma_L e^{-j2\beta z}$	$\Gamma_L=\dfrac{Z_L-Z_0}{Z_L+Z_0}=\lvert\Gamma_L\rvert e^{j\phi_L}$

续表二

类型	项　目	公　式	备　注
传输线状态参数	传输系数	$T(z)=\dfrac{\text{传输电压(或电流)}}{\text{入射电压(或电流)}}=\dfrac{U_t(z)}{U_i(z)}=\dfrac{I_t(z)}{I_i(z)}$ $T=1+\Gamma=1+\dfrac{Z_1-Z_0}{Z_1+Z_0}=\dfrac{2Z_1}{Z_1+Z_0}$	
	驻波比	$S=\left\|\dfrac{U_{max}}{U_{min}}\right\|=\left\|\dfrac{I_{max}}{I_{min}}\right\|=\text{VSWR},\ \|\Gamma\|=\dfrac{S-1}{S+1}$	
	反射系数与输入阻抗关系	$Z_{in}(z)=\dfrac{U(z)}{I(z)}=Z_0\dfrac{1+\Gamma(z)}{1-\Gamma(z)}$, $\begin{cases}\Gamma(z)=\dfrac{Z_{in}(z)-Z_0}{Z_{in}(z)+Z_0}\\ \Gamma_L=\dfrac{Z_L-Z_0}{Z_L+Z_0}\end{cases}$	

附表 10－3　电磁波在矩形规则金属波导传输特性

项目	公　式	备　注
TE 波场方程	$\begin{cases}E_x=\sum\limits_{m=0}^{\infty}\sum\limits_{n=0}^{\infty}\dfrac{j\omega\mu}{k_c^2}\dfrac{n\pi}{b}H_{mn}\cos\left(\dfrac{m\pi}{a}x\right)\sin\left(\dfrac{n\pi}{b}y\right)e^{-j\beta z}\\ E_y=\sum\limits_{m=0}^{\infty}\sum\limits_{n=0}^{\infty}\dfrac{-j\omega\mu}{k_c^2}\dfrac{m\pi}{a}H_{mn}\sin\left(\dfrac{m\pi}{a}x\right)\cos\left(\dfrac{n\pi}{b}y\right)e^{-j\beta z}\\ H_x=\sum\limits_{m=0}^{\infty}\sum\limits_{n=0}^{\infty}\dfrac{j\beta}{k_c^2}\dfrac{m\pi}{a}H_{mn}\sin\left(\dfrac{m\pi}{a}x\right)\cos\left(\dfrac{n\pi}{b}y\right)e^{-j\beta z}\\ H_y=\sum\limits_{m=0}^{\infty}\sum\limits_{n=0}^{\infty}\dfrac{j\beta}{k_c^2}\dfrac{n\pi}{b}H_{mn}\cos\left(\dfrac{m\pi}{a}x\right)\sin\left(\dfrac{n\pi}{b}y\right)e^{-j\beta z}\end{cases}$	$H_{oz}(x,y)=(A_1\cos k_x x+A_2\sin k_x x)(B_1\cos k_y y+B_2\sin k_y y)$ $k_c=\sqrt{\left(\dfrac{m\pi}{a}\right)^2+\left(\dfrac{n\pi}{b}\right)^2}$
TM 波场方程	$\begin{cases}E_x=\sum\limits_{m=1}^{\infty}\sum\limits_{n=1}^{\infty}\dfrac{-j\beta}{k_c^2}\dfrac{m\pi}{a}E_{mn}\cos\left(\dfrac{m\pi}{a}x\right)\sin\left(\dfrac{n\pi}{b}y\right)e^{-j\beta z}\\ E_y=\sum\limits_{m=1}^{\infty}\sum\limits_{n=1}^{\infty}\dfrac{-j\beta}{k_c^2}\dfrac{n\pi}{b}E_{mn}\sin\left(\dfrac{m\pi}{a}x\right)\cos\left(\dfrac{n\pi}{b}y\right)e^{-j\beta z}\\ H_x=\sum\limits_{m=1}^{\infty}\sum\limits_{n=1}^{\infty}\dfrac{j\omega\varepsilon}{k_c^2}\dfrac{n\pi}{b}E_{mn}\sin\left(\dfrac{m\pi}{a}x\right)\cos\left(\dfrac{n\pi}{b}y\right)e^{-j\beta z}\\ H_y=\sum\limits_{m=1}^{\infty}\sum\limits_{n=1}^{\infty}\dfrac{-j\omega\varepsilon}{k_c^2}\dfrac{m\pi}{a}E_{mn}\cos\left(\dfrac{m\pi}{a}x\right)\sin\left(\dfrac{n\pi}{b}y\right)e^{-j\beta z}\end{cases}$	$E_{oz}(x,y)=(A_1\cos k_x x+A_2\sin k_x x)(B_1\cos k_y y+B_2\sin k_y y)$ $k_c=\sqrt{\left(\dfrac{m\pi}{a}\right)^2+\left(\dfrac{n\pi}{b}\right)^2}$
波阻抗	$\begin{cases}\eta_{TE_{mn}}=\dfrac{\omega\mu}{\beta_{mn}}=\dfrac{\omega\mu}{\sqrt{\omega^2\varepsilon\mu-\left(\dfrac{m\pi}{a}\right)^2-\left(\dfrac{n\pi}{b}\right)^2}}>\sqrt{\dfrac{\mu}{\varepsilon}}\\ \eta_{TM_{mn}}=\dfrac{\beta_{mn}}{\omega\varepsilon}=\dfrac{\sqrt{\omega^2\varepsilon\mu-\left(\dfrac{m\pi}{a}\right)^2-\left(\dfrac{n\pi}{b}\right)^2}}{\omega\varepsilon}<\sqrt{\dfrac{\mu}{\varepsilon}}\end{cases}$	

附表 10-4　电磁波在圆柱形规则金属波导传输特性

项目	公　式	备　注
TE 波场方程	$\begin{cases} E_\rho = \pm\sum\limits_{m=0}^{\infty}\sum\limits_{n=1}^{\infty}\dfrac{\mathrm{j}\omega\mu m a^2}{\mu_{mn}\rho}H_{mn}J_m\left(\dfrac{\mu_{mn}}{a}\rho\right)\begin{pmatrix}\sin m\phi\\ \cos m\phi\end{pmatrix}\mathrm{e}^{-\mathrm{j}\beta z} \\ E_\phi = \sum\limits_{m=0}^{\infty}\sum\limits_{n=1}^{\infty}\dfrac{\mathrm{j}\omega\mu a}{\mu_{mn}}H_{mn}J_m'\left(\dfrac{\mu_{mn}}{a}\rho\right)\begin{pmatrix}\cos m\phi\\ \sin m\phi\end{pmatrix}\mathrm{e}^{-\mathrm{j}\beta z} \\ H_\rho = \sum\limits_{m=0}^{\infty}\sum\limits_{n=1}^{\infty}\dfrac{-\mathrm{j}\beta a}{\mu_{mn}}H_{mn}J_m'\left(\dfrac{\mu_{mn}}{a}\rho\right)\begin{pmatrix}\cos m\phi\\ \sin m\phi\end{pmatrix}\mathrm{e}^{-\mathrm{j}\beta z} \\ H_\phi = \pm\sum\limits_{m=0}^{\infty}\sum\limits_{n=1}^{\infty}\dfrac{\mathrm{j}\beta m a^2}{\mu_{mn}^2\rho}H_{mn}J_m\left(\dfrac{\mu_{mn}}{a}\rho\right)\begin{pmatrix}\sin m\phi\\ \cos m\phi\end{pmatrix}\mathrm{e}^{-\mathrm{j}\beta z} \end{cases}$	$H_z(\rho,\phi,z) = \sum\limits_{m=0}^{\infty}\sum\limits_{n=1}^{\infty}H_{mn}J_m\left(\dfrac{\mu_{mn}}{a}\rho\right)\begin{pmatrix}\cos m\phi\\ \sin m\phi\end{pmatrix}\mathrm{e}^{-\mathrm{j}\beta z}$
TM 波场方程	$\begin{cases} E_\rho = \sum\limits_{m=0}^{\infty}\sum\limits_{n=1}^{\infty}\dfrac{-\mathrm{j}\beta a}{v_{mn}}E_{mn}J_m'\left(\dfrac{v_{mn}}{a}\rho\right)\begin{pmatrix}\cos m\phi\\ \sin m\phi\end{pmatrix}\mathrm{e}^{-\mathrm{j}\beta z} \\ E_\phi = \pm\sum\limits_{m=0}^{\infty}\sum\limits_{n=1}^{\infty}\dfrac{\mathrm{j}\beta m a^2}{v_{mn}^2\rho}E_{mn}J_m\left(\dfrac{v_{mn}}{a}\rho\right)\begin{pmatrix}\sin m\phi\\ \cos m\phi\end{pmatrix}\mathrm{e}^{-\mathrm{j}\beta z} \\ H_\rho = \pm\sum\limits_{m=0}^{\infty}\sum\limits_{n=1}^{\infty}\dfrac{\mathrm{j}\omega\varepsilon m a^2}{v_{mn}^2\rho}E_{mn}J_m\left(\dfrac{v_{mn}}{a}\rho\right)\begin{pmatrix}\sin m\phi\\ \cos m\phi\end{pmatrix}\mathrm{e}^{-\mathrm{j}\beta z} \\ H_\phi = \sum\limits_{m=0}^{\infty}\sum\limits_{n=1}^{\infty}\dfrac{-\mathrm{j}\omega\varepsilon a}{v_{mn}}E_{mn}J_m'\left(\dfrac{v_{mn}}{a}\rho\right)\begin{pmatrix}\cos m\phi\\ \sin m\phi\end{pmatrix}\mathrm{e}^{-\mathrm{j}\beta z} \\ H_z = 0 \end{cases}$	$H_z(\rho,\phi,z) = \sum\limits_{m=0}^{\infty}\sum\limits_{n=1}^{\infty}H_{mn}J_m\left(\dfrac{\mu_{mn}}{a}\rho\right)\begin{pmatrix}\cos m\phi\\ \sin m\phi\end{pmatrix}\mathrm{e}^{-\mathrm{j}\beta z}$
波阻抗	$\begin{cases} \eta_{\mathrm{TE}_{mn}} = \dfrac{\omega\mu}{\beta_{mn}} = \eta\sqrt{1-\left(\dfrac{f_{\mathrm{cTE}_{mn}}}{f}\right)^2} \\ \eta_{\mathrm{TM}_{mn}} = \dfrac{\beta_{mn}}{\omega\varepsilon} = \dfrac{\eta}{\sqrt{1-\left(\dfrac{f_{\mathrm{cTE}_{mn}}}{f}\right)^2}} \end{cases}$	

第 11 章　电磁辐射与天线

附表 11-1　电偶极子与磁偶极子的辐射

名　称	公　式	备　注
电偶极子产生的电磁场	$\begin{cases} E_r = \dfrac{2k^3 Il\cos\theta}{4\pi\omega\varepsilon_0}\left[\dfrac{1}{(kr)^2}-\dfrac{\mathrm{j}}{(kr)^3}\right]\mathrm{e}^{-\mathrm{j}kr} \\ E_\theta = \dfrac{k^3 Il\sin\theta}{4\pi\omega\varepsilon_0}\left[\dfrac{\mathrm{j}}{kr}+\dfrac{1}{(kr)^2}-\dfrac{\mathrm{j}}{(kr)^3}\right]\mathrm{e}^{-\mathrm{j}kr} \\ H_\phi = \dfrac{k^2 Il\sin\theta}{4\pi}\left[\dfrac{\mathrm{j}}{kr}+\dfrac{1}{(kr)^2}\right]\mathrm{e}^{-\mathrm{j}kr} \end{cases}$	$\boldsymbol{p}_\mathrm{e} = q\boldsymbol{l}$

续表

名 称	公 式	备 注
电偶极子的近区电磁场	$\begin{cases} E_r = -\dfrac{\mathrm{j}Il\cos\theta}{2\pi\omega\varepsilon_0 r^3} \\ E_\theta = -\dfrac{\mathrm{j}Il\sin\theta}{4\pi\omega\varepsilon_0 r^3}, \\ H_\phi = \dfrac{Il\sin\theta}{4\pi r^2} \end{cases}$ $\begin{cases} E_r = \dfrac{p_e\cos\theta}{2\pi\varepsilon_0 r^3} \\ E_\theta = \dfrac{p_e\sin\theta}{4\pi\varepsilon_0 r^3} \\ H_\phi = \dfrac{\mathrm{j}\omega p_e\sin\theta}{4\pi r^2} \end{cases}$	
电偶极子的远区电磁场	$\begin{cases} E_r = 0 \\ E_\theta = \mathrm{j}\dfrac{k^2 Il\sin\theta}{4\pi\omega\varepsilon_0 r}\mathrm{e}^{-\mathrm{j}kr}, \\ H_\phi = \mathrm{j}\dfrac{kIl\sin\theta}{4\pi r}\mathrm{e}^{-\mathrm{j}kr} \end{cases}$ $\begin{cases} E_r = 0 \\ E_\theta = \mathrm{j}\dfrac{Il\eta_0\sin\theta}{2\lambda r}\mathrm{e}^{-\mathrm{j}kr} \\ H_\phi = \mathrm{j}\dfrac{Il\sin\theta}{2\lambda r}\mathrm{e}^{-\mathrm{j}kr} \end{cases}$	
磁偶极子产生的电磁场	$\begin{cases} H_r = \dfrac{IS}{2\pi}\cos\theta\left(\dfrac{1}{r^3}+\dfrac{\mathrm{j}k}{r^2}\right)\mathrm{e}^{-\mathrm{j}kr} \\ H_\theta = \dfrac{IS}{4\pi}\sin\theta\left(\dfrac{1}{r^3}+\dfrac{\mathrm{j}k}{r^2}-\dfrac{k^2}{r}\right)\mathrm{e}^{-\mathrm{j}kr} \\ E_\phi = -\mathrm{j}\dfrac{ISk}{2\pi}\eta_0\sin\theta\left(\dfrac{\mathrm{j}k}{r}+\dfrac{1}{r^2}\right)\mathrm{e}^{-\mathrm{j}kr} \end{cases}$	
磁偶极子的远区电磁场	$\begin{cases} H_r = 0 \\ H_\theta = -\dfrac{k^2 IS}{4\pi r}\sin\theta\,\mathrm{e}^{-\mathrm{j}kr}, \\ E_\phi = \dfrac{ISk^2}{2\pi r}\eta_0\sin\theta\,\mathrm{e}^{-\mathrm{j}kr} \end{cases}$ $\begin{cases} H_r = 0 \\ H_\theta = -\dfrac{\pi IS}{\lambda^2 r}\sin\theta\,\mathrm{e}^{-\mathrm{j}kr} \\ E_\phi = \dfrac{\pi IS}{\lambda^2 r}\eta_0\sin\theta\,\mathrm{e}^{-\mathrm{j}kr} = -\eta_0 H_\theta \end{cases}$	

附表 11-2 天线基本参数

名称	公式	备注
归一化方向性函数	$F(\theta,\phi)=\dfrac{\lvert E(\theta,\phi)\rvert}{\lvert E_{\max}\rvert}=\dfrac{f(\theta,\phi)}{\lvert f(\theta,\phi)\rvert_{\max}}$	
方向性系数	$D=\dfrac{E_{\max}^2}{E_0^2}\Bigg\vert_{P_r=P_{r0}}=\dfrac{4\pi}{\int_0^{2\pi}\int_0^{\pi}F^2(\theta,\phi)\sin\theta\mathrm{d}\theta\mathrm{d}\phi}$	
天线效率	$\eta_A=\dfrac{P_r}{P_{in}}=\dfrac{P_r}{P_r+P_L}=\dfrac{R_r}{R_r+R_L}$	
天线增益	$G=\dfrac{S_{\max}}{S_0}\Bigg\vert_{P_{in}=P_{in0}}=\dfrac{\lvert E_{\max}\rvert^2}{\lvert E_0\rvert^2}\Bigg\vert_{P_{in}=P_{in0}}$	

附表 11-3 线天线特性

项目	公式	备注
对称振子天线	$E_\theta=\int_{-L}^{L}\mathrm{j}\dfrac{\eta_0 I\mathrm{d}z\sin\theta}{2\lambda r_1}\mathrm{e}^{-\mathrm{j}kr_1}$ $=\mathrm{j}\dfrac{\eta_0 I_m\sin\theta}{2\lambda r}\mathrm{e}^{-\mathrm{j}kr}\int_{-L}^{L}\sin k(L-\lvert z\rvert)\dfrac{I\mathrm{d}z\sin\theta}{2\lambda r_1}\mathrm{e}^{\mathrm{j}kz\cos\theta}\mathrm{d}z$ $=\mathrm{j}\dfrac{I_m 60\pi}{\lambda}\dfrac{\mathrm{e}^{-\mathrm{j}kr}}{r}2\sin\theta\int_0^L\sin k(L-z)\cos(kz\cos\theta)\mathrm{d}z$ $=\mathrm{j}\dfrac{60I_m}{r}\mathrm{e}^{-\mathrm{j}kr}F(\theta)$	$F(\theta)=\dfrac{\cos(kL\cos\theta)-\cos(kL)}{\sin\theta}$
半波对称振子天线	$\begin{cases}E_\theta=\mathrm{j}\dfrac{60I_m\cos\left(\dfrac{\pi}{2}\cos\theta\right)}{r\sin\theta}\mathrm{e}^{-\mathrm{j}kr}\\ H_\phi=\dfrac{E_\theta}{\eta_0}\end{cases}$	$F(\theta)=\dfrac{\cos\left(\dfrac{\pi}{2}\cos\theta\right)}{\sin\theta}$
阵列天线	$E_\theta=\mathrm{j}60I_m F_0(\theta,\phi)\left(\dfrac{\mathrm{e}^{-\mathrm{j}kr_1}}{r_1}+m\dfrac{\mathrm{e}^{\mathrm{j}\xi}\mathrm{e}^{-\mathrm{j}kr_2}}{r_2}\right)$ $E_\theta=\mathrm{j}60I_m F_0(\theta,\phi)\dfrac{\mathrm{e}^{-\mathrm{j}kr_1}}{r_1}\left[1+m\mathrm{e}^{\mathrm{j}(\xi+kd\sin\theta\cos\phi)}\right]$ $=E_{1\theta}(1+m\mathrm{e}^{\mathrm{j}\psi})$	$F(\theta,\phi)=F_0(\theta,\phi)F_a(\theta,\phi)$

附表 11 - 4　面天线特性

项 目	公 式	备 注
惠更斯元的辐射	沿 y 轴放置的电基本振子远区辐射场为 $\begin{cases} \mathrm{d}\boldsymbol{E}_1 = \mathrm{j}\dfrac{E_y \mathrm{d}x\mathrm{d}y}{2\lambda r}(\boldsymbol{e}_\theta \cos\theta\sin\phi + \boldsymbol{e}_\phi \cos\phi)\mathrm{e}^{-\mathrm{j}kr} \\ \mathrm{d}\boldsymbol{H}_1 = \mathrm{j}\dfrac{H_x \mathrm{d}x\mathrm{d}y}{2\lambda r}(\boldsymbol{e}_\theta \cos\phi - \boldsymbol{e}_\phi \cos\theta\sin\phi)\mathrm{e}^{-\mathrm{j}kr} \end{cases}$ 沿 x 轴放置的磁基本振子远区辐射场为 $\begin{cases} \mathrm{d}\boldsymbol{E}_2 = \mathrm{j}\dfrac{E_y \mathrm{d}x\mathrm{d}y}{2\lambda r}(\boldsymbol{e}_\theta \sin\phi + \boldsymbol{e}_\phi \cos\theta\cos\phi)\mathrm{e}^{-\mathrm{j}kr} \\ \mathrm{d}\boldsymbol{H}_2 = \mathrm{j}\dfrac{H_x \mathrm{d}x\mathrm{d}y}{2\lambda r}(\boldsymbol{e}_\theta \cos\theta\cos\phi - \boldsymbol{e}_\phi \sin\phi)\mathrm{e}^{-\mathrm{j}kr} \end{cases}$ $\mathrm{d}\boldsymbol{E} = \mathrm{d}\boldsymbol{E}_1 + \mathrm{d}\boldsymbol{E}_2 = \mathrm{j}\dfrac{E_y \mathrm{d}S}{2\lambda r}(1+\cos\theta)(\boldsymbol{e}_\theta \sin\phi + \boldsymbol{e}_\phi \cos\phi)\mathrm{e}^{-\mathrm{j}kr}$	$F(\theta) = \left\lvert \dfrac{1+\cos\theta}{2} \right\rvert$
平面口径面的辐射	$\boldsymbol{E}_M = \mathrm{j}\dfrac{1}{2\lambda r}(1+\cos\theta)\mathrm{e}^{-\mathrm{j}kr}\int_S E_y \mathrm{e}^{\mathrm{j}k(x'\sin\theta\cos\phi + y'\sin\theta\sin\phi)}\mathrm{d}\boldsymbol{S}'$ $\begin{cases} \boldsymbol{E}_E = \boldsymbol{e}_\theta \mathrm{j}\dfrac{1}{2\lambda r}(1+\cos\theta)\mathrm{e}^{-\mathrm{j}kr}\int_S E_y \mathrm{e}^{\mathrm{j}ky'\sin\theta}\mathrm{d}x'\mathrm{d}y' \\ \boldsymbol{E}_H = \boldsymbol{e}_\phi \mathrm{j}\dfrac{1}{2\lambda r}(1+\cos\theta)\mathrm{e}^{-\mathrm{j}kr}\int_S E_y \mathrm{e}^{\mathrm{j}kx'\sin\theta}\mathrm{d}x'\mathrm{d}y' \end{cases}$	
抛物面天线	$\boldsymbol{E}_E = \boldsymbol{e}_\theta \mathrm{j}\dfrac{f\sqrt{60P_\Sigma}\,\mathrm{e}^{-\mathrm{j}kR}}{r\lambda}\cdot$ $(1+\cos\theta)\int_0^{2\pi}\int_0^{\psi_0}\sqrt{D_\mathrm{f}(\psi)}\tan\dfrac{\psi}{2}\mathrm{e}^{\mathrm{j}2kf\tan\frac{\psi}{2}\sin\phi_\mathrm{S}\sin\theta}\mathrm{d}\psi\mathrm{d}\phi_\mathrm{S}$	